上海社联年鉴

上海社联年鉴

2022

上海市社会科学界联合会　编

上海人民出版社

4月30日上午，由上海市美国问题研究所和上海市人民对外友好协会、上海市体育总会、上海体育学院等单位联合主办的"回首破冰五十载展望变局新未来"专题报告会在国际乒乓球联合会博物馆和中国乒乓球博物馆举行

5月19日，由上海市社联主办，市出版协会、市期刊协会和《学术月刊》杂志社联合承办的"深入学习总书记回信精神，推动新时代中国学术高质量发展"专家座谈会在上海市社联举行

5 月 22 日，由上海市社联主办的第 20 届上海市社会科学普及活动周开幕，主题为"铭记百年路 聚力新征程"

5 月 27 日，上海市社联拍摄制作的 6 集系列短视频《为什么是上海（第三季）——"排头兵、先行者"的担当之路》发布研讨会在上海市社联举行

5月28日上午，上海市社联推出的"红色印迹 百年初心"主题地铁专列在13号线淮海中路站启动

6月，上海市妇女联合会、上海市人力资源和社会保障局决定授予上海市社联《学术月刊》杂志社"2019—2020年度上海市三八红旗集体"荣誉称号

6月11日，上海市社联与上海博物馆共同推出的公益性文化品牌项目"江南文化讲堂（第二季）"正式启动

7月8日上午，上海市社联党组中心组（扩大）赴中共一大纪念馆开展党史学习教育专题学习，重温建党伟业，汲取奋进力量

8月2日，《学术中的中国——庆祝中国共产党成立100周年》专刊暨《探索与争鸣》第四届（2020）青年理论创新征文成果发布会在上海社科会堂举办，会议发布了《学术中的中国》专刊、《陈望道与〈共产党宣言〉》藏书票、《学术中的中国》印章

8月2日，在《探索与争鸣》第四届（2020）青年理论创新征文成果发布会上，上海师范大学副校长陈恒教授，上海市出版协会会长胡国强，上海市期刊协会会长王兴康，上海人民出版社党委书记、社长、总编辑王为松，华东师范大学哲学系教授赵修义，《解放日报》社党委副书记周智强分别为征文作者代表颁奖

8月30日上午，上海市社联召开干部会议，宣布市委关于王为松同志任中共上海市社会科学界联合会党组书记，同意王为松同志为上海市社会科学界联合会专职副主席人选的决定

9 月 16 至 17 日，上海社联 2018—2020 年度"优秀学会""优秀民办社科研究机构""学会特色活动""学会品牌活动"互评交流活动在上海社科会堂举行

10 月 20 日，上海市社联第十五届学会学术活动月开幕式暨秋季会长论坛在上海社科会堂举行

10 月 31 日，上海市人工智能与社会发展研究会成立大会在上海社会科学院举行

11 月 15 日，中共上海市委宣传部、上海市社联、上海市习近平新时代中国特色社会主义思想研究中心共同举办"上海理论社科界学习党的十九届六中全会精神座谈会"

11 月 25 日，上海市社会科学界第十九届（2021）学术年会大会在上海社科会堂召开

12月3日，上海市社联党组召开落实全面从严治党专题会

12月10日，由全国哲学社会科学话语体系建设协调会议办公室、中共上海市委宣传部、中国社会科学院中国历史研究院指导，中国浦东干部学院、中国社会科学院—上海市人民政府上海研究院、上海市社联主办，华东师范大学历史学系协办的"中国哲学社会科学话语体系建设·浦东论坛——历史学话语体系建设·2021"在中国浦东干部学院、中国历史研究院和线上会场同时举办

目　录

中美关系研究 / 439

大事记 / 479

附录 / 497

年度工作要览

NIAN DU GONG ZUO YAO LAN

2021年，上海市社联在市委领导和市委宣传部指导下，坚持以习近平新时代中国特色社会主义思想为指导，全面贯彻落实党的十九大和十九届历次全会精神，深入学习贯彻习近平总书记在庆祝中国共产党成立100周年大会上的重要讲话精神，认真贯彻落实中央、市委各项决策部署，紧紧围绕庆祝中国共产党成立100周年重大主题，统筹推进疫情防控和各项业务工作，团结凝聚全市社科工作者，为推动构建中国特色哲学社会科学、服务中央和市委的重要决策部署、助推上海经济社会高质量发展作出积极贡献。

一、 聚焦庆祝中国共产党成立100周年重大主题，精心组织开展系列理论研究、学术活动和宣传普及，推出向建党百年献礼的系列成果

一是上海市社联、市话语办、市社科规划办精心遴选建党百年系列研究成果，在上海人民出版社出版13卷本"庆祝中国共产党成立100年专题研究丛书"。系列丛书共13种，涉及政治、法律、历史、党史党建、新闻传播、国际问题等学科领域。包括：《中国马克思主义百年学术史研究》《陈望道翻译〈共产党宣言〉研究》《一切工作到支部》《一代新规要渐磨》《走向复兴：现在与未来》《法治求索》《文明激荡与天下大同》《文明超越：近代以来的理想与追求》《党的全面领导与国家治理》等。

二是围绕庆祝党的百年华诞、学习贯彻习近平总书记"七一"重要讲话精神举办系列理论研讨和征文活动。召开上海社科界党史学习教育暨学习贯彻习近平总书记"七一"重要讲话精神座谈会，组织专家学者对习近平总书记重要讲话精神进行深入解读。召开学习党的十九届六中全会精神座谈会，要求理论社科界准确把握决议的丰富内涵、核心要义和精神实质，深入学习领会、研究阐释六中全会精神。以"中国共产党建党百年：历史、经验与理论"为主题，举办市社科界第十九届学术年会系列论坛9场和学术年会大会，邀请上海市和国内知名专家学者进行深入研讨。围绕学术年会主题广泛开展论文征集，遴选40篇优秀论文汇编出版论文集。《上海思想界》编辑部开展"百年恰是风华正茂——庆祝中国共产党成立100周年"系列理论研讨，形成系列理论笔谈，出版《上海思想界》内刊6期。召开"中国共产党领导下的中国特色减贫道路与反贫困理论"研讨会，围绕党领导下脱贫攻坚的成就、经验、意义，中国特色减贫道路与反贫困理论的内涵与价值等进行深入研讨。开展上海市社联庆祝中国共产党成立100周年主题征文，遴选63篇优秀论文汇编论文集，召开上海市社联所属学术团体庆祝中国共产党成立100周年理论研讨会。遴选社联系统优秀论文参加上海市庆祝建党100周年主题征文，9篇论文入选公开出版的专题论文集，2篇论文获得优秀论文，社联科研处获评优秀组织奖。

三是围绕庆祝建党百年推出系列社科普及活动和科普产品。在上海社科普及活动周中集中推出论坛、活动、讲座等共50余项庆祝建党百年的主题系列社科普及活动。制作推出《为什么是上海》系列短视频第三季"'排头兵、先行者'的担当之路"和第四季"新时代·新征程·新奇迹"。《为什么是上海》系列短视频四季共24集，形成了一部以建党百年为时间基线，以"四史"为时代背景，集权威性与思想性、生动性与真实性于一体的红色文化原创产品，献礼建党百年。《为什么是上海（第一季）——探寻上海红色基因》系列短视频在市第十四届党员教育电视片观摩交流活动中获系列片一等奖。

二、 强化学术团体管理与服务创新，充分激发学术社团动力活力

一是坚持党建引领，强化学术团体正确政治方向和学术导向。要求各学术团体严守政治纪律和政治规矩，组织所属学术团体学习习近平总书记给市新四军历史研究会百岁老战士们的回信精神，及时向学术团体党工组负责人传达有关重要会议精神。引导各学术团体将党建工作充分融入日常业务和学术活动，实现"双促进"。在学术团体换届时，同步调整 37 个学会党工组，批准 6 个学会届中调整党工组，推动社团党建工作从有形覆盖向有效覆盖转变。组织召开所属学术团体党建工作调研座谈会，出台《关于加强所属学术社团党建工作的意见》，切实把好意识形态阵地、管好各类网络平台，对学术团体举办活动实行报备制度，确保学术活动正确的政治方向和学术导向。

二是依法规范管理，促进学术团体健康发展。向所属学术社团通报《上海市社联2021 年哲学社会科学学术团体工作要点》，指导各学术团体围绕中心、服务大局开展工作。组织开展所属学术团体年报和达标学会的考核评定工作，评定 2020 年度达标学会123 家。指导学术团体做好换届工作，召开所属社团换届工作培训会议和财务工作培训会议，批准了 37 个学会换届、18 个学会延期换届、16 个学会调整领导班子成员。建立健全学术团体管理制度，召开 2021 年度学术团体负责人暨党建工作会议，印发了《关于加强哲学社会科学学术社团建设的实施意见》等 5 个规范性管理文件。

三是积极引导培育，推动学术团体繁荣发展。实施 2021 年度所属学术团体合作项目，对 82 个学会申报的 114 个项目进行立项，促进学术团体开展学术研究。举办第十五届"学会学术活动月"，83 场精彩学术活动集中亮相，推动各学术团体内的专家学者和青年才俊开展理论创新和知识创新。分别以"人民城市重要理念与新时代上海发展新传奇""上海城市软实力与国际传播能力建设""数字化建设与社会科学发展""奋进新征程建功新时代——学习贯彻党的十九届六中全会精神"等为主题，举办四季会长论坛，社会反响热烈。开展"三优一特一品牌"评选，48 家学会被评为"优秀学会"，4 家民非被评为"优秀民办社科研究机构"，145 人被评为"优秀学会工作者"，举办"学会特色活动"37 项、"学会品牌活动"10 项，将在第十一次学术团体工作会议上进行集中表彰。

四是服务工作大局，努力实现学术团体融合创新发展。积极培育发展一批适应新时代社会主义先进文化建设、哲学社会科学学术建设和经济社会发展需要的社科学术社团，推动成立市人工智能与社会发展研究会，市自由贸易区研究会、市社会工作研究会等学术团体的筹建工作正在有序推进。联合市地方志办公室和东方网及多家学术团体，继续精心办好"四史讲堂"系列活动，邀请演讲嘉宾讲好精彩"四史"故事。

三、 深入推进理论研究、决策咨询和成果评价，持续提升科研组织水平

一是聚焦习近平新时代中国特色社会主义思想的系统化、学理化研究，形成高质量研究成果。紧紧围绕系列专项主题、目标和要求，组织协调各课题组展开科研攻关，取得高质量阶段性成果，系列专题研究文章在《学术月刊》《人民论坛》《政治学研究》等重要期刊发表。围绕新思想学理化研究召开多场专家座谈会，交流研讨深化研究。联合市社科规划办召开课题结项评审会，推进各课题组吸纳专家意见进一步修改和完善书稿。组织引

导社科界开展"人民城市"重要理念相关研究,约请学者撰写阐释文章,在上观新闻和《解放日报》推出 3 篇优秀稿件。

二是聚焦提升决策咨询工作质量,形成有更大政策影响力的成果。邀请政府部门、企业、智库、媒体等多方参与,围绕上海城市数字化转型、"五型经济"发展、"五大新城"建设、虹桥国际开放枢纽与长三角一体化新发展、乡村振兴与构建城乡融合发展新格局、城市软实力建设等议题召开 10 余次跨界研讨,在此基础上形成并报送《上海社联智库专报》76 篇,有关专报获得市领导肯定性批示。《上海思想界》上报舆情信息专报 122 期,有关专报获中央领导肯定性批示。与澎湃新闻智库报告栏目联合推出"上海社科专家说"系列文章,为政府部门提供决策参考,推出 18 篇相关文章,获得广泛关注。

三是聚焦探索科学权威的学术成果评价体系,不断扩大成果影响力。扎实开展市第十五届哲学社会科学优秀成果奖评选工作,起草工作领导小组组成、奖项设置、申报范围、初审配额等相关文件,完成评奖系统的修改、测试及流程优化,正式启动本届优秀成果奖评选的组织、申报、评审等工作。协助青海省社科联补充完善社科专家库专家,协助浙江省社科联组织上海专家参与浙江哲社优秀成果奖的初审工作。组织开展社联 2021 年度推介论文评选推荐。

四是聚焦跨省市、跨单位战略合作,共同打造社科研究高地。与上海立信会计金融学院就伟大建党精神数字资源库建设签署学术资源、科学研究、人才培养等合作共建战略合作框架协议,共同打造社科研究教育新高地。与苏州市社科联就举办沪苏同城化论坛召开专题研商,为加快推进沪苏同城化提供沟通平台和智力支持。筹备与辽宁省社科联合作举办第四届东北振兴与东北亚区域合作学术论坛,为推动区域协调发展提供智力支持。

四、积极探索社科普及新路径,推出社科普及新产品,不断提高社科普及工作社会影响力

一是举办第二十届上海市社会科学普及活动周。聚焦"铭记百年路　聚力新征程"主题,吸引全市百余家学会、公共文化场馆、企事业单位、街镇等参与,推出 9 大板块 140 余项特色鲜明的社科普及活动,为市民献上丰富的精神文化大餐。上海电视台、《光明日报》《解放日报》《文汇报》、澎湃新闻、中国新闻网等多家媒体进行了专题报导。

二是创新开展系列社科普及活动,助力党史学习教育。在澎湃新闻推出"百年共产党人精神谱系"关键词专栏,并在"学习强国"上海学习平台同步发布。约请上海市委党校专家团队执笔撰写 31 篇专栏文章,通过讲述百年党史中的重要精神背后的人物与事件,为公众解读百年大党永葆青春的重要密码,在澎湃新闻的总点击量超过 1100 万。推出"红色印迹　百年初心"和"百年精神　代代相传"主题地铁专列,让一列列"流动车厢"变身为移动的红色文化阵地。举办"上海何以成为'光明的摇篮'""百年奋斗:重大成就与历史经验"为主题的望道讲读会,深入宣传中国共产党百年奋斗的重大成就与历史经验。

三是深入探索社科普及大众化新途径。启动新一轮"上海市民社会科学知识调查",全面了解市民人文社会科学知识与素养状况,并拟公开发布《上海市民人文社会科学知识与素养调查报告(2021)》。推出"思想点亮未来"系列讲座第八季和第九季,邀请著名专家

学者走进沪上数十所中学,举办讲座近 30 场,带领中学生领略人文社会科学的风采,感受思想的魅力。

五、 服务打响"上海文化"品牌,高质量推进重大项目取得新成果

一是深入推进中国特色哲学社会科学学术话语体系建设。以"深入学习习近平总书记'5·17'重要讲话精神,加快构建中国特色哲学社会科学暨社科界专家学者党史学习教育"为题,举办社科理论界专题座谈会,《光明日报》头版对上海市社联话语体系建设工作进行介绍,《人民日报》《解放日报》《文汇报》等媒体对会议和相关工作进行报道。开展16 个"中国特色哲学社会科学学术话语体系建设"研究基地专题调研,深入了解、准确掌握话语基地建设初期取得的主要进展、典型经验、瓶颈问题。组织和推动基地举行学术研讨会、学术年会论坛、青年论坛等,扩大基地影响力和辐射面。推进社会主义发展史系列专项研究,协调 5 个专项课题开展深入研究。举办第四届话语体系建设浦东论坛。

二是深入开展江南文化的研究传播。加强长三角江南文化研究学术共同体建设,联合苏浙皖三省社科联共同举办第三届长三角江南文化论坛,发布《长三角乡村文化发展报告》和"最江南"长三角乡村文化传承创新典型案例,推动江南乡村文化的传承创新。采用线上线下相结合的方式,持续举办江南文化讲堂第二季系列活动,获得媒体和公众的广泛关注。讲堂活动还在上海广播电台长三角之声文化会客厅栏目推出广播版,扩大了社会受众面及在长三角地区的影响力。推进"江南文化研究"丛书的出版工作,已出版《江南文化与长三角新型城镇化研究》《明清之际的江南社会与士人生活》等 7 本。组织召开"江南文化的内涵与当代价值"专家研讨会,报送成果专报。

三是努力推动中华创世神话学术高地建设。《中华创世神话研究工程系列丛书》首批已出版系列研究成果 17 种 25 册。同时启动二期出版招标工作,近 22 种 30 册研究成果将陆续出版。举办"创世神话与中华文明探源"年度论坛。

四是积极组织礼赞上海社科大师宣传纪念活动。与文汇报合作连续推出社科大师专版系列报道,与上海新闻广播电台合作制作播出"海上先声"系列短音频,与学习强国上海学习平台合作推出上海社科大师知识竞赛活动,与市精神文明办、上海地铁等合作开展"探寻大师的红色足迹"教师节特别活动,出版《上海社科大师》(第一辑)特色普及读物。

六、 加强学术名刊建设,推动《学术月刊》《探索与争鸣》持续走高质量发展之路

一是《学术月刊》杂志提升政治站位和规范化办刊水平,荟萃高质量研究成果。联合组织召开"深入学习习近平总书记给《文史哲》编辑部全体编辑人员回信精神,推动新时代中国学术高质量发展"专家座谈会,刊发 5 篇马克思主义基础理论研究及其当代运用的代表性文章,推进习近平新时代中国特色社会主义思想的学理化阐释刊发 5 篇"特稿"。加强学术创新引领,刊发多篇体现中国特色哲学社会科学"三大体系"建设成果的原创性学术论文。增强决策服务功能,关注重大理论和现实问题,刊发重要文章。聚焦建党 100 周年刊发"特稿"和 4 篇专题论文,举办重要学术会议或学科前沿论坛 10 余场,持续开展年

度"中国十大学术热点"评选。在人大复印报刊资料全文转载量连续 15 年排名第一,在"南大核心""北大核心"和中国社科院"A 刊"等重要评刊体系中保持综合性社科学术期刊的前列位置,2021 年 7 月获得第五届中国出版政府奖表彰。

二是《探索与争鸣》杂志努力打造集"期刊""智库""论坛""青年""丛书""新媒体"为一体的现代学术媒体多元发展新格局。在全国学术界率先组织专家学者撰文对习近平总书记"全过程人民民主"重要论述的理论意蕴和实践形态做出学理阐释,入选中宣部出版局第五届期刊主题宣传好文章。编辑出版《学术中的中国——庆祝中国共产党成立 100 周年》专刊和同名图书。召开"学习贯彻习近平总书记'七一'重要讲话精神"专家座谈会,共同主办"高质量发展与共同富裕"圆桌会议,邀请知名专家学者开展研讨,形成重要成果。以"技术创新与文明重构:新问题与新挑战"为主题,成功举办第四届全国青年理论创新奖征文活动,25 位青年学人获奖。在人大复印资料转载指数排名中蝉联全国社科院、社科联主办综合性社科期刊第 3 位,继 2013—2020 年后,继续蝉联国家社科基金资助优秀期刊。《学术中的中国》建党 100 周年专刊入选北京国际图书博览会"中国主题精品期刊"等。

七、 深入开展党史学习教育,强化机关党的建设和党风廉政建设

一是深入开展党史学习教育。自党史学习教育开展以来,上海市社联高度重视,成立了党史学习教育领导小组。向全体党员干部发放学习材料,通过中心组(扩大)学习、领导干部上党课、专题讲座报告等形式,组织党员干部集中学习党史。党组发挥领学促学作用,分阶段、列专题开展中心组学习研讨,共召开党组中心组学习 24 次,党组班子成员讲授专题党课 3 次。完成"我为群众办实事"实践活动重点工作项目共 13 项,党组班子成员前往"我为群众办实事"联系项目调研指导 21 次。设立青年理论读书角,举办党史学习教育"青年读书会",已有党员近 200 人次参与上海市社联举办的各类学术活动。各党支部严格落实"三会一课"和主题党日活动,"七一"前完成在职党支部书记上党课全覆盖,在职党支部开展主题党日活动 51 次。各党支部积极用好线上学习平台,推动学习教育线下线上有机融合。

二是深入学习贯彻习近平总书记"七一"重要讲话精神和党的十九届六中全会精神。上海市社联把学习宣传贯彻"七一"重要讲话精神和党的十九届六中全会精神作为一项重大政治任务,作为党史学习教育的核心内容。组织全体党员干部专题学习"七一"重要讲话精神和党的十九届六中全会精神。通过党的百年奋斗史系列专题报告、赴中共一大纪念馆重温入党誓词、邀请上海市社联老党员讲革命事迹等,丰富学习形式。围绕庆祝建党百年,组织开展上海市社联"两优一先"推荐评选表彰、学习总书记"七一"重要讲话精神交流座谈等活动,召开上海市社联庆祝中国共产党成立 100 周年大会。

三是深化全面从严治党"四责协同"体制机制建设。结合市委巡视整改,研究制定《上海市社联全面从严治党"四责协同"机制实施细则》,明确上海市社联全面从严治党各级责任主体、责任内容和工作机制。党组召开专题会议,认真分析研判班子成员"一岗双责"短板问题,研究形成全面从严治党《党组主体责任书》《党组书记第一责任人责任书》《党组班

子成员"一岗双责"责任书)。党组班子成员与分管部门(单位)负责人层层落实责任,签订《基层党建工作责任书》《党风廉政建设工作责任书》《意识形态工作责任书》《内控管理工作责任书》,确保"四责协同"机制有效传递。年末,党组召开专题会议,对各项责任制落实情况进行督察总结。健全上海市社联机关党委、机关纪委组织力量,配齐配强专职党务干部。开展"加强政治引领,严明政治纪律和政治规矩"主题教育,加强廉政风险点排查和分析研判,对发现的问题和薄弱环节立即整改,做实做细日常监督。

八、 持续加强社联干部人才培养和队伍建设,不断激发干事创业活力

一是加强社联干部队伍建设规划,提高人才培养和队伍建设的前瞻性和科学性。结合社联实际,编制印发《社联"十四五"干部人才队伍建设规划》,制定 8 个具体规划目标、12 条建设措施,为未来 5 年干部结构优化、梯队建设和人才培养使用提供依据。编制印发《社联"十四五"干部教育培训计划》,围绕 5 个方面,制定 14 条培训措施,规划指导"十四五"期间社联干部教育培训工作。

二是加强干部队伍建设,凝聚干事创业合力。做好干部选拔任用工作,组织开展机关干部试用期满考察和公务员职级晋升。组织开展事业单位专业技术职务聘任工作,推进事业单位人才梯队建设。组织机关及所属事业单位全体人员完成线上线下学习培训任务,选派干部参加哲社班、处级干部初任班、进修班等专题培训。组织开展各类各级考核工作,为干部培养和选任打好基础。优化机关内设机构设置,组织实施机关干部岗位交流,通过多岗位培养锻炼干部。加大推荐社联干部参评各类荣誉称号的力度,多人次获得"上海领军人才""上海出版人奖""上海出版新人奖"等荣誉称号。

三是持续协同发力,推动事业单位改革方案落实落地。根据市委编委对《上海市社联所属事业单位统筹设置改革方案》的批复要求,制定事业单位改革具体措施。办理相关组织变更登记事项,研究制定新机构岗位设置方案和绩效工资分类调整方案,组织开展新机构工作人员招录,为新机构的整合发展打好人才基础,不断充实事业单位功能定位。

四是切实做好老干部关爱关心工作,发挥好老干部作用。组织老同志围绕党史学习教育开展各种学习活动,通过寄送学习资料、开展离退休支部主题党日活动,组织老同志参与线上报告学习、交流学习心得。落实好离退休干部的政策待遇,关心老同志们的身体健康和各种需求。对离休干部和荣获"光荣在党 50 年"纪念章的老党员以及生病、高龄生日的老同志进行走访慰问,及时将党和国家的关怀温暖带给每一位离退休干部。

九、 落实巡视整改任务,强化机关内部规范管理,提升规范化、制度化管理和服务水平

一是按照市委巡视组反馈的巡视整改要求,认真制定并落实巡视整改措施,推动整改落实和建章立制。巡视反馈的 4 个方面 30 个问题的整改任务,全部有序推进取得积极成效。

二是完善社联管理制度,提升管理规范化水平。着力强化内部管理规范化,进一步健全完善内控制度,规范工作流程。建立健全社联网络意识形态、网络安全和信息化建设系

列规章制度。抓严抓实意识形态工作管理与风险防范,强化各类意识形态阵地管理。

三是紧扣年度重大活动,扎实开展社会宣传和对外宣传。全年社联中文网站共编发信息482篇,访问量620万人次。英文网站设5个专题栏目,共编发信息38篇,访问量近6.6万人次。对微信公众号进行改版,全年发布373篇,关注人数较2020年底增长了37%。发稿量、阅读量、转发数和新增关注人数较往年有大幅增长。

四是积极推进社科志编撰和社联年鉴编制。组织发动社科界各方力量,按期完成《上海市志·人文社会科学卷(1978—2010)》的审定验收工作,定稿送交出版社。出版《上海社联年鉴2020》,编辑审校《上海社联年鉴2021》。

五是严格做好疫情防控和安全生产工作。持续提升物业服务水平,做好机关办公用房的维护修缮,多措并举推进节能减排。

十、 积极推进上海社会科学馆建设,不断提升社科会堂管理和服务水平

一是扎实推进上海社会科学馆软硬件建设,确保高质量顺利开馆。与上海图书馆、上海通志馆加强沟通、协调、合作,合力推进上图东馆工程建设,积极推进社会科学馆的展陈建设、资料征集与开办运营等工作。

二是努力打造社科会堂文化地标,更好发挥服务平台作用。加强内控制度建设,提高社科会堂的综合管理水平。主动加强与社联所属学会及有关科研院所、机关事业单位的联系,做好宣传推介。以深化内容规范管理为动力,推动社科会堂学术志愿者服务基地建设。以为社科界提供专业学术服务为目标,努力开拓会堂工作新局面。

重要活动

ZHONG YAO HUO DONG

学习贯彻中央和市委精神

上海市社联召开 2021 年度工作务虚会

　　1 月 5 日,上海市社联召开 2021 年度工作务虚会。市社联党组书记、专职副主席权衡主持会议并提出工作要求,党组成员、专职副主席、秘书长解超,党组成员、专职副主席任小文,党组成员、二级巡视员陈麟辉出席会议并讲话。

　　权衡同志指出,2021 年是中国共产党成立 100 周年,也是"十四五"规划开局之年。上海市社联要以习近平新时代中国特色社会主义思想为指导,全面贯彻党的十九大和十九届二中、三中、四中、五中全会精神,牢牢把握重大节点,勇开新局,乘势而上,不断推出优秀成果、打造高端平台、擦亮社科品牌。在此基础上,社联要做到今后五年持续高质量发展,更好地发挥党和政府联系社科界的桥梁纽带作用,更好地服务于党和政府中心工作,更好地为本市落实国家战略凝心聚力,为实现"十四五"规划和 2035 年远景目标贡献智慧。

　　权衡同志指出,迈入新的发展阶段,社联要进一步提高联系、联合、联结的本领,依托主席团、委员会,依托各大科研科普基地,依托全市社科工作"五路大军",打造与新时代要求相适应的思想库、智囊团。同时做好聚焦、聚集、聚力的工作,发挥引领示范功能,增强设置议题能力,把握导向,精准发力。一要统一思想,明确形势任务;二要聚焦重点工作,提升质量、影响力;三要推动学术团体发展进入新阶段;四要巧借外力,打响重大文化品牌;五要坚持社科普及守正创新、精益求精;六要进一步牢固树立阵地意识;七要将全面从严治党要求贯穿社联工作始终;八要不断加强学习,持续提升社联干部队伍的能力和水平。

　　会上,上海市社联全体处以上干部围绕"上海市社联 2021 年工作重点和未来五年事业发展"这一主题进行了交流研讨。

上海市社联召开系列座谈会广泛征求社科界代表意见建议

　　根据中共上海市纪委机关、市委组织部和市委宣传部关于开好 2020 年度处以上党和国家机关党员领导干部民主生活会的通知要求,上海市社联党组于 1 月 18 日、1 月 20 日、1 月 22 日先后召开三场民主生活会征求意见座谈会,分别邀请上海市高校、党校、部队院校、科研机构、政府相关部门和科普基地等各方面社科界代表,以及机关、所属事业单位党员干部、民主党派、群众代表参加座谈会,征求对社联党组班子的意见和对社联工作的建议。

　　座谈会上,与会代表围绕上海市社联党组及班子成员在认真学习贯彻习近平新时代中国特色社会主义思想和党的十九届五中全会精神,认真学习贯彻习近平总书记考察上海重要讲话和在浦东开发开放 30 周年庆祝大会上重要讲话精神;在坚持和加强党的全面领导,深入开展"四史"学习教育;在统筹疫情防控,认真配合开展市委巡视工作,积极推进本市哲学社会科学建设发展等各项中心工作;在落实全面从严治党责任,严格落实中央八项规定精神,加强党风廉政建设责任制等方面给予了充分肯定。同时,就结合庆祝建党 100 周年和"十四五"规划开局年等重要节点,做好党的重大理论和实践成果深入研究阐释;进一步完善学术评价体系,深度挖掘培育高质量原创学术成果;全面加强智库建设,更好地服务经济社会发展,服务人民美好生活;进一步加强对学术社团的工作指导与扶持和对社科青年人才培养长期规划,以及机关青年干部培养等方面提出了意见建议。

　　上海市社联党组书记、专职副主席权衡在参加有关专家座谈会时指出,开门办社联,广泛听取各方面意见和建议,是社联高质量举行民主生活会、不断加强党组班子建设的重要抓手;上海市社联作为党和政府联系广大社科工作者的桥梁和纽带,高度重视社科界的意见和建议。大家提出的意见建议都很中肯,很有价值,社联党组将认真归纳梳理、对照分析,以求真务实的作风把大家提出的好的意见建议落实在今后的工作当中。希望大家继续帮社联出谋划策,为社联做好各项工作奠定良好基础。

　　上海市社联党组成员、专职副主席解超主持座谈会,党组班子成员、机关各部门负责同志分别参加部分座谈会。

上海市委第九巡视组向市社联党组反馈巡视情况

年初,上海市委第九巡视组向市社联党组反馈巡视情况。市委副秘书长、市纪委副书记、市委巡视工作领导小组办公室主任马乐声主持召开向市社联党组书记权衡的反馈会议,出席向市社联党组领导班子反馈巡视情况会议,对巡视整改提出要求。会议传达了市委书记李强在听取十一届市委第八轮巡视情况汇报时的讲话精神,市委第九巡视组组长史家明代表巡视组反馈了巡视情况。权衡同志主持向领导班子反馈会议并就做好巡视整改工作作表态发言。

根据市委统一部署,2020年10月21日至12月18日,市委第九巡视组对上海市社联党组进行了巡视。巡视组坚持以习近平新时代中国特色社会主义思想为指导,全面贯彻巡视工作方针,坚守政治巡视定位,把"两个维护"作为根本任务,紧扣被巡视党组织职能责任强化政治监督,重点检查落实党的理论和路线方针政策以及党中央、市委重大决策部署、全面从严治党战略部署、新时代党的组织路线、巡视整改等情况,推动群团组织认真履行政治职责,充分发挥联系人民群众的桥梁纽带作用,切实增强群团组织的政治性、先进性、群众性。市委巡视工作领导小组听取了巡视组的巡视情况汇报,并向市委报告了有关情况。

史家明同志在反馈中指出,上海市社联党组以习近平新时代中国特色社会主义思想为指导,联系全市社科界积极开展哲学社会科学学术研究、社团管理、宣传普及等工作。巡视也发现了一些问题,主要是:贯彻落实党的理论和路线方针政策以及党中央、市委重大决策部署存在差距,推动哲学社会科学繁荣发展不够有力,组织、引导上海社科界开展研究的主动跨前意识不够强;贯彻全面从严治党战略部署不够到位,落实主体责任和监督责任仍有不足,部分领域和岗位存在廉政风险隐患;贯彻落实新时代党的组织路线不够严格,干部队伍建设及基层党建不够完善;对上轮巡视发现问题整改落实不够彻底。同时,巡视组还收到反映一些领导干部的问题线索,已按规定转市纪委监委、市委组织部等有关方面处理。

史家明同志提出了四点意见建议。一是进一步发挥桥梁纽带作用,不断推动哲学社会科学事业繁荣发展;二是进一步巩固群团改革成果,不断加强意识形态阵地管理;三是进一步压实管党治党责任,不断推进党风廉政建设;四是进一步聚焦哲学社会科学特点,不断推进高质量干部人才队伍建设。

马乐声同志对巡视整改提出明确要求。一是进一步提高政治站位,充分认识做好巡视整改的重要性,切实增强抓好巡视整改落实工作的政治自觉、思想自觉和行动自觉。要站在践行"两个维护"的高度来抓好巡视整改,聚焦加强和改进党的建设抓好巡视整改,结合本单位职能责任抓好巡视整改。二是进一步落实政治责任,全面完成巡视整改任务,要夯实责任、细化任务、狠抓落实,把抓好巡视整改作为落实管党治党主体责任的重要内容,做到真改实改、全面整改。三是进一步加强监督检查,促进巡视整改落地见效。一方面要坚决落实巡视整改要求,从政治高度抓好巡视整改和成果运用,充分发挥巡视标本兼治的作用。另一方面要强化巡视整改日常监督,增强接受监督的意识,主动配合巡视整改日常监督工作,推动整改取得实效。

权衡同志表示,对于巡视指出的问题,上海市社联完全认同,全面接受;对于巡视反馈提出的要求,上海市社联党组认真贯彻,坚决落实。一是切实提高政治站位,着力把巡视整改转化为自我完善、自我革新、自我提高的能力,进一步增强做好巡视整改的责任感、使命感、紧迫感。二是进一步增强社联作为群团组织的政治性、先进性、群众性,发挥好桥梁纽带作用,在构建中国特色哲学社会科学、培育"上海文化"品牌、推动理论创新、规范学术社团管理、深化社科普及上持续发力。三是坚决履行政治责任,推进全面从严治党向纵深发展,强化党建责任传导机制,逐级压实责任,推动"四责协同"机制落实落地。四是不断强化政治担当,坚持以上率下、切实发挥党组班子示范带动作用,不折不扣把巡视整改落实抓出长效。

市委第九巡视组副组长及部分成员,市纪委监委、市委组织部、市委巡视办有关负责同志,上海市社联党组领导班子成员,派驻纪检监察组有关同志出席会议;上海市社联各部门和所属单位有关同志列席会议。

上海市委宣传部副部长徐炯一行来市社联开展调研

1月21日，上海市委宣传部副部长徐炯、宣传部理论处处长陈殷华、市哲社规划办副主任吴诤来到市社联开展调研。

市社联党组书记、专职副主席权衡首先代表社联党组汇报了市社联2020年度工作的开展情况，并从学会管理、理论研究、决策咨询、宣教科普、期刊建设等方面汇报了2021年工作设想。

徐炯在讲话中指出，2021年是中国共产党成立100周年，是实施"十四五"规划、开启全面建设社会主义现代化国家新征程的开局之年，是我国现代化建设进程中具有特殊重要性的一年。市社联要紧扣庆祝建党100周年这根主线，充分整合各方资源形成合力，精心组织开展系列理论研讨、学会学术活动和宣传普及，营造良好学术氛围，形成向建党百年献礼的重要成果。

市社联党组成员、专职副主席、秘书长解超，党组成员、专职副主席任小文，党组成员、二级巡视员陈麟辉出席会议。办公室主任梁清及有关工作人员列席会议。

上海市社联党组召开市委第八轮巡视选人用人工作检查整改专题会和推进会

　　2月9日上午，上海市社联党组召开市委第八轮巡视选人用人工作检查整改专题会，学习传达市委第八轮巡视选人用人工作专项检查反馈会议精神及对市社联党组选人用人工作检查情况的反馈意见，研究讨论选人用人工作检查整改方案。

　　下午，上海市社联党组书记、专职副主席权衡主持召开了市委第八轮巡视选人用人工作检查整改推进会，对专项检查提出的问题逐条进行分析研判，部署整改计划和整改措施。机关党委、机关纪委和组织人事处有关同志参加了会议。

　　权衡书记在会上强调，要提高政治站位和政治意识，认真贯彻落实新时期党的组织路线和市委对干部队伍建设的新要求，把专项检查整改工作作为组织干部工作当前和今后一个时期的重要政治任务。机关党委、机关纪委和组织人事处要认真研究专项检查反馈的意见，分类整理项目清单、问题清单和整改措施清单，明确整改内容和完成期限，以鲜明的态度、务实的举措、过硬的作风协同推进整改任务落实，确保事事有着落，件件有回音，切实做到整改问题及时，整改责任明确，整改工作出成效，为推动社联发展提供组织保障和人才支撑。

上海市社联召开 2021 年工作会议

2月8日上午,上海市社联召开2021年工作会议,市社联党组书记、专职副主席权衡出席并讲话,党组成员、专职副主席解超、任小文,党组成员、二级巡视员陈麟辉布置分管部门重点工作,市社联机关、刊业中心全体干部参加会议。会议由解超同志主持。

会议表彰了社联机关、刊业中心2020年度先进集体、优秀个人和优秀工作项目。王克梅、方宁、朱燕、何大伟、俞亚赞、姚丽莎和杜运泉、李梅、姜佑福、盛丹艳等同志受到嘉奖;科研组织处、《探索与争鸣》编辑部分别被评为社联机关和刊业中心先进集体,"四史讲堂"等11个项目评为优秀工作项目。

会议对2021年度重点工作进行布置。

解超同志围绕2021年科研科普工作、机关党委工作,提出了深入推动习近平新时代中国特色社会主义思想学理化、系统化和大众化、普及化;加大决策咨询工作力度,提高决策咨询能力水平;围绕建党100周年、全面建成小康社会等重大主题开展理论研究和普及工作,稳步推进科普立法,加强基层党建,强化机关文化建设等工作要求。

任小文同志从落实巡视整改要求,加强机关内部规范化管理建设,组织学会围绕重大主题开展理论研究,推动学会意识形态阵地建设、新型学会创建,强化社科会堂管理和上图东馆工程建设等方面对分管部门重点工作进行了布置。

陈麟辉同志围绕2021年期刊发展工作重点,提出了发挥期刊作用推动习近平新时代中国特色社会主义思想学理化、系统化研究,加强期刊意识形态领域安全,围绕大局、统筹选题、抓好特色,推动年鉴工作和社科志编撰和加强期刊人才队伍建设等工作要求。

权衡同志对2020年社联工作做了总结,他表示,在各部门和全体干部的共同努力下,市社联统筹推进疫情防控和各项事业发展平稳有序有效发展,学术影响力、政策影响力和社会影响力都上了一个新台阶。

权衡同志重点对2021年工作进行了部署。他在讲话中指出,一是要统一思想认识,明确形势任务。要思考国内和国际两个大局,思考国家发展和上海发展两个背景,结合市委巡视整改要求和社联发展谋划,做好社联新一年的重点工作规划。二是要聚焦重点工作,进一步提升市社联发展质量和影响力。进一步履行"联""研""普"的核心职能,聚焦主责主业,围绕中心,服务大局,推动各项业务发展。三是要围绕市社联中心工作,提升规范化管理水平。加强学习,推进社联各项管理制度的执行和落实,落实疫情防控长效机制,不断提高内控管理能力和服务水平。四是要全面加强党建工作,提高干部队伍工作能力和水平。贯彻落实全面从严治党战略部署，加强党建引领，进一步提高干部担当与责任意识，更好营造"风清、气正、务实、创造"的良好氛围。五是要以巡视整改为契机，提升社联整体工作水平。以鲜明的态度、坚定的决心，坚决把巡视整改落实工作作为当前和今后一个时期的重大政治任务，认真研究反馈意见，深刻剖析原因，严格制定整改措施，落实整改任务，切实确保整改实效。以巡视整改为契机，推动各项工作再上新台阶。

上海市社联召开巡视整改专题会议部署巡视整改各项工作

　　2月9日上午，上海市社联召开党组会，专题讨论巡视整改任务分解方案，逐条对照巡视反馈意见，认真梳理反馈意见提出的问题，深入讨论巡视整改任务分解方案。权衡同志指出，要把巡视整改作为一项重要的政治任务，与民主生活会提出的整改意见结合起来，以高度的政治责任和政治担当，认真做好巡视后半篇文章。对巡视反馈意见提出的问题，要切实把整改责任落实到部门、落实到位、落实到人。巡视整改要确保件件有着落、事事有回音。

　　2月9日下午，上海市社联召开巡视整改工作推进会，党组班子成员及各部门对照巡视反馈意见整改任务分解情况，逐条认领巡视整改任务。权衡同志强调，对巡视整改工作，思想上要高度重视；整改工作要见人见事，整改措施要实要有抓手；整改工作要与推进社联中心工作结合起来、与进一步完善规章制度结合起来，做到举一反三；严格按照巡视整改工作协调会确定的时间节点，有力有序推进整改工作；要以巡视整改为契机，推动社联整体工作再上新台阶。

上海市社联召开党组领导班子 2020 年度民主生活会暨巡视整改专题民主生活会情况通报会

　　2月22日上午，上海市社联召开专题会议，通报社联党组领导班子 2020 年度民主生活会暨巡视整改专题民主生活会情况。市社联党组书记、专职副主席权衡主持会议并通报情况。市社联党组班子成员，机关及所属事业单位处级领导干部，部分党员、民主党派和群众代表参加会议。

　　权衡同志指出，根据市纪委机关、市委组织部和市委宣传部的工作部署，市社联于 2月7日下午召开了社联党组领导班子 2020 年度民主生活会暨巡视整改专题民主生活会。市社联党组高度重视这次民主生活会的召开，会前组织专题会议研究制定民主生活会工作方案，组织学习研讨、广泛征求意见、深入谈心谈话、认真撰写对照检查材料，为开好这次民主生活会做了充分的准备。民主生活会上，市社联党组领导班子及成员认真查摆问题、深挖思想根源、剖析问题原因、提出整改措施，党组成员之间开诚布公开展批评和自我批评，达到了统一思想、增进团结、共同进步的目的。

　　权衡同志强调，要进一步提高政治站位，紧扣本次民主生活会查摆出来的问题，结合本次市委巡视反馈意见和整改要求，严格按照《上海市社联党组巡视整改工作推进落实方案》和民主生活会提出的整改措施，集中力量做好整改工作，确保整改措施落实落细落地，进一步增强党组领导班子战斗力，进一步提高市社联干部队伍干事创业激情，推动社联各项事业更上一层楼。

上海市"十四五"规划工作领导小组办公室向上海市社联发来感谢信

　　年初,上海市"十四五"规划工作领导小组办公室向上海市社联发来感谢信。来信指出,在上海"十四五"规划的研究和编制过程中,市社联党组书记、专职副主席权衡,党组成员、专职副主席解超等同志组织社科界专家学者和团队,积极参与上海"十四五"规划前期若干重大问题研究,深入调研、认真研讨,形成的一批高质量的研究成果,为"十四五"规划纲要制定提供了有力的智力支撑和宝贵的咨询建议。来信对社科界专家学者和研究团队的辛勤工作表示诚挚敬意,对权衡等同志给予规划工作的关心和支持表示衷心感谢。

　　2019年以来,上海市社联积极发挥联系、服务社科界专家学者的桥梁纽带作用,着力强化决策咨询功能,组织社科界专家学者召开多场专家座谈会,聚焦上海"十四五"规划若干重大问题、战略问题、中长期问题,开展跨学科、跨专业、跨领域的系列研究,形成并报送了一批高质量的决策咨询成果,为上海"十四五"规划编制提供了重要的智力支持。

上海市委宣传部召开推进市社联工作现场会

　　4月20日下午，上海市委宣传部在市社联召开现场会，推进上海市社联在党建、干部人才、资产、意识形态管理、机构等方面各项工作。市委宣传部副部长胡佩艳主持会议并讲话，市社联党组书记、专职副主席权衡就市社联巡视整改工作推进情况作汇报，市委宣传部有关处室负责同志，市社联党组成员、各部门负责同志参加会议。

　　胡佩艳在讲话中指出，市社联落实巡视整改工作行动有力，整改措施具有很强的针对性。市委宣传部各处室要继续做好与市社联的对接，做好相关工作的指导。胡佩艳强调，市社联巡视整改工作要进一步提高政治站位、政治自觉和思想自觉，把整改压力化为内生动力；要进一步落实主体责任，在抓关键少数上下功夫；要进一步把整改工作与日常工作相结合，特别是要融入具体工作，要结合建党百年与党史学习教育，始终坚持政治引领。

　　权衡在汇报中指出，经过两个多月的集中整改，市社联巡视整改落实工作在党建、干部人才、意识形态管理、机构和资产管理方面取得了阶段性成效。下一步，上海市社联将进一步加强政治引领，进一步强化管党治党政治责任；进一步深入统筹推进巡视整改工作落实落细；完善长效机制，进一步巩固扩大整改工作成效，确保高标准、高质量完成整改任务，以实际行动和整改实效推动社联机关和事业发展，为繁荣发展上海社科事业，更好服务经济社会高质量发展做出更大贡献。

　　会上，市委宣传部有关处室负责同志作了交流发言。

上海市社联召开七届七次主席团会议(扩大)暨党史学习教育报告会

4月22日上午,上海市社联召开七届七次主席团会议(扩大)暨党史学习教育报告会。市社联主席王战出席会议并讲话,市社联党组书记、专职副主席权衡主持会议并报告市社联2020年主要工作和2021年工作要点,市社联党组成员、专职副主席任小文报告上图东馆社科主题馆建设情况,市社联党组成员、二级巡视员陈麟辉报告社联学术期刊建设情况。市社联副主席刘靖北、李琪、李友梅、吴晓明、沈国明、沈炜、陈恒、顾锋、桑玉成、龚思怡和部分社联委员代表参加会议。市社联各部门负责人及处级以上干部列席会议。

王战在讲话中指出,2020年市社联团结带领全市广大社科工作者,迎难而上、共克时艰,始终聚焦国家发展战略,围绕市委中心工作,积极统筹疫情防控和业务推进,做了大量卓有成效的工作。他强调,在今年的工作中,市社联一是要围绕建党100周年,做好党史的研究、宣讲和宣传工作;二是要围绕"十四五"开好局起好步,积极发挥社科界的决策咨询功能;三是要围绕理论创新,加强前瞻性研究;四是要围绕维护好意识形态安全,构筑主流意识形态,加强有特色、高质量的阵地建设。

权衡向主席团报告了2020年上海市社联的主要工作:一是深入组织社科界专家学者开展重大主题的理论研究,推动学习和贯彻习近平新时代中国特色社会主义思想继续走深走实;二是积极推动学术社团开展理论研究和学术交流,引导服务中心工作;三是紧扣重大主题开辟媒体专栏刊载理论文章,营造良好社科研究氛围;四是组织社科界举办重要学术论坛和会议,服务主流意识形态;五是坚持围绕中心服务大局做好决策咨询工作,发挥社科界专家学者的思想库和智囊团作用;六是探索社科普及新方式推出社科普及新产品等及其他方面的工作,提高社会科学普及和影响力。他表示,2021年,市社联将继续在市委领导和市委宣传部指导下,更加紧密联系和服务好社科界专家学者,立足新发展阶段,贯彻新发展理念,服务新发展格局,努力为繁荣发展上海哲学社会科学事业、推动经济社会高质量发展做出新的贡献,以优异成绩庆祝建党100周年。

市社联副主席李琪、刘靖北分别以"百年奋斗历程的真理和根本启示"和"学史增信谈体会"为主题作党史学习教育专题报告。

李琪在报告中指出,从"学史明理、学史增信、学史崇德、学史力行""新中国成立——以万里长征的第一步胜利为起点""从党史新中国史改革开放史看'人间正道'""中国特色社会主义进入新时代"四个部分系统回顾了党的百年奋斗历程,重点阐述了对"学史明理、学史增信、学史崇德、学史力行"的理解和把握。

刘靖北在报告中重点阐述了对学史增信的理解。从成立之日起,中国共产党就将共产主义确立为远大理想和崇高追求,因此始终能够经受一次次挫折、能够一次次奋进。中国共产党将远大理想和马克思主义信仰结合起来,有无数坚定的党员坚守理想信念,所以能够成就中国共产党的百年辉煌。

会上,市社联主席团成员及部分委员代表还就如何进一步做好今年的社科工作进行讨论,提出了许多具有前瞻性、战略性、针对性的意见建议。

上海市社联举行"加快构建中国特色哲学社会科学暨社科界党史学习教育"座谈会

2021 年是中国共产党成立 100 周年，是习近平总书记"在哲学社会科学工作座谈会上的重要讲话"发表 5 周年。5 月 17 日，上海市社联组织本市社科理论界专家学者举行"深入学习习近平总书记'5·17'重要讲话精神，加快构建中国特色哲学社会科学暨社科界专家学者党史学习教育座谈会"，市委宣传部副部长徐炯出席会议并讲话。市社联党组书记、专职副主席权衡主持会议。

徐炯指出，上海是哲学社会科学研究的重镇，上海社科界要立足传统优势和自身优势，站在历史新起点上，进一步深入学习贯彻习近平总书记"5·17"重要讲话和给《文史哲》编辑部回信精神，进一步学党史、悟思想、务实效，努力开创构建中国特色哲学社会科学新局面。坚持以马克思主义为指导，始终紧密联系实际，开展对习近平新时代中国特色社会主义思想的深入研究和系统阐释，着力习近平新时代中国特色社会主义思想系统化、学理化和大众化、普及化，把马克思主义中国化不断推向新境界。

徐炯强调，要贯彻落实习近平总书记关于上海发展的系列重要指示，服务上海经济社会发展新实践，形成更多高质量决策咨询研究成果，不断提升服务经济社会发展全局的能力和水平。在推进学科体系、学术体系、话语体系建设进程中，取得一批具有较高学术质量的新概念、新术语、新论断、新观点、新原理、新学说，一批助力中国特色知识体系建设的创新成果，推出一批代表性的人物和研究团队。

权衡在讲话中指出，习近平总书记"5·17"重要讲话发表 5 年来，市社联在市委和市委宣传部领导下，在市委宣传部理论处、市哲社规划办的支持下，贯彻实施《关于本市推进中国哲学社会科学学术话语体系建设的实施意见》，扎实开展中国特色哲学社会科学暨学术话语体系构建。启动实施新思想系统化学理化研究专项，旨在深入推进习近平新时代中国特色社会主义思想的系统化、学理化，最终出版一套专题系列丛书。成立 16 个"中国特色哲学社会科学学术话语体系建设"上海市社会科学创新研究基地，涵盖哲学、历史学、政治学、法学、政治经济学、社会学、教育学等人文社会科学主要学科，已经取得一系列研究成果。启动实施"改革开放 40 周年""新中国成立 70 周年""建党 100 周年"三大系列研究专项，推动相关研究项目按期结项，遴选出版"三大系列"丛书近 50 种 80 卷。创设举办"中国哲学社会科学学术话语体系建设·浦东论坛"，分别以"中国社会学话语体系建设""政治经济学学术话语体系建设"和"文学理论话语体系建设"为主题，成功举办三届浦东论坛。

　　会上，本市社科界专家学者代表、复旦大学副校长陈志敏教授、上海市国际关系学会会长杨洁勉研究员、上海社会科学院应用经济研究所副所长李伟研究员、华东师范大学社会主义历史与文献研究院院长孟钟捷教授、上海交通大学马克思主义学院副院长鲍金副教授、《学术月刊》总编辑姜佑福研究员应邀发言。部分与会学者在会上作交流互动。市委宣传部相关职能部门负责同志，本市主要社科单位科研管理部门负责人，话语体系建设基地首席专家，新思想系统化学理化研究专项首席专家等 60 余人出席会议。

上海市社科界学习习近平总书记"5·17"重要讲话精神为构建中国特色哲学社会科学建言献策

　　2021年是中国共产党成立100周年,是习近平总书记"在哲学社会科学工作座谈会上的重要讲话"发表5周年。日前,习近平总书记给《文史哲》编辑部全体编辑人员回信,既是对哲学社会科学工作和社科工作者重要地位的褒扬和肯定,又是对中国哲学社会科学创新发展的期许和厚望。5月17日,上海市社联组织本市社科理论界专家学者举行"深入学习习近平总书记'5·17'重要讲话精神,加快构建中国特色哲学社会科学暨社科界专家学者党史学习教育座谈会"。

　　本市社科界专家学者代表、复旦大学副校长陈志敏教授、上海市国际关系学会会长杨洁勉研究员、上海社会科学院应用经济研究所副所长李伟研究员、华东师范大学社会主义历史与文献研究院院长孟钟捷教授、上海交通大学马克思主义学院副院长鲍金副教授、《学术月刊》总编辑姜佑福研究员应邀发言。

　　陈志敏回顾了5年来复旦大学相关工作情况。在学科体系建设方面重点建设马克思主义学科,大力加强全国重点马克思主义学院建设,以马克思主义理论为引领的哲学社会科学学科性建设。强化哲学、理论经济学、政治学、中国史等现有重点优势学科建设,设立科技考古研究院、现代语言学研究院等,加大对历史地理研究所、出土文献与古文字研究中心、古籍整理研究所等冷门学科研究机构的支持力度。在学术体系建设方面实施"习近平新时代中国特色社会主义思想研究工程"和"当代中国马克思主义研究工程",组建专职智库研究队伍、探索智库系列评价体系。在话语体系建设方面,建设中国话语高地中国研究院,搭建"上海论坛""'一带一路'及全球治理国际论坛"等国际对话话语平台,在海外建设海外中国研究中心,一批原创成果被译成多种语言。

　　杨洁勉介绍了上海市国际关系学会和上海国际战略问题研究会在推进学术话语体系的探索和实践。一是在参与中国的国际关系和外交外事工作中提高实践自觉,在"进博会"等国家重大外事活动中发挥作用,微信公众号发表抗击疫情原创文章260多篇、举行国际视频对话100多次,在纪念中美建交、乒乓外交等地方和民间友好活动中发挥作用。二是加强国际话语权建设,以国内会议、国际会议、外语刊物等传统和新媒体等为途径,推介中国外交成绩和理念,宣传中国学界研究成果。三是围绕学科建设,组织召开改革开放40周年、国际合作抗疫和国际关系、中国共产党百年外交实践和理论等专题学术研讨,发挥重点高校和专家学者专长,在中国特色大国外交理论和习近平外交思想研究方面走在学界前列。

李伟以新思想学理化系列研究专项首席专家视角,围绕如何进一步把握新发展理念指引性发言。一是以新发展理念为引领的强国经济理论,推动从跟随型理论研究向引领性理论创新的突破和提升,突破了跟随型发展经济学理论范式,推动中国经济学发展理论重大突破,开创发展经济学理论新篇章。二是新发展理念立足前所未有的中国工业化发展实践,实现经济增长理论原创性突破,既超越马尔萨斯增长理论、古典的增长理论,也超越内生要素禀赋和市场竞争过程增长理论,形成新的创新驱动增长发展理论,实现了基于中国发展奇迹的中国增长理论原创性突破。三是新发展理念聚焦中国社会主义现代化强国建设目标,推动对现代化强国发展实践具有指导意义的理论创新,聚焦建设现代化经济体系和构建新发展格局中面对的重大问题,探索中国特色的工业化、现代化理论创新,为中国建设社会主义现代化强国提供理论指导。

孟钟捷认为,习近平总书记"5·17"重要讲话对当下中国史学界提出"有理想信念,立志突破西方学术话语、创新全球共识、健全适应中国特色社会主义发展的育人体系"的要求。围绕贯彻落实习近平总书记"5·17"重要讲话精神,华东师范大学"中国历史学话语体系建设与国际传播"基地明确"梳理中国历史学话语体系建设的早期历史""摸索中国历史学话语体系建设的革新路径"的学术目标,着力布局和推进以下工作:一是以整理中国近代史学文献丛刊为抓手,厘清马克思主义史学观念从德国、欧洲转向日本进而落地中国的全过程,挖掘红色史学家范文澜、李平心、吴泽等的史学观念形成及其作品传播史。二是以建设社会主义历史与文献研究院为契机,推动改革开放史文献收集与整理,启动改革开放史六卷本编年史和三卷本纲要的写作。三是以提升世界眼光和比较视野为路径,加大社会主义史研究的广度与深度,推动"世界社会主义国家系列研究""各国历史教科书中的中国形象研究"等研究项目。四是以增强公共历史教育为方向,自觉承担从卓越学术转向卓越育人的使命。

鲍金认为,理论创新一定是在研究现实问题、解决现实问题过程中产生的结果,归根到底是要解决实践当中、现实当中的问题。评价中国哲学社会科学原创性,应当在特殊性和普遍性的统一尺度当中,放到整个人类哲学社会科学的发展史当中衡量,看理论是否增加了学术的增量、质的意义上的增量。

姜佑福介绍了《学术月刊》按照扎根学术、守护思想、把握时代的目标办好刊物的工作情况。《学术月刊》杂志社学习、贯彻、落实习近平总书记"5·17"重要讲话精神,既要坚持学术性标准,又要兼顾思想要求和时代性要求,坚持好中选优的发文取向,更加注重上海本地的、中青年的优秀成果发表,进一步持续巩固全国顶级人文社科综合性学术期刊的学术地位和品牌影响,助推构建中国特色哲学社会科学事业。

上海社科界举办"学习贯彻习近平总书记给《文史哲》编辑部全体编辑人员回信精神"座谈会

　　5月9日，中共中央总书记、国家主席、中央军委主席习近平给《文史哲》编辑部全体编辑人员回信，对办好哲学社会科学期刊提出殷切期望。5月19日，由上海市社联主办，市出版协会、市期刊协会和《学术月刊》杂志社联合承办的"深入学习总书记回信精神，推动新时代中国学术高质量发展"专家座谈会在上海举行。上海市社联党组书记、专职副主席权衡，市委宣传部传媒监管处处长陈琳琳，市出版协会理事长胡国强，市期刊协会会长王兴康出席座谈会并致辞。会议由上海市社联党组成员、二级巡视员陈麟辉主持。来自本市重点出版单位、代表性社科学术期刊以及社科学术理论界的专家学者40余人参加座谈。

　　权衡指出，总书记的回信充满了对哲学社会科学和社科学术期刊的殷切期望，也为新时代加快构建中国特色哲学社会科学和高质量学术期刊发展提出了新方向和新要求。社科理论界和社科学术期刊要讲好中国故事，让世界更好地认识中国，增强中国的软实力。广大哲学社会科学工作者应当深刻学习领会习近平总书记的回信精神，要按照总书记说的那样，从历史和现实、理论和实际相结合的角度，不断推动理论和学术创新；要积极回应时代问题，尤其是要加强本土化的理论和学术建构，推动中华优秀传统文化的创造性转化和创新性发展，深入理解中华文明。社科理论界专家学者和社科学术期刊要坚守初心，引领创新，更好地坚持中国道路、弘扬中国精神、凝聚中国力量。

　　陈琳琳认为，习近平总书记的回信高瞻远瞩、情真意切、催人奋进，充分体现了总书记对哲学社会科学工作的高度重视以及对社科工作的殷切希望，这是面向整个哲学社会科学界发出的总动员令。总书记在回信的最后明确指示："希望你们再接再厉，把刊物办得更好"。这不仅仅是对《文史哲》一本刊物的要求和希望，也是对全国所有社科期刊的要求和希望。上海作为中国出版界的重镇，更应该书写出一份让人满意的答卷。

　　胡国强回顾了上海出版界的历史，认为上海出版界在推动新中国哲学社会科学繁荣发展的过程中发挥了不可替代的作用。习近平总书记给《文史哲》编辑部全体编辑人员的回信，高度肯定了社科学术期刊在弘扬中华文明、繁荣学术研究方面发挥的重要作用，给出版工作者，尤其是社科学术期刊工作者极大鼓舞，为做好新时代出版工作，办好社科学术期刊提供了重要指引和根本遵循。

　　王兴康表示，上海是一座具有光荣革命历史传统的城市，早期的很多红色期刊就诞生在上海,如《新青年》《共产党》等,这些刊物为马克思主义真理的传播和中国共产党的组织建设发挥了重要的作用。在之后的各个历史时期,上海的期刊始终紧扣时代脉搏,围绕党和政府的中心工作,服务大局、团结人民、传播文化、推动创新,为社会主义革命和建设作出了重大的贡献。在新时代新起点,上海期刊人应当谦虚谨慎、戒骄戒躁,对照总书记的指示精神,认清方向、找准差距、抓好落实、追求实效,实实在在地推进上海期刊的高质量发展,争取更上新台阶。

专家交流研讨环节,来自本市出版界、期刊界和学术理论界的专家学者交流发言。

上海人民出版社社长王为松指出,习近平总书记的回信特别提出要深入理解中华文明、促进中外学术交流。上海人民出版社将深入学习贯彻总书记的回信精神,通过出版策划,不仅让中国人也让外国人,不仅让学术界也让普通民众尤其是年轻人,深入了解中华文明、了解中国历史,激活跨越时空、跨越国度、富有永恒魅力和具有当代价值的文化精神。上海教育出版社社长缪宏才认为,总书记的回信对出版界具有重要的指引性作用,理论界和学术界负责讲好中国故事,而出版界需要传播好中国故事,增强做中国人的骨气和底气,让世界更好认识中国、了解中国。上海财经大学出版社社长金福林认为,给《文史哲》编辑部全体编辑人员的回信,表明了总书记对新时代中国哲学社会科学繁荣与发展的充分肯定,高品质的学术期刊和学术出版,应当对照总书记的回信精神认真抓好期刊阵地的政治建设、学术规范建设、体制机制建设和人才队伍建设。

《东方法学》主编施伟东谈到,习近平总书记给《文史哲》编辑部全体编辑人员的回信,充分肯定了人文社科学术期刊在弘扬中华文明、繁荣学术研究等方面做出的重大贡献,高品质的学术期刊应该严格遵照总书记的回信精神,团结广大哲学社会科学工作者,共同担负起从历史和现实、理论和实践相结合的角度深入阐述如何更好坚持中国道路、弘扬中国精神、凝聚中国力量的时代重大课题。上海大学期刊社社长秦钠认为,总书记的回信给所有的中国期刊指明了前进方向。期刊是学术繁荣和发展的主阵地,学术期刊应当主动担负起时代的使命,勇于书写新时代、讴歌新时代,勇于回答时代的课题,为助力中华民族的伟大复兴贡献力量。《新闻大学》主编张涛甫认为,应当将百年党史、总书记"5·17"重要讲话以及给《文史哲》编辑部全体编辑人员的回信精神结合起来深入学习领会。当下中国正在经历着中华民族历史上最为广泛和深刻的变革,也在进行着人类历史上最为宏大和独特的实践创新。这种前无古人的实践必将给理论的学术繁荣提供强大动力和广阔空间,期刊界应该争做议题的设置者,立时代之潮头,发思想之先声。上海师范大学期刊社社长何云峰认为,总书记在回信中号召中国社科学术界要为"增强做中国人的骨气和底气"而努力工作,感人至深、催人奋进。中国的学术期刊不应当满足于一般意义上的知识传播,而要为人类知识的创新和增长作出自己独特的贡献。《华东师范大学学报(哲社版)》常务副主编付长珍提出,总书记在回信中特别强调引领创新、让世界了解中国、让中国人增强骨气和底气,社科学术期刊应当把推动中国学术自身的创新发展和参与世界性的百家争鸣作为落实总书记回信精神的重点。上海的社科学术期刊更应该结合上海这座一直被作为改革开放前沿阵地的超大型城市的发展经验,回应时代问题,从多学科的视角来分析和阐释中国经验、中国道路、中国智慧。《社会》执行主编肖瑛紧扣总书记回信中提出的"促进中外学术交流",重点介绍了《社会》英文刊的办刊经验,强调其办刊之初便不是简单迎合西方读者的口味和要求,而是努力把立足于中国实际的经验研究和社会历史研究中最优秀的成果传递给西方学界和西方读者,让他们有机会真正深入了解中国。《探索与争鸣》主编叶祝弟认为,总书记给《文史哲》编辑部全体编辑人员的回信,为如何高质量办好哲学社会科学学术期刊指明了方向、划定了标准,增强了社科学术期刊人的自信。中国的社科学术期刊要以总书记的回信为根本遵循,做到聚焦中国问题,创新和增强思想供给,以中国为方法,以人类为旨归,对中国学术和世界文明的繁荣进步做出贡献。

华东师范大学政治学系主任吴冠军认为,习近平总书记的回信立意深远,凸显了哲学社会科学研究工作的重大意义,回信中谈到"增强做中国人的骨气和底气",谈到"促进中外学术交流",具有深切的家国情怀和人类情怀,具有一种胸怀天下的文明意识。作为这样一个伟大时代的学者,我们需要在学术研究上打通中外话语的壁垒,拿出高质量的、能够贡献于人类社会的研究成果,帮助我们的刊物和学术出版进一步国际化,尤其是应当使上海成为国际学术创新、学术交流、学术传播的真正的前沿阵地。上海社会科学院杜文俊结合对习近平总书记给《文史哲》编辑部全体编辑人员的回信精神的学习,重点介绍了上海社科院扶持中青年科研人员成长和加强学术期刊阵地建设的情况,认为社科学术期刊需要将注意力更多地向青年学者倾斜,实现"以刊育人、以人培刊"的良好循环,更好地做到总书记所期待的"支持优秀学术人才成长"。

上海市社联传达学习"中宣部学术期刊发展建设座谈会"会议精神

　　6月25日,中宣部、教育部、科技部联合印发《关于推动学术期刊繁荣发展的意见》,中宣部于7月9日召开学术期刊发展建设座谈会,认真学习贯彻习近平总书记在庆祝中国共产党成立100周年大会上的重要讲话精神和关于学术期刊工作的系列重要指示精神,研究做好学术期刊建设和管理工作。中宣部副部长张建春出席座谈会并讲话。

　　为传达落实座谈会会议精神,7月21日上午,上海市社联召开所属期刊工作会议。市社联党组书记、专职副主席权衡,市新闻出版局媒体监管处处长陈琳琳出席会议并讲话。会议由市社联党组成员、二级巡视员陈麟辉主持。《学术月刊》《探索与争鸣》《东方学刊》《大江南北》等期刊负责同志、编辑代表,上海市社联相关职能部门同志与会。

　　权衡在讲话中指出,编辑部全体同志要认真学习贯彻会议精神,进一步提高政治站位,确保期刊的政治方向和出版导向正确;要进一步树立精品意识,不断推动期刊高质量发展;要进一步创造条件,努力打造一支优秀的专业编辑队伍,营造更加团结向上、精诚合作的工作氛围。

　　陈琳琳指出,在管理方面,学术期刊要坚守底线、加强监管,不断完善退出机制,强化责任意识,狠抓期刊出版单位的主体责任意识和责任机制,对新媒体与纸质出版物的监管要用一个标准、一把尺子;在发展方面,要抓住机遇,奋力发展,推动期刊集约化发展,支持期刊龙头企业发展,推动期刊"专、精、特、新"发展,培育良好的作者队伍和编辑队伍。

　　会上,《学术月刊》总编辑姜佑福、《探索与争鸣》主编叶祝弟、《东方学刊》副主编林凌、《大江南北》主编徐小蔚进行了交流发言。

上海市社联召开党组中心组(扩大)会议集中学习《中华人民共和国公务员法》

　　7月23日上午,上海市社联召开党组中心组学习(扩大)会议,集中学习《中华人民共和国公务员法》。市社联党组书记、专职副主席权衡主持会议并讲话,党组成员、专职副主席任小文,党组成员、二级巡视员陈麟辉出席会议,市社联机关全体干部参加学习。

　　权衡指出,修订后的《公务员法》全面贯彻落实习近平新时代中国特色社会主义思想,体现了坚持和加强党对公务员工作领导的需要,体现了深入推进公务员分类改革的需要,也体现了贯彻落实关于建设高素质专业化干部队伍战略部署的需要。他要求社联全体机关干部要以此次集中学习为契机,认真贯彻落实《公务员法》及相关配套法规,切实树立依法管理公务员的理念,不断提高依法管理公务员的能力;要把学习《公务员法》与学习贯彻习近平新时代中国特色社会主义思想结合起来,与践行新时代党的组织路线结合起来;要以《公务员法》学习为抓手,规范公务员管理,保障公务员合法权益,不断提高社联干部队伍建设规范化和科学化水平;要加强社联机关干部政治素质教育,强化使命担当,忠诚履职尽责,锐意改革创新,在更高起点更高标准更高水平上展现新担当新作为。

　　会上,上海市社联组织人事处副处长姚丽莎结合组织人事工作和社联机关干部队伍实际,对2019年6月新修订的《中华人民共和国公务员法》进行了解读和宣讲。她简要回顾公务员制度的发展历程,提炼总结公务员法修订的鲜明特色,并从总则和附则、分类管理、更新机制、激励保障、监督约束等五个方面的重点内容进行了具体阐释。

　　科研组织处王龙、机关党委黄谷雨分别作了交流发言。王龙表示要将公务员法贯彻落实具体行动中,结合实际,立足岗位,坚持"学"字当头、"干"字当头、"严"字当头,坚定理想信念,提升履职能力,锻炼忠诚、干净、担当的品质和作风。黄谷雨表示要把政治标准和政治要求贯穿于本职工作中,立足工作岗位坚持守正创新、积极干事创业,坚持自省自警、严于律己,发扬"孺子牛"精神,把学习的成效体现在办实事做好事中。

上海市社联召开干部会议宣布市委有关干部任职决定

8月30日上午，上海市社联召开干部会议，宣布市委关于王为松同志任中共上海市社会科学界联合会党组书记，同意王为松同志为上海市社会科学界联合会专职副主席人选的决定。中共上海市委常委、宣传部部长周慧琳出席并讲话。市委宣传部副部长徐炯、胡佩艳，上海市社联主席王战，市委组织部宣教科技干部处处长吴中伟，上海市社联党组成员、专职副主席任小文，党组成员、二级巡视员陈麟辉等出席会议。会议由胡佩艳主持。吴中伟宣读市委有关干部任职决定并介绍王为松简历。王为松在会上作表态发言。

市委常委、宣传部部长周慧琳同志讲话指出，这次市社联领导班子的调整，是市委从全市宣传思想文化工作大局出发，通盘考虑、慎重研究决定的，充分体现了市委对市社联领导班子建设和哲学社会科学发展的高度重视。希望大家切实把思想和行动统一到市委的决策部署上来，进一步增强做好工作的政治自觉、思想自觉和行动自觉，不辜负市委的信任和期望。

周慧琳充分肯定了市社联近些年取得的成绩，提出市社联要认真学习贯彻习近平总书记在给《文史哲》编辑部的回信中，对做好新形势下哲学社会科学工作提出的新期望、新要求，团结引领全市社科工作者，为繁荣发展哲学社会科学做出新的更大贡献。

周慧琳强调，市社联作为党和政府联系广大社科工作者的桥梁纽带，要高举旗帜，始终坚持马克思主义指导地位。要坚定政治立场，始终把习近平新时代中国特色社会主义思想作为主心骨和定盘星，引领带动全市社科工作者树牢"四个意识"、坚定"四个自信"、做到"两个维护"，自觉做先进思想的倡导者、学术研究的开拓者、社会风尚的引领者、党执政的坚定支持者。要严把学术导向，引领带动全市社科工作者恪守价值追求，坚持以人民为中心，大力弘扬社会主义核心价值观，大力弘扬理论联系实际的优良学风。要突出重点，切实强化团结服务核心职能。用课题"联动"、载体"联系"、真情"联络"，重点推动服务对象从"家"、"者"到"界"的延伸，更广泛、更紧密地把全市社科工作者团结凝聚在党的周围。要夯实基础，着力提升队伍建设整体水平。着力加强党的建设，加强领导班子建设和队伍建设，着力建设一支热爱哲学社会科学事业，政治强、业务精、纪律严、作风硬的工作队伍，厚植上海哲学社会科学领域的人才优势。

周慧琳指出，希望市社联领导班子和干部职工在习近平新时代中国特色社会主义思想指引下，牢记使命、勇于担当、开拓创新、奋发有为，团结凝聚全市社科工作者，立时代之潮头、通古今之变化、发思想之先声，努力推动哲学社会科学大发展大繁荣，为党和国家事业、为上海改革发展提供有力的思想保证、精神动力和智力支持。

出席会议的还有市委组织部宣教科技干部处、市委宣传部干部处负责同志，市社联机关全体干部、直属单位主要负责同志。

上海市社联举行党组中心组学习(扩大)会传达学习周慧琳部长工作要求

9月1日,上海市社联举行党组中心组学习(扩大)会议,市社联党组书记王为松主持会议,党组成员、专职副主席任小文,党组成员、二级巡视员陈麟辉,以及全体处以上干部出席会议。

王为松对周慧琳部长在8月30日市社联干部会议上的讲话作了深入解读,要求各部门认真贯彻周慧琳部长讲话中对社联工作提出的要求,一要坚定政治立场,把牢学术导向,倡导优良学风,进一步完善学会管理、科研组织、社科普及等工作抓手,进一步打造《学术月刊》《探索与争鸣》等学术阵地,努力争当社科守正创新先行者;二要突出重点,扩大影响,擦亮学术年会、学会学术活动月、科普活动周等老品牌,打响会长论坛、四史讲堂、智库专报、社科普及新媒体等新品牌,不断提高重大活动的曝光率、能见度,增强对社科界的感召力和对市民群众的吸引力;三要加强队伍建设,积极推动干部多岗位锻炼、交流,尤其要多为年轻人搭建舞台,切实增强青年干部的"脚力、眼力、脑力、笔力"。

会议还学习传达了上海市纠"四风"树新风警示教育大会与宣传系统纠"四风"树新风警示教育大会精神,要求严格贯彻落实周慧琳部长在宣传系统教育大会上提出的工作要求,从市社联实际出发,清醒认识、准确把握纠"四风"树新风面临的形势任务,严字当头,健全制度,防微杜渐,久久为功。

上海理论社科界召开学习党的十九届六中全会精神座谈会

11月15日下午,中共上海市委宣传部、上海市社会科学界联合会、上海市习近平新时代中国特色社会主义思想研究中心共同举办"上海理论社科界学习党的十九届六中全会精神座谈会"。中共上海市委宣传部副部长徐炯出席会议并讲话,上海市社联党组书记、专职副主席王为松主持会议。

徐炯在讲话中指出,党的十九届六中全会是在我们党百年华诞的重要时刻,在"两个一百年"奋斗目标历史交汇关键节点召开的一次具有里程碑意义的会议。全会审议通过的《中共中央关于党的百年奋斗重大成就和历史经验的决议》,全面总结了党的百年奋斗重大成就和历史经验,重点总结中国特色社会主义新时代的重大成就,体现我们党强烈的历史自觉和高度的历史担当,展现我们党更加成熟自信的精神风貌,是一篇承前启后、继往开来的马克思主义纲领性文献。全市理论社科界要深入学习领会习近平总书记重要讲话精神,围绕全会提出的重大思想观点、重大理论判断、重大工作部署,在党的历史中汲取智慧和力量,把学习成果转化为推动理论社科工作的动力和成效。社科界专家学者要以学习全会精神为重点、为教材,在深入贯彻全会精神中加深对学史明理、学史增信、学史崇德、学史力行的理解,推动党史学习教育深化拓展。

王为松认为,上海市理论社科界要围绕学习宣传贯彻党的十九届六中全会精神,立足研读文本,深入领会,准确把握决议的丰富内涵、核心要义、精神实质;推进习近平新时代中国特色社会主义思想学理化阐释、学术化表达、系统化构建,推出具有理论重量、思想分量、话语质量的理论成果;紧密联系党的十八大以来全国和上海发生的深层次、根本性变革和全方位、开创性成就,紧密联系学习贯彻习近平总书记在第四次"进博会"上的主旨演讲,习近平总书记给2021年北外滩国际航运论坛的贺信,深入研究阐释党的十九届六中全会精神,为上海奋进新时代提供理论支撑和智力支持。

上海市理论社科界部分学科领域专家学者代表中共上海市委党校常务副校长徐建刚、上海社会科学院党委书记权衡、中共上海市委党史研究室主任严爱云、上海研究院第一副院长李友梅、华东政法大学党委书记郭为禄、华东师范大学历史学系副主任瞿骏与会交流。

徐建刚认为,"决议"深刻总结"十个坚持"的宝贵经验和精神财富。"十个坚持"是政治宣誓,把党的领导置于"十个坚持"之首,反映了中国共产党在这一根本性问题上的政治清醒和坚定。"十个坚持"是历史规律,确立习近平新时代中国特色社会主义思想这一当代中国马克思主义、二十一世纪马克思主义,中华文化和中国精神的时代精华在全党的指导地位,对新时代党的国家事业发展、对推进中华民族伟大复兴历史进程具有决定性意义。"十个坚持"是时代宣言,体现了以习近平同志为核心的当代中国共产党,对人类命运和世界发展的思考,坚持走和平发展道路,以中国的新发展为世界提供新机遇。"十个坚持"是行动纲领,中华民族伟大复兴是具有许多新的历史特点的伟大斗争,没有任何现成的答案,必须坚持开拓创新,在实践中开辟新的前进道路。

权衡认为,学习全会精神,关键是要科学把握习近平新时代中国特色社会主义思想的原创性重大贡献,深刻领会习近平新时代中国特色社会主义思想的真理伟力。党的十八大以来,中国共产党深刻总结并充分运用党成立以来的历史经验,站在中国特色社会主义新时代这个重大历史方位,推动党的创新理论不断发展,创立了习近平新时代中国特色社会主义思想,是具有非常丰富的重大原创性的新理念新思想新战略:一是明确提出了中国特色社会主义新时代这个原创性的重大论断。二是原创性提出了中国特色社会主义进入新时代面临和解决的重大时代课题。三是原创性提出新时代新思想实现了马克思主义中国化的新飞跃。四是原创性提出"两个确立"的标志性成果对未来发展具有现实指导意义。五是全面系统总结了十八大以来党和国家发生的变革性实践和突破性进展,提出了许多具有原创性意义的实践结论和重大论断。

严爱云认为,维护核心权威是党领导人民百年不平凡奋斗历程凝结的宝贵历史经验,是十八大以来新时代实践彰显的政治智慧,也是面向第二个百年奋斗目标走好新的赶考之路的行动指南。从党的第一代中央领导集体的核心毛泽东同志领导中国人民为实现中华民族独立和振兴、中国人民解放和幸福,到党的第二代中央领导集体核心邓小平同志领导人民开始一场把中国由不发达的社会主义国家建设成为富强、民主、文明的社会主义现代化国家的新的伟大革命,历史证明政党的领导核心至关重要。这次以中央全会和百年党史历史决议的形式全面确立习近平同志中央的核心、全党的核心地位,进一步明确指出习近平是习近平新时代中国特色社会主义思想的主要创立者。以习近平同志为核心的党中央集中统一领导,以习近平新时代中国特色社会主义思想为理论武装,这是新时代中国特色社会主义取得成功和走向胜利的根本政治保证。

李友梅认为,党的十八大以来,党的领导方式更加科学,党的思想引领力、群众组织力、社会号召力显著增强。在社会建设上,实现了人民生活全方位改善,社会治理社会化、法治化、智能化、专业化水平大幅度提升,发展了人民安居乐业、社会安定有序的良好局面,续写了社会长期稳定奇迹。面向未来,社会建设和社会治理要坚持以人民为中心的发展理念,在高质量发展中促进共同富裕。首先,要增强发展的平衡性、协调性、包容性,持续缩小城乡、区域发展差距,从源头上打好共同富裕的基础。其次,需要构建体现效率、促进公平的收入分配体系,积极探索初次分配、二次分配、三次分配之间协调配套的基础性制度。要深刻理解和践行科技向善理念,以数字化转型助力公平发展与共同富裕。

郭为禄认为,全会公报关于"习近平新时代中国特色社会主义思想是当代中国马克思主义、二十一世纪马克思主义,是中华文化和中国精神的时代精华,实现了马克思主义中国化新的飞跃"的重要论述,科学阐明了习近平新时代中国特色社会主义思想的科学内涵、理论定位和重大意义,标明了习近平新时代中国特色社会主义思想在马克思主义发展史、中华文化发展史上的新地位。"新的飞跃"体现于:一是深刻回答了新时代的重大时代课题。提出了许多标志性、引领性的新观点,实现了对中国特色社会主义建设规律认识的新跃升。二是提出了一系列治国理政新理念新思想新战略,"十个明确"对习近平新时代中国特色社会主义思想的核心内容作了进一步概括,从 13 个方面总结了新时代党和国家事业取得的成就,这些都是习近平新时代中国特色社会主义思想的理论要义。三是对新时代坚持和发展中国特色社会主义的基本问题做出了系统性的回答,深刻汲取博大精深的中华优秀传统文化所蕴含的丰富哲学思想、人文精神、道德理念,是对中华优秀传统文化进行创造性转化、创新性发展的典范。

瞿骏认为,全会公报关于"党和人民百年奋斗,书写了中华民族几千年历史上最恢宏的史诗"的论断,具体从三个方面加以理解:一是在中华民族的古今之变上,中国共产党做出的伟大事业在中华民族几千年历史发展进程中亘古未有;二是在世界历史进程发展方向的扭转上,三百余年来世界上任何一个发达国家或发展中国家都未曾做到;三是"十个坚持"的历史经验总结自过去、证明于当下,更支撑着未来。既有过去之基,又有当下之魂,亦有未来之柱,三位一体、互相联系、彼此贯通,铸就了千古流诵的史诗。

市社联领导任小文、陈麟辉,市委宣传部相关职能处室负责同志、部分社联所属学会会长、社联机关和刊业中心干部、相关新闻媒体 70 余人参加会议。

上海市社联举行党组中心组学习(扩大)会传达学习
党的十九届六中全会精神

    11 月 15 日,上海市社联举行党组中心组学习(扩大)会议,传达学习党的十九届六中全会精神。上海市社联党组书记、专职副主席王为松传达了中宣部学习宣传贯彻党的十九届六中全会精神电视电话会议暨上海分会场会议、十九届六中全会精神新闻发布会、中共上海市委全市党员负责干部会议等会议精神。党组成员任小文、陈麟辉就如何联系自身实际与当前工作贯彻全会精神作交流发言。

    王为松表示,学习宣传贯彻党的十九届六中全会精神是当前和今后一个时期的重要政治任务。上海市社联要按照市委和市委宣传部的部署要求,深刻把握全会精神的丰富内涵与核心要义,努力带动本市社科界先学一步、深学一层,积极组织研究阐释、广泛开展宣传宣讲、认真抓好贯彻落实。要将贯彻全会精神与推动学会蓬勃发展相结合,与完善学术评价体系相结合,与不断提高学术期刊质量相结合,与打造城市文化地标相结合,与开拓社联网宣阵地相结合,与统筹谋划迎接党的二十大等明年重点工作相结合,深入推进习近平新时代中国特色社会主义思想学理化、系统化研究,大众化、普及化宣传,推出一批有理论重量、思想分量、话语质量的优秀成果,坚持抓好意识形态安全、防疫安全、生产安全,形成各部门齐心协力、优势互补、出新出彩、守正创新的氛围,不断从党的百年奋斗重大成就和历史经验中汲取智慧力量,以优异成绩迎接党的二十大召开。

    市社联全体处以上干部出席会议。

上海市文明办领导调研社科会堂学术志愿者服务基地

12月24日，上海市文明办副主任郑英豪，市文明办志愿服务工作处处长、市志愿者协会秘书长俞伟调研上海社会科学会堂学术志愿者服务基地。市社联领导任小文陪同调研。双方就学术志愿者基地建设、上海社会科学馆建设开展深入交流，并就深化合作交换意见。

作为上海第一家以"哲学社会科学学术志愿服务"为特点的志愿服务基地，基地自2019年成立以来，在市文明办指导下，在组建以社科专业为基础、学术服务为特色的志愿者团队，记录传播学术思想，推介传承人文精神，参与上海社科馆征集图书编目上架工作，参与全市文明实践活动等方面发挥了重要作用，在用志愿方式开展学术服务方面探索出了一条新路。2年多来，基地累计招募志愿者80余名，累计开展学术志愿服务近400场次，累计志愿服务时长近3300小时，与部分高校建立了合作关系，得到了社科界的一致好评。

郑英豪对社科会堂学术志愿者服务基地成立以来所取得的成效予以肯定，认为学术志愿者工作大有可为，同时对上海社会科学馆的建设表示全力支持。他指出，社科馆是学术志愿服务的重要窗口，可以展现学术志愿者风采，推动志愿服务事业发展；是学术志愿者的孵化基地，可以围绕社科领域志愿服务，推动志愿服务项目创新；是社科普及的枢纽式阵地，可以有机贯通社会科学资源，推动功能与空间拓展。社科馆与新时代文明实践中心的内涵建设方向一致，双方的合作空间广阔，社科馆可以成为建立新时代文明实践基地的新样板，培育和弘扬主流价值，为提升个人的精神品质、城市的文明程度和上海的城市软实力添砖加瓦。

俞伟认为，志愿服务在各项重大工作中、重要时间节点上发挥了巨大作用，社科会堂学术志愿者基地也在社会科学领域发挥了重要作用。希望基地能在学术志愿者招募、管理、培训、评价、反馈、激励上形成闭环，基于上海已有的良好环境，拓展志愿者来源，结合社会招募和定向招募，做好底层设计和分类分层管理，同时注意志愿者的荣誉感和归属感问题。他建议，上海社科馆要依托新时代文明实践的品牌和资源，不仅要"请进来"，更要"走出去"，让社科普及志愿者到社区中去，传播新思想，弘扬新风尚，发挥基地的对外辐射作用。

任小文希望市文明办进一步加强对学术志愿者服务基地的指导和支持，推动学术志愿者服务基地成为凝聚社会力量，开展社科普及的新窗口新平台。

党史学习教育活动

上海市社联召开党史学习教育动员会

3月8日，上海市社联召开党史学习教育动员会，学习领会习近平总书记在党史学习教育动员大会上的重要讲话精神，贯彻落实中央、市委和市委宣传部关于党史学习教育的要求，对市社联党史学习教育工作进行动员部署。市社联党组书记、专职副主席权衡出席会议并作动员讲话。党组成员、专职副主席、机关党委书记解超主持会议。党组成员、专职副主席任小文，党组成员、二级巡视员陈麟辉及机关和所属事业单位全体在职干部参加会议。

会上，解超、任小文、陈麟辉分别传达学习了习近平总书记在党史学习教育动员大会上的重要讲话精神、李强书记在上海市党史学习教育动员会上的讲话精神以及《人民日报》评论员文章"高标准高质量完成学习教育各项任务"。

权衡在动员讲话中对社联开展党史学习教育提出具体要求。一是要加强政治引领，深刻领会党史学习教育的重要意义。要深刻领会在庆祝建党百年华诞的重大时刻，在"两个一百年"奋斗目标历史交汇的关键节点，在全党集中开展党史学习教育，对于教育引导党员干部把党的历史学习好、总结好、传承好、发扬好，进一步增强信念，凝聚力量，更加坚定坚持和发展中国特色社会主义，为实现中华民族伟大复兴而努力奋斗的历史意义、实践意义和战略意义。二是要坚持科学统筹，深入贯彻落实党史学习教育活动的总体部署和要求。市社联各部门要在社联党史学习教育领导小组领导下，严格按照《上海市社联党史学习教育实施方案》部署要求，统筹推进社联党史学习教育。在学习教育各项任务具体落实中，社联各级党组织要做到强化责任传导、明确工作任务、严格分阶段推进、加强督导考核。三是要深入学思践悟，准确把握党史学习教育的重点内容。要在理论上更深刻地把握"学史明理、学史增信、学史崇德、学史力行"的科学内涵和核心要义，坚持突出重点、深入学思践悟。通过党史学习教育强化理论思维和历史思维，加强党性锤炼，树立正确党史观，筑牢信仰之基，做到知行合一。四是要深入整合资源，大力提高党史学习教育的效果。要结合市社联工作实际，整合党史学习教育资源，用好上海作为党的诞生地红色资源，聚焦中国共产党百年奋斗的光辉历程、历史贡献、初心宗旨、理论成果、伟大精神和宝贵经验，开展主题突出、特色鲜明、形式多样的学习活动。五是要发挥特色优势，服务全市党史学习教育活动。要发挥市社联主业优势，组织社科界专家学者紧扣"党史"主题，开展理论研究、决策咨询、宣传普及等系列工作。及时总结整理党史理论研究和普及成果，并转化成党史学习教育教材,丰富党史学习教育的内容和形式,为全市党史学习教育提供学习资源和理论支撑。

权衡强调,在全党开展党史学习教育活动,是党中央作出的重要决策。全体同志要进一步提高思想站位,全身心投入党史学习教育中,确保学习教育往实里走、往深里走、往心里走,取得实实在在的成效。要深入学习领会习近平总书记在党史学习教育动员大会上的重要讲话精神,认真落实中央和市委、市委宣传部工作部署,高标准高质量推动党史学习教育,做到学党史、悟思想、办实事、开新局,以优异的成绩迎接党的百年华诞。

上海市社联邀请新四军老战士做党史学习教育专题报告

3月26日上午，上海市社联召开党组中心组学习（扩大）暨党史学习教育报告会。新四军老战士、上海警备区原副政委、新四军历史研究会荣誉会长阮武昌将军，新四军老战士、福州军区驻南昌铁路局军事代表办事处原政委石龙海分别做专题报告。市社联党组书记、专职副主席权衡主持会议并讲话。党组成员、专职副主席解超，党组成员、二级巡视员陈麟辉出席。市社联机关、所属事业单位全体在职干部参加学习。

会上，作为历史的亲历者，两位新四军老战士生动讲述了战友们英勇作战、不畏牺牲、保家卫国的故事，深刻、生动的描绘出中国改天换地的伟大历史进程和久经磨难的中华民族从站起来到富起来、强起来的伟大飞跃，为大家上了一堂鲜活的党课。两位青年干部陶丽、李玮琦分别做交流发言。

阮武昌将军在讲述中回顾了自己从屈辱岁月一路走来，参军入伍后历经无数战斗，终于见证了新中国成立，中国人民从此扬眉吐气站了起来的心路历程。特别是改革开放以后，党和政府带领人民群众脱贫致富，实现了病有所医、学有所教、住有所居、老有所养，圆了多少代人梦寐以求的小康梦。阮将军深情地讲到，是共产党带领我们一步步走向今天的幸福生活，今后我们一定要更加坚定地拥护党的领导，坚持走中国特色社会主义道路，中国的政治、经济、文化、国防、外交等一定能屹立于世界民族之林。

石龙海讲述了当年因国仇家恨毅然参军的经历，从渡江战役前秘密潜入江阴要塞联合地下党发动起义，到跟随先头部队进攻宝山月浦打响了解放上海战役的第一枪，再到解放后一路向南进军福建参加大嶝岛战役光荣负伤等，展现了一位平凡战士不平凡的经历，凸显出党的正确领导对个人、家庭、国家和民族的发展起到了决定性的作用。

陶丽回顾了习近平总书记关心和支持上海新四军历史研究会主办的刊物《大江南北》杂志的往事。她表示将在工作中继续讲好革命历史故事、讲好新四军故事、讲好英烈故事，充分挖掘和发挥上海的红色资源，作为党史、革命史教育宣传的生动教材。

李玮琦谈到，要学史明理，坚持不懈用党的创新理论最新成果武装头脑、指导实践、推动工作；要学史增信，不断坚定共产主义远大理想和中国特色社会主义共同理想；要学史崇德，持续发扬红色传统、传承红色基因，提升服务学会的各项能力；要学史力行，努力增强见微知著、科学应变、统筹兼顾的能力水平。

权衡书记在总结中指出，两位老战士通过亲身经历给我们上了一堂生动的党史课，我们深受启发、深受教育、深受鼓舞。他对下一阶段市社联党史学习教育工作提出了三点要求。一是上海市社联机关党委要按照市委有关精神和市委宣传部《关于在宣传系统开展党史学习教育的实施方案》精神,进一步完善《上海市社联党史学习教育实施方案》,认真对标对表,把社联的党史学习教育工作不折不扣落实到位。二是市社联各支部要结合本轮巡视提出的相关问题,对照整改,进一步加强基层党建工作,把党史学习教育成果体现为看得见的精神风貌,转化为实实在在的整改和工作成效。三是市社联各部门要充分利用本市丰富的红色资源,结合工作实际,加强党史研究,扩大党史普及,为全市的党史学习教育提供有力的内容支撑。

上海市社联召开党史学习教育领导小组专题会议

4月6日，上海市社联召开党史学习教育领导小组专题会议。市社联党组书记、专职副主席权衡出席会议并讲话，党组成员、专职副主席任小文出席。市社联党史学习教育领导机构和工作机构全体成员参会。

会议宣读了市社联党史学习教育领导机构和工作机构组成人员名单，布置了市社联党史学习教育实施方案，并就近期开展的党史学习教育工作进行了讨论和交流。

权衡书记在讲话中指出，开展党史学习教育是今年全党政治生活的一件大事，是当前和今后一段时期市社联各级党组织的重要政治任务。市社联党史学习教育要紧密联系社联工作实际，体现工作特点，运用丰富多彩的学习教育形式，引导和鼓励广大党员利用好市社联工作平台，在干中学，在学中干，在党史学习教育中走在前、做表率，努力使社联机关成为学习型机关。

权衡书记强调，市社联要突出重点、强化举措、抓细抓实学习教育各项工作。一是要进一步提高思想认识和政治站位。深入学习贯彻习近平总书记在党史学习教育大会上的重要讲话精神，切实把思想和行动统一到中央、市委和市委宣传部的安排部署上来。二是要着力强化组织领导，压紧压实责任。领导小组及其办公室要做到先学一步、学深一步，精心组织、统筹开展社联各级党组织的学习教育。确保学习教育各项工作安排部署到位、组织实施到位、宣传报道到位。三是要将学习教育贯穿全年。通过学用结合，推动党史学习教育与社联中心工作深度融合，主动为全市党史学习教育提供资源和支持，切实把学习教育的成效体现到推动事业发展上来。四是要积极营造浓厚氛围。及时总结反映工作情况和取得的成效，积极选树、宣传各支部的好经验、好做法。用好宣传系统和市社联新媒体平台，全面加强宣传展示和引导。

上海市委宣传部党史学习教育领导小组办公室指导联络组莅临市社联调研

　　4月21日,上海市委宣传部党史学习教育领导小组办公室指导联络一组组长邹新培、副组长薛彬莅临市社联,就市社联开展党史学习教育情况进行调研指导。市社联党组书记、专职副主席、上海市社联党史学习教育领导小组组长权衡出席调研座谈会,并向指导联络组介绍了市社联党史学习教育开展情况,以及下一步工作计划。

　　邹新培组长听取了介绍,对市社联当前开展的党史学习教育各项工作予以充分肯定,希望市社联继续发挥联系社科理论界优势,积极向宣传系统和市级层面提供党史学习教育的好经验好做法,在宣传系统党史学习教育中形成示范;同时要求市社联进一步加强对所属学会党史学习教育的引导和落实力度,以党史学习教育为契机,强化对学会的政治引领,确保所属学会把思想和行动统一到中央和市委的决策部署上来。

　　权衡对指导联络组莅临市社联调研指导表示热烈欢迎。他指出,市社联党组将认真落实指导联络组对市社联党史学习教育提出的工作要求,一方面要高质量完成党史学习教育各项规定动作,特别是在"七一"前,组织开展好党的百年奋斗史"四个专题"学习和党组领导上党课等活动。另一方面,将继续充分发挥市社联优势,组织引导社科界专家学者紧紧围绕党史学习教育,对党的创新理论进行深度研讨研究,形成理论成果。希望指导联络组常来上海市社联指导联系工作,督促市社联完成好党史学习教育各项工作任务。

　　指导联络组一行仔细查阅了市社联党史学习教育实施方案、党组中心组学习计划、"我为群众办实事"项目清单和工作简报等资料台账。市社联党史学习教育领导小组办公室和机关党委相关人员参加了调研座谈。

上海市社联邀请张云教授做党史学习教育专题报告

4月21日,上海市社联召开党组中心组学习(扩大)暨党史学习教育专题报告会,邀请市委讲师团党史学习教育专家宣讲团成员、市中共党史学会名誉会长、国防大学政治学院教授张云作题为《在转折与抉择中奋进——中国共产党28年的艰难历程与取胜之道》专题报告。市社联党组书记、专职副主席权衡主持会议并讲话。市委宣传部党史学习教育领导小组办公室指导联络一组组长邹新培、副组长薛彬,市社联党组成员、专职副主席任小文,党组成员、二级巡视员陈麟辉出席会议。市社联机关、所属事业单位全体党员参加学习。

张云围绕"中国共产党28年历史的几个基本概念""中国共产党在历史转折中是怎样抉择的?""中国共产党之所以能够赢得革命胜利的基本经验有哪些?"等三个问题,全面梳理了中国共产党在民族革命时期一系列党的奋斗史,揭示了中国共产党不忘初心、使命历史资源和历史事件。他强调,我们要用科学的理念学习党史,不断从党史中汲取前进的智慧和力量。上海有非常丰富的党史资源,我们在党史学习教育中一定要充分发挥优势,利用好这些优秀丰厚的党史资源来上好党课。

会上,任小文,陈麟辉,刊业中心党支部书记、《学术月刊》主编姜佑福分别做交流发言。

任小文表示张云教授的报告让人深受启发,我们党在面临重大历史选择的关口,始终把握住了历史主动,作出正确的抉择,能做到主要是因为把握住了三个关键点。一是始终坚持马克思主义的立场观点方法;二是始终不渝地为人民群众谋幸福,一切为了人民;三是始终站在时代的潮头,把握战略主动。

陈麟辉表示,张云教授的报告让我们深刻地理解了学习党史的必要性。学习党史是为了更好地理解现在和把握未来,所以我们要更全面、深入地理解党领导人民进入新发展阶段的转变,把握好转变才能更好、更准确地做好市社联的工作。

姜佑福表示,张云教授以自己深厚的党史理论研究经验为基础,高度概括性的阐述了中国共产党28年的历程,真正做到了立足百年看党史,立足于市社联的语境为我们上党课。

权衡在总结讲话中对市社联的党史学习教育工作提出五点要求。一是要把党史学习教育与进一步提高政治站位有机结合起来,通过党史学习教育,不断提高市社联党员领导干部的政治判断力、政治领悟力、政治执行力。二是要把党史学习教育与学习新中国史、改革开放史和社会主义发展史有机结合起来,深刻认识理解不同历史发展时期,中国共产党的领导地位,进一步增强市社联党员干部对党的领导的认识和自觉。三是要把党史学习教育与推动巡视整改落实和解决实际问题有机结合起来,使党史学习教育能够取得实效,切实推动市社联工作事业发展。四是要把党史学习教育与社联高质量开展各项业务工作有机结合起来,把党史学习教育融入各项工作和方方面面,把握好正确方向,联系服务和引领好社科界理论研究,营造良好氛围。五是要把党史学习教育与服务全市党史学习教育工作有机结合起来,努力使市社联的党史学习教育为全市的党史学习教育提供重要的素材和内容。

权衡作"全面深入学习习近平总书记关于新发展格局重要论述"党史学习教育专题党课

　　为扎实开展党史学习教育,根据上海市社联党史学习教育计划安排,4 月 25 日上午,市社联举行党史学习教育领导干部专题党课第一讲,由市社联党组书记、专职副主席权衡以"全面深入学习习近平总书记关于新发展格局重要论述"为题,为市社联机关、所属事业单位全体党员干部上专题党课。市社联党组成员、专职副主席任小文出席会议。

　　权衡首先带领大家系统地学习了习近平总书记对"新发展格局"的重要论述,全面、完整、准确地理解新发展阶段、新发展理念和新发展格局。随后沿着改革开放 40 年,系统梳理了中国经济对外开放与发展的历史脉络,即从以参与国际经济大循环为主,到强调扩大内需战略,再到国内循环与国际循环双循环新发展格局。

　　权衡分析了当前世界经济环境,从 2008 年金融危机、2010 年非常态货币政策、逆全球化思潮、中美贸易摩擦,新冠肺炎疫情等一系列冲击,分析了构建新发展格局的国际背景。从国内经济发展的结构变化,特别是内需与外需关系的变化,分析了构建新发展格局的内在必然性。构建新发展格局就是要充分发挥国内超大规模市场的优势,畅通国民经济循环,带动世界经济复苏,使国内市场和国际市场更好联通,更好利用国际国内两个市场、两种资源,实现更加强劲可持续的发展。

　　权衡指出构建新发展格局的关键是"两个循环"如何相互促进。首先要正确理解内循环与外循环的关系,即内循环不是应对外需不足的权宜之计,而是中长期战略;发展内循环也不是关起门来搞建设,而是更高水平的对外开放。双循环的核心是形成相互促进、相互作用的发展格局。

　　权衡最后强调,要形成内循环为主、双循环相互促进的新发展格局,实现高质量发展需要把握以下几个重点:一是要建设统一开放竞争有序的大市场;二是要建设高标准、高水平的开放型经济;三是要加快推进新型城镇化建设和新型基础设施建设;四是要推动收入分配改革形成合理有序的分配格局;五是要加快科技自立自强。

上海市社联邀请周敬青教授作党史学习教育专题报告

4月28日,上海市社联召开党组中心组学习(扩大)暨党史学习教育专题报告会,邀请中共上海市委讲师团党史学习教育专家宣讲团成员、中共上海市委党校科研处处长周敬青教授作题为"中国共产党百年奋斗历程与经验启示"的专题报告,聚焦社会主义革命和建设的历史经验、教训与发展成就,进行专题辅导。市社联党组书记、专职副主席权衡主持会议,党组成员、二级巡视员陈麟辉出席会议。市社联机关、所属事业单位全体党员参加学习。

周敬青教授以自己多年的理论研究为基础,用生动的语言、鲜活的事例,从中国共产党的奋斗业绩认识的新视角和中国共产党的奋斗历程的苦难与辉煌两个方面进行了回顾与阐述,特别是对新中国成立之后,包括社会主义改造和建设时期的历史脉络作了全面梳理。讴歌了中国共产党人实事求是、与时俱进、百折不挠、艰苦奋斗的优良品质。

周敬青教授在报告中归纳总结了中国共产党建党百年的基本经验和启示,那就是:心有所信、方能行远是精神支柱;实事求是、与时俱进是思想基石;百折不挠、勇于纠错是政治智慧;党要管党、从严治党是组织保证;牢记宗旨、执政为民是不忘初心。让市社联广大党员干部深刻认识到中国共产党光辉灿烂的百年是激人豪情、催人奋进的百年。

会上,陈麟辉,组织人事处党支部书记厉强,办公室党支部书记梁清分别做交流发言。

陈麟辉认为,周教授的报告对中国共产党百年奋斗史,特别是新中国成立以来的历史作了全面地梳理,带领我们重温了这段历史。我们在学习中要从历史发展的时代背景中认识历史、分析历史人物,以史料为基础提出观点、总结经验,真正达到以史育人的目的。

厉强谈到,通过聆听报告,更加深刻的理解了党史学习教育的意义。期待通过学习,不断提高自身的政治判断力、政治领悟力和政治执行力。并将用党的创新理论和党的思想方法武装头脑,进一步做好本职工作。

梁清表示,作为一名党员要不断学史明理,以良好的状态投入日常工作,用积极担当的行动影响带动身边的同事,为市社联事业发展贡献自己的力量。

权衡在主持会议时指出,根据市委党史学习教育领导小组办公室的要求,市社联以中心组学习(扩大)会议方式,分四个专题深入学习中国共产党新民主主义革命时期历史、社会主义革命和建设时期历史、改革开放新时期历史和党的十八大以来历史。他希望通过全面系统学习党的百年奋斗历史,引导市社联广大党员干部进一步增强历史自觉、筑牢信仰之基、从中汲取奋进力量,努力把学习党史同总结经验、观照现实、推动工作结合起来,做到学史明理、学史增信、学史崇德、学史力行。

任小文作"认真学习'以人民为中心'的重大发展思想" 党史学习教育专题党课

　　5 月 21 日，上海市社联举行党史学习教育领导干部专题党课，党组成员、专职副主席任小文以"认真学习'以人民为中心'的重大发展思想"为题，为市社联机关、所属事业单位全体党员干部上专题党课。党课由市社联党组书记、专职副主席权衡主持，党组成员、二级巡视员陈麟辉出席。

　　党课系统梳理了习近平总书记关于坚持以人民为中心的重要论述和系列讲话精神，任小文指出，"以人民为中心"的重大发展思想，是我们党一切工作的出发点和落脚点，是我们党的理论和实践的充分体现，也是广大党员干部深入学习贯彻习近平新时代中国特色社会主义思想，深入学习百年党史的重要内容。任小文还围绕社科工作者的新任务和新使命，探讨了"以人民为中心"与构建中国特色哲学社会科学的关系。他指出，哲学社会科学要把握正确的政治方向、研究导向和价值取向，习近平总书记在"5·17"重要讲话中也强调，必须坚持以人民为中心的研究导向，脱离了人民，哲学社会科学就不会有吸引力、感染力、影响力、生命力。

　　权衡在主持党课时指出，"以人民为中心"的重大发展思想是以习近平同志为核心的党中央创新治国理政实践的重大理论成果，是习近平新时代中国特色社会主义思想的重要组成部分，是新时代坚持和发展中国特色社会主义的基本方略之一。包括习近平新时代中国特色社会主义经济思想，以及总书记在上海考察期间提出的"人民城市人民建，人民城市为人民"重要指示精神，都体现了"以人民为中心"的发展原则和重要理念。市社联党员干部要以这次党课学习为契机，再次系统化、全面深入地梳理和学习"以人民为中心"的重大发展思想，并由知向行，在实际工作中加以落实。

上海市社联邀请王世豪作党史学习教育专题报告会

　　5月26日，上海市社联召开党组中心组学习（扩大）暨党史学习教育专题报告会，邀请上海银行原副行长、城商银行资金清算中心原理事长王世豪作题为"砥砺前行40年——中国经济与金融改革40年的回顾与展望"的专题报告，聚焦改革开放时期的历史进行专题辅导。市社联党组书记、专职副主席权衡主持会议，党组成员、专职副主席任小文，党组成员、二级巡视员陈麟辉出席会议。市社联机关、所属事业单位全体党员参加学习。

　　王世豪从人民群众对美好生活向往的六个维度——吃、穿、用、住、行、乐，回顾和总结了中国经济与金融改革40年的历史演变。他通过生动鲜活的历史事件，系统梳理了中国金融改革与发展的内在逻辑，深刻诠释了金融为促进经济社会发展服务，经济社会发展又带动金融发展的客观规律。他以亲历者的身份讲述了上海如何从几乎一张白纸的状态，通过持续的金融改革和开放政策，建设发展成为全球金融中心的历史，展现了那一代人身上所具有的改革开放创新精神。王世豪在报告中深情指出，回首40年改革历史，展望美好明天，最重要的就是坚定中国特色社会主义道路自信、理论自信、制度自信、文化自信。到新中国成立一百年时，建成富强、民主、文明、和谐、美丽的社会主义现代化强国第二个百年奋斗目标一定能实现。

　　会上，任小文、陈麟辉、科研组织处处长金红，学会管理处副处长梁玉国分别做交流发言。任小文表示"人民对美好生活的向往"是贯穿发展和改革的主线。报告带领我们回顾了改革开放40年取得的巨大成就，可以总结出三个特点：一是实，即改革的出发点一直都是群众最关心的方方面面。二是新，在改革中，党员干部始终把国家的利益、人民的利益放在首位，勇于创新、勇于担当。三是快，正是因为有共产党的准确领导，改革才能够在最短的时间里取得如此辉煌的成就。陈麟辉表示发展和壮大民族的金融业要从中国实际出发，服务好实体经济，准确把握开放与发展之间的关系，并且要不断地总结改革和发展的经验。同时，金融行业发展还要注意防范金融风险，坚守住稳健和诚信这两个传统。这样才能保持发展的稳定性和可持续性，为发展提供源源不断的动力。金红表示在党史学习教育中，我们要汲取上海改革开放的城市精神，激发干事创业的良好状态。学党史、悟思想，最终都要反映在我们干事创业状态上，上海改革开放创造的精神财富，是激励我们继续前行的宝贵资源，要把这种精神内化于心、外化于行。

　　梁玉国表示报告非常生动精彩，王世豪行长系统性地梳理了经济与金融改革的过程，他以生活中密切相关领域的经济社会发展阶段的变革诠释金融改革的逆差，让人易于理解、印象深刻。

陈麟辉作"'老三篇'与共产党人精神世界的建构"党史学习教育专题党课

　　6 月 18 日,上海市社联举行党史学习教育领导干部专题党课,党组成员、二级巡视员陈麟辉以"'老三篇'与共产党人精神世界的建构"为题,为市社联机关、所属事业单位全体党员干部上专题党课。党课由市社联党组书记、专职副主席权衡主持,党组成员、专职副主席任小文出席。

　　陈麟辉首先介绍了"老三篇"的内容以及所处阶段的历史背景。"老三篇"是毛泽东同志在延安时期写的三篇文章:《为人民服务》《纪念白求恩》和《愚公移山》,写于特定的年代,讲述了三个人物和三个故事,文章非常简短,但寓意非常深刻,虽然写作时间各不相同、内容各有侧重,但是三篇文章构成了一个有机的整体,以小见大,见微知著,由具体见抽象,从平凡见不凡,用平凡的人、平凡的事构建起了共产党人丰富而崇高的精神世界,是我们党加强党员精神建设的经典之作。

　　随后,陈麟辉从"理论自觉:生成逻辑与历史必然性""不朽经典:精神世界的建构与内涵""宝贵启示:守初心、担使命的精神动力"三个方面展开,带领大家重温"老三篇",感受老一辈共产党人为人民服务的无私精神,排除万难、争取胜利的坚强意志,极端负责、精益求精、脚踏实地的人格风范和高尚情怀。

　　陈麟辉表示,重温"老三篇",每个党员都应该努力做到:立足现实,不断提高精神世界建设的时代性;问题引领,不断提高精神世界建设的针对性;突出重点,不断提高精神世界建设的创新性,为了书写新时代党的精神建设新篇章,为完成新时代共产党人历史使命作出新贡献。

　　权衡在主持时指出,本次党课带领大家重读"老三篇",剖析其深刻的精神内涵以及在新的历史时期的宝贵经验、启示,系统阐述了中国共产党精神建设的重要意义和必要性,有非常好的现实意义,值得社联党员干部学习和思考。他强调,市社联党员干部在党史学习教育中,要凸显社联特色,与业务工作紧紧结合,切实将党史学习教育落到实处,推动工作起到实效。

上海市社联主席王战作"十八大以来的改革开放与创新"党史学习教育专题报告

上海市社联召开党组中心组学习(扩大)暨党史学习教育专题报告会,由王战主席作题为"十八大以来的改革开放与创新"的专题报告,围绕十八大以来中国共产党领导中国发展取得的历史性成就和历史性变革进行专题辅导。市社联党组书记、专职副主席权衡主持会议,党组成员、专职副主席任小文,党组成员、二级巡视员陈麟辉出席会议。上海市社联机关、所属事业单位全体党员参加学习。

王战以自己多年研究和思考为基础,从理论、形势和任务等三个层面对十八大以来中国的改革开放与创新进行了系统阐述,他从高处展开,以可操作性落脚,提出了自己的思考建议。他以丰富的案例和考察调研,为社联的党员干部讲述了生动的一课。

王战通过亲历的发展过程,讲述了提出"三新一高"——"新阶段、新理念、新格局、高质量发展"的历史背景和形成轨迹:从不追求粗放型的高速增长"新常态"到"供给侧结构性改革",形成了创新、绿色、协调、开放、共享的五大新发展理念,并在此基础上最终提出以"双循环"构建高质量发展。他选取了"区域高质量发展"这个问题做了具体解读,总结出四个特点,一是由东部着手实际布局;二是拒绝一刀切,精准施策,分类指导;三是正确理解、清楚看待南北发展不平衡问题;四是点线结合,根据地方特色有针对性的展开研究。

会上,权衡、任小文、陈麟辉、《探索与争鸣》主编叶祝弟、市社联办公室支部陈婷分别做交流发言。

权衡指出,十八大以来我国发展取得了历史性的成就,发生了历史性变革。这其中就有很多重大理论创新和实践创新,引领伟大事业向前发展。权衡认为,至少有如下几个重大方面的理论和实践创新发展:一是提出新常态、新发展理念与高质量发展的重大主题;二是全面系统提出我国区域协调发展战略;三是提出新发展阶段的重大突破;四是形成"五位一体"和"四个全面"总体布局和战略;五是提出供给侧结构性改革的重大战略;六是提出"一带一路"与人类命运共同体理念;七是作出"两个大局"的重大判断;八是提出自贸区建设与高水平制度型开放战略;九是提出国家治理体系与治理能力现代化的新论断;十是提出新发展格局的战略判断。他强调,市社联各项工作都要不断改进自身能力,不断加强对党的理论创新最新成果的学习,尤其是要更加深入系统和全面学习习近平新时代中国特色社会主义思想,做到入脑入心,学思践悟,真正体现到推动实际工作和事业发展上来。

任小文谈了三点体会,一是感受到无代际跨越,即一代人同时经历了这几个发展阶段,经历了社会的、时代的跨越,需要不断学习、不断进行自我革新,才能跟上时代的步伐;二是感受到无差别竞争,即中国在发展的进程中,不论处于哪个阶段,面临的国际竞争形势是一样的,我们与发达的、成熟的资本主义国家,以及其他的发展中国家,都是在同一个"平面"上无差别竞争;三是感受到无停顿变革,即中国处于一个持续不断变革和创新的过程中,并且变革和创新的步伐还在不断加快,我们需要不断努力和奋斗去适应这个时代。

陈麟辉表示本次党课让他深刻的体会到自主创新才能使我们真正地强起来,感悟到发展必须是全面地、均衡地发展,同时,我们必须走高质量发展的道路才能够保持长期持久地发展。这也体现了发展以人民为中心,发展是中国共产党为全体中国人谋幸福、为中华民族谋复兴,也只有高质量发展、区域均衡发展、自主创新的发展,才能开创中国特色社会主义新局面,走好共同富裕的道路,更好地为中国人民谋幸福、为中华民族谋复兴。

叶祝弟表示改革需要方法论的自觉,我们要以更加坚定的勇气推进改革开放,变革是时代的潮流,创新是时代的经验,只有顺应时代潮流,积极应变、主动求变、勇于创新,才能与时代同行,才能走出一条适应中国特色的社会主义强国的时代之路。

陈婷作为一名"80后"党员,深刻感受到十八大以来社会所发生的巨大变化,她以家乡崇明翻天覆地的变化,身边亲友从以进外企为择业首选到现在纷纷选择国企和成长型民营企业就职为例,谈了自己的学习体会。

上海市委党史学习教育第三巡回指导组莅临市社联指导工作

6月30日,由组长邬立群、副组长刘道平带领的上海市委党史学习教育第三巡回指导组对市社联开展党史学习教育巡回指导,听取市社联党组关于开展党史学习教育的情况汇报,并提工作要求。市社联党史学习教育领导小组组长、市社联党组书记、专职副主席权衡,党组成员、专职副主席任小文,党组成员、二级巡视员陈麟辉出席。

权衡指出,从中央、市委开展党史学习教育动员会以来,市社联党组高度重视,按照"学党史、悟思想、办实事、开新局"的总要求,精心组织广大党员干部深入开展党史理论研究和宣传普及,积极组织和推动上海社联机关与事业单位开展党史学习教育,紧密联系社科界专家学者,更好服务全市党史学习教育。主要体现在以下几个方面:一是坚持统筹谋划,加强组织领导,确保党史学习教育责任落实到位;二是扎实做好"规定动作",推动党史学习教育走深走实;三是结合实际创新"自选动作",营造党史学习教育的浓厚氛围;四是将党史学习与中心工作紧密结合,实现党史学习教育与市社联主责主业同频共振。

权衡表示,下一阶段,市社联将继续按照中央、市委和市委宣传部决策部署,重点围绕深入学习习近平总书记在庆祝中国共产党成立100周年大会上的重要讲话精神和党的十九届六中全会精神,坚持党史学习教育基础在学、目的在教育,切实把学习教育各项任务要求落实到位。

邬立群在讲话中充分肯定了市社联在党史学习教育中所取得的初步成效。她指出,开展党史学习教育,关键要掌握运用好学党史、悟思想、办实事、开新局这个实践要领,把党史学习教育与市社联改革发展实际紧密结合起来,持续推动党史学习教育往深里走、往实里走、往心里走。下一阶段,市社联要根据自身特点和工作实际,以培育和践行社会主义核心价值观为根本任务,以弘扬城市精神和城市品格为价值引领,持续做好海派文化和江南文化的研究阐释工作;同时也应该从"小切口"入手,解决一些社联干部职工的具体困难,进一步增强大家的获得感。

刘道平指出,市社联开展党史学习教育,应该结合自己的工作职责,结合习近平总书记对哲学社会科学的要求,重温习近平总书记在哲学社会科学工作座谈会上的重要讲话精神。要全方位立体展示上海社科界的活力和影响力,为上海加快打造同具有世界影响力的社会主义现代化国际大都市相匹配的城市软实力提供智力支持。要推动评价指标体系的建设,围绕国家和上海社会发展在不同历史阶段的具体要求,有针对性地设计一些指标,从而贯彻新发展理念,构建新发展格局。

市委党史学习教育第三巡回指导组成员耿东辉、曹尉、千英信、刘海建、和小川,市委宣传部党史学习教育领导小组办公室指导联络一组组员沈磊,市社联党史学习教育领导小组办公室相关同志与会。

上海市社联举办党史学习教育"青年读书会"

为扎实开展党史学习教育,进一步提升青年党员干部的党性修养和理论素养,6月29日,上海市社联机关党委和组织人事处联合举办党史学习教育"青年读书会"。市社联党组成员、专职副主席任小文出席并讲话,机关党委专职副书记兼机关纪委书记、二级巡视员王克梅主持开幕式,华东师范大学教授齐卫平进行点评和总结,市社联机关和事业单位40岁及以下青年干部近30人参加了活动。

本次"青年读书会"发言的青年干部,由市社联机关和事业单位各党支部推荐,他们分别围绕党史学习教育必读书目,结合自身工作特点,分享了阅读党史经典的读书感悟和学习党史理论的心得体会。

齐卫平教授对青年干部的读书交流进行了全面细致、有针对性的现场点评,并就青年干部在党史学习中感兴趣的问题进行了回答和讨论。他还对新时代青年学好党史、用好党史提出三点希望:一是党史学习和"四史"学习都是长期的学习,要把知识学习与思想修养相结合;二是社科工作者要把提高理论素养作为追求目标;三是青年同志要把个人的成长与党的事业结合起来。

任小文在讲话中指出,"青年读书会"为市社联的青年干部党史学习教育搭建了良好的展示和交流平台,要常态化、制度化、长效化开展下去。青年干部要通过读原著、学原文、悟原理,从党的历史中汲取营养,切实提高解决实际问题的能力,从而书写好"人生"这本书,真正做到"学党史、悟思想、办实事、开新局"。

上海市社联组织收看庆祝中国共产党成立 100 周年大会

7月1日上午,庆祝中国共产党成立 100 周年大会在北京天安门广场隆重举行,中共中央总书记、国家主席、中央军委主席习近平发表重要讲话。市社联组织全体干部职工集中收看庆祝大会盛况。习近平总书记的重要讲话振奋人心、意义深远,回顾了中国共产党百年奋斗的光辉历程,展望了中华民族伟大复兴的光明前景,在市社联党员干部中引发强烈反响,大家感到备受鼓舞、倍感振奋,一致表示,要弘扬"坚持真理、坚守理想,践行初心、担当使命,不怕牺牲、英勇斗争,对党忠诚、不负人民"的伟大建党精神,为国家和上海经济社会发展贡献智慧和力量。

市社联在认真组织集中收看大会实况后,第一时间组织深入讨论,交流学习感受。

市社联党组书记、专职副主席权衡认为,习近平总书记"七一"重要讲话,高屋建瓴、思想深邃、振奋人心,鼓舞斗志,是一篇马克思主义的光辉文献,是指引中国共产党党员更好担负历史使命,不忘初心、继续前行的行动指南。习近平总书记强调指出,一百年来,中国共产党团结带领中国人民进行的一切奋斗、一切牺牲、一切创造,归结起来就是一个主题:实现中华民族伟大复兴。我们要紧紧围绕这个伟大主题,弘扬伟大建党精神,以史为鉴、开创未来,更加紧密团结和服务社科界专家学者,发挥社科专家学者专业优势,更好服务中心工作,积极为实现中华民族伟大复兴贡献社科界的智慧和力量。

市社联党组成员、专职副主席任小文认为,习近平总书记的重要讲话,是站在历史和时代的制高点上,以高度凝练的语言,阐述了中国共产党成立给中国和世界带来的巨大变化。习近平总书记说,中国产生了共产党,是开天辟地的大事,深刻改变了近代以后中华民族发展的方向和进程,深刻改变了中国人民和中华民族的前途和命运,深刻改变了世界发展的趋势和格局。这篇讲话是一份极其重要的纲领性文件,也是讲好中国共产党故事的一篇经典范文。作为党的社会科学工作者,要响应总书记的号召,不忘初心、牢记使命,坚持以人民为中心,为构建中国特色的社会科学做出自己的贡献。

市社联党组成员、二级巡视员陈麟辉认为,习近平总书记在大会上又一次强调,江山就是人民,人民就是江山;打江山,守江山,守的是人民的心。让我们每一个共产党员再次清醒地认识了中国共产党的根基在人民、血脉在人民、力量在人民,离开了人民群众的信任和支持,我们不可能有百年辉煌,也不可能创造更美好的未来。因此,我们一定要牢记全心全意为人民服务的宗旨,与人民休戚与共、生死相依。作为社会科学工作者,要树立以人民为中心的研究导向,努力发现人民群众急愁盼的问题,开展人民群众需要并与实际相结合的研究,为发展中国特色社会主义提供智力支持和理论服务!

市社联机关党委专职副书记、纪委书记、二级巡视员王克梅认为,习近平总书记在"七一"重要讲话中指出:"要以史为鉴、开创未来,必须不断推进党的建设新的伟大工程"。市社联机关党委、机关纪委作为推进落实全面从严治党和基层党建的职能部门,更要把学习宣传贯彻习近平总书记重要讲话精神作为当前和今后一个时期的重大政治任务,做到先学一步、学深一步,不断增强"四个意识"、坚定"四个自信"、做到"两个维护"。鼓励引导社联各党支部结合主责主业,充分发挥党支部战斗堡垒作用和党员先锋模范作用,组织开展好讲话精神的研究阐释和宣传普及,形成学习宣传贯彻总书记"七一"重要讲话精神的良好氛围。

市社联办公室党支部书记、办公室主任梁清认为,习近平总书记庄严宣告,经过全党全国各族人民持续奋斗,我们实现了第一个百年奋斗目标,在中华大地上全面建成了小康社会。他深情回顾了我们党的百年奋斗历程,深刻总结了为实现中华民族伟大复兴,中国共产党团结带领中国人民,创造了四个阶段的伟大成就,从中总结出中国共产党的精神之源——伟大的建党精神,并提出以史为鉴、开创未来的"九个必须"。习近平总书记的重要讲话高屋建瓴、大气磅礴,使我们备受鼓舞。

市社联组织人事处副处长姚丽莎认为,习近平总书记在庆祝中国共产党成立 100 周年重要讲话中,回顾了中国共产党团结带领中国人民取得的伟大成就,展望了中华民族伟大复兴的光明愿景,倍感振奋。我们将深入学习贯彻习近平总书记"七一"重要讲话精神,立足岗位,继承和践行伟大建党精神,深入推进上海社联干部人才队伍建设,为市社联各项事业发展提供坚实的人才保障,为奋力创造新时代上海发展新奇迹贡献自己的力量!

市社联学会管理处党支部副书记、学会管理处副处长梁玉国认为,学会管理处要坚持以习近平新时代中国特色社会主义思想为指导,弘扬建党精神、锤炼政治品格,树牢"四个意识",坚定"四个自信",坚决做到"两个维护",切实加强对所属学术团体的政治引领、工作指导和协调服务,推动学术团体围绕党和政府中心工作、重大理论与实践以及学科建设等领域开展学术研究、决策咨询和社科普及,为上海经济社会高质量发展作出贡献。

市社联科研组织处副处长蒋晖认为,习近平总书记"七一"重要讲话强调,"中国共产党为什么能,中国特色社会主义为什么好,归根到底是因为马克思主义行!"这一论断深刻揭示了马克思主义的强大真理力量和巨大实践伟力。作为党的社科工作者,科研组织处要认真学习讲话精神,坚持以讲话精神为指引,着力组织开展对习近平新时代中国特色社会主义思想的学理化研究,用马克思主义观察时代、把握时代、引领时代,继续推动发展当代中国马克思主义、21 世纪马克思主义!

市社联科普工作处副处长胡赟认为,习近平总书记在庆祝中国共产党成立 100 周年大会上的重要讲话,是中国共产党团结带领中国人民迈向第二个百年奋斗目标的集结号、动员令。中华民族千秋伟业,百年大党风华正茂。在新的征程上,让我们继续弘扬光荣传统,赓续红色血脉,把伟大的建党精神发扬光大。我们要认真贯彻"七一"讲话精神,以习近平新时代中国特色社会主义思想为指导,坚守党的宣传思想文化和理论工作阵地,充分发挥哲学社会科学作用,为全面建成社会主义现代化强国作出新的贡献。

刊业中心党支部书记、《学术月刊》总编辑姜佑福认为,习近平总书记在庆祝中国共产党成立100周年大会上的重要讲话,提出了一系列新的重大论断,是当代中国马克思主义最新理论成果,思想极为深刻、内涵十分丰富,对于立足新发展阶段、贯彻新发展理念和构建新发展格局,具有重要的战略引领作用,为促进新时代期刊发展指明了方向。

《探索与争鸣》主编叶祝弟认为,总书记的讲话为哲学社会科学事业提供了根本指南。百年来中国哲学社会科学工作者始终把学术志业与民族复兴、国家繁荣紧密结合在一起。在第二个百年,哲学社会科学不仅要扎根中国的广袤大地,而且要与时代同呼吸、与民族共命运。学术期刊应充分发挥作用,一方面,团结学人立足历史实践,在深入理解民族精神、气质过程中积极进取,为建构中国学术主体性久久为功;另一方面,积极参与世界学术议题设置和对话,为增加人类知识厚度作出中国学术界应有的贡献。

上海社科界认真学习习近平总书记"七一"重要讲话精神

　　7月1日上午,庆祝中国共产党成立100周年大会在北京天安门广场隆重举行。中共中央总书记、国家主席、中央军委主席习近平发表重要讲话。上海市哲学社会科学领域的专家学者们收看了电视直播。市社联组织有关专家进行分析,大家纷纷表示聆听了习近平总书记的重要讲话后,感到心潮澎湃、备受鼓舞、倍感振奋。

　　市社联党组书记、专职副主席权衡认为,习近平总书记"七一"重要讲话,回顾党的百年辉煌史,高度评价我们党为中华民族作出的伟大历史贡献,科学概括了百年党史历史经验、基本规律和重要启示,习近平总书记特别号召,全党同志要不忘初心、牢记使命,踏上新的百年奋斗征程。这个重要讲话高屋建瓴、思想深邃、振奋人心,鼓舞斗志,催人奋进。印象特别深的是,习近平总书记指出,党的先驱们创建了中国共产党,形成了坚持真理、坚守理想、践行初心、担当使命,不怕牺牲、英勇斗争,对党忠诚、不负人民的伟大建党精神,这是中国共产党的精神之源。作为一名社科工作者和党员干部,就要继续弘扬光荣传统、赓续红色血脉,永远把伟大建党精神继承下去、发扬光大。我们要发挥社科专家和专业学科的优势,认真学习讲话精神,开展学理性阐释和研究,以讲话精神为指引,形成一批高质量的学习和研究成果。

　　上海市马克思主义研究会会长、教授王国平认为,习近平总书记在庆祝中国共产党成立100周年大会上的重要讲话,是马克思主义中国化最新成果,是马克思主义纲领性文献,是21世纪马克思主义的光辉篇章,集中体现为"四个深刻":一是深刻阐述了中国共产党的伟大建党精神。第一次将此概括为32字,并视之为中国共产党的精神之源。这是中国共产党精神谱系的核心内容,为加强党的精神建设指明了方向。二是深刻总结了百年来中国共产党在领导革命、建设、改革过程中所取得的伟大历史成就,这必将载入中华民族发展史册、人类文明发展史册。三是深刻揭示了中国共产党在100年历史进程中所形成的历史经验。要求全党在此基础上,以史为鉴,开创未来。四是深刻和全面部署了走向未来,实现第二个百年奋斗目标和行动纲领。明确中国共产党正团结带领人民踏上了实现第二个百年奋斗目标新的赶考之路。

　　上海市中共党史学会会长、教授忻平认为,习近平总书记"七一"重要讲话深刻阐释了伟大建党精神,精准全面地阐释了建党精神的科学内涵。伟大建党精神体现着党的性质宗旨,蕴含着党的初心使命,体现了马克思主义政党的政治优势,为我们立党兴党强党提供了最本原的精神滋养。在新时代传承与弘扬伟大建党精神,一方面要深刻总结和全面把握建党精神的实质内涵与时代价值,"永远把伟大建党精神继承下去、发扬光大"。我们要继续深入推进相关研究,充分发挥建党精神研究对加强党的理论创新和学习新时代新思想的推动作用。另一方面,将建党精神作为新时代加强党的各方面工作的精神指引。在建设社会主义现代化国家的新征程中持之以恒地弘扬建党精神,对今天执政兴国和增强"四个意识"、坚定"四个自信"、做到"两个维护",起到凝聚力量和指引方向的重要作用。

上海市公共政策研究会会长、教授胡伟认为,习近平总书记的重要讲话站在实现中华民族伟大复兴的历史高度,以大历史观概括了百年党史波澜壮阔的历史进程,指出"改革开放是决定当代中国前途命运的关键一招,中国大踏步赶上了时代!"在当前错综复杂的国内国际形势下,这个结论尤为重要。改革开放实现新中国成立以来党的历史上具有深远意义的伟大转折,为全面建成小康社会奠定了前提条件。中国特色社会主义之所以具有蓬勃的生命力,就在于它是实行改革开放的社会主义;没有改革开放,也就没有中国特色社会主义。改革开放后中国共产党所确立的正确路线和在这条正确路线指引下所走的正确的道路,是历经千辛万苦所取得的宝贵经验,是百年党史所凝练的理论与实践结晶,必须倍加珍惜。站在建党100年新的历史起点上,必须把改革开放的伟大事业继续推向前进。

上海社会科学院文学所所长、研究员徐锦江认为,习近平总书记在庆祝中国共产党成立一百周年大会的讲话中深刻总结了中国共产党的伟大建党精神:坚持真理、坚守理想,践行初心、担当使命,不怕牺牲、英勇斗争,对党忠诚、不负人民。这是从历史的维度、党自身发展的维度、人民的维度和面向未来的维度所作的高度总结。作为哲学社会科学领域党的工作者,要用坚持真理、坚守理想的建党精神,关注源于人民创造的伟大实践,富有创新精神,为中国特色社会主义的理论自信提供学理基础。以史为鉴开创未来,自觉融入不可逆转的中华民族伟大复兴的历史进程中去!

上海社会科学院研究员许明认为,实现中华民族的伟大复兴,是全体中国人的愿望,也是中国共产党的初衷。习近平总书记的重要讲话以此为主线,在天安门广场上引起了共振,在全国人心中引起了共振,也必将在全球华人心中引起共振。这条主线开放度高、包容性强,讲出了人们的所想、所盼、所愿,切切实实地讲到人民的心坎上,能够画出最广大的同心圆。历史上,多少仁人志士为了中华民族的复兴,前仆后继,牺牲性命也在所不惜。1840年以来,为此伟大目标牺牲了几千万人。而中国共产党人是其中最有代表性,最有持久力,最有组织性的一群人。现在,中国已经发生了翻天覆地的变化,牺牲者可以含笑九泉。而我们活着的人,特别是共产党人,还要努力,新的百年刚开始,任重道远!

上海交通大学讲席教授陈锡喜认为,习近平总书记曾经说过,中国共产党的历史就是一部理论创新的历史。"七一"重要讲话更明确指出,中国共产党为什么能,中国特色社会主义为什么好,归根到底是因为马克思主义行!这一"行",从理论逻辑上说,是因为马克思主义在人类文明发展史上占据真理的制高点和道义的制高点;从实践逻辑上看,是因为它在中国的实践中经历了从外部"送来",到中国化的"内部消化",再到发展21世纪的马克思主义而"走向世界"。因此,中国共产党要走向新的百年辉煌,必须在中华民族复兴大局和世界百年未有之大变局的交织中,推进马克思主义在世界的发展,使之能引领时代。

复旦大学国际关系与公共事务学院教授唐亚林认为,习近平同志庆祝中共百年华诞的"七一"重要讲话,印象最为深刻的是这句话:中国共产党始终代表最广大人民根本利益,与人民休戚与共、生死相依,没有任何自己特殊的利益,从来不代表任何利益集团、任何权势团体、任何特权阶层的利益。也就是这句话,把中国共产党与西方国家只是代表部分人、部分利益集团、部分权势团体、部分特权阶层的政党(party)区别开来了。也正是这种无私性和先进性,使得中国共产党始终能够引领国家和社会的发展和前进,始终能够赢得人民的拥护和信任。

华东师范大学终身教授齐卫平认为,习近平总书记"七一"重要讲话,以宏大的叙事穿透历史时空,回望过往的奋斗路,眺望前方的奋进路,贯通过去、现在和未来,令人鼓舞、振奋、励志。讲话中有两个核心词语:"为了实现中华民族伟大复兴"是对历史的回望,通过叙述我们党团结带领中国人民百年不懈奋斗的历史以及创造的成就,揭示中国共产党人初心坚守和使命担当的恒心和意志。"以史为鉴、开创未来"是对未来的展望,通过总结历史经验和弘扬历史传统,提出向着全面建成社会主义现代化强国的第二个百年奋斗目标迈进的新征程上接续奋斗的光荣任务。新征程新使命,中国共产党人践行初心使命的历史将再续新篇章,中国人民和中华民族将在中国共产党坚强领导下再创新的历史辉煌。

国防大学政治学院教授孙力认为,习近平总书记的重要讲话将中国共产党的百年奋斗归结为实现中华民族伟大复兴的主题,这是对科学社会主义的重大贡献,它包含着马克思主义必须本土化,才能够正确地指导相应国家的社会主义革命和建设的理论逻辑;包含着无产阶级政党必须高质量推动社会发展,给人民创造幸福美好生活,才能够在一个国家深深扎根的规律揭示。这不仅是对中国共产党历史的深刻总结,更是通过大历史观给所有无产阶级政党的启示,给当代社会主义运动的宝贵借鉴。

上海市委党校副教授邹磊认为,习近平总书记的重要讲话,明确宣告中国共产党踏上了新的赶考之路,提出了复兴中国的新型世界图景,对内有助于激发全党的使命意识和忧患意识,对外有助于向国际社会传递积极预期。从走向全国执政到走向民族复兴,中国共产党的两次"赶考"都顺应了时代的要求、人民的呼声,也对党的自身建设和执政能力提出了更高的要求。随着我国面临的外部环境发生深刻变化,需要全党居安思危,进一步发扬斗争精神,始终保持党与人民群众的血肉联系,为应对激烈的大国竞争奠定坚实的国内基础。事实上,复兴中的中国走近国际舞台中央也是一种"赶考",习近平总书记讲话勾勒的新型世界图景不是零和博弈,而是致力于构建人类命运共同体;不是中国称王称霸,而是坚决反对一切霸权主义和强权政治;不是"输出革命",而是弘扬全人类共同价值。这既基于中国的历史和现实,也符合世界上绝大多数国家的利益和期待。

上海市社联举行庆祝中国共产党成立 100 周年暨"两优一先"表彰大会

7月2日下午,上海市社联庆祝中国共产党成立 100 周年暨"两优一先"表彰大会在上海社科会堂隆重举行,市社联党组书记、专职副主席权衡出席会议并讲话。党组成员、专职副主席任小文主持会议。党组成员、二级巡视员陈麟辉宣读《上海市社联获宣传系统"两优一先"表彰名单》和《上海市社联关于表彰 2021 年优秀共产党员、优秀党务工作者和先进党支部的决定》。市社联"光荣在党 50 年"老党员代表、机关和事业单位全体党员干部约 80 人参加会议。

权衡指出,从 1921 年到 2021 年,中国共产党走过了整整 100 年的伟大历程。从石库门到天安门,从兴业路到复兴路,百年征程波澜壮阔,百年初心历久弥坚。多年来,市社联在市委领导和市委宣传部指导下,历届党组和全体干部职工勠力同心、接续奋斗,高举中国特色社会主义伟大旗帜,围绕中心、服务大局,聚焦联系和服务社科界专家学者,在强化党的建设、组织学术研究、规范学会管理、加强决策咨询、推进社科普及、优化内部管理等方面做了大量卓有成效的工作。

权衡强调,对"两优一先"进行表彰,就是要进一步弘扬共产党人坚定信念、践行宗旨、拼搏奉献、廉洁奉公的高尚品质和崇高精神,进一步激励各党支部和全体党员干部奋勇争先、冲锋在前,营造崇尚先进、见贤思齐的浓厚氛围,提振奋发有为、奋勇争先的精神状态,凝聚创新创造、干事创业的强大合力,激励市社联全体党员干部在新时代新征程上再立新功、再创辉煌。

权衡要求,要以习近平总书记"七一"重要讲话精神为引领,始终坚定理想信念,进一步树牢"四个意识"、坚定"四个自信"、做到"两个维护"。市社联作为党的宣传思想文化工作和理论工作的重要阵地,各级党组织和全体党员干部要认真学习贯彻习近平总书记"七一"重要讲话精神,充分认识讲话的重大意义和重要地位,深刻领会讲话的深邃思想和丰富内涵,切实把思想认识统一到讲话精神上来,用讲话精神武装头脑、指导实践、推动工作。要以习近平总书记"七一"重要讲话精神为重点,深入推进党史学习教育。下一阶段党史学习教育的主要任务和重点内容,就是要认真学习贯彻习近平总书记"七一"重要讲话精神,把学习讲话精神作为当前和今后一个时期的首要政治任务和各项工作的重中之重,确保规定动作做到位、不漏项,自选动作有创新、有特色,推动上海市社联党史学习教育走深走实。要以习近平总书记"七一"重要讲话精神为遵循,全面加强党的建设、激发党员干部担当作为。党组和各党支部要以党史学习教育和四史宣传教育为重要契机,全面强化各级党组织的政治功能和服务功能,严格执行党内生活制度,突出"三会一课"政治教育和党性锻炼;要教育引导党员特别年轻党员加强政治历练和政治能力训练,切实增强对党组织的归属感;要继续把巡视整改落实作为检验对党忠诚的"试金石",全面落实巡视整改工作,进一步增强政治意识、强化政治担当,持续瞄着问题去、盯着问题改,确保责任落实到位、整改措施到位、问题解决到位;要以习近平总书记"七一"重要讲话精神为指引,推动社联各项工作再上新台阶、取得新佳绩。要组织和引导社科界迅速掀起研究阐释总书记重要讲话精神的热潮,组织好社科界学习讲话精神的理论研讨和宣传普及。

会议表彰了市社联 8 名优秀共产党员、6 名优秀党务工作者和 2 个先进党支部。

会上,观看了为市社联 16 名"光荣在党 50 年"老党员而特别制作的短视频《向"光荣在党 50 年"的社联人致敬!》。市社联原党组副书记、专职副主席林炳秋,市社联原党组书记施岳群,市社联原专职副主席、离休党支部书记武克全作为老党员代表进行交流发言。

科普工作处党支部书记应毓超、办公室党支部陈放明、学会管理处党支部副书记梁玉国、刊业中心党支部李梅、科研组织处党支部副书记朱燕、办公室党支部书记梁清分别作为"两优一先"代表作了交流发言。

上海市社联赴中共一大纪念馆开展党史学习教育专题学习

7月8日上午,上海市社联党组中心组(扩大)赴中共一大纪念馆开展党史学习教育专题学习,重温建党伟业,汲取奋进力量。

在中共一大纪念馆,机关和刊业中心全体干部党员跟随讲解员,沿着历史脉络,认真参观了"伟大的开端——中国共产党创建历史陈列"展览,仔细听取"历史选择、伟大起点""前仆后继、救亡图存""民众觉醒、主义抉择""早期组织、星火初燃""开天辟地、日出东方""砥砺前行、光辉历程"等板块内容介绍。大家在一件件珍贵的文物前,在一个个震撼人心的革命故事中,回顾中国共产党波澜壮阔的奋斗历程,感悟先辈们的革命精神。

"我志愿加入中国共产党,拥护党的纲领,遵守党的章程,履行党员义务,执行党的决定……"在宣誓大厅里,面对鲜艳的党旗,市社联党组书记权衡带领全体党员举起右手,用坚定有力的声音重温入党誓词,表达了不忘初心、牢记使命、矢志奋斗、建功新时代的坚强决心。

权衡在参观过程中接受《青年报》记者采访时表示,通过观看展览,感到非常震撼也十分激动,真正认识到中国共产党从建党以来到现在一路走来的不易,又带领中国人民取得了如此伟大的成就。建党精神中,我感觉最重要的就是对真理的追求,共产党人始终坚持马克思主义真理,并且是始终把马克思主义与中国的实际相结合,开辟出中国特色社会主义的道路,这对我们走向新时代、开启新征程是一个非常重要的启示。对于第一时间能够把伟大建党精神在纪念馆内展陈,其意义尤其特殊。在党初心使命的出发地,学习和体悟伟大的建党精神,这本身就会给人们带来很大的启示,对未来的发展也会有非常深刻的启示和教育作用。

上海市社联召开党史学习教育工作推进会

7月21日,上海市社联召开党史学习教育工作推进会。市社联党组书记、专职副主席权衡出席会议并讲话,党组成员、专职副主席任小文,党组成员、二级巡视员陈麟辉出席。市社联党史学习教育领导机构和工作机构全体成员参会。

会议传达学习了宣传系统学习贯彻习近平总书记"七一"重要讲话精神暨党史学习教育推进会精神,并就市社联党史学习教育近阶段工作进行部署安排。

权衡在讲话中充分肯定了前一阶段社联党史学习教育的工作成效。他指出,市社联各级党组织按照中央、市委和市委宣传部要求,认真扎实开展党史学习教育各项工作,在不折不扣完成规定动作的基础上,充分结合主责主业创新自选动作,体现了社联工作特点,形成了一系列特色显著、丰富多彩的成果,为宣传系统和全市党史学习教育提供了理论资源和支持,产生了很多积极成效,进一步提升了社联的影响力。

权衡强调,下一阶段,市社联各级党组织要切实提高思想认识,持续用力,不断巩固党史学习教育阶段成果。一是要围绕"七一"重要讲话精神组织好学习,市社联党员干部要吃透精神实质,把握核心要义。二是要将市社联青年干部能力提升与学习"七一"重要讲话精神结合起来,以青年读书交流会等形式推动讲话精神入脑入心、见行见效。三是要围绕"七一"重要讲话精神,用好线上线下载体,开展专题组织生活会、主题党日活动等,深学细悟、融会贯通。四是要围绕"七一"重要讲话精神,持续推动上海社科界专家学者深化理论研究,做好学理阐释。五是要在"解难题、办实事、开新局、务实效"上下功夫,用心用情用力为群众办实事办好事。

会上,市社联机关各部门及所属事业单位党支部书记还就党史学习教育情况和下一阶段工作打算做了交流。

上海市社联举行中心组学习暨青年读书会学习总书记"七一"重要讲话精神

　　10月9日,上海市社联举行了"不忘初心　开创未来"——学习总书记"七一"重要讲话精神中心组学习暨青年读书会,本次活动是市社联党史学习教育系列主题活动之一。来自市社联机关和所属事业单位的6名青年党员、干部,围绕深入学习贯彻习近平总书记在庆祝中国共产党成立100周年大会上的重要讲话精神,作了主题交流发言。市社联党组书记、专职副主席王为松出席活动并讲话,党组成员、专职副主席任小文,党组成员、二级巡视员陈麟辉对交流发言作点评。

　　王为松充分肯定了本次青年读书会的成效,他表示,青年同志们从自身成长经历出发,结合本职工作、市社联主责主业和哲学社会科学事业发展,交流分享了学习"七一"重要讲话精神的心得体会、学习收获和真情实感,充分展现了市社联青年干部学习"七一"重要讲话精神的深度、广度和温度。

　　王为松认为,要进一步发挥好市社联青年读书会"理论强化班"的作用,常态化保持下去,制度化固定下来,持续推进理论学习走深走实。他对青年干部加强学习提出三点希望:一是练好内功,提升自身软实力。市社联青年干部要通过理论学习,自觉培养、不断提高习近平总书记要求年轻干部提高的七种能力:政治能力、调查研究能力、科学决策能力、改革攻坚能力、应急处突能力、群众工作能力、抓落实能力。二是主动作为,服务社科学者。要做到学思践悟、知行合一,在工作实践中了解学界情况,积极融入学术圈,主动为专家学者提供优质服务,尤其要发挥上海市社联青年干部所特有的社科传播力和群体凝聚力。三是勇于担当,肩负重任使命。要将理论学习的实际成效转化为做好各项工作的强大动力,市社联青年干部要着力加强用生动语言阐释传播新时代社科理论的能力素养,让社联工作吸引更多的年轻人;要将贯彻落实市委市政府战略部署与多角度多层面宣传社联紧密结合,让社联工作为更多市民群众知晓,在全方位推动高质量发展中贡献青春力量。

　　读书会主题交流发言分为两大篇章。在"不忘初心篇"中,由新党员李玮琦、入党10年的屠毅力和入党20年的徐光耀作交流发言。陈麟辉用"深""透""准""明"四字总结了三位青年党员的精彩发言。他认为,三位青年党员对习近平总书记"七一"重要讲话精神认识深、理解透、重点准、方向明。同时,他对市社联青年干部提出两点希望:一是从实际出发做好本职工作;二是坚持以人民为中心开展社会科学学习、研究和宣传工作。

在"开创未来篇"中,蒋晖、许小康、李奕昕分别结合自身对习近平新时代中国特色社会主义思想的学习认识、社科研究普及宣传工作,以及个人工作经历,从不同角度分享了自己的学习体会和感悟。任小文用三个"体现"评价了他们的交流发言,一是体现了新时代市社联青年干部在政治上的坚定性,二是体现了市社联青年干部在理论上的敏锐性,三是体现了市社联青年干部参与党的理论学习和组织建设的自觉性和积极性。

读书会上,杨琳、何大伟、蔡润丹、徐章杰四位青年干部还就学习"七一"重要讲话精神和学习党史心得进行了现场自由发言。市社联机关各部门和所属事业单位负责人、青年干部 40 余人参加了本次读书会。

上海市委党史学习教育第三巡回指导组莅临指导市社联"我为群众办实事"推进座谈会

　　11月5日上午,上海市社联党史学习教育领导小组召开"我为群众办实事"重点项目推进座谈会。市委党史学习教育第三巡回指导组组长邬立群、副组长刘道平一行,市委宣传部党史学习教育第一指导联络组组长邬新培、副组长薛彬一行莅临调研指导。市社联领导王为松、任小文,以及市社联机关和事业单位在职党支部书记、党史学习教育领导小组办公室相关人员参加推进座谈会。

　　座谈会上,王为松结合学习贯彻习近平总书记在第四届中国国际进口博览会开幕式上的主旨演讲,从提高政治站位、深入学习贯彻,把牢政治导向,提高学习质量,加深业务融合,拓宽学习成果等三个方面,汇报了市社联党史学习教育第二阶段工作情况,指出市社联要在党史学习教育中突出主责主业,团结引领广大社科工作者在以上三个方面做到"言必有信、行必有果""把牢导向、把住质量""拉伸宽度、提升温度"。机关和事业单位各在职党支部书记交流了本部门、本支部"我为群众办实事"重点项目推进情况。随后,与会领导就进一步推进党史学习教育和"我为群众办实事"实践活动作了深入交流。

　　邬立群表示,市社联通过召开"我为群众办实事"重点项目推进座谈会,达到了统一思想、共同进步、推动工作的良好效果,对市社联开展好下一阶段党史学习教育提出三点要求:一是要处理好整体性、阶段性和连续性的关系。要将"学党史、悟思想、办实事、开新局"贯穿党史学习教育的全过程,抓好下阶段学习贯彻十九届六中全会精神、开好专题民主生活会等重点学习任务,做到"知其然,知其所以然,知其所以必然"。要不断从党史学习中汲取智慧和力量,做到学思悟践,增信力行,坚决防止学用"两张皮"。二是要处理好点线面的关系。要聚焦"关键少数",党员领导干部切实做到先学一步、学深一步,示范带动各级党员干部进一步增强学习的主动性、自觉性和积极性,形成上下齐心、推动党史学习教育、促进事业发展的良好氛围。三是要以"办实事"检验党史学习教育成效。市社联既要在解决本单位具体实际问题,为职工和工作对象帮困解忧方面"办实事",更需要充分发挥导向引领作用,积极搭建各类学术平台,组织引导社科界专家学者为党和政府决策提供理论支持和制度设计,更好地服务经济社会高质量发展和人民群众高品质生活。

　　刘道平、邬新培、薛彬等也分别就市社联进一步深入推进党史学习教育提出意见建议。

　　王为松表示,将认真贯彻落实市委巡回指导组和宣传部指导联络组提出的建议要求,紧扣第三阶段重点任务,紧密结合市社联中心工作,高起点谋划、高效率推进、高质量落实党史学习教育各项任务。要持续推进"我为群众办实事"实践,探索形成办实事长效机制,切实把党史学习教育成果转化为解难题、开新局的生动实践。

座谈会前,市委巡回指导组和宣传部指导联络组还与出席市社联"望道讲读会:从开天辟地到经天纬地"党史学习教育专题活动的专家严爱云、梅丽红、刘统、齐卫平等进行了亲切交谈,在活动现场听取了望道讲读会的情况介绍,对市社联围绕主责主业扎实开展党史学习教育给予高度评价。

科研组织与决策咨询平台

KE YAN ZU ZHI YU JUE CE ZI XUN PING TAI

学术年会

习近平外交思想与中国共产党百年对外工作理论创新研讨会在上海隆重举行

　　值此中国共产党迎来百年华诞之际,上海国际关系学界积极学习贯彻习近平外交思想和开展党的对外工作理论创新研究。5 月 29 日,上海国际问题研究院、中共中央对外联络部世界政党研究所、上海市社会科学界联合会、上海市国际关系学会联合举办习近平外交思想与中国共产党百年对外工作理论创新研讨会。

　　中共中央对外联络部副部长郭业洲,第十届上海市政协副主席、上海市教育发展基金会理事长王荣华莅临研讨会并致辞。会议开幕式由上海国际问题研究院院长陈东晓主持。

　　郭业洲充分肯定了此次研讨会的重要意义。他指出,一百年来,党的对外工作因党而立、因党而兴、因党而强,参与和见证了中国共产党领导中国人民从站起来、富起来到强起来的伟大飞跃。关于党的对外工作的理论和实践创新,郭业洲指出,一要始终坚持正确的政治方向;二要始终坚持把习近平新时代中国特色社会主义思想、特别是习近平外交思想和习近平总书记关于党的对外工作重要论述作为指导;三要始终坚持党的对外工作的基本定位,即党的对外工作是党的一条重要战线,是国家总体外交的重要组成部分,是中国特色大国外交的重要体现;四要始终坚持系统观念,准确把握党的对外工作所处的历史方位,深入分析党的对外工作面临的外部环境,总结提炼党的对外工作的经验规律,重视强化党的对外工作的实践效能。

　　王荣华回顾了百年来中国共产党带领全国人民波澜壮阔的奋斗史。他指出,一百年来特别是新中国成立以来,党的对外工作秉承相互尊重、完全平等的理念,为服务国家发展、实现民族复兴、维护世界和平、推动人类进步作出了重要贡献。上海是党的诞生地,红色基因深深融入城市的血脉。王荣华认为,习近平总书记考察上海系列重要讲话,指明了上海发展的时代坐标、前进方向、战略重点。"十四五"期间,上海将立足于新发展格局,进一步发挥服务国家"一带一路"建设桥头堡作用,努力成为国内大循环的中心节点、国内国际双循环的战略链接。

　　在大会主旨演讲环节,市社联党组书记、专职副主席权衡着重从中国参与国际经济大循环向构建双循环新发展格局的转变来分析中国与世界经济关系发生的变化。他提出,从强调外需导向到突出内需为主体,凸显了中国巨大的市场空间对世界经济的新贡献;强调从单一的参与国际大循环到国内大循环与国际大循环相互促进的新发展格局,反映了中国和世界经济相互依存度更加紧密,中国与世界谁也离不开谁;强调新发展格局代表了高水平对外开放,反映了中国对外开放的大门不会关闭,而会越来越大,这本身对世界经济发展提供更大更多新机遇。

在下午的专题研讨环节,近 30 位嘉宾围绕"中国共产党百年对外关系理论与实践""习近平外交思想与新时代中国外交发展"等主题展开研讨。

此次研讨会既是向党的百年华诞的一次献礼,也将更好地推动我国特别是上海哲学社会科学界学习贯彻习近平外交思想和积极开展党的对外工作理论创新研究。

"中国共产党教育思想百年演进与当代发展论坛——上海市社会科学界第十九届学术年会系列论坛"在华东师范大学举行

　　教育是国之大计、党之大计。为总结中国共产党成立以来教育的探索历程与发展经验，献礼建党百年华诞。6月11日，华东师范大学教育学部党委、中国浦东干部学院领导研究院共同主办，教育部人文社会科学重点研究基地华东师范大学基础教育改革与发展研究所承办，中国教育学学术话语体系与创新研究基地协办的"中国共产党教育思想百年演进与当代发展论坛——上海市社会科学界第十九届学术年会系列论坛"在华东师范大学举行。

　　上海市社会科学界联合会党组成员、专职副主席任小文，华东师范大学党委常委、宣传部长顾红亮，中国浦东干部学院领导研究院院长赵世明，华东师范大学教育学部党委书记房建军分别致辞，中国浦东干部学院副院长郑金洲作会议总结发言。华东师范大学人文与社会科学学院研究院院长吴瑞君主持开幕式。

　　任小文表示，中国共产党人始终坚持以马克思主义为指导，在百年实践探索和理论建设中逐步形成和发展了中国特色社会主义教育理论，推动了教育现代化建设。期待通过此次论坛，能够把学史明理、学史增信、学史崇德、学史力行不断引向深入。同时也希望中国教育学术话语体系与创新研究基地的各项工作能够不断深入，更好地服务全国改革发展大局。

　　顾红亮认为，教育学是华东师范大学文科的第一方阵学科，在学科的70年发展历程中群英璀璨。此次论坛的举办正当其时，正应其势，希望通过论坛的深度交流，能够深化中国共产党教育思想的理论研究，为推动新时代中国特色社会主义教育高质量发展作出新的理论贡献。

　　赵世明提出，教育是推动人的全面发展的基础性、战略性、先导性事业。党的教育思想和教育实践是百年党史的重要组成部分。各个历史时期党和国家领导人提出的教育思想，党内外众多教育思想家、理论家提出的教育理念，以及党在不同时期提出并践行的教育方针和政策共同构成了党的教育思想的理论体系、政策体系与实践体系。

　　房建军认为，70年来，华东师范大学教育学科以积极进取、革故鼎新、开放融合的姿态，引领中国教育理论和实践的发展，为我国教育学科和教育事业发展作出应有的贡献，在中国特色社会主义教育发展道路上写下浓墨重彩的一笔。期待通过此次论坛，能够更加全面地把握党的教育理论和实践,进一步深化对习近平总书记关于教育的重要论述的理解和认识,从而在建设教育强国的征程中汲取更为强大的理论支撑和精神动力。

论坛上,来自中国浦东干部学院、北京师范大学、东北师范大学、上海立信会计金融学院和华东师范大学的专家学者从不同角度出发,深刻剖析"中国共产党教育思想百年演进与当代发展"。教育部人文社会科学重点研究基地华东师范大学基础教育改革与发展研究所所长李政涛和华东师范大学教育学部党委常务副书记黄瑾分别主持第一和第二主旨报告阶段。华东师范大学教育学部常务副主任荀渊、华东师范大学教育学部副书记沈晔、华东师范大学教育学部副主任朱军文以及来自全国的 60 余名专家学者出席论坛并开展交流研讨。

"中共百年华诞　世界百年变局——中国共产党治国理政的经验与启示"国际学术研讨会在复旦大学举办

为总结中国共产党治国理政的经验与启示，研讨如何向世界讲好中国共产党治国理政的故事，由中共中央对外联络部、中国外文局和复旦大学联合主办，复旦大学马克思主义学院、复旦大学海外中共学研究中心、中国外文局当代中国与世界研究院、中联部世界政党研究所承办的"中共百年华诞　世界百年变局——中国共产党治国理政的经验与启示"国际学术研讨会在复旦大学举办。本次研讨会为上海市社会科学界第十九届学术年会系列论坛之一。会议通过线上与线下相结合的形式开展交流研讨。

来自中共中央对外联络部、中共中央党校、中国社会科学院、中国外文局、国防大学、北京大学、中国人民大学、复旦大学、上海交通大学、同济大学、南京大学、武汉大学、浙江大学、山东大学、中山大学、华东师范大学、东华大学、华南师范大学、南京航空航天大学、上海市委党校、中国浦东干部学院、上海社会科学院以及英国皇家社会科学院、澳大利亚社会科学院、英国剑桥大学、英国伦敦大学、澳大利亚悉尼大学、日本爱知大学现代中国学部等海内外百余位领导和专家学者以线上线下形式与会。论坛开幕式由复旦大学党委常委、副校长陈志敏主持。

中国外文局局长杜占元在视频致辞中表示，中国共产党成功的密码在于"四个始终"，一是始终恪守人民至上，始终是一个同人民群众保持密切联系，在变革、发展、进步、繁荣过程中始终表达人民群众愿望的政党；二是始终探索正确道路，在中华大地上发生的巨变无可辩驳地证明只有中国特色社会主义才能解决当代中国的发展进步问题；三是始终强化自身建设，在理论上不断创新，在应对各个历史时期面临的风险考验中不断发展，历经千锤百炼而更加朝气蓬勃；四是始终推动命运与共，始终在世界大局和时代潮流中把握中国发展的前进方向、促进各国共同发展繁荣，弘扬和平、发展、公平、正义、民主、自由的全人类共同价值，推动构建人类命运共同体。

中共中央对外联络部研究室主任金鑫在致辞时提出，中共百年华诞在国际社会引发"走近中共"的热潮。中国共产党要以建党百年为契机，准确把握中国与世界关系的变迁，更好地向世界介绍新时代的中国共产党，更好地展示真实、立体、全面的中国，既要讲好中国共产党百年奋斗的"史"，也要讲好中国共产党治国理政的"道"，既要讲清楚中国共产党的"当下"，也要突出新起点下中国共产党的"未来"，推动国际社会进一步走近中国共产党,深入理解中国共产党的执政理念,让更多国际朋友读懂中国共产党及其领导下的中国,更好实现中国与世界、中国共产党与世界关系的良性互动。

复旦大学党委副书记许征在致辞中认为,实践证明,中国共产党把马克思主义基本原理同中国具体实际相结合,同中华优秀传统文化相结合,在古老的东方大国建立起保证亿万人民当家作主的新型国家制度和治理体系,保障了中国创造出经济快速发展、社会长期稳定的奇迹,为世界各国政党治国理政贡献了中国智慧和中国方案。作为中国人自主创办的第一所高校,复旦大学将传承红色基因,弘扬复旦精神,践行初心使命,将热情和智慧挥洒在服务国家富强、民族复兴、人民幸福的伟大时代进程之中,努力创造无愧于历史、无愧于时代、无愧于人民的新的更大成绩。

本次研讨会下设四个平行分论坛,专家学者们分别围绕"学习习近平总书记'七一'重要讲话精神""中国共产党与世界新型关系""中国共产党治国理政的探索""海外中国共产党研究"等主题展开学术研讨。

"中国共产党百年城市工作理论与实践"论坛在沪召开

为推动新时代城市治理理论创新和实践发展,8月28日,由上海市社会科学界联合会主办,复旦大学马克思主义学院承办的上海市社会科学界第十九届学术年会系列主题论坛在沪召开,本次论坛以"中国共产党百年城市工作理论与实践"为主题。

城市工作是一项时代命题,大发展下必定需要更大视野、更大格局、更多理论。复旦大学马克思主义学院院长李冉教授提出,党的十九届五中全会和习近平总书记在浦东开发开放30周年庆祝大会上的重要讲话,对党的城市工作提出了新的任务和要求。当前我国城市发展已经进入新的发展时期,中国要想让城市发展走上新台阶,不仅需要在理论上有所创新,也需要在实践上有所突破。社科界专家要深入研究城市基层治理等重大议题,提出推进超大城市社会治理体系现代化的学术成果,为实践工作者提供具有前瞻性的、高质量的实施方案。

在中国特色社会主义新时代,现代城市治理这个"系统工程"要靠党的领导、党员带头、党建引领。华东师范大学公共管理学院教授郝宇青认为,抓好城市治理,根本上要靠党的领导,这赋予了中国共产党在城市治理中的突出地位,党建引领成为新时期城市基层治理的鲜明特点。随着新时期党的城市工作的不断推进,党建引领在城市基层呈现出新特点、新内涵、新方向。应明确,党建引领的重点在于政治引领,在于方向性、战略性的宏观领导,新时代的城市基层治理需要进一步发挥党在政治层面和思想层面的先锋引领作用。

城市基层党建工作富含细节,贯穿城市治理的各个方面、多个领域、全部过程。上海市浦东新区党建服务中心主任陈志刚提出,上海的党群服务阵地建设是一个先行先试、探索发展的历程。党群服务中心服务在服务基层社会治理时,一方面要服务党的政治建设,做好基层党务工作;另一方面要服务社会治理,完善党委领导、政府负责、民主协商、社会协同、公众参与、法治保障、科技支撑的社会治理体系,把生活网格上升成为治理网格,形成社会治理共同体。

围绕新时期城市建设与城市治理的新形势、新任务,我们亟须全面总结城市建设经验、共谋城市发展蓝图,共同推动城市工作理论研究的创新发展,城市工作实务探索实践的融合共进,助推城市治理向纵深发展。

"建党百年与民间外交——上海的实践与启示"研讨会在上海国际问题研究院举行

9月5日下午，"建党百年与民间外交——上海的实践与启示"研讨会在上海国际问题研究院举行。研讨会由上海市人民对外友好协会、上海市社会科学界联合会、上海国际问题研究院主办，为上海市社会科学界第十九届(2021)学术年会系列论坛之一。

上海市人大常委会副主任、上海市人民对外友好协会会长陈靖在致辞中指出，要始终坚持党的领导，确保民间外交正确方向。百年历史证明，坚持党的领导是做好上海民间外交工作最大的政治优势，也是上海民间外交事业不断走向胜利的根本保障。民间外交要围绕中心服务大局，为上海发展营造良好的外部环境。回顾建党百年，一批国际友人笔下的中国故事传向了世界，反映出民间外交发挥重要作用的一个生动侧面。要坚持发挥民间外交生力军作用，讲好中国和上海的故事。

上海宋庆龄研究会会长、市第十四届人大常委会副主任薛潮在会上表示，我们翻开中国共产党的百年党史，中国共产党所从事的正义事业不仅得到中国人民的广泛认同，而且始终得到国际有识之士的理解同情和支持。我们再翻开国际友人在中国的奋斗史，我们又能够发现他们中许多人都与爱国主义、民主主义、国际主义、共产主义的伟大战士宋庆龄有着重要关系。宋庆龄以个人身份广交国际友人，并引领这些友人投身于中国人民的革命事业。她创办的中国建设杂志凝聚一大批国际友人和进步的外国记者专家作家，为中国国际传播事业作出了历史性贡献。

市社联党组成员、专职副主席任小文在会上表示，上海是中国对外交往的窗口，是海上丝绸之路的重要出发点，是东学西渐和西学东渐的码头，是中国改革开放的前沿，代表国家参与国际竞争和国际交流。上海对外交往的巨大流量决定了上海在民间外交上发挥着重要作用。在新时代的民间外交工作中，上海应从展现新形象、壮大新主体、拓展新空间、凝聚新共识、引领新话题、提供新支撑等六个方面更加积极地思考探索和实践，为新时代民间外交注入新动能。

上海国际问题研究院学术委员会主任杨洁勉总结说，回顾建党百年，上海的民间外交在党的领导下，参与了百年民间外交的全过程、全领域、全区域。从民间外交来讲，一般就是"沧海横流方显英雄本色"。平势的时候要造势，做准备；逆势的时候，我们要有绝不被一切困难压倒的气概，敢于斗争、善于斗争。坚持以人为本，统筹民间外交资源，发动人民的力量，讲好中国故事，讲好上海故事，讲好个人故事。

"数字时代文化产业高质量发展"东方智库论坛在上海举行

　　9月18日,"数字时代文化产业高质量发展"东方智库论坛在上海举行。本次论坛为上海市社会科学界第十九届(2021)学术年会系列论坛之一,由上海市社联和上海大学共同主办。论坛采取线上线下相结合的方式,与会者围绕中国共产党百年文化产业理论与实践、数字时代文化产业高质量发展、互联网平台治理与高质量发展、文化产业管理学科高质量发展等议题进行深入研讨。中国科学院院士、上海大学校长刘昌胜,市社联党组成员、专职副主席任小文等先后致辞。

　　刘昌胜指出,文化产业高质量发展具有重大的现实意义,全球文化旅游产业与软实力协同创新研究中心是学校推动人才培养和学术研究的重要举措,是学校加快产、教、研一体化建设步伐的浓重一笔,是提高上大科研软实力的重要举措,对推动和加强文化产业学术研究、推进文化产业高质量发展、促进社会主义文化强国建设具有重要意义。

　　任小文指出,文化产业是一个跨学科、跨领域的研究,需要各界专家学者的共同努力。上海市社会科学界联合会将在建设、组织、管理和协调文化产业科学研究、成果转化等各项工作中发挥作用,为"两个文明"建设服务;推动学术交流,为党和国家的决策咨询服务;推动东方智库论坛成为上海文化产业的研究与合作的高端平台。

　　"十四五"时期,我国将实施文化产业数字化战略,加快发展新型文化企业、文化业态、文化消费模式,壮大数字创意、网络视听、数字出版、数字娱乐、线上演播等产业。促进数字时代文化产业高质量发展,是贯彻落实党的高质量发展战略的重要举措,是文化产业发展现实及文化市场需求的客观要求。如何通过数字化激发创新创造活力,推动文化产业迈向高质量发展,从而更好满足人民群众日益增长的美好生活需要,成为一项重大课题。这也引发了与会专家的热议。

　　中国传媒大学文化产业管理学院院长、清华大学国家文化产业研究中心主任、文科资深教授熊澄宇认为,评估数字时代文化产业高质量发展有五个维度,一是文化的传承与传播,数字化是文化产业发展的手段,而文化的传承与传播才是文化产业发展的目标;二是文化产业和产出,评估文化产业不能只看GDP,还要关注发展空间与增长潜力;三是数字文化产业和人民生活之间的关系,应从创意生活的角度,关注文化产业对提升人民生活幸福感和获得感所作出的贡献;四是文化产业学科发展;五是文化产业高质量发展和学术研究之间的关系。

上海交通大学胡惠林教授就文化产业的公共责任发展问题发表主旨演讲。他以游戏产业的繁荣发展与青少年健康成长之间的联系和冲突为例,强调文化产业不能是只讲经济效益的产业,而应该是一个有责任的产业,是为人民幸福而发展的产业。文化产业的发展需要一个健康的发展环境,最近政府在青少年防沉迷、打击垄断等方面的新举措,正是发力净化文化产业发展环境的重要表现。

中国人民大学金元浦教授认为,当今文化产业发展呈现出几大新趋势:一是文化产业与旅游产业融合发展,走向更加大众化发展的路线;二是科技创新和文化需要产生了更深程度的融合,同时文化内容产业逐渐形成规模;三是文化创意产业在全球的创意经济中形成了新的层级,出现了文化创意发展高端企业引领的新模式。

南方科技大学党委书记、讲席教授李凤亮指出,文化产业的发展应该注重培根铸魂,强化精神引领,培育高度的文化自信;加强守正创新,提升创意能力,推动产业的创新发展;加强技术驱动,融合数字技术,深化文化与科技融合;坚持内容为王,推动消费升级,建立文化消费新模式;加强人才支撑,提升专业能力,树立正确的价值导向;优化文化治理,破除文化体制中不适应文化发展的瓶颈壁垒,推动文化治理的现代化以及学科建设的发展。

武汉大学国家文化发展研究院院长傅才武教授对数字时代下沉浸体验的产业化发展、现状及前景做了分析。他认为,沉浸体验是一种深度需求的被挖掘和认知,通过相关装置打造意义场域,在沉浸环境中吸引并唤醒参与者,极大满足参与者个人的个性化需求,带给参与者价值认同的满足,从而获得商业开发价值,并逐渐发展形成完整业态。在体验消费持续扩张、数字经济蓬勃发展、技术不断实现突破、产业基础提供土壤的背景下,沉浸体验业态呈现出产品体验化、生产数字化、消费场景化、产业融合化的特点,未来还将进一步依靠技术支撑,实现价值驱动、拓展业态融合、打造场景体验。

北京交通大学中国文化产业研究院院长皇甫晓涛教授认为,文化产业高质量发展的灵魂是价值创新,其中既包括全人类共同价值创新,也包括艺术个性化的价值创新,表现为人类特质新意象、人文技术新景观、智库文明新视野、文化教育新文科、丝绸之路新学科等方面。为此,需要理论创新和知识创新,并构建新的学科话语体系。

论坛上,发布了《中国文化产业质量报告》。全球文化旅游产业与软实力协同创新研究中心(上海)执行主任、上海大学新闻传播学院教授包国强在介绍报告概况时指出,文化产业在促进国民经济转型升级和提质增效、满足人民精神文化新期待、提高中华文化影响力和国家文化软实力等方面具有重要作用。我国文化产业发展要强化"质量意识",进一步稳扎稳打,提升质量效益,升级产业结构,合理布局产业,优化发展环境,在服务国家重大战略、培育新的经济增长点、赋能经济社会发展等方面催生新产品、新业态和新模式,为建设社会主义文化强国提供强劲动力和支撑。

"中国道路的百年探索：创造与贡献"学术研讨会在上海召开

10 月 30 日，"中国道路的百年探索：创造与贡献"学术研讨会在上海对外经贸大学召开。

上海对外经贸大学党委副书记、副校长祁明在致辞中表示，走自己的路，是党的全部理论和实践立足点，更是党百年奋斗得出的历史结论。哲学社会科学工作者要围绕习近平总书记关于中国式现代化道路重要论述进行深入研究，聚焦中国道路百年探索创造与贡献、中国共产党百年历史与中国道路的逻辑、中国式现代化道路与人类文明新形态的开创、全面建设社会主义现代化国家与中国道路、当代中国马克思主义等重大问题展开研究。我们要进一步深化学习研究和阐释习近平总书记"七一"重要讲话精神，不断推动习近平新时代中国特色社会主义思想，往深里走、往心里走、往实里走。

在主旨报告环节，复旦大学马克思主义学院教授马拥军阐释了社会主义道路与资本主义道路的根本区别，他认为资本主义道路以资本的自我增殖为目的，一切围绕资本自我增殖展开，人作为自我增殖的工具而存在。在中国共产党带领下形成的中国特色社会主义道路，是一条自觉开拓的路，社会主义道路是联合、团结、凝聚之路，货币资本只是达到联合、团结、凝聚目的的手段。马克思主义强调全世界无产者联合起来、人人皆兄弟同中国传统文化的"四海之内皆兄弟"具有文化上的共通性，所以在马克思主义指引下中国共产党带领中国人民找到了适合自己的道路。

上海交通大学讲席教授陈锡喜认为，习近平新时代中国特色社会主义思想是当代中国马克思主义最新成果，开辟了 21 世纪马克思主义发展新境界，从空间意义上把中国扩大到整个世界，在内涵上从当代延伸到 21 世纪。习近平新时代中国特色社会主义思想具有拓展研究新视野、提升当代中国马克思主义新境界、丰富马克思主义世界观方法论新内涵的重要作用。我们必将在物质文明、政治文明、精神文明、社会文明、生态文明等一系列实践和思想等层面取得伟大成绩。

国防大学政治学院教授孙力以"从百年主题看中国道路的贡献"为题，讨论了中国道路对世界的贡献。他认为，百年主题这个重大理论创新是对科学社会主义的重大贡献，无产阶级政党必须要不断推动社会发展，给人民创造幸福美好的生活，从而赢得人民的支持，来创造自己的伟业。

华东师范大学马克思主义学院教授曹景文以"中国特色社会主义道路的世界意义"为

题进行了论述。他认为中国式现代化道路的世界意义包括三个方面:第一,中国式现代化道路对世界上那些既希望加快发展同时又希望保持自身独立性的国家和民族,提供了全新的选择。第二,中国式现代化道路的成功,为世界和平与发展,为构建新型国际关系提供了中国方案。第三,中国式现代化道路是世界范围内两种意识形态、两种社会制度历史演变及其较量发生了有利于马克思主义、有利于社会主义的深刻转变。

"经典诠释与诠释学的伦理学转向"学术研讨会在沪召开

11月5—7日,"经典诠释与诠释学的伦理学转向"学术研讨会在上海成功召开。本次活动为上海市社会科学界第十九届(2021)学术年会系列论坛之一。来自国内 40 多所高校和科研院所的八十多位专家、学者参加此次会议。

会上,华东师范大学人文与社会科学研究院院长朱军文,华东师范大学哲学系系主任刘梁剑教授,诠释学专业委员会会长、华东师范大学哲学系潘德荣教授,《华东师范大学学报(哲社版)》常务副主编付长珍教授出席开幕式并分别致辞。开幕式由中国诠释学专业委员会理事、华东师范大学哲学系牛文君副教授主持。

本次会议由 1 场主题演讲,4 个分会场共 12 场小组报告组成。与会专家学者和研究生紧紧围绕"经典诠释与诠释学的伦理学转向"这一会议主题,从诠释学的历史及谱系学研究,诠释学的伦理学转向,中国经典诠释思想,中国诠释学建构,中西诠释学传统的对话与互鉴,诠释学视域下的真理、方法论、实践等问题探讨,诠释学在人文社会科学领域的扩展与应用等不同角度进行学术报告,并就报告内容展开深入的探讨和互动交流。

华东师范大学潘德荣教授、山东大学傅永军教授和华中科技大学何卫平教授分别进行了主题演讲。

潘德荣指出,当代诠释学的伦理学转向,从形式上看与当代哲学的伦理学转向相互激荡,标志着当代人对于人类世界何去何从的新思考。但就其精神取向、特别是对中国人而言,乃是向着中国思想传统源初的出发点之回溯,《周易》从卜筮之学转为德行教化,确立了中国学术传统以伦理为本位的思维特征。

傅永军以《中国诠释学建构实践的批判审思》为题,在具体阐释中国诠释学建构的合法性之问、中国诠释学建构的四种学术进路的基础上,依次阐明了中国经典诠释传统的现代转型与西方现代诠释学产生的诠释学处境差异在哪里、中国经典诠释传统的现代转型转向何方、我们应当建构什么样类型的中国诠释学等问题。

何卫平从"哲学的经验"角度对傅伟勋提出的"创造的解释学"进行了再思考。他指出,用现在的眼光看"创造的解释学"有明显的局限性。作为改进,应保留傅伟勋的"创造的解释学"这个提法,但需要补充本体论——目的论的内容,因为如果缺乏这些内容,"创造的解释学"就得不到根本的奠基和最终的保证。

在分会场的专题研讨中,同济大学吴建广教授从诗学诠释学视域出发,系统梳理了马克思德语文本中的语言格律、互文运用,从而论证了马克思"诗学在真理性上不远于科学"的观点;安徽大学张能为教授以哲学诠释学为中心,针对精神科学作为一门科学何以可能的问题发表了自己的看法;深圳大学景海峰教授从"新经学"产生的可能性入手,指出经学系统的现代转化关键是要从哲学的角度对其根本特征、思想价值和未来发展做出新的理解与阐证;湖南大学岳麓书院李清良教授以《荀子论理解经典的基本原则与方法》为题,系统分析了经典理解原则与理解方法,并指出其对于理解伽达默尔哲学诠释学之后重新思考诠释学方法颇有启发意义;大连理工大学秦明利教授在《数字诠释学论纲》中就数字诠释学关涉的基本问题、基本概念、基本维度、基本任务和方法进行阐述,试图探寻哲学诠释学视域中的数字化生存和数字共同体构建的合理路径。

会议为来自华东师范大学、复旦大学、浙江大学、南京大学、大连理工大学、安徽大学、安徽师范大学等高校的 20 多位研究生同学设置了研究生专场,邀请相关研究领域的专家学者为同学们的论文进行点评或提出修改建议。

本次会议很好地凝聚了汉语学界从事诠释学及相关研究的学术中坚力量,为汉语学界的诠释学与中国诠释学的理论研究提供良好的契机,对于进一步促进诠释学未来的发展,深化诠释学的思想内涵、推动中国诠释学学科建设以及其在世界范围内的传播具有重要意义。此次会议对于从事诠释学研究的青年教师和研究生的学术发展也具有积极的引导和促进作用。

2021 上海歌剧论坛暨"中国歌剧百年"学术研讨会 在上海音乐学院召开

11 月 13 日,2021 上海歌剧论坛暨"中国歌剧百年"学术研讨会在上海音乐学院举办。本次会议由上海市社会科学界联合会和上海音乐学院共同主办,贺绿汀中国音乐高等研究院、《音乐艺术》编辑部和《中国歌剧年鉴》编辑部承办。本场活动为上海市社联第十五届(2021)"学会学术活动月"系列活动之一,采用线上线下相结合的方式举行。

开幕式上,上海音乐学院党委书记徐旭回顾了中国歌剧的百年历史,提出要弘扬中国歌剧中的革命文艺传统,认识和把握中国歌剧特别是革命历史题材歌剧的演创规律。他表示,要深入研究中国歌剧发展中的重大理论和实践问题,不断推出重要的学术成果,为中国歌剧理论建设和中国特色社会主义文艺事业发展贡献智慧。

上海音乐学院院长廖昌永通过视频致辞,他梳理归纳了歌剧的起源、发展和风格类型,认为歌剧是一个国家和民族音乐艺术发展水平的象征和标识。上海是中国歌剧的故乡,上海音乐学院举办此次活动,正是推动新时代中国歌剧创作和歌剧理论评论创新发展的一个重要举措。

中国音乐家协会主席叶小纲在致辞中回顾了中国歌剧的百年历史,高度评价了上海音乐学院对中国歌剧事业所作的贡献,并充分肯定了此次活动对中国歌剧发展的推动作用。

歌剧理论家、浙江师范大学、中国音乐学院特聘教授居其宏以"从第四届中国歌剧节看当前中国歌剧生态"为题,梳理了当下中国歌剧创演生态,呼吁歌剧创演推出更多"思想精深、艺术精湛、制作精良"的"高原""高峰"剧目。

上海音乐学院作曲系教授许舒亚在"新时代中国歌剧创作与舞台实践"的发言中提出,歌剧创作必须认识和把握人声及与之紧密结合的戏剧结构、人物性格发展的规律,歌剧的体裁和题材应百花齐放。

浙江音乐学院院长王瑞在题为"中国歌剧百年的歌剧学思考"的发言中,从中国歌剧创作的实际问题出发,呼吁中国歌剧学理论的构建。他认为,优秀的歌剧作曲家,必须是集作曲、编剧、导演等诸多角色意识于一身,中国歌剧创作的发展与中国歌剧理论的发展是并行不悖的,二者相辅相成,相互促进,共同进步。

来自全国各地近 20 位参会者先后发言,从辞典中"歌剧"词条版本的比较研究、中外歌剧音乐和戏剧的理论分析到声乐学派对中国歌剧创演的影响、歌剧学视阈下的学科建设、百年中国歌剧研究与创作等分别作了论述,体现出国际化视野和学科交叉性的特征。

上海市社会科学界第十九届(2021)学术年会大会在上海社会科学会堂召开

11月25日下午,上海市社会科学界第十九届学术年会大会在上海社会科学会堂召开。会议由上海市社会科学界联合会党组书记、专职副主席王为松主持。市社联主席王战致开幕词。市社联主席团成员、参与学术年会的专家学者代表、上海市高校和社科研究机构代表80余人出席会议。

王战在致辞中指出,党的十九届六中全会通过的《中共中央关于党的百年奋斗重大成就和历史经验的决议》是一篇承前启后、继往开来的马克思主义纲领性文件,是新时代中国共产党人牢记初心使命,坚持和发展中国特色社会主义的政治宣言,是以史为鉴、开创未来,实现中华民族伟大复兴的行动指南。站在新的历史起点上,全市广大社科工作者要强化使命担当,自觉用习近平新时代中国特色社会主义思想武装头脑,自觉从学习领悟百年党史中坚定理想信念。要深入推进习近平新时代中国特色社会主义思想的学理化阐释、学术化表达、体系化构建,为加快构建中国特色哲学社会科学作出上海社科界的新贡献。要进一步发挥哲学社会科学推动经济社会发展的重要作用,积极开展决策咨询研究,为国家改革发展大局和上海经济社会高质量发展提供有力的理论支撑和智力支持。

王为松表示,学习宣传贯彻党的十九届六中全会精神是当前和今后一个时期重大的政治任务,也是社科界责无旁贷的重大使命。社科界认认真真、原原本本学习全会精神和《决议》内容,深刻理解把握其中的核心要义和精神实质,自觉把思想和行动统一到党中央的重大决策部署上来。要发挥社科界学科齐全、人才荟萃、智力密集的优势,深入研究我们党百年奋斗蕴含的理论逻辑、历史逻辑、实践逻辑,从历史中汲取智慧和力量。尤其要深入阐释习近平新时代中国特色社会主义思想的科学内涵、历史地位、重大意义,努力推出一批具有理论重量、思想分量、话语质量的理论成果,为学习宣传贯彻全会精神提供有力的学理支持,充分体现上海社科界的担当与作为。

会上,市社联党组成员、二级巡视员陈麟辉宣读了本届学术年会优秀组织单位、优秀组织个人及优秀论文名单,并发布上海市社联2021年度推介论文。

复旦大学经济学院高帆教授、中共上海市委党校(上海行政学院)教育长罗峰教授、华东师范大学马克思主义学院闫方洁教授、上海社会科学院文学研究所副所长郑崇选研究员先后在会上作主旨发言。

高帆教授做题为《新型政府—市场关系与中国共同富裕目标的实现机制》的主旨报

告。他认为,实现全体人民共同富裕是社会主义的本质要求,中国共同富裕实践是一个与超大规模国家社会主义现代化进程相关联的"本土化故事",必须立足于本土化制度实践来阐释共同富裕目标的实现逻辑。新中国成立以来,中国在经济领域形成了契合本土化特征的新型政府—市场关系,其内涵包括强调党—政府—市场的三位一体框架、强调政府和市场两者的相互增强、强调政府内部和市场内部的结构特征。新时代我国要使全体居民共同富裕取得更为明显的实质性进展,必须坚持和完善新型政府—市场关系,结合新发展阶段的特征对政府—市场关系进行适应性调整,在夯实增长内生动力和提高成果分享程度中促使共同富裕取得新成就。

罗峰教授做题为《全过程人民民主的理论意蕴与基层善治实践》的主旨报告。他认为,全过程人民民主是党领导人民创建的新型政治文明形态,契合了马克思主义经典作家对民主的定义与描述,它找到了一种克服选举民主和制衡民主的善治出口,有利于克服西方自由主义民主的现实困境与政治极化问题。通过民意的连续表达与实现,不仅有利于扩大人民有序政治参与,推动决策的科学化民主化,从而有利于推动基层治理创新、促进善治状态的达成。

闫方洁教授做题为《从〈中共中央关于党的百年奋斗重大成就和历史经验的决议〉看中国共产党人的历史意识》的主旨报告。她认为,中国共产党的深刻历史意识在《决议》对于百年奋斗历史的总结回望中得到充分体现,我们的党在百年历程中真正做到了客观看待历史事实,科学凝练历史经验,尊重、应用并丰富历史发展规律。与此同时,中国共产党人能始终着眼于历史发展的总体格局,始终在具体实践中把握历史发展脉络,掌握历史主动,从而为中华民族复兴创造出有利的条件,开辟不断前行的道路,以一次次成绩书写真正属于中国人民的历史。

郑崇选研究员做题为《新时代海派文化传承创新与城市软实力提升》的主旨报告。他认为,新时代海派文化的时代特质和价值取向是以上海城市精神和城市品格为基本遵循和主要指引的,具有内在联系且互为支撑的五个层面的特质和取向,包括人民本位的价值追求、开放引领的融合优势、创新发展的动力机制、包容共生的活力源泉和经世济用的实践路径。新时代海派文化的传承创新,对于上海文化的繁荣发展及进一步提升城市软实力都具有非常重要的作用。

本届学术年会由上海市社会科学界联合会主办,聚焦建党百年的重大成就和历史经验,依托学术年会的平台影响力、辐射力和号召力,联合本市社科界五路大军,开展了一系列主题活动,主要包括:举办9场学术年会系列论坛,聚焦主题开展跨学科、跨单位的学术研讨;组织全市社科界学术年会征文活动,遴选出版本届年会论文集《从历史中汲取力量》;组织开展上海市社联年度推介论文活动,展示上海市社科界最新的代表性研究成果。

学术研讨

上海市社联《上海思想界》编辑部与市党史学会联合召开"上海与中国共产党的创立"座谈会

　　2月5日,上海市社联《上海思想界》编辑部与上海市党史学会,共同召开"上海与中国共产党的创立"专家座谈会。会议由上海市社联副主席、党史学会会长忻平教授,《上海思想界》常务副主编、华东师范大学郝宇青教授主持。上海市委党校常务副校长徐建刚、上海市委党史研究室主任严爱云、市中共党史学会名誉会长张云、市中共党史学会秘书长陈挥、上海市中共党史学会副会长丁晓强、上海市中共党史学会副会长徐光寿、上海交通大学人文学院教授高福进、华东师范大学马克思主义学院教授陈红娟、中共四大会址纪念馆馆长童科、臻源基金管理有限公司总经理陈德翔等专家学者出席会议并发言。

　　与会专家围绕马克思主义在上海的传播、上海与中国共产党的创立、红色基因的传承与弘扬、作为光荣之城的上海、上海与红色金融等重要主题进行了深入的交流研讨。与会专家认为,上海是党的诞生地,是红色文化的源头。要加强对上海红色文化的研究与宣传,进一步传承与发扬上海的红色基因,让红色基因融入上海这座光荣之城的血脉。

　　为迎接中国共产党成立100周年,更好挖掘上海在中国共产党创立中的重要作用,阐释中国共产党的百年伟大历程、辉煌成就和宝贵经验,《上海思想界》编辑部与上海市党史学会联合组织举办了此次学术研讨,相关研讨成果将在近期的《上海思想界》刊发。

上海市社联召开党的创新理论发展系列专家座谈会

　　近期,上海市社联围绕党的创新理论发展,组织召开了多场专家座谈会。会议邀请上海市社科理论界十余位资深专家学者,聚焦当前和未来一段时期党的理论创新工作需要关注哪些重大问题、如何有效开展党的创新理论的研究阐释和宣传推广等重要主题,进行了深入的研讨交流。市社联党组书记、专职副主席权衡出席会议并讲话,市社联专职副主席解超主持会议。

　　权衡强调,深入研究阐释习近平新时代中国特色社会主义思想,是当前社科理论界的首要任务。要加强对我国发展和党执政面临的重大理论和实践问题的前瞻性研究,聚焦习近平新时代中国特色社会主义思想的学理化、大众化、国际化,组织社科理论界力量深入开展研究,推出一批重要理论研究成果,推动党的创新理论更加深入人心。上海是全国社科理论的重镇,要在重大理论问题上加强研究阐释、开展宣传普及,为党的理论创新作出上海社科理论界的应有贡献。

上海市社联召开"中国共产党领导下的中国特色减贫道路与反贫困理论"研讨会

　　2月25日,全国脱贫攻坚总结表彰大会在北京隆重举行。2月26日,上海市社联召开"中国共产党领导下的中国特色减贫道路与反贫困理论"研讨会。与会专家围绕中国共产党领导下脱贫攻坚的成就、经验、意义,中国特色减贫道路与反贫困理论的内涵与价值,中国贫困治理的世界贡献等内容做了发言,并深入交流了习近平总书记在表彰大会上讲话的学习体会。市社联党组成员、专职副主席解超主持会议。

　　市社联党组书记、专职副主席权衡研究员在讲话中指出,统筹推进防范化解重大风险、精准脱贫、污染防治三大攻坚战,是以习近平同志为核心的党中央在全面建成小康社会进入决胜阶段,在党的十九大报告中,向全党全国各族人民提出的重大战略任务。打好精准脱贫攻坚战,是事关全国进入全面小康社会的关键。减贫是国际社会面临的共同课题,如何总结中国减贫困经验、形成中国特色反贫困理论,希望上海社科界能继续做好学术研究和决策咨询工作,为贡献中国智慧做出积极贡献。

　　上海(复旦大学)扶贫研究中心执行主任、教授王小林,复旦大学特聘教授、世界经济研究所所长万广华,上海交通大学马克思主义学院教授张远新,复旦大学经济学院教授章元,上海师范大学马克思主义学院院长、教授张志丹,华东师范大学社会发展学院教授田兆元,上海大学外国语学院教授唐青叶,上海财经大学马克思主义学院副教授曹东勃,华东理工大学社会与公共管理学院社会学系副教授马流辉先后在会上发言。

　　与会专家一致认为,贫困治理是一项异常繁重复杂而艰巨的任务,需要集国家之智、之财、之力,且坚持不懈,才能收到成效,这就要求务必加强组织领导。中国共产党的领导,为脱贫攻坚提供坚强政治和组织保证。脱贫攻坚战的全面胜利,彰显了中国共产党领导和我国社会主义制度的政治优势,标志着我们党在团结带领人民创造美好生活、实现共同富裕的道路上迈出了坚实的一大步。

　　"脱贫摘帽不是终点,而是新生活、新奋斗的起点。"与会专家纷纷表示,为了巩固拓展脱贫攻坚成果、全面实施乡村振兴战略,下阶段将立足新发展阶段、贯彻新发展理念、构建新发展格局带来的新形势、提出的新要求,积极开展巩固拓展脱贫攻坚成果同乡村振兴有效衔接各项研究工作。

上海市社联召开上海城市数字化转型专家座谈会

　　3月18日,上海市社联召开上海城市数字化转型专家座谈会。市社联党组书记、专职副主席权衡出席会议并讲话,党组成员、专职副主席解超主持会议。

　　权衡书记在讲话中强调,要深入研究城市数字化转型的概念和意义,找到近期内上海城市数字化转型的突破口和抓手,分析梳理治理数字化、生活数字化、经济数字化在各个领域的实际应用场景,为推动形成城市数字化转型总体规划和行动方案贡献社科界的智慧。

　　会上,上海市经济和信息化发展研究中心主任熊世伟、华为中国云与计算CTO首席技术官王福军、复旦大学国际关系与公共事务学院教授郑磊、华东师范大学人文与社会科学研究院副院长许鑫、上海财经大学电子商务研究中心主任劳帼龄等专家学者围绕数字化转型的内在逻辑与应用特征、聚焦治理数字化、生活数字化、经济数字化等重点领域,进行了深入的研讨交流。

上海市社联召开上海"五型经济"发展专家座谈会

　　3月25日,上海市社联召开上海"五型经济"发展专家座谈会。上海市社联党组书记、专职副主席权衡出席会议并讲话,党组成员、专职副主席解超主持会议。

　　权衡书记在讲话中指出,"五型经济"是上海服务构建新发展格局的重要战略举措,如何把握"五型经济"的科学内涵、"五型经济"的内在关系,以及上海在"十四五"期间做强做优"五型经济"要克服的短板和问题等都是值得研究的重要问题。他强调,要关注创新型经济、服务型经济、开放型经济、总部型经济、流量型经济与上海建设"五个中心"、强化"四大功能"、建设"五大新城"等众多战略之间的彼此联系,希望专家们能够聚焦上海"五型经济"发展,提出有针对性的决策咨询和政策建议。

　　会上,市发展改革委国民经济综合处处长魏陆,副处长刘刚、于王捷,市政府研究室经济发展处副处长罗海波,上海社会科学院世界经济研究所研究员徐明棋,上海交通大学安泰经济与管理学院教授陈宪,复旦大学管理学院教授李玲芳,同济大学经济管理学院教授陈强,上海财经大学国际工商管理学院教授晁钢令,上海社会科学院世界经济研究所副研究员张广婷等专家学者围绕"五型经济"的内在逻辑、目标定位及政策举措进行了深入的研讨交流。

上海市社联召开上海"五大新城"建设专家座谈会

4月1日,上海市社联召开上海"五大新城"建设专家座谈会。市社联党组书记、专职副主席权衡主持会议并讲话。

权衡书记在讲话中指出,加快建设嘉定、青浦、松江、奉贤、南汇五个新城是上海着眼大局大势作出的重大战略选择。将"五大新城"定位为独立的综合性节点城市,意味着上海将要建设的新城,不再是过去的卫星城或郊区新城。上海"五大新城"建设,要深刻把握"五大新城"与中心城区的关系、"五大新城"与长三角城市群的关系以及"五大新城"建设与上海发展"五型经济"的关系,从空间资源配置、人口集聚、公共服务配套等方面入手,凝聚社科界专家的智慧,为"五大新城"建设建言献策。

会上,上海市委研究室副主任沈立新,同济大学原常务副校长伍江,复旦大学社会发展与公共政策学院教授任远,上海交通大学中国城市治理研究院常务副院长吴建南,华东师范大学城市与区域科学学院副院长滕堂伟,上海社会科学院城市与人口发展研究所研究员李健,上海中创产业创新研究中心主任、首席研究员杨宏伟等专家学者围绕上海"五大新城"建设的内涵定位、产业布局、空间资源配置、政策抓手等一系列问题,进行了深入的研讨交流。

上海市社联组织召开虹桥国际开放枢纽与长三角一体化新发展专家座谈会

　　4月12日，上海市社联组织召开虹桥国际开放枢纽与长三角一体化新发展专家座谈会。上海市社联党组书记、专职副主席权衡主持会议并讲话。

　　权衡书记指出，虹桥国际开放枢纽的建设要强化国际定位、彰显开放优势、提升枢纽功能，成为全球高端资源要素配置新高地。面对这样的高定位，打造虹桥国际开放枢纽要注重凸显"五大效应"，即商务发展效应、会展服务效应、对内对外开放效应、同城化效应以及制度创新效应。市社联进一步聚焦本市中心工作，广泛联系社科界五路大军，努力构建政府决策部门与社科界专家学者交流的渠道，邀请社科界的专家学者为虹桥国际开放枢纽与长三角一体化新发展建言献策。

　　会上，上海市商务委副主任申卫华、上海市商务委自由贸易发展处处长刘朝晖、上海市商务发展研究中心主任黄宇、华东理工大学社会科学高等研究院院长吴柏钧教授、复旦大学世界经济研究所副所长沈国兵教授、华东师范大学城市发展研究院院长曾刚教授、华东师范大学经济学院院长殷德生教授、上海前滩新兴产业研究院院长、首席研究员何万篷围绕虹桥国际开放枢纽的内涵定位、功能布局、资源配置、要素集聚以及如何助力长三角一体化发展等一系列问题，进行了深入的研讨交流。

上海市社联组织召开上海乡村振兴与构建城乡融合发展新格局专家座谈会

  4月27日,上海市社联组织召开上海乡村振兴与构建城乡融合发展新格局专家座谈会。市社联党组书记、专职副主席权衡主持会议并讲话。

  权衡在讲话中指出,构建城乡融合发展新格局是上海"十四五"期间的一个重要战略举措,也是上海服务构建新发展格局的重要抓手。我国乡村发展先后经历了城乡统筹发展、城乡一体化发展,再到城乡融合发展的历史演变,上海正在加快构建城乡融合发展。上海的乡村振兴要紧密结合建设"五大新城"、发展"五型经济"、推进城市数字化转型等重大战略,鼓励城乡要素双向流动,加快构建城乡融合发展新格局。希望与会专家学者从自身专业和学科优势,为上海的乡村振兴贡献智慧和力量。

  会上,市农业农村委员会秘书处处长方志权、上海交通大学安泰经济与管理学院教授顾海英、复旦大学经济学院教授章元、上海财经大学三农研究院副院长张锦华、上海财经大学马克思主义学院副教授曹东勃、华东理工大学社会与公共管理学院副教授马流辉等专家学者,围绕超大城市乡村振兴的功能定位、路径规划、政策措施、示范引领以及上海如何构建城乡融合发展新格局等一系列问题,进行了深入的研讨交流。

上海社科界座谈学习习近平总书记"七一"重要讲话精神

　　7月9日下午,上海市社联组织上海社科界党史学习教育暨学习贯彻习近平总书记"七一"重要讲话精神座谈会在上海社科会堂举行。市社联党组书记、专职副主席权衡主持会议并讲话。上海市社科界专家学者代表、市社联所属部分学术团体代表、社联机关部分党员干部共 60 余人参加会议。

　　权衡指出,习近平总书记"七一"重要讲话,以实现中华民族伟大复兴为主题,向世界庄严宣告全面建成了小康社会,全面回顾了中国共产党百年奋斗的光辉历程,全面总结了我们党团结带领中国人民创造的四个伟大成就,深刻阐述了伟大建党精神,深刻总结了成功经验、历史规律和启示,明确提出了以史为鉴、开创未来的九个"必须",科学展望了中华民族伟大复兴的光明前景。习近平总书记"七一"重要讲话是一篇马克思主义纲领性文献,高屋建瓴、思想深邃、振奋人心、催人奋进。权衡强调,学习宣传贯彻"七一"重要讲话精神是当前和今后一个时期的重大政治任务和头等大事。上海社科界要全面、准确、深入学习领会,把思想统一到"七一"重要讲话精神上来,切实增强奋进新征程、建功新时代的思想自觉和行动自觉。要以"七一"重要讲话精神为指引,发挥社科界学科齐全、人才荟萃的专业优势,深入研究阐释总书记重要讲话提出的新思想新观点新论断,形成一批高质量的学习研究阐释成果。要以学习贯彻"七一"重要讲话精神为契机,丰富拓展党史学习教育和"四史"宣传教育的内涵,做好宣传宣讲和理论普及工作,大力推动讲话精神飞入寻常百姓家。

　　上海交通大学讲席教授陈锡喜认为,习近平总书记曾经说过,中国共产党的历史就是一部理论创新的历史。"七一"讲话更明确指出,中国共产党为什么能,中国特色社会主义为什么好,归根到底是因为马克思主义行!这一"行",从理论逻辑上说,是因为马克思主义在人类文明发展史上占据真理的制高点和道义的制高点;从实践逻辑上看,是因为它在中国的实践中经历了从外部"送来",到中国化的"内部消化",再到发展 21 世纪的马克思主义而"走向世界"。因此,中国共产党要走向新的百年辉煌,必须在中华民族复兴大局和世界百年未有之大变局的交织中,推进马克思主义在世界的发展,使之能引领时代。

　　上海社会科学院中国马克思主义研究所副所长轩传树认为,习近平总书记在庆祝中国共产党成立 100 周年大会上的讲话,不仅全面回顾了我们党的奋斗历程和已经取得的伟大成就,而且系统总结了基本历史经验和未来必须坚守的政治原则。在这篇重要讲话中,总书记再次强调和重申了"只有社会主义才能救中国,只有社会主义才能发展中国!"

这一光辉论断。为实现中华民族伟大复兴这一目标,中国特色社会主义是我们必然选择和必须坚持的道路。之所以在中国共产党成立 100 周年之际再次强调和重申这一判断,这是对历史的科学总结,是对现实的尊重,也是对未来的擘画。

国防大学政治学院教授孙力认为,习近平总书记的讲话将中国共产党的百年奋斗归结为实现中华民族伟大复兴的主题,这是对科学社会主义的重大贡献,它包含着马克思主义必须本土化,才能够正确地指导相应国家的社会主义革命和建设的理论逻辑;包含着无产阶级政党必须要高质量推动社会发展,给人民创造幸福美好生活,才能够在一个国家深深扎根的规律揭示。这给当代社会主义运动提供了宝贵借鉴。

上海市公共政策研究会会长、上海市委党校教授胡伟认为,习近平总书记的讲话站在实现中华民族伟大复兴的历史高度,以大历史观概括了百年党史波澜壮阔的历史进程,指出"改革开放是决定当代中国前途命运的关键一招,中国大踏步赶上了时代!"在当前错综复杂的国内国际形势下,这个结论尤为重要。中国特色社会主义之所以具有蓬勃的生命力,就在于它实行了改革开放;没有改革开放,也就没有中国特色社会主义。改革开放后中国共产党所确立的正确路线和在这条正确路线指引下所走的正确的道路,是历经千辛万苦所取得的宝贵经验,是百年党史所凝练的理论与实践结晶,必须倍加珍惜。站在建党 100 年新的历史起点上,必须把改革开放的伟大事业继续推向前进。

华东师范大学经济学院院长殷德生认为,在讲话中,习近平总书记两次强调了统筹推进"五位一体"总体布局、协调推进"四个全面"战略布局。"五位一体"总体布局和"四个全面"战略布局是习近平新时代中国特色社会主义思想的重要支柱,是中国式现代化新道路的重大理论创新。"两个布局"的系统化体系不仅回答新时代中国所面临的重大发展问题,而且回应当代世界的主要关切问题,对人类文明发展做出新的贡献。

复旦大学国际关系与公共事务学院院长助理张骥认为,站在新的历史起点上,要进一步增强理论创新自觉,在学习借鉴人类一切优秀文明成果的基础上,开创中国特色的理论体系和话语体系。理论创新是推动中国社会不断取得进步的根本动力,如果没有理论创新,就没有中国式现代化道路,也就没有人类文明的新形态。我们不能"躺平"在前人理论和模式上面,而是必须善于把中国的实践上升为理论,用理论力量让人真正信服。

市社联党组成员、二级巡视员陈麟辉认为,在庆祝中国共产党成立 100 周年大会上,习近平总书记第一次精辟概括了伟大的建党精神。人无精神则不立,国无精神则不强。精神的力量是不可战胜的。我们党之所以历经百年而风华正茂、饱经磨难而生生不息,就是凭着那么一股革命加拼命的强大精神。伟大建党精神是中国共产党百年砥砺奋进的精神之根,伟大建党精神照亮中国共产党百年前行之路。

市社联党组成员、专职副主席任小文认为,随着中国日益走近世界舞台中央,随着中国比以往任何时候都更加接近民族伟大复兴的目标,中国的发展越来越被世人所关注。习近平总书记在"七一"重要讲话中提到中国共产党的诞生所带来的三个"深刻改变",即深刻改变了近代以后中华民族发展的方向和进程,深刻改变了中国人民和中华民族的前途和命运,深刻改变了世界发展的趋势和格局。这意味着,中国共产党领导的中国已经成为当今世界的重要力量,不了解中国、不了解中国共产党,就无法准确了解这个世界。与此同时,中国共产党也必须向世人昭示自己的主张,更好向世界说明中国。

《中华文明三论》出版座谈会在上海市社联举行

11 月 29 日下午，由上海市社会科学界联合会主办，上海人民出版社、商务印书馆上海分馆承办的《中华文明三论》出版座谈会在上海市社联举行。

复旦大学文科荣誉教授、第五届社联副主席姜义华介绍了本书的起因、思路与撰写情况。世纪出版集团总裁阚宁辉和商务印书馆上海分馆总经理鲍静静致辞。第六届社联副主席、世纪出版集团原总裁陈昕，社联副主席、上海市历史学会原会长熊月之，复旦大学教授、社联副主席、上海市哲学学会会长吴晓明，商务印书馆顾问贺圣遂，复旦大学文史研究院院长、上海市历史学会会长章清，复旦大学中国研究院教授吴新文，华东师范大学中文系教授罗岗，华东师范大学历史学系教授瞿骏、副教授王锐等专家学者围绕姜义华教授的学术思想和本书理论意义先后发言并进行热烈研讨。市社联党组书记王为松作总结发言。座谈会由市社联专职副主席任小文主持。

阚宁辉认为"三论"对中华文明发展道路的回溯和展望具有重要意义，为世界文明史研究的学术前沿提供了中国智慧，并表示世纪出版集团、上海人民出版社将继续与学术界、出版界加强合作，推出更多新时代精品力作。鲍静静认为该书以历史唯物主义的立场和方法对中华文明作了深刻解析，本次联合出版既促进了出版社之间的合作，也将凝聚与上海学术界、出版界之间的交流往来。

姜义华对关心支持"三论"写作的学术界、出版界专家表示感谢，同时分享了他关于中华文明研究的心得和思考，以及写作的缘起和过程。他笑称自己是一名"步入历史学门槛的小学生"，表示将持续关注和思考中国历史、中华文明和世界文明，不断学习和探索。

陈昕认为，"三论"立足于总结中华民族长期的历史实践，特别是联系中国近代史的进程，对中国的现代化道路作出深入的分析和解读，有助于我们站在文明史的高度来理解中国今天的发展和道路，理解改革开放给中国带来的翻天覆地的变化。未来需要更多中国学者在文明史研究领域做更为深入全面的工作，包括：在世界文明的视野内来研究中华文明，树立大历史观；要有在继承传统基础上的重建中华文明的意识；对中华文明的根柢和核心价值还需要作更深入的挖掘、阐述和整理。

熊月之认为，"三论"与姜义华教授刚出版的《何谓中国》合起来，正好构成关于中华文明研究的整体性宏大成果，可以概括为"综核名实"（何谓中国）、"洞悉本末"（根柢）、"考镜源流"（经脉）、"疏通知远"（鼎新），分别讨论了名实、根柢、脉络与走向，正好是变动中的文明总相。这是一个大学者坚持以马克思主义为指导，全面、系统、深入、极具针对性地梳理研究中华文明的产生、发展、演变及其特质的成规模的成果，为新时代坚定文化自信提供了有坚实基础、合乎逻辑、真正能让人信服的学术支撑。

吴晓明认为,《中华文明的根柢》中探讨中华文明的方式是很哲学的,这源于姜义华先生马克思主义学理基础深厚,在处理整体问题、宏大叙事上具有极强的掌控力。书中对于历久弥新的中华文明、家国共同体和天下伦理的思考极具启发意义。

贺圣遂认为,对中华文明的阐释如果只是停留在过去的套路里面,是有局限的。中华文明要在世界上发挥更好的作用,马克思主义的观点、立场、方法是不可缺乏的。姜义华先生有世界眼光,有很好的马克思主义理论修养,有为中华文化走开拓鼎新之路的勇气和意境,非常不容易。

章清认为,三本书合在一起出版能够很好地体现姜义华老师对于中华文明整体性、贯通性的思考,也是他数十年学术生涯一路走来的产物。我们当下思考文化问题、文明问题,要重视立足于中华文明,或者说确立以中华文明为研究单位的重要性,还要重视从历史特别是近代史出发思考中华文明的重要性。

吴新文认为在姜义华老师的视野当中,中华文明是一个生命体,是活的,他特别关心中华文明未来的发展,特别是要确立中华文明的正统,因此姜义华老师的文明论最大特点是立乎其正。"三论"立场是辩证的、澄清性的,强调中华文明要有新陈代谢,这既不同于儒家保守主义对古代经学的泥古不化,又不同于儒家自由主义以西方的价值观为标准来衡量中国,也不同于国外汉学试图将中国驯服于其学术体系和话语体系内。

罗岗从当代思想史的角度谈了"三论"的贡献,认为姜义华老师在书中和当代思想史上非常重要的几股潮流进行了对话,论证了当代中国思想史的三个重要问题:近代中国革命的激进与保守、小农经济如何实现现代转化、中华文明如何同游牧文明结合。在他看来,这是一本汇入到当代思想史的非常重要的著作,也标识出当代思想史中姜义华老师思想的独一无二性。

瞿骏认为,"三论"展示出极强的学术和宣传的预流之力,体现了上海学者的文明新论。其对研究的整体性与贯通性的强调,有助于启示后学不盯在小问题,不过度碎片化,而是能见中国历史之通、中华文明之大、世界进程之合。

王锐认为"三论"做的是一项把文明解释权拿回中国人自己手中的工作,从中华文明自身的历史演变中思考其对世界文明的贡献。"三论"突出了中华文明的政治性,认为中国文明区别于其他文明、能够立足数千年之久的最核心的地方,在于有非常成熟的政治制度、政治组织、政治思想和政治实践,适合中国传统社会的经济形态。

王为松表示,姜义华教授深入分析并全面阐释了中华民族伟大复兴的文明底蕴,揭示出中华文明复兴的历史必然性,也为解决中国现实问题和人类普遍困境提供了历史的、东方的智慧。希望更多哲社工作者共同努力,让世界了解"历史中的中国""学术中的中国""为人类文明做贡献的中国"。

市社联、上海人民出版社相关人员和媒体代表等出席本次座谈会。

学术话语体系建设

上海市社联所属学术团体庆祝中国共产党成立 100 周年理论研讨会举行

6 月 3 日,上海市社联所属学术团体庆祝中国共产党成立 100 周年理论研讨会在上海社科会堂举行。市社联党组书记、专职副主席权衡出席会议并讲话,党组成员、专职副主席任小文主持会议,党组成员、二级巡视员陈麟辉宣布市社联庆祝中国共产党成立 100 周年理论征文活动优秀学会和优秀论文。上海市社科界专家学者代表、部分社联所属学会代表和本次征文活动优秀论文作者代表 60 余人出席会议。

权衡指出,2021 年是中国共产党成立 100 周年。100 年前,中国共产党诞生在上海兴业路的一幢石库门内。这一开天辟地的历史大事变,深刻改变了中国历史的面貌,也从根本上改变了世界历史的走向。100 年来,从兴业路到复兴路,从石库门到天安门,中国共产党不忘为人民谋幸福,为民族谋复兴的初心和使命,领导中国人民筚路蓝缕,披荆斩棘,创立了彪炳千秋,永载史册的丰功伟绩。以庆祝党的百年华诞为契机,引领凝聚社科界专家学者,立足自身学科优势、理论研究优势,以专家学者的视角、学术研究的方法,整合学界的力量,以研究促进思考,以交流深化思想,深入推进富有自身特色的党史学习教育,把学史明理、学史增信、学史崇德、学史力行不断引向深入,对于构建中国特色哲学社会科学,增强中国特色社会主义道路、理论、制度和文化自信,具有十分重要的理论价值和实践意义。

华东师范大学政治学系齐卫平教授、上海市国际关系学会副会长王健研究员、上海市中共党史学会副会长梅丽红教授、国防大学政治学院刘芳教授、上海理工大学马克思主义学院院长金瑶梅教授、上海市马克思主义研究会会长王国平教授,分别以"建党百年与哲学社会科学工作者的责任""中国共产党百年外交思想的发展与特点""中国共产党关于'人民'概念内涵的历史演变""自我革命:中国共产党百年风华正茂的内在精神密码""习近平生态文明思想的深层逻辑及创新意蕴""百年政党的理论功绩"等为题,在会上作交流发言。

齐卫平认为,中国共产党建党百年为社科工作者提供尽好宣传的责任和义务、拓宽研究视野和创新研究方法、把学党史和接受教育与提高研究水平结合起来的契机。党的历史内容非常丰富、场景非常宏大,经历很多的坎坷,也有很多的经验和智慧。总结好党的经验，比如深入研究党中央在突发性危机下怎样临危不慌、成功地化解危机，从而更好地为新时代新实践提供启示和智慧，这是哲学社会科学工作者的职责所在。

王健指出，中国共产党百年对外思想发展有三个鲜明的特点：一是坚持和平共处，中国人民和全人类解放和幸福是中国共产党的价值追求，所以在中国共产党对外思想中，始终把争取和维护世界和平作为外交的首要目标。二是坚持独立自主，中国共产党始终以维护国家主权、人民根本利益作为中国外交的宗旨。三是坚持与时俱进，中国共产党始终以国际格局和国内变化为前提，与时俱进，善于抓住机遇、推动发展。

梅丽红指出，中国共产党关于"人民"概念的内涵是历史发展中的主体范畴，随着时代发展变化有所不同，其调整的依据与不同时期主要矛盾和判断密切相关。关于"人民"内涵的建构说明，对于以为人民服务作为宗旨的执政党来说，"人民到底在哪里"这个问题永远不能含糊。党与时俱进解决好人民的主体地位问题，根据人民具体利益和历史面貌的变化，正确地反映人民根本利益和实际利益，成为检验党和国家政治和政策的试金石。党关于"人民"概念的内涵建构，是马克思主义中国化的具体反映和把握百年党史主线的关键要素。

刘芳认为，在世界政党历史上，像中国共产党这样经过百年光辉历程的马克思主义政党，生机勃勃、风华正茂，根本的原因是党能够根据不同历史阶段担负的历史使命和党自身任务变化，在坚守初心使命中勇于自我革命，这无疑构成了中国共产党强大生命力的内在精神力量。

金瑶梅认为，习近平生态文明思想的创新引领，深层体现合乎历史逻辑必然性、合乎理性的开拓性、理论实践演变的具体可操作性。一是开启将生态文明建设提升到国家发展战略的新时代，从治国理政高度重新设定生态文明建设的重要性。二是把我国生态文明建设融入全球绿色生态治理体系，体现我国主动融入绿色体系的积极行为，打造两个共同体生态新向度：高度重视人与自然是生命共同体；构建具有生态向度的人类命运共同体，实现两大共同体之间的顺利对接。

王国平认为，中国共产党革命的胜利是马克思主义的胜利，是高举马克思主义旗帜的胜利，归根到底充分体现坚持马克思主义的价值。坚持马克思主义，既要避免离经叛道，又要破除教条主义，做到在精神上把握三个核心要义：一是坚持辩证唯物主义、历史唯物主义世界观和方法论；二是要坚持共产主义奋斗目标；三是坚持人民利益实现根本立场。中国共产党对于马克思主义发展战略历史性贡献，是走出了一条马克思主义中国化道路，这也是中国共产党对于马克思主义发展最突出的历史性贡献。

2021年以来，市社联根据市委宣传部要求和部署，组织所属学术团体和社科工作者开展庆祝中国共产党成立100周年主题征文。本次征文活动，市社联共收到论文420余篇，作者单位涵盖本市主要高校、党校、军校、社科院和党政研究机构等社会科学五路大军，以及党政机关、企事业单位等实际工作部门。市社联组织专家学者，从应征论文中遴选63篇优秀论文。这些论文立足多个学科领域，紧扣本次征文主题，既有历史回顾梳理，又有现实经验总结，既有理论思考，又有实践考量，是上海市社科工作者庆祝伟大的中国共产党百年华诞的最新成果和智慧结晶。

"中国哲学社会科学话语体系建设·浦东论坛——历史学话语体系建设"举办

　　12月10日,由全国哲学社会科学话语体系建设协调会议办公室、中共上海市委宣传部、中国社会科学院中国历史研究院指导,中国浦东干部学院、中国社会科学院—上海市人民政府上海研究院、上海市社会科学界联合会主办,华东师范大学历史学系协办的"中国哲学社会科学话语体系建设·浦东论坛——历史学话语体系建设·2021"在中国浦东干部学院、中国历史研究院和线上会场同时举办。

　　中国社会科学院副院长、党组副书记,中国历史研究院院长、党委书记高翔,中共上海市委宣传部副部长徐炯,中国浦东干部学院分管日常工作的副院长曹文泽,中国社会科学院科研局副局长郭建宏,中国社会科学院—上海市人民政府上海研究院第一副院长李友梅分别致辞。上海市社会科学界联合会党组书记、专职副主席王为松主持论坛开幕式,中国历史研究院副院长李国强、孙宏年出席论坛开幕式。

　　高翔指出,建立具有中国特色的历史学话语体系,必须毫不动摇地坚持马克思主义唯物史观的指导,以习近平总书记关于历史科学的重要论述为旗帜和灵魂;必须弘扬中国史学经世致用的优良传统,服务于实现中华民族伟大复兴的中国梦;必须在独立思考中推动创新,展开多学科交叉融合研究;必须全面总结和继承我国数千年的优秀史学传统,立足中国,放眼世界,在国际史学界清晰而响亮地发出中国史学的声音。

　　徐炯指出,在史学话语体系建设过程中,要坚持正本清源,增强史学话语体系建设的真理性;坚持守正创新,增强史学话题体系建设的科学性;坚持围绕大局,增强史学话语体系建设的服务性;坚持德才并重,增强史学话语体系建设的引领性;坚持面向世界,增强史学话语体系建设的开放性。

　　曹文泽指出,中国历史学学科话语体系建设具有许多独特的优势和特点。中国历史学学科话语体系建设必须坚持以习近平总书记关于历史学发展的重要论述为指导,必须坚持历史唯物主义方法论,必须立足中华文明五千年的历史,必须突出中国史独特要素,必须批判吸收中国传统史学和国外史学成果。

　　郭建宏指出,在新时代史学话语体系的建设过程中,要牢记习近平总书记关于历史科学的重要论述,要坚持中国道路,树立道路自信,提高我国学术话语的学术引领能力与国际传播能力。

　　李友梅指出,习近平总书记关于历史的系列重要论述,对于我们增强做中国人的志气、底气、骨气，在新时代自信自强、守正创新，不断走好新时代长征路、赶考路具有重要指导意义。期望历史学科在三大体系建设上，坚持以史鉴今，经世致用，传承、弘扬中国优秀史学传统，为实现中华民族伟大复兴的中国梦努力贡献历史学科的经验与智慧。

王为松在主持开幕式时表示，2016年"中国哲学社会科学话语体系建设·浦东论坛"创设于上海浦东，已经成为新时代浦东开发开放的见证者、参与者、推动者。浦东论坛将继续把握时代机遇，坚持高端、开放、合作的发展方向不动摇，进一步增强理论深度、学术厚度、思想力度、传播广度、话语效度，更好地服从、服务于构建中国特色哲学社会科学事业。

历史研究是一切社会科学的基础。与会专家学者一致认为，在全国上下深入学习宣传贯彻党的十九届六中全会精神之际，在习近平新时代中国特色社会主义思想指引下，应当坚持历史唯物主义立场，立足中国、放眼世界，着力提高研究水平和创新能力。总结历史经验，揭示历史规律，把握历史趋势，充分发挥历史学知古鉴今和资政育人作用，提出能够体现中国立场、中国智慧、中国价值的中国历史学学术命题、学术思想、学术观点、学术标准和学术话语。积极开展与国外历史学界的对话与交流，讲好中国故事、传播中国文化、贡献中国力量、形成中国学派，谱写中国特色历史学学科体系、学术体系和话语体系的新篇章。

华东师范大学副校长顾红亮主持大会主题发言。中共中央党史和文献研究院原院务委员陈晋回顾党的百年奋斗历程，从四个角度阐述了《中共中央关于党的百年奋斗重大成就和历史经验的决议》的时代背景、主要内容、理论价值与现实意义。

复旦大学特聘资深教授姜义华强调，新时代史学话语体系建设不能忽视对人的本质进行探讨，要系统反思近代西方资本主义意识形态下对人的描述，重视人的群体性与联系性，将中华优秀传统文化与中国特色社会主义实践相结合，勇于回应新出现的一系列现象与挑战。

上海师范大学副校长陈恒指出，新时代史学话语体系建设要注意辨析与认识不同学术流派，注重学术期刊建设，拓宽历史等学科论文的发表渠道。

中国社会科学院中国历史研究院历史理论研究所党委书记、副所长杨艳秋指出，新时代史学话语体系建设过程中，要加强史学理论学科建设，重视史学理论学科对历史学发展的总体指导作用，加强史学理论后备人才队伍建设。

东北师范大学副校长韩东育指出，学术话语建设既要对我国发展现状有清晰认识，又要了解世界大势，自觉地将自己的学术规划与国家发展战略相结合。

华东师范大学历史学系教授黄纯艳指出，中国历史学话语体系建设需要注意中国历史的复杂性与多样性，注重以史为鉴，总结中国古代国家治理中的历史教训。

在线上会场，近40位专家围绕"学术流变与国家治理""近代中国的政治与社会""世界历史的进程""当代中国的史学话语与公共史学"等议题展开学术交流与讨论。研讨涉及古代中国的国家治理与边疆思想，客家考源工程；近代中国经史传承、民族复兴与家国叙事，中国道路与外交话语形成；大变局视域下的全球文明交往、世界体系演变、经济史、海洋史、医疗社会史；构建具有中国特色的学科话语体系、历史阐释框架以及数字史学等内容和领域。

在论坛闭幕式上，中国浦东干部学院副院长刘靖北作会议总结。

论坛闭幕式环节由中国浦东干部学院科研部副主任王友明主持。华东师大历史学系王东教授、南京大学历史学院张生教授、上海大学文学院张勇安教授和上海社会科学院历史研究所郭长刚研究员分别代表四个分论坛作大会交流。

上海市庆祝中国共产党成立 100 周年理论征文活动社联入选论文公告

2021 年是中国共产党成立 100 周年。为深入总结阐释中国共产党百年伟大历程、辉煌成就和宝贵经验，上海市委宣传部联合有关单位开展上海市庆祝中国共产党成立 100 周年理论征文活动，在此基础上召开理论研讨会。

2020 年 12 月，上海市社联根据市委宣传部的部署和要求，向所属学会下发通知，在上海市社科理论界组织开展"庆祝中国共产党成立 100 周年"征文活动。市社联所属学会大力支持，广大社科工作者积极参与本次活动。截至 2021 年 3 月 20 日，市社联收到 36 家所属学会送交的应征论文共 423 篇。市社联组织上海社会科学相关学科领域的专家学者，从公开征集的应征论文中遴选 63 篇优秀论文，入选市社联参加上海市庆祝中国共产党成立 100 周年理论征文评选活动，现予以公告。

上海市庆祝中国共产党成立 100 周年理论征文活动社联入选论文（共 63 篇）

序号	第一作者	题　目	作者单位	推荐单位
1	仇华飞	习近平对外开放思想理论与实践的继承与创新	同济大学	上海国际战略问题研究会
2	杨洁勉	中国共产党百年外交理论的哲学思想初探	上海国际问题研究院	上海国际战略问题研究会
3	张　云	党支部建设滥觞于上海——兼论"四大"对党的自身建设的开拓性贡献	国防大学政治学院	上海抗战与世界反法西斯战争研究会
4	韩洪泉	越是艰险越向前——中国共产党一百年来攻坚克难化危为机的历史经验	国防大学政治学院	上海抗战与世界反法西斯战争研究会
5	靳先德	论习近平法治思想指导下《民法典》的理论内涵与实施路径	上海铁路运输法院	上海市大数据社会应用研究会
6	郭树勇	一百年来中国共产党对于世界和平与发展的历史性贡献	上海外国语大学	上海市国际关系学会
7	王　健	中国共产党百年外交思想的发展与特点	上海社会科学院	上海市国际关系学会

（续表）

序号	第一作者	题　目	作者单位	推荐单位
8	王兰君	在党的引领下以人为本推进城市建设	国网上海市电力公司	上海市会计学会
9	金彤	百年嬗变：中国共产党减贫治理的政治经济学分析	上海弈策智库策划咨询有限公司	上海市经济学会
10	李秋发	中国共产党铸造"犁与剑"的百年历史经验	上海市军民融合发展研究会	上海市军民融合发展研究会
11	束礼	新中国成立以来上海国防科技工业发展历程与成就	上海市军民融合发展研究会	上海市军民融合发展研究会
12	王大犇	为人民谋幸福是中国共产党的宗旨——纪念中国共产党诞辰100周年	华东师范大学	上海市劳动和社会保障学会
13	李红艳	以人为本的中国养老保障制度百年历程	上海工程技术大学	上海市劳动和社会保障学会
14	曹艳春	制度供给、社会赋能、自我发展与相对贫困长效治理——基于外源性—内源性双向突破的分析视角	华东师范大学	上海市劳动和社会保障学会
15	戴建兵	基于人类发展指数的减贫政策贡献：改革开放四十年回顾	上海应用技术大学	上海市劳动和社会保障学会
16	王豪斌	南昌路的红色记忆——上海"南昌路"街区红色文化初探	中共上海医药(集团)有限公司委员会党校	上海市领导科学学会
17	鲁敬诚	党的领导制度体系思想溯源	中共上海市委党校	上海市领导科学学会
18	顾承卫	外国媒体《密勒氏评论报》中的"五四"运动及在中共党史教学中的运用	上海科技管理干部学院	上海市领导科学学会
19	奚洁人	中国共产党百年理论创新与马克思主义中国化	中国浦东干部学院	上海市领导科学学会
20	秦德君	全过程民主：人民民主国家制度的政治特色与政治创造	东华大学	上海市政治学会
21	周中之	初心与使命引领建党百年的反思	上海师范大学	上海市伦理学会
22	唐珂	建党百年来党内集中教育研究：回顾与展望	中共金山区委党校	上海市马克思主义研究会
23	金瑶梅	百年建党视域下中国共产党的生态文明思想探析	上海理工大学	上海市马克思主义研究会
24	张峰	中国共产党海洋观的百年发展历程与主要经验	上海海事大学	上海市马克思主义研究会
25	王国平	马克思主义生命力与中国共产党的历史性贡献——纪念中国共产党诞生100周年	上海市马克思主义研究会	上海市马克思主义研究会

序号	第一作者	题　目	作者单位	推荐单位
26	孙　力	中共百年党史研习与马克思主义中国化进程	上海应用技术大学	上海市马克思主义研究会
27	李　振	中国共产党与中国百年转折	同济大学	上海市马克思主义研究会
28	王公龙	中国共产党为人类作贡献的百年追求及其基本经验	中共上海市委党校	上海市马克思主义研究会
29	杨　俊	新时代习近平关于党史若干重大问题的理论创新	中共上海市委党校	上海市马克思主义研究会
30	董瑞华	马克思主义以人民为中心的思想在中国实践和发展的 100 年——庆祝中国共产党建党 100 年	中共上海市委党校	上海市马克思主义研究会
31	陈胜云	领导干部马克思主义理论教育百年探索与基本经验	中共上海市委党校	上海市马克思主义研究会
32	黄力之	冲出"历史三峡"：中国共产党实现中国现代化的坚定意志	中共上海市委党校	上海市马克思主义研究会
33	黄梅波	中国共产党的领导与中国减贫：历程、成就与经验	上海对外经贸大学	上海市世界经济学会
34	何树全	百年虹桥见证中国拥抱世界、融入世界	上海大学	上海市世界经济学会
35	童壮根	坚持党建引领　实现"双融双促"	上海市特种设备监督检验技术研究院	上海市市场监督管理学会
36	陆迪民	时代先锋　民族脊梁——百年政党领导力建设历史省察	中共普陀区委党校	上海市思想政治工作研究会
37	聂　苗	中国共产党百年全面从严治党制度的历史考察与经验启示	中共宝山区委党校	上海市思想政治工作研究会
38	上官酒瑞	中国共产党百年奋斗的基本经验及历史品格	中共上海市委党校	上海市思想政治工作研究会
39	张忆军	中国共产党组织建设百年历程及其经验	中共上海市委党校	上海市思想政治工作研究会
40	王晓芸	中国共产党百年组织生活的历史经验和启示	中共徐汇区委党校	上海市思想政治工作研究会
41	张生泉	新时代中国特色社会主义的文化魅力——纪念中国共产党诞生一百周年	上海戏剧学院	上海市思想政治工作研究会
42	何复兴	建国初期上海反腐败斗争研究——以《人民日报》数据库为基础	静安区纪委监委	上海市思想政治工作研究会

（续表）

序号	第一作者	题　目	作者单位	推荐单位
43	课题组	永葆人民底色　争创人民城市建设标杆示范——"人民城市"重要理念的基本理论内涵与杨浦生动实践	中共杨浦区委宣传部	上海市思想政治工作研究会
44	马　林	中国共产党的领导与上海航天科技工业的创建	上海空间推进研究所	上海市思想政治工作研究会
45	周　忆	抗战期间中共统战工作经验的研究	上海长江律师事务所	上海市统一战线理论研究会
46	叶福林	中共二大与党的统一战线工作起源	上海交通大学医学院	上海市统一战线理论研究会
47	蒋连华	论中国共产党百年统一战线思想	上海市社会主义学院	上海市统一战线理论研究会
48	朱纯洁	民主革命时期中国共产党欧洲留学群体的特点与影响	上海师范大学	上海市统一战线理论研究会
49	李　业	中国共产党开展民族资产阶级统战工作研究——以1937年—1941年的上海为中心	华东师范大学	上海市统一战线理论研究会
50	韩晓燕	党领导统一战线的历史演变及经验启示	中共闵行区委党校	上海市统一战线理论研究会
51	毛　韬	"五一口号"是中国共产党领导的统一战线重要基石	上海永安资产经营管理有限公司	上海市统一战线理论研究会
52	王彝伟	新时代多党合作新型政党理论的重大创新	上海市黄浦区政协	上海市统一战线理论研究会
53	马建萍	浅谈早期中国共产党的统战理念	上海市历史博物馆	上海市统一战线理论研究会
54	张远新	中国共产党百年来领导民生建设的历史考察及基本经验	上海交通大学	上海市延安精神研究会
55	刘　芳	自我革命:中国共产党风华正茂的内在精神密码	国防大学政治学院	上海市哲学学会
56	王　强	"大党"的样子:中国共产党形象塑造的百年历程与启示	中共上海市委党校	上海市哲学学会
57	张春美	自我革命:百年大党永葆先进的实践品格	中共上海市委党校	上海市哲学学会
58	贺善侃	中国共产党百年理论创新的逻辑演进	东华大学	上海市哲学学会
59	张　雄	习近平中国特色社会主义政治经济学的哲学思考	上海财经大学	上海市哲学学会

序号	第一作者	题　目	作者单位	推荐单位
60	程竹汝	论中国共产党关于人民政协专门协商机构性质定位的理论逻辑	中共上海市委党校	上海市政治学会
61	邬思源	论百年来中国共产党党内监督实践的基本经验	东华大学	上海市中共党史学会
62	梅丽红	中国共产党关于"人民"概念内涵的历史演变	中共上海市委党校	上海市中共党史学会
63	乔兆红	中国共产党与全面建设社会主义现代化国家新征程	上海社会科学院	上海市中国特色社会主义理论体系研究会

"庆祝中国共产党成立 100 年专题研究丛书"出版座谈会在沪召开

　　6 月 17 日,"上海市习近平新时代中国特色社会主义思想研究中心工作会议暨建党百年丛书出版座谈会"召开,市委宣传部副部长徐炯出席会议并讲话,市社联党组书记、专职副主席权衡在会上介绍"庆祝中国共产党成立 100 年专题研究丛书"策划编写情况,上海人民出版社社长王为松介绍丛书出版情况,丛书作者代表、中共上海市委党校周敬青教授作交流发言。上海市社会科学界联合会、上海市哲学社会科学学术话语体系建设办公室、上海市哲学社会科学规划办公室、上海人民出版社合作出品的"庆祝中国共产党成立 100 年专题研究丛书"在会上正式揭幕。

　　徐炯指出,建党百年丛书坚持党性原则和科学精神相统一,在注重学术性、学理性、政治性的过程中,系统研究、深刻阐释、正确总结中国共产党领导中国人民的百年奋斗历程、伟大成就、历史经验和光辉思想,是上海市社科理论界庆祝建党百年的重要理论成果,是努力构建中国特色哲学社会科学话语体系的又一创新成果。在全党全社会深入开展党史学习教育、"四史"宣传教育之际,出版建党百年丛书具有重大的现实意义。作为上海理论界向党的百年华诞献礼的标志性成果,丛书将帮助广大干部群众全方位、多角度、立体化地回顾和总结党的百年历程、辉煌成就和宝贵经验。丛书的出版是进一步深化党的百年历史研究的重要内容,是回应新时代新征程发展要求的客观需要,也是创新政治读物撰写方式的一次积极尝试。

　　权衡指出,丛书坚持以习近平新时代中国特色社会主义思想为指导,体现马克思主义立场、观点、方法,坚持论从史出、史论结合的研究路径,在全面准确回顾建党百年的基础上,深化相关历史研究和理论思考,助力马克思主义中国化进程。丛书作者立足各自学科领域,深入阐释建党百年历程的内在逻辑,以思想维度、理论思考、学术方法,努力回答好中国共产党为什么"能"、马克思主义为什么"行"、中国特色社会主义为什么"好"的重大问题,为坚定中国特色社会主义理论、道路、制度和文化自信提供强有力的学理支撑。

　　"庆祝中国共产党成立 100 年专题研究丛书"已经推出 8 种:《中国马克思主义百年学术史研究》《陈望道翻译〈共产党宣言〉研究》《一切工作到支部》《一代新规要渐磨》《走向复兴:现在与未来》《法治求索》《文明激荡与天下大同》《文明超越:近代以来的理想与追求》。本系列丛书共 13 种,涉及政治、法律、历史、党史党建、新闻传播、国际问题等学科领域,合计 391 万字,还有 5 种预计年内陆续出齐。

　　2017 年,在中共上海市委宣传部指导下,上海市社会科学界联合会、上海市哲学社会科学学术话语体系建设办公室、上海市哲学社会科学规划办公室启动实施"建党 100 周年"系列研究。本系列研究坚持史论结合、论从史出,在回顾总结 100 年来中国共产党领导全国人民实现民族独立、国家富强、人民幸福的光辉历程、伟大成就和宝贵经验的基础上,系统研究、辩证揭示建党 100 年波澜壮阔的历史进程蕴含的内在逻辑和深刻启示,为迈入新发展阶段、贯彻新发展理念、构建新发展格局提供精神力量和智力支撑。课题立项后,承担研究任务的复旦大学、华东师范大学、上海社会科学院等相关高校、社科研究机构的专家学者辛勤工作,历时近四年科研攻关,形成一批具有较高学术质量的研究成果。

　　在庆祝中国共产党百年华诞之际,上海市社会科学界联合会、上海市哲学社会科学学术话语体系建设办公室、上海市哲学社会科学规划办公室筛选一批"建党 100 周年"系列研究结项成果,与上海人民出版社合作出版 13 卷本"庆祝中国共产党成立 100 年专题研究丛书"。业内专家认为,这套丛书以重大问题为导向,以历史研究为支撑,在回顾中国共产党百年辉煌历史的基础上,系统研究、辩证揭示波澜壮阔的历史实践中所蕴藏的制度逻辑、理论逻辑和现实逻辑。丛书以实证的方法讲述历史的真实,从学理的高度阐发实践的经验,具有较高的理论价值和实践价值。

　　"庆祝中国共产党成立 100 年专题研究丛书"是上海社科界庆祝中国共产党百年华诞的最新研究成果。该套丛书紧密围绕庆祝建党百年主题,选题新颖、内容覆盖面广,致力于深入揭示中国共产党百年历史蕴藏的理论逻辑和历史规律,对中国道路、中国经验作学理性的总结阐释,充分体现了系统性、前瞻性和启发性。接下来,市社联要以正在开展的党史学习教育为契机,推动丛书成果的有效传播和转化运用,服务全国和上海经济社会发展大局以及党史学习教育,有效发挥丛书的参考作用。

庆祝中国共产党成立 100 年专题研究丛书

（13 卷本）

序号	图书名称	作　者
1	《陈望道翻译〈共产党宣言〉研究》	霍四通
2	《一切工作到支部》	何益忠　满永　刘招成　党为
3	《一代新规要渐磨》	周敬青等
4	《走向复兴:现在与未来》	曹泳鑫
5	《启程渔阳里》	李瑊
6	《法治求索》	何勤华
7	《文明激荡与天下大同》	郭树勇等
8	《党的全面领导与国家治理》	郭定平等
9	《文明超越:近代以来的理想与追求》	李占才　蒯正明
10	《中国马克思主义百年学术史研究》	方松华　陈祥勤　潘乐
11	《毛泽东诗词与中国共产党人的精神品格》	袁秉达　张大伟
12	《在历史重要关头》	杜艳华　梁君思
13	《以文传声:中国传播体系研究》	武志勇　李科　王泽坤　赵蓓红

江南文化

"江南文化讲堂"第二季首讲开讲,共话"锦绣江南与 红色文化"

6月11日,上海市社会科学界联合会与上海博物馆联合主办的"江南文化讲堂"第二季系列活动正式启动。上海市社会科学界联合会党组成员、专职副主席任小文,上海博物馆党委书记汤世芬出席启动仪式并致辞,上海博物馆党委副书记朱诚主持。

任小文在致辞中指出,江南文化是上海城市文化发展的重要战略资源,是长三角区域高质量一体化发展的凝聚力和创新力基础。2020年"江南文化讲堂"举办了首季10期活动,得到媒体、学界和公众的广泛关注,在长三角产生积极反响,取得了良好社会效果。2021年主办方将继续以开放、包容、创新的精神,努力把"江南文化讲堂"办成江南文化传播普及的标志品牌和特色项目,为推动上海城市发展、打响"上海文化"品牌、服务长三角高质量一体化发展作出独特贡献。

汤世芬在致辞中表示,"江南文化讲堂"将立足国家战略与上海城市发展需要,搭建好江南文化研究交流的平台,不断扩大讲堂专家团队的范围,聚合海内外特别是上海和长三角区域江南文化研究的社科专家和文博专家学者,继续深入挖掘江南文化的精神特质,积极传播江南文化创新发展理念。

启动仪式后,"江南文化讲堂"第二季首讲活动在上海博物馆学术报告厅举行。

本次活动的主题是:锦绣江南与红色文化,邀请中国史学会副会长、上海社会科学院研究员熊月之,中共一大会址纪念馆原馆长、研究馆员倪兴祥,两位嘉宾分别围绕"江南地区红色文化特有光彩"和"石库门与建党伟业"展开阐述与讨论。"FM89.9上海人民广播电台长三角之声"主持人江冉主持首讲活动。

熊月之阐述了江南地区红色文化的三个鲜明特性,即先锋性、全局性与互通性。他指出,江南地区是中国经济发达、文化昌盛、人文荟萃地区,也是新思想、新文化、新风俗、新习惯先行地区。近代以来,洋务思潮、维新思潮、革命思潮,都率先在这里滋生或传播,影响全国。红色文化便是在此基础上酝酿、发展起来的。新文化运动在这里发祥,马克思主义在这里传播。中国共产党在这里创建,党领导的第一个农民协会在浙江萧山衙前村。1922年创立的上海大学,是党领导的第一所培养青年干部的大学。1925年,党领导的五卅运动在上海爆发,影响全国。这些都是先锋性的表现。新文化运动发生,中国共产党成立,中共中央机关长期设在上海,新四军活动,解放战争时期的渡江战役,南京与上海解放,都具有全局性。上海移民80％来自江南,陈独秀等上海先进知识分子主要来自江南地区,他们又对苏浙皖产生广泛影响。上海人民与新四军相互支持,是另一种互通性。新四军在上海周边创立了抗日根据地。新四军在物资和兵源上依靠沪苏浙皖三省一市。新四军的革命斗争,对上海人民也是有力的支持。这些都是互通性的表现。江南地区红色文化三个特性,是江南地区一体化的表现,这三个特性又促进了江南地区的一体化。上海在其中,起了熔炉与高地的作用。

倪兴祥阐述了上海石库门建筑的特色及其与中共创建的关系。他指出,上海现有各类红色资源612处,一半以上是石库门建筑。石库门孕育了中国共产党,见证了建党伟业。位于南昌路100弄(原环龙路老渔阳里)2号,是陈独秀在上海的寓所和《新青年》编辑部旧址,也是中国共产党发起组的成立地和中共中央最早的办公地。黄陂南路374弄(原贝勒路树德里)是中共一大会址后门所在的弄堂。1921年7月23日,中国共产党第一次全国代表大会在此召开,宣告了中国共产党的诞生。老成都北路7弄30号(原南成都路辅德里625号),是党建立的第一个出版机构——人民出版社和第一所培养妇女干部的学校——平民女校的所在地。1922年7月16日,中国共产党第二次全国代表大会在这里召开。大会通过了党的最高纲领和最低纲领,通过了第一部《中国共产党章程》。党章的诞生,是党的历史上的又一个里程碑,标志着党的创建工作的基本完成。

"江南文化讲堂"是在上海市委宣传部指导和支持下,由上海市社会科学界联合会与上海博物馆共同推出的公益性文化品牌项目。讲堂聚焦江南文化主题,聚合海内外特别是长三角区域江南文化研究力量和知名社科、文博专家学者,以"史"为脉,讲授江南政治、经济、社会、科技、文学艺术等方面内容,集中展示中华文化的重要组成部分——江南文化的独特魅力,深入挖掘江南文化的精神特质,积极传播江南文化创新发展理念,营造全社会关注江南文化的浓厚氛围,努力服务长三角区域高质量一体化发展国家战略,同时,让广大市民群众进一步了解江南文化,走进江南文化,弘扬江南文化,共同参与"上海文化"品牌建设。

上海市社联召开"江南文化的内涵与当代价值"专家研讨会

7月19日,上海市社联组织召开了"江南文化的内涵与当代价值"专家研讨会,聚焦江南文化的精神内涵和当代价值,为如何提升城市软实力,夯实长三角一体化发展的文化认同基础积极建言献策。上海社会科学院熊月之研究员,上海师范大学人文学院唐力行教授,复旦大学历史学系戴鞍钢教授,华东师范大学中文系胡晓明教授,复旦大学历史学系冯贤亮教授,上海大学博物馆郭骥研究馆员等参与讨论交流。

"文化软实力是城市软实力的重要组成部分。上海高举江南文化的旗帜非常正当,江南文化覆盖面广、底蕴深厚、影响力大、接受度强,已经变成一个美好意思的象征。"熊月之认为,开展江南文化研究,上海具有一定的优势和号召力,既有深厚的学术积累,也有城市的使命要求,这样的研究有助于集中长三角研究力量、形成统一的概念和标识。

唐力行则提出,江南文化是传统文化的发展。以往学界讲的江南文化往往是小江南的概念,因为传统的江南概念主要是以环太湖地区为主。而今天所讲的江南文化,是以上海为中心,包含整个长三角的文化,研究领域更加广阔,内容也更加丰富。这样的江南文化,现在还处在一个整合、发展的过程中,也就是说它是动态的、是活的江南文化。

胡晓明将江南的重要性形象概括为"一张牌""一座桥""一条血脉"。"江南抓到了所有的好牌,中国最好的艺术家、思想家、诗人都在这张牌里面。江南文化'这座桥',连通古典的中国和现代的中国,连接通俗文化、大众文化的中国与精英文化的中国,连通城市的文明和乡村的文明。江南文化始终与中华文化经脉相通、血气相连。"

江南文化具有古今贯通、特色鲜明的丰富内涵和精神特质。戴鞍钢认为,概括江南文化精神应遵循两条标准:一是贯通古今,即以江南文化的内涵为基点,以当代价值为导向,结合学术研究和现实需求;二是涵盖特色,即提炼内涵要尽可能反映江南的整体特色,涵盖长三角三省一市。据此,他将江南文化精神概括为:开放务实,博学包容,谦和雅致,创新担当。开放务实表现在,江南在中国最早孕育了市场经济,江南的商品意识成为社会共识,江南能够接纳与西方的往来沟通;博学包容表现在,江南容纳了各种学派,甚至是西学;谦和雅致表现在,江南人性情温和;创新担当表现在,江南在历史的转折关头勇于担当。

熊月之认为,江南有"敢为人先、求真务实"的特质,在对商业的重视上,都有较早的意识,如明代西学东渐的代表人物都是江南人。江南还有"崇文刚强、精益求精"的特质,崇文之外,还有刚烈、刚强的一面。江南还有"实事求是"的精神。自开埠以来,上海与外国的商业沟通始终持开放态度,认为对外商业往来具有正当性,因此不排外。

胡晓明总结了江南文化的四大特质:刚健、深厚、温馨、灵秀。每一项都有现代创新转化的重要涵义:刚健,就是不断创造、追求卓越、新新不已;深厚,就是传承、吸纳、包容、开放、笃实;温馨,就是仁爱、人道、善良、悦纳、秩序;灵秀,就是重才、讲理、崇智、求精、爱美。区别于纯粹的重商文化,江南还具有强烈的国家意识。

冯贤亮把江南文化的特征可以概括为:包容性、创新性、引领性、核心性。江南在历史上是国家的经济命脉,也是文教的中心,包括风俗、慈善事业、科举、园林、生产消费、文艺等。

江南文化是一个高地,海派文化是在高地上的一个高原,红色文化是高原上的高峰。唐力行认为,深厚的江南文化是上海的底气,江南文化的包容性,使得在其发展的过程中,逐步融入西方文化,出现了传统文化新的质变,产生了海派文化。海派文化进一步进行中西结合,融入了马列主义,形成了红色文化。

"江南文化和海派文化传承过程中有很多共通性:江南文化受文人影响很大,非常雅致、精致,这与当地的教育基础和文化发展水平相关,海派文化的开创发展也受到知识分子的影响;江南文化形式多种多样,因为江南一带生活水平较高,消费能力较强,文化有很大的市场需求,必须要有更多更新的内容、题材和形式吸引大众,这在江南文化和海派文化都有一定体现。"郭骥说。

郭骥提出,这对当前上海文化发展有三点启示:一是对文化创作者发展的影响。传统文人的特质是通才性,发展到海派文化崛起之后转变为职业人才,当下更讲求复合型人才,传统文人的创新和担当精神需要继承。二是实现了雅俗共赏。江南文化注重从民间搜集素材,实现大众文化的雅化,与市民文化融为一体,兼顾时尚审美和社会公众的兴趣。三是文化创作对于市场反响的呼应。江南的经济消费和文化消费对市场的认同非常重视,这也影响到海派文化和红色文化的认同,这对于今天文化的创作和传播具有借鉴意义。

"江南文化讲堂"第二季第二期在上海博物馆举行

7月23日晚,由上海市社联和上海博物馆联合主办的江南文化讲堂(第二季)第二期在上博举行。市社联主席、中国国际经济交流中心常务理事、上海社会科学院国家高端智库顾问王战和中国大运河博物馆馆长、副研究馆员郑晶围绕"大运河与江南文化"的主题分别作了精彩演讲。

王战在演讲中深入浅出地阐释了"江南文化"何以成为中华文化的"第三个高地"。他指出,江南经济是"四水"经济,"四水"包括长江、大运河、以太湖为中心的江南运河水网、以上海为中心的海运。中国到了明代以后商品经济很发达,而这个发达主要是以大运河作为一个载体。大运河,给江南带来了经济和文化的繁荣。这就是为什么大运河和江南经济,在中国整个经济发展和文化发展中具有这样独特作用的重要原因。

王战认为,一个社会经济的进步有两种形式。一个是科创,一个是文创。文创是比科创更大的概念,科创是文创当中的一部分。文创在农牧社会时候早有,而科创更多是和工业革命结合在一起,两者都不能偏废。江南经济、江南文化走到今天,除了海派文化,还有海派经济,而这两者将构成上海发展当中的城市软实力和硬实力。

郑晶以视频连线的方式,作了题为"赏江南文化,品运河之美"的演讲。她认为,江南地区河海湖不同性质的特性在江南相互交织,其中非常重要的就是大运河。江南运河从春秋时期就有了,一直到今天发挥着非常重要的交流和融合的作用。太湖的水乡星罗密布,有水的地方就会有美好生活,有水的地方就有文化景观,有水的地方就有人文内涵。说到江南,首先说是鱼米之乡,我们就已经找到了距今5500年以前的栽培的水稻,江南的鱼米之乡也奠定了长江文明的基础,这个基础其实就是水稻栽培和相应的渔业经济。

郑晶认为,两千多年前,大运河以其沟通南北漕运货运的强大作用,孕育了沿岸各个城市的文化。对于终点来说,大运河对于紫禁城来说也有着非常重要的意义,因为紫禁城中有很多大运河的符号,比如说故宫的建筑就是江南的香山帮去做的,地上铺的金砖就来自苏州的御窑。她最后表示,运河就是江南的路,有了运河的江南,才有了现在的新上海、新浦东,才有了江南地区的新常州、新宁波,才有现在新的长江三角洲发展。

两位专家还与现场的听众进行了互动与对话,使大家对大运河给"江南文化与经济"带来的影响有了更进一步的认识。

"江南文化讲堂"是市社联与上海博物馆共同推出的公益性文化品牌项目。讲堂聚焦江南文化主题,聚合海内外特别是长三角区域江南文化研究力量和知名社科、文博专家学者,以"史"为脉,讲授江南政治、经济、社会、科技、文学艺术等方面内容,集中展示中华文化的重要组成部分——江南文化的独特魅力,深入挖掘江南文化的精神特质,积极传播江南文化创新发展理念,营造全社会关注江南文化的浓厚氛围,努力服务长三角区域高质量一体化发展国家战略,同时,让广大市民群众进一步了解江南文化,走进江南文化,弘扬江南文化,共同参与"上海文化"品牌建设。

古代"江南才子"与江南人文——"江南文化讲堂"第二季第三讲在"人民网"直播举行

　　8月9日下午,由上海市社联和上海博物馆联合主办的江南文化讲堂(第二季)第三期在上海博物馆举行。为防控聚集性活动传播病毒的风险,本期讲堂由线下改为线上,以"人民网"直播的形式向公众播出。复旦大学中文系教授、博士生导师骆玉明,上海博物馆书画研究部主任、研究馆员、中国美术学院博士生导师凌利中分别以《江南文化与明代江南才子》和《江南文化中的水墨写意精神——从上海"吴门前渊/先驱"至徐渭》分别作了精彩的演讲。本次直播共吸引近 42 万人次观看。

　　骆玉明对"江南""明代""才子"三个词分别进行了阐述。他认为,中国古代传统社会是一种与农业文明相适应的结构形态,它的中心是皇权和官僚系统,对于读书人来说,通过科举进入官场,几乎是人生成功的唯一道路。到了明代中后期,主要是在江南地域,出现了城市的繁荣,手工业和商业的兴旺,由此也萌发出新的思想文化与艺术,于是我们看到一些新型的文人。他们一方面遵循士大夫文化传统,力求"学而优则仕"。但是当这条道路不顺畅或不能令人满意时,他们会面向城市经济、商业社会,依靠自己的文学与艺术才华,从那里谋得生活资源和人生成功的满足。由于摆脱了对封建政治权力及意识形态的依赖,他们的生活态度更加自由放任,他们的艺术也更多地表现出活跃的个性,这些人常常被称为"江南才子"。

　　骆玉明认为,在中国古代社会,从传统的农业文明向一个现代方向转化的过程里,江南文化起了一种独特的作用,在这种文化背景下,诞生了像祝允明、唐寅、文徵明、徐渭这样的艺术家。这些艺术家的创造体现着中国历史文化发展过程当中一个关键阶段的创造力量。而值得我们珍爱的就是这种艺术当中所体现出来的中华民族的创造力。

　　凌利中从花鸟画的宋元之变、元代"墨花墨禽"、上海"吴门前渊/先驱"以及从"明四家"到"青藤、白阳"四个方面分别进行了阐述。他认为,宋画是古典主义绘画的高峰,崇尚自然,形神兼备。元代以降,"墨花墨禽"始兴,从"设色"到水墨为主,从"画"到"写",符合表现文人淡泊心境的写意精神。明初以宫廷画为主流,画风以两宋院体为尚,至明代中叶,吴门画派如沈周、唐寅、陈淳至徐渭的崛起,接续了元末文人画的余续,画法上更加写意,主要表现艺术家内在的性情与气质,使得写意花鸟画的文化性和绘画性得以高度统一。

　　凌利中认为,诗性的江南(尤其是太湖流域)是中国文人大写意花鸟画得以孕育、生长与别开生面的主要地区。徐渭的大写意既暗合了中国花鸟画科的本体发展规律，又将晚明崇尚"心性真情"的文艺观融入绘画创作，并找到了与其个性相为般配的表现形式。将笔墨从物象造型中独立出来，物我合一，抽象的笔墨与艺术家本人的文化气质融合无间，真正意义上将中国文人画中的写意精神通过花鸟画得以体现，完成了中国文人花鸟画史从客观表现到主观表现、从自然主义走向表现主义的使命，意义重大，影响深远。他还结合"万年长春：上海历代书画艺术特展"中的相关材料与学术观点，从上海"吴门前渊"中寻觅对"青藤（徐渭）、白阳（陈淳）"，亦包括对二人师长辈——沈周、文徵明、唐寅等产生影响的元末明初上海艺术家的身影，使大家对大写意花鸟画科的主要渊源及其发展脉络有了一个更清晰的认识。

"江南文化讲堂"第二季第四期在上海博物馆举行

9月17日晚,由上海市社联和上海博物馆联合主办的江南文化讲堂(第二季)第四期在上博举行。上海师范大学人文学院历史系教授唐力行、上海大学上海美术学院副教授胡建君围绕"文人雅集与江南曲艺"的主题,分别以《苏州评弹的前世今生》《我有嘉宾鼓瑟鼓琴——从江南文人雅集说起》为题作了精彩演讲。上海评弹团团长高博文等以《评弹——心目中的江南》为题,进行了国家级非物质文化遗产项目苏州评弹的现场赏析。嘉宾精彩的演讲内容和评弹表演《赏中秋》、苏轼词《水调歌头·明月几时有》等演唱有机结合,整个上博报告厅这晚俨然成了一场现代文人雅集的场所。

唐力行认为,苏州评弹是中国曲艺的兰花,中国最美的声音,也是江南曲艺的代表,对于江南文化的整合起了非常大的作用。江南水乡水网密布,评弹艺人行装简单,评话艺人只需醒木和折扇,弹词艺人则背一琵琶或弦子即可搭船成行。评弹的演出场地也极简单,村落集市的茶馆设一桌一椅(或二椅)即可开讲。传统社会是一个熟人社会,人口流动小,演毕就要变换场地,而且数年内不会再重复莅临,这就是评弹的走码头评弹艺术借着走码头,深入江南的每一个细胞中去。苏州评弹沿着江南水网形成一个庞大的文化网络,渗透到江南的每一个细胞形式,强力地影响江南民众的日常生活和审美观、社会价值观。

唐力行指出,评弹就成了精英文化实现平民化转向,并推广至基层社会的重要文化传播形式。近代以来诸多社会精英都发现了这一点,将评弹视为推广实施"民众教育"的重要手段,但却忽视了评弹的另一特性。评弹的艺术特征决定了她并非单向的精英文化输出工具,而是精英文化与平民文化的有机结合,是江南社会结构在文化层面的反映,是江南民众喜闻乐见的原因。

胡建君从自古以来依托于诗文书画闲适氛围的文人雅集入手,娓娓而谈。她认为,无论纵情山水之间,还是畅怀居室一隅,近代江南文人雅集既是旧时文人为缓解科举压力而进行宴饮酬唱的风习,也是一种轻松的音韵学训练,更是感时抒怀、同气相求的交流范式。

胡建君认为,在秦汉魏晋时期,崇尚宴饮游观等宫宴型园林雅集与山水游赏的雅集活动;隋唐文人雅集有进一步发展,私家文会多有出现;宋代文人基于崇雅观念及日常生活的文人化与精雅化,把诗酒相得、谈文论画、宴饮品茗这样的日常生活定型为一种雅化生活范式;宋以后的文人雅集类活动组织,以琴棋书画为媒介的活动形式最为常见,多见诗画相酬、观演戏曲、赏鉴文房、清谈论道等活动;明以后,社会生活趋于休闲化和娱情化,人们更加追求山水之乐,文人雅集在江南地区更是盛极一时。雅集活动在江南文人画家笔下也多有表现,营造出独特价值原则与独立图式系统以及自成格局的人文气象。当下快节奏中,在理想渐行渐远的年代,作为一种风雅的生活范式与文化现象,形式多样、意义纯粹的文人雅集值得后人追慕、效仿与研究。

高博文认为,评弹在江南的扎根和浸润,深刻影响着江南人的性格、社会风尚和价值理论。随着评弹艺人王周士在乾隆召见名声大振之后,评弹开始迅速的发展、传播、扩大影响,出了一批流派。20 世纪初,评弹中心开始向上海转移,一方面做生意的人都到上海,上海人也听得懂苏州话,而且当时的移民都是苏浙移民多,到了上海人人都听得懂你的话,评弹对场地的要求又不高,所以它到上海来是得天独厚的。向上海转移之后,以前说书先生叫走码头,现在不得了,一书场,二电台,三堂会,四唱片,所以当时上海给了评弹这方水土,这个是影响巨大的,从电台产生了很多的流派、唱腔。

高博文认为,评弹发源于明末清初,今天还有这么强大的生命力,说明它的底蕴深厚、内涵丰富。老一辈无产阶级革命家陈云同志,6 岁开始听评弹,他一生的政治智慧和评弹大有关系;武侠小说作家金庸先生,他的小说中有很多都借鉴评弹的书目的技巧和艺术性;我国一大批外交官们对评弹情有独钟,评弹所折射出的文化内涵给这些外交官们非常深的启迪。我们不仅要把老一辈的流派及长篇传承好,也要把评弹艺术发展好。

评弹赏析过程中,上海评弹团国家二级演员陆嘉玮和陶莺芸用传统方式演绎了《赏中秋》,高博文团长则重新用评弹曲调作曲并为观众演唱了既有当代的味道,又有古代的韵味的苏轼词《水调歌头·明月几时有》。专家们还有现场的听众进行了互动与对话,使大家对"文人雅集与江南曲艺"有了更进一步的认识。

"最江南"长三角乡村文化传承创新理论研讨会在沪举行

为做好"第三届长三角江南文化论坛"首批"最江南"长三角乡村文化传承创新典型案例遴选和上海乡村文化发展报告的编写工作，上海市社联联合上海财经大学长三角与长江经济带发展研究院等于 9 月 18 日共同举办"最江南"长三角乡村文化传承创新理论研讨会。上海市社联党组成员、专职副主席任小文出席会议并致辞。

任小文表示，在长三角一体化高质量发展背景下，长三角三省一市正努力共建江南文化研究学术共同体，凝聚力量，共促长三角一体化高质量发展。本次合作研究主题"'最江南'长三角乡村文化传承与创新"经由长三角三省一市社会科学界联合会共同研讨确定，从学术研究的角度切入，围绕题目，三省一市各推选 15 个最具代表性的乡村作为实践发展案例，此次研讨会希望各位专家、学者能够给予相关研究建议。随后，他对本次案例研究和发展报告提出三点建议：一是体现上海"最江南"乡村文化传承与创新有别于三省的特色，体现上海社会主义现代化国际大都市建设对于上海乡村建设的影响；二是体现上海推动新时代乡村发展的探索与实践，体现上海新一轮发展对乡村发展带来的机遇和空间；三是从大文化的视角来考察上海乡村的文化传承与创新，从经济社会文化等多个纬度来反映上海乡村的历史变迁和发展趋势。

会上，上海财经大学副教授、长三角与长江经济带发展研究院江南文化研究中心主任杨嬛首先从案例遴选过程、上海乡村文化特色、传承与创新经验三部分内容介绍了"最江南"长三角乡村文化传承创新研究的进展与目前取得的成果。在案例遴选过程中，在相关领导及部门支持下，研究团队前往上海地方志办公室、上海市乡村振兴研究中心、上海部分乡村等进行调研，最终筛选出 15 个具有上海乡村文化特色的重点推荐村，形成研究报告初稿。杨嬛认为，上海乡村文化具有鲜明的江南文化特征，而"文化码头"形成多元化的地方文化，上海乡村在文化传承与创新上逐步形成"三个力量"的独特经验，即特色产业为上海乡村文化传承与创新注入"价值力量"，企业成为乡村文化传承与创新的"中坚力量"，政府成为乡村文化传承与创新的"保障力量"。

在研讨环节，专家就"最江南"长三角乡村文化传承创新典型案例及长三角乡村文化发展报告展开讨论。

上海市委原副秘书长、市委研究室原主任张广生认为，乡村振兴是新时期"三农"工作的总抓手，文化传承与创新是上海市乡村振兴路径之一。他认为，相较于其他地方的乡村,上海乡村有四个特点:第一,上海乡村融入城市体系的程度比较高,远远高于其他城市;第二,从产业发展看,上海郊区工业总产值占全市90%以上,郊区与城市的流通配送相互融合,99%的乡镇具备商业交易市场;从交通体系来讲,上海乡村的交通网络密度远远高于其他地区,基本实现交通枢纽全覆盖,与上海市区相融合;第三,上海村民主要经营非农产业,以工资性收入为主;第四,郊区农村的治理方式基本上向城市社区管理体系靠拢。总的来说,文化传承与创新是乡村振兴的重要路径,上海在乡村振兴的过程中必须要走出具有上海特色的乡村振兴之路。

上海市委原副秘书长、市委研究室原主任、上海社科院原院长张道根提出,第一,上海的乡村文化不是简单意义上的"最江南",上海的文化要突出上海开埠以来的特色,凸显上海文化骨子里的现代文明、现代文化。第二,上海是都市型乡村文化,在生产、交往、产业、交通都依托于上海大都市圈。伴随着城市化进程,以前的乡村文化已逐渐凋零,打造上海特色乡村文化需要从乡村建筑、乡村生态、乡村人民等层面进行深入的挖掘,这样才能面向未来,深入创新,把握住上海乡村文化精神的精髓。

上海市人大农业与农村委员会原主任委员孙雷认为,上海乡村的最大特点就是江南文化,现阶段研究应重点突出上海城市与乡村如何良性互动发展。他提出,在乡村振兴战略实施过程中应始终坚持乡村的文明建设,目前在上海的乡村建设过程中,最主要的问题就是生态宜居问题,如乡村外在形象的改善。同时,孙雷提出,本次案例研究要能够代表上海乡村的创新和都市特点,能够代表上海的乡村未来文化发展,并针对案例提出了具体的建议。

上海市人民政府参事、上海对外经贸大学原校长、上海财经大学长三角与长江经济带发展研究院专家委员会副主任孙海鸣从三个方面对乡村文化传承与创新案例研究提出建议。第一,明确乡村文化的内涵,梳理乡村文化的理论逻辑。第二,根据上海乡村的案例、上海乡村文化形成的历史和背景,概括上海乡村文化的特点,比如与都市文化、外来文化相互渗透的特点等,体现上海乡村文化在演进过程中的传承和创新。第三,明确案例选择的依据和原则,最好在报告中对案例材料进行概括和分类。

上海市政府发展研究中心原副主任朱金海指出,以前上海资源往往集中在市区、新城建设,从现实条件看,上海的乡村建设还有很大提升的空间。如果能把上海乡村文化树立起来意义巨大。另外,一定要处理好保护传承和建设的关系,其中,在保护好的前提下,如何建设是重心。以实地调研的钢琴小镇、西塘小镇等案例为例,他指出乡村要立足自身的特色,吸收外部资源,通过整治河道、培育植被、房屋翻造等举措,实现乡村振兴和文化传承。

上海市乡村振兴研究中心主任杜小强表示要从不同的视角来看乡村文化的建设,从市民视角,乡村文化要突出可听、可触摸、可体验、可品尝的特点;从农民视角,乡村文化建设是否能够带来经济效应,否则将会被时代发展所遗忘;从政府视角,乡村文化建设要更多强调乡村振兴过程中在乡村文明、乡村生态建设等。因此,乡村文化建设不仅要挖掘其经济价值,也要找准乡村文化继承人,结合当前乡村振兴国家战略,推动乡村文化的可持续发展。

"江南文化讲堂"第二季第五期在上海博物馆举行

10月9日,由上海市社联和上海博物馆联合主办的江南文化讲堂(第二季)第五期在上博举行。上海交通大学中国城市治理研究院副院长徐剑教授和上海市作家协会理事、专业作家陈丹燕女士围绕"咖啡文化和上海印象"的主题,分别以《咖啡文化和上海城市精神》《"上海三部曲"和陈丹燕眼中的上海》为题发表演讲。同时配合本期讲堂主题,上博还精心准备了文创咖啡与花果茶的现场体验活动,以便让听众感受文化可品尝的独特魅力。

徐剑教授指出,上海咖啡馆的数量在全球可比的几个城市中是遥遥领先的世界第一。全球顶尖的四个城市:纽约、伦敦、巴黎、东京,还包括旧金山和上海,其他几个城市咖啡馆的数量都是几百个,而上海有7000家。咖啡在上海已经成为品质生活最重要的代表,喝咖啡不仅仅是喝咖啡,而是去感知这个城市生活的品质。上海的咖啡馆文化对应的城市的品格正是开放、创新和包容。上海是一个非常具有人文关怀的城市,建筑可阅读,街区可漫步,人们来到上海,最开始是为了生存,伴随城市发展的奇迹,个人价值得到了实现。正是生活在上海的居民向世界传递了一种价值观:"我们来到这个城市,不是生存,而是为了更美好的生活"。

陈丹燕女士则根据个人多年来围绕上海主题的写作分享了自己眼中的上海故事。她三部曲的第一本《上海的风花雪月》,其实是在田野调查的过程中为了找到自己。她在写作过程中发现对于年轻人来讲,他们爱这个上海,上海充满了力量和魔幻感,上海的精神和纽约非常接近,就是高了还要高,快了还要快,亮了还要亮,有那种无限往前冲的勇气,整个城市充满向上的力量。后来她在《陈丹燕的上海》中调查了上海出产的国货,认为其在一段时期内是向全中国输出了生活方式,她说到"上海其实一直有这样一种精神,你比我好,我向你学习,我向你学习的目的是我要像你一样好,然后有一天我要比你还要好"。本期讲堂除了学术讲座之外,上博还为听众们准备了一个小小的惊喜,当天所有来到现场的听众都可以以八折优惠的价格品尝到上博艺术拉花咖啡和花果茶,听众们在茶歇时间排队购买。

短短茶歇后,专家们还与现场听众进行了互动与对话,使大家对"咖啡文化和上海印象"有了更进一步的认识。

"江南文化讲堂"第二季第六期在上海博物馆举行

10月22日,由上海市社联和上海博物馆联合主办的江南文化讲堂(第二季)第六期在上博举行。上海市民俗文化学会会长、华东师范大学社会发展学院教授仲富兰和上海博物馆副研究馆员张经纬围绕"江南的民俗与社会生活"的主题,分别以《乡村民俗美学与江南古镇建设》《上海清末年画中的民俗与历史》为题发表演讲。

仲富兰认为,乡村美学具备三大价值,即自然美、物态美和人文美。乡村区别于城市的"喧嚣"与"快节奏",体现了人与自然的和谐共生,而乡村民俗之美综合体现了东方伦理型生活方式,也包含了乡村物、事、人、景众态交集的过程。在谈及江南古镇建设时,仲富兰指出,古镇是活着的生命体,不是博物馆,更不是沙盘,古镇是居民的世代住所和家园,它拥有自己的邻里乡亲、生命记忆、社区网络和历史传承。上海是海派文化的发祥地,先进文化的策源地,又是文化名人的聚集地,这明确指出了包括上海古镇在内的整个城市文化建设的方向,要把自然生态系统、城市经济系统和文化系统发展得更好。近年来,上海从城市系统建设到古镇文化建设,做了很多事情,体现了文化的力量,这就是城市的软实力。仲富兰最后将乡村民俗之美与古镇建设的核心概括为十二个字:"理家底、讲故事、养鲜花、重民生"。

张经纬分享了包含丰富历史价值和涵义的年画,从人们耳熟能详的秦叔宝、尉迟恭民俗门神年画、豫园把戏图到老上海"上海四马路洋场胜景图"等作品,重点介绍了上海的旧校场年画,并将旧校场年画做了四个分类:祈祥纳福、闺门仕女、戏曲故事和社会风情。他认为,年画在清末进入到一个新的时代,到了民国以后,以新的形态继续盛行:月份牌、广告海报和画报。清末民初,上海对外通商已经历数十年,需要和国际接轨,和外国的商人进行各种各样的商业活动,所以不再靠皇历记录一年时节的变化,月份牌出现了。随着彩色印刷技术的出现,年画元素变成了商业招贴画的一部分。画报作为年画的新发展方向,不是以文字作为主导,而是以画面作为最大的卖点,画报中有主角,有内容。

专家们还与现场听众进行了互动与对话,使大家对"江南的民俗与社会生活"有了更进一步的认识。

"江南文化讲堂"第二季第七期在上海博物馆举行

11月5日晚,由上海市社联和上海博物馆联合主办的江南文化讲堂(第二季)第七期在上博举行。中国语言学会理事、复旦大学中文系教授陶寰和上海市人大代表、中国曲艺家协会理事、上海滑稽剧团副团长钱程围绕"江南的方言"的主题,分别以《吴侬软语与江南文化》《传神的方言》为题发表演讲。

陶寰从江南吴越之地的核心区属谈到吴语吴歌和明清山歌,结合上海地名的流变和人口来源,讲述上海方言的来历与变革,娓娓道来、生动有趣。他认为,从近代看19世纪的上海话属于"原汁原味",20世纪40年代以前则存在"浦东腔"和"苏州腔"之争,20世纪80年代以前属于上海话的"稳定中派",20世纪80年代之后,稳定与变化剧烈的时期交替出现,各个不同时期都是多派别并存。上海从一个海边小县城到一个国际大城市,所有的东西都会变化,当然语言也会变,我们要坦然地接受它。但问题是如果变成国际大都市,是不是要把自己原来的老东西都忘了? 我们去伦敦、巴黎、纽约、香港,我们总希望看到一个特色。那么上海的特色是什么? 除了外滩、淮海路,除了房子之外,我们还留下来什么? 还有什么东西是上海的,而不是其他地方的。东方明珠、城市中心、各式大楼等建筑,其他地方也可以造,上海有什么东西将来可以跟人家说? 你再拎"五香豆"出去,没有人会理你。所以,这是在座每一个生活在上海的人都要考虑的问题,有哪些东西我们留下以后,人家还可以从观感上说这是只有上海才有的。

钱程从"语音"的角度与听众分享了他对方言文化的感知。他认为,方言有其自身的使用价值和一个比较特殊的文化价值,是一个民族文化的载体和组成部分,也是不可再生的非物质文化资源和构成多元文化的一个元素。听乡音,记乡愁,可以增强所在城市的认同感,也可以维系家庭、团结社区。他指出,语言是流动的、发展的,但是近年来关于语言的流失或式微的速度超乎想象地快。据联合国教科文组织的《语言活力与语言濒危》文件,衡量语言生命力九要素之首的"代际之间传承",其中第3级是肯定濒危型,就是父母对孩子讲这种语言,但他们的孩子不用这种语言来回应。钱程认为,目前上海话就是这种情况。最后,他表示,上海这座城市是海纳百川、兼收并蓄,东西方文化在这个国际大城市中交融,显示最生动、最鲜活的人间烟火,但海纳百川不能以牺牲本土文化为代价,只有让各地的方言口口相传,记住乡音、乡愁,才能延续所在城市的文化积淀,找到认可这个文化内涵的生活方式,保持人们对所在城市的文化认同。

专家们还与现场的听众进行了互动对话,使大家对"江南的方言"有了更进一步的认识。

第三届长三角江南文化论坛顺利举行

为进一步挖掘江南乡村文化的丰富内涵,更好地服务长三角一体化发展战略,11月8日,第三届长三角江南文化论坛以线上线下相结合的方式顺利举行。论坛以"江南乡村文化传承与创新"为主题,由上海、江苏、浙江、安徽三省一市社科联共同主办,浙江省社科联承办,浙大城市学院社科联协办,旨在深入交流探讨江南乡村文化创新发展的历史脉络和当代意蕴。

开幕式上,上海市委宣传部副部长徐炯,江苏省委宣传部副部长赵金松,安徽省社科联党组书记、常务副主席洪永平,浙江省委宣传部副部长、社科联主席盛世豪分别致辞。

徐炯指出,江南文化是悠久璀璨的中华文化的优秀组成部分,历经千年的熔炼积淀,已经发展成为以"家国担当、务实进取,开放包容、创新求变,崇文重商、尚义守信,时尚雅致、温馨灵秀"为主要精神内涵和鲜明特征的区域文化系统。在推进长三角一体化和乡村振兴国家战略的大背景下,必须将江南乡村文化的精神内核与时代需要紧密结合起来,下足挖掘保护、传承创新的功夫,构建具有区域特色的协同发展体系,以文惠民、以文兴业、以文润村,以文化引领为乡村振兴"塑形",以文化价值为乡村振兴"铸魂",以文化产业为乡村振兴"赋能",为乡村振兴注入强大的文化动能。

论坛成果发布环节,长三角三省一市5位专家学者详细阐释了本省(市)《乡村文化发展报告》,重点推介了本地区乡村文化传承创新典型案例,生动反映了长三角江南乡村文化的历史演变和发展现状,以及三省一市各自所形成的乡村文化特征。

论坛主旨报告环节,上海财经大学长三角与长江经济带发展研究院执行院长、教授张学良,南京大学城市科学研究院院长、教授张鸿雁,安徽省政府参事、安徽大学教授刘伯山,浙江省社会科学院副院长、研究员陈野分别围绕论坛主题作了主旨发言。他们的研究既有对江南文化传承与长三角新发展文化创新的理论分析,也有江南乡村文化想象与发展路径的实践探索,既有从省域视角对乡村文化发展问题的个性探讨,也有针对"礼堂文化"的深入剖析。

张学良认为,长三角的新增长文化和新发展文化发展经历了从要素驱动增长到高质量增长、从高质量增长到高质量发展、从高质量发展到可持续发展、从高持续发展到多彩的发展的四个阶段。长三角城市群正在形成与创造的"多彩"增长文化与发展文化,这种文化一直天然地、根植于历史上长三角所在的江南地区。江南文化根植于江南地区对财富创造的尊重与追求,以及对人民美好生活向往的满足。总而言之,要素驱动、创新驱动是江南地区财富创造的基础,江南人民对美好生活的追求提升了公共服务水平,青山绿水与文化文明提升了江南地区品质,形成的相对完善的城镇体系体现了区域协调发展。

下午,围绕江南文化助力乡村振兴、江南文化传承创新与美丽乡村等话题,三省一市专家学者、区县党委宣传部代表、案例入选乡村代表展开了别开生面的理论与实践之间的交流对话,在融洽的气氛中交谈理论心得,交换乡村文化建设的实践经验。上海市闵行区委宣传部副部长朱奕、中国浦东干部学院教学研究部副教授李亚娟、上海市闵行区浦江镇革新村第一书记任毅辉在会上交流发言。

本次论坛闭幕式完成了承办单位交接仪式,第四届长三角江南文化论坛将由安徽省社科联承办。

上海市社联王为松、任小文等长三角三省一市社科联领导,江南乡村文化研究领域的知名专家学者,江南文化研究联盟成员单位专家,三省一市社科联相关处室负责人,以及新闻媒体工作者等百余人通过线上线下参加论坛。

2021 年"最江南"长三角乡村文化传承与创新典型村落上海入选案例

序号	所在区	所在镇	村　名	入选案例名称
1	浦东新区	惠南镇	海沈村	骑迹乡村,乡匠海沈
2		新场镇	新南村	聚焦"妇女＋非遗"土布文创,助力浦东非遗活态传承
3	闵行区	浦江镇	革新村	都市革乡韵,田园新江南
4	嘉定区	安亭镇	向阳村	稻田里的研发中心,在产业融合中传承弘扬本土特色文化
5	宝山区	罗泾镇	塘湾村	党建引领贯穿乡村治理,打好乡村治理组合拳
6			洋桥村	宜居水乡,芋香稻村
7	奉贤区	青村镇	吴房村	大美青溪,韵味吴房
8	松江区	新浜镇	胡家埭村	"荷之村"胡家埭村
9		泖港镇	黄桥村	远看青山绿水,近看江南田园
10	金山区	枫泾镇	中洪村	中国农民画传承的新起点
11			新义村	中国故事村新义村
12	青浦区	金泽镇	莲湖村	莲湖水韵,青西人家
13		重固镇	章堰村	古韵今声,打造江南新 IP
14	崇明区	横沙乡	丰乐村	从横沙历史古镇到海岛风情乡村的蜕变
15		港沿镇	园艺村	园艺铸就历史、预示将来

"江南文化讲堂"第二季第八期在上海博物馆举行

11 月 19 日,由上海市社联和上海博物馆联合主办的"江南文化讲堂"(第二季)第八期在上博举行。中国古代文学理论学会会长、华东师范大学中文系终身教授胡晓明和上海文艺评论家协会副主席、《文汇报》创意策划总监张立行围绕"江南水乡"的主题,分别以《水乡:华夏文明千年修行的善果》《现当代美术视觉图像中的"江南水乡"》为题作了精彩演讲。

胡晓明教授认为,江南发达水系及桑蚕养殖纺织业塑造了中国传统男耕女织的理想社会,是各安其位的和谐社会。五千年前的良渚文明是水乡世界的源头。中国历史从东西冲突到南北对峙,从平原到水国,从内地到沿海,从封闭走向开放,从政治优先走向经济优先,从现代进程又回向绿色文明,这就是"江南时间"一条纵贯的线索。水乡既创造了历史学家所称道的江南奇迹,文学艺术史上的江南美学,又昭示了美丽中国的未来生机,其中"水乡"是其灵魂,值得今人好好珍惜守护。水乡是一个地理概念,更是刚柔相济的人性、和平安宁的向往、商品活跃的市场、自由儒雅的精神、精致爱美的生活和空明清朗的环境。水乡带给人的不仅是一种生活的环境,而且是一种心灵的精神上的超脱,是一种意境。展望未来大都市最理想的人居环境,就是要把"水乡客厅"变成"水乡家居",那才是真正的绿色文明。

张立行从现当代美术作品入手,为观众描摹了视觉图像中的"江南水乡"。他认为,中国的现代艺术首先从江南地区发祥。新中国成立之前有三个很出名的美术学院,分别是上海美专、中国美院和苏州美专。这三个美专里面的老师,创立者和以后的学生,有很多都成为我们中国现代美术史上的一些如雷贯耳的大师,如刘海粟、颜文樑等,他们很多的艺术作品,直接描绘了江南的景色、人物、风情,灵感都来自江南水乡长期的浸润,三个美术院校的艺术延伸至今,同江南的地理和文化密不可分。张立行认为,新中国建立以后一批中国传统绘画的画家在如何表现江南水乡上表达了较高的文人趣味,艺术家真正感到整个环境发生了变化,看到了新旧社会的对比,因此主题更多聚焦新中国的建设,他们深入到江南水乡,把时代奋发的精神面貌表现出来,产生了很多优秀的作品。

专家们还与现场的听众进行了互动对话,使大家对"江南水乡"有了更进一步的认识。

"江南文化讲堂"第二季第九期在上海博物馆举行

　　2022年1月7日，上海市社联和上海博物馆联合主办的"江南文化讲堂"（第二季）第九期在上博举行。中国电影家协会副主席、上海电影家协会主席、上海文联副主席任仲伦教授和著名导演、上海交通大学博士生导师胡雪桦教授围绕"江南的电影"主题，分别以《江南文化：上海电影的重要根脉》和《上海电影与江南文化》为题发表演讲。

　　任仲伦认为，江南文化是上海电影的重要精神命脉。上海电影从它将近一百年的历史中，可以看到它对江南文化的影响。中国电影发源在北京，发祥在上海，首先，得益于上海这座城市的开放，让其率先拥抱了世界工业文明的成果，孕育了上海电影的土壤。其次，是上海拥有最多的、稳定的市民阶层。他们的需求和购买力对上海电影形成了一个有力支撑。第三，一大批文化人进入电影行业，包括企业经营者、知识分子和海外留学回国的青年才俊等，支撑起电影行业的创作、制作和营销。有了以上基础，20世纪三四十年代，上海电影迎来了第一次高潮。在战乱年代，上海还保持着电影丰收的姿态，这就是上海电影了不得的地方，也是对上海电影、江南文化乃至对中国电影、中国文化一个最大的贡献。无论是《一江春水向东流》，还是《风云儿女》等，都能代表上海电影关注现实和老百姓生活的本性。

　　任仲伦指出，新中国成立后，党和国家对电影、文艺的重视是前所未有的，上海成立了电影制片厂。20世纪三四十年代锻造的电影创作力量和革命军队的文艺工作者汇聚在上海，上海的电影艺术家依然是中国电影的主力军，如《乌鸦与麻雀》《女篮五号》《南征北战》等一大批影片支撑起五六十年代上海电影的地位，上海电影进入第二次高潮。20世纪80年代开始是上海电影第三次高潮，上海电影依然保持着全国领先的态势，我们有一大批优秀的影片反映了解放思想和实事求是，是对国家改革开放的呼应，包括《于无声处》《天云山传奇》《牧马人》等。跨入21世纪以后，中国电影实行了改革，改革过程中上海电影再次崛起，通过一系列创作，上海电影赢得了大家的尊重，上海的电影制作也达到了一个新的高度。中国提出来到2035年建成电影强国，相信上海电影也会大有作为。

　　胡雪桦在演讲中表示，作为一个上海导演，他要拍上海是因为有一个情结。他觉得人们常常对上海文化有一个误解，认为上海文化就是小桥流水、旗袍、亭子间的概念。其实上海是一个有雄性的地方，上海可以有金戈铁马，也可以有铮铮男子，上海是一个"英雄不问出处"的地方。在随后的演讲中，他分别以自己的作品《上海王》《兰陵王》和《神奇》为例，讲述了电影创作与上海城市的关系。

　　《上海王》电影是从上海浦和下海浦讲起，因为水是我们江南文化很重要的一个因素，正所谓"上善若水，海纳百川"。在清末民初，各方势力在上海角逐，有清朝政府、外国列强、黑帮等，这部电影是对特殊年代人性中的"情与义"做了一个很重要的折射。《兰陵王》是胡雪桦导演拍摄的第一部电影，拍摄过程中得到了上海电影制片厂的支持，上影厂原厂长吴贻弓评价该片是很有诗意的电影。胡雪桦讲到，上影厂的电影《城南旧事》给了他很大启发，所以，他认为艺术不仅需要传承，也需要发展，正所谓"守本创新"。谈到他拍摄的电影《神奇》，他认为该片以上海世博建设的一些场景为背景，从过去的上海讲到现在的上海，不仅是一部上海题材的电影，同时可以说是中国第一部"元宇宙"电影。

专家们还与现场的听众进行了互动对话，使大家对"江南的电影"有了更进一步的认识。

"江南文化讲堂"第二季第十期在上海博物馆进行直播

2022年1月21日,由上海市社联和上海博物馆联合主办的"江南文化讲堂"(第二季)第十期由澎湃新闻进行了直播。东华大学服装与艺术设计学院教授、博士生导师刘瑜和上海博物馆研究馆员于颖博士围绕"江南文化与海派旗袍"主题,分别以《相互成全的江南——从海派旗袍看江南文化》和《海派旗袍中的摩登韵味》为题作了演讲,直播期间共有超16万人在线观看。

刘瑜从江南先进的产业背景、浓厚的人文气质和东方美学及独特的艺术与技术三个方面,深入浅出地讲述了江南文化浸润下的海派旗袍。她认为,在江南独特艺术特性的土地中生长起来的海派旗袍,继承了独特的艺术美感,比如秀、雅、细腻、温婉等。旗袍的盘扣、绣花等细节,无不体现出中国传统服饰技艺之美。在江南文化的大格局影响下,海派旗袍不断改良、借鉴与融合,旗袍流畅的曲线和含蓄充分体现了东方美学思想。

刘瑜认为海派旗袍是多元、多地域文化不断交流、融合的产物,是中国传统文化不断传承和创新的例证,是"海纳百川"精神的体现。从海派旗袍,我们可以看到江南文化互相依存又互相独立,互相借鉴又互相对照,最终相互成全、成就,于是有了最美的江南。

于颖则从民国旗袍何以被称为时髦服饰、它怎样风行于上海的摩登时代以及如何变为一款国潮爆款等角度娓娓道来,令听众大开眼界。她认为从20世纪20年代开始,摩登社会赋予了旗袍独特的精神,一是对青年平等婚姻的鼓励,二是对男女平等选择配偶权的鼓励。穿旗袍的时髦只是表象,内在修养和学识才是最重要的。女性只有独立自主才会真正实现摩登生活,拥有文明家庭。

于颖认为,当年流行于上海滩关于摩登女子的外表与实质的讨论,都赋予了这些穿着旗袍、追逐时尚女子的一个精神体验,也就是说,她们不在乎拿到一个好的面料,烫了一个时髦的头发,她们更在乎的是开阔的眼界、创新的思想。旗袍反映了女性对新社会、新思想、新平等意识的追求,所以旗袍中摩登的内涵就是开放、独立、自尊和平等。

创世神话

中华创世神话研究工程 2021 年度论坛在沪举行

　　12 月 20 日,由上海市社联召集,上海市社会科学创新研究基地——上海交通大学神话学研究院主办,华东师范大学社会发展学院协办的中华创世神话研究工程 2021 年度论坛——"创世神话与中华文明探源"在上海社会科学会堂举行。论坛由上海交通大学人文学院讲席教授杨庆存主持,上海交通大学党委常务副书记、神话学研究院院长顾锋,上海市社会科学界联合会专职副主席任小文,上海交通大学资深教授、欧洲科学院院士、人文学院院长王宁,上海交通大学资深教授、神话学研究院首席专家叶舒宪等作致辞发言。

　　顾锋在致辞中表示,神话承载着人类集体的梦想和每一个民族的精魂。创世神话作为所有神话类型中最重要的类别之一,发挥着文化原编码的重要作用,也发挥着建构国家意识形态的范型作用。上海交大神话学研究院团队承担了丛书当中的五本,这是对"讲好中国故事"和"中华文明上下五千年"说得极好学术回应;对于激发当下全民的文化自觉和文化自信,也是很好的学习教本。

　　任小文对论坛的举办和丛书的出版表示了祝贺,并向参与丛书出版全过程的各位专家学者及编辑出版团队表达了感谢。他指出,本次"中华创世神话研究工程系列丛书"的顺利出版意义重大,以增量而非存量的形式对中国神话学相关领域的发展作出了积极贡献,起到了交流思想、凝聚学者的作用。他衷心希望参加本次论坛的中国神话学研究者们,能将这一学术成果传播好、利用好。

　　王宁在致辞中介绍了"中华创世神话考古专题·玉成中国"的出版特色。他认为,通过本次学术会议,专家们可以通过深入交流和讨论,整合诸多学科的新知识,来建构具有中国气派、中国特色、中国特色的话语系统和理论体系,形成一定的研究共识。

　　此次论坛以线上和线下结合的方式举行,汇集了来自北京、四川、上海三地的四十多位神话学专家学者。

　　在一天的时间中,学者们聚焦出版成果的再认识和再开发:如何利用考古出土的新材料,整合诸多学科的新知识,来建构具有中国气派、中国风格、中国特色的话语系统与文化理论体系,如何深入研讨开拓中华文明起源与华夏精神溯源等重大课题展开热烈讨论。

　　自 2017 年以来,在中共上海市委宣传部的指导下,在上海市哲学社会科学规划办公室的支持下,市社联积极联系国内相关领域的专家学者深入开展专题研究,在上海市哲学社会科学规划课题的研究基础上,集中研究力量和学术资源,推出了中华创世神话研究工程系列丛书,于 2021 年 5 月完成结项,由上海人民出版社出版。本次论坛向公众展示了已出版的 17 部著作:包括 7 部研究专著、8 部神话文献资料汇编(包括文字资料和图像资料),以及 2 部田野调查报告。丛书第二期相关著作将于 2022 年上半年陆续出版。

作为新时代以来上海市启动的文化品牌工程,"中华创世神话研究工程"成果丰硕,不仅全面继承和发扬改革开放以来我国独有的新兴交叉学科"文学人类学"的文化理论和研究方法论——四重证据法,彰显"文化文本"新理念的学术引导作用,而且通过对国内50 多个民族创世神话的深入发掘整理和探索,完成前所未有的大规模专题文献资料集成,首次向全世界展示中国创世神话资源的丰富性多样性及整体风貌。丛书出版过程中,得到光明网、上观新闻、东方网、搜狐新闻等各大媒体宣传报道,《文汇报》《中华读书报》《西安日报》等持续刊发书评。

配合创世神话研究新书面世,围绕中华创世神话元素进行设计的文件夹、口罩、眼镜布等文创衍生品也正在紧锣密鼓开发当中,力图将中华创世神话题材与现代生活、审美相结合,使其中蕴含的民族文化精神更好地融入现代生活。中华创世神话研究工程成果的结集出版,为当下弘扬优秀传统文化,增强全民的文化自觉和文化自信,作出非常及时的上海贡献和学术贡献。丛书生动诠释了中华五千多年文明的"多元一体、兼容并蓄、连绵不断"特征,将给未来的文化创意产业提供宝贵的本土知识资源和 IP 符号,也将给中国文科的学术创新提供一种交叉学科的成功研究案例。

礼赞大师

礼赞社科大师项目在第二届上海红色文化创意
大赛中荣获两个奖项

历经一年的广泛征集和严格评审,6月8日,第二届上海红色文化创意大赛颁奖活动在中共一大纪念馆举行。大赛由上海市委宣传部、市委党史研究室、市教卫党委、市教委、市文旅局、市国资委、团市委、市社联、市文联、中共一大纪念馆主办,东方网承办。

大赛共设立 9 个分赛场,吸引了 500 余家企业和高校参与。从近 4000 件应征作品中脱颖而出的 67 件优秀作品,分别荣获红色文化创意产品设计、红色文旅线路设计和红色数字创意产品设计三大类多个奖项。

其中,上海市社联获得两个奖项:"礼赞上海社科大师——海上先声"大型人物传记系列短音频荣获第二届上海红色文化创意大赛"数字创意产品类"十大数字文化创意产品奖。"乘地铁,探寻大师的红色足迹"特别活动荣获第二届上海红色文化创意大赛"文旅线路类"三等奖。

上海市社联等单位联合举办 2021"礼赞上海社科大师" 教师节特别活动

　　作为中国共产党的诞生地和初心始发地,上海的红色资源是如此丰富,城市风貌又是如此多彩斑斓。9 月 10 日下午,由上海市社联、市精神文明办、申通地铁联合主办的"乘地铁,探寻大师的红色足迹"暨 2021"礼赞上海社科大师"教师节特别活动,在《共产党宣言》展示馆(陈望道旧居)举行了温馨的启动仪式。

　　上海市社联专职副主席任小文、上海申通地铁集团有限公司党建工作部部长吴昕毅、上海市精神文明建设委员会办公室活动指导处副处长夏晓婷、复旦大学党委党校办公室主任周晔在仪式上启动"乘地铁,探寻大师的红色足迹"线上活动。陈望道之子陈振新,陈望道学生、复旦大学教授陈光磊出席活动,为复旦大学学生代表讲述望老爱生如子的故事,并对同学们提出寄语,希望他们争做大师精神的传承者,发奋学习、热爱思考,把个人的理想抱负融入波澜壮阔的国家和民族事业中。

　　仪式上,陈振新老先生、陈光磊教授,上海人民出版社总编辑助理鲍静,上海当代艺术博物馆馆长助理、大师素描作者张德群为《上海社科大师》图书(第一辑)揭幕;上海市社联办公室主任梁清,"学习强国"上海学习平台编辑部主任周文菁、上海广播电视台长三角之声执行总监殷月萍向同学们赠送了图书、大师音频和文创纪念品。

　　据悉,本次活动将聚焦与红色文化密切相关的 20 位上海社科大师,他们的纪念地分布在 5 条地铁线路的 15 个站点周围。即日起,将有 5000 份大师地图在 1 号线衡山路站、人民广场站,10 号线交通大学站、上海图书馆站,12 号线虹漕路站,2 号线静安寺站、南京东路站,8 号线虹口足球场站,13 号线淮海中路站,12 号线陕西南路站等 10 个车站供乘客免费领取。市民可通过"文明上海修身云"打卡大师纪念地、聆听广播版"海上先声"大师故事、参加"学习强国"竞赛答题,进一步了解上海社科大师的爱国情怀、治学精神、学术成就和奋斗历程。

国内协作

安徽省社科联一行来上海市社联考察调研

　　3月15日,安徽省社科联党组成员、副主席江涛一行来上海市社联考察调研。上海市社联党组成员、专职副主席解超出席座谈会并对江涛副主席一行的到访表示热烈欢迎。沪皖双方围绕社会组织管理、社科普及、信息化建设、刊业品牌打造等方面进行了广泛和深入的交流,相互表达了进一步拓展合作领域、相互借鉴学习、加强交流合作的意愿。安徽省社科联普教咨询(科研)处一级调研员吴琼红、学会工作处副处长张浩淼、学术界杂志社编辑汪家耀、办公室四级调研员张会生;上海市社联科普处处长应毓超、学会处副处长梁玉国、科研处副处长蒋晖、办公室四级调研员徐光耀、《学术月刊》杂志社编辑王鑫参加了调研座谈会。

苏州市社科联一行来上海市社联考察调研

　　3月25日,苏州市社科联主席刘伯高、副主席王明国、洪晔等一行来上海市社联考察调研。上海市社联党组书记、专职副主席权衡出席座谈会并讲话,党组成员、二级巡视员陈麟辉出席座谈会。沪苏双方围绕智库建设、社科研究、社科普及、学会建设等方面进行了广泛和深入的交流,相互表达了进一步拓展合作领域、相互借鉴学习、加强交流合作的意愿。

　　苏州市委宣传部四级调研员吕江洋、社科联办公室主任陈燕平、社科普及处(学会处)处长钱海、科研处处长曹杰、苏报智库秘书长马玉林;上海市社联学会处副处长梁玉国、办公室副主任方宁、科研处四级调研员王龙、办公室四级调研员徐光耀、科普处四级调研员赵乐等人参加了调研座谈会。

上海市社联与市科协举行合作交流会

4月23日,上海市社联与市科协举行专题会议,共商合作交流相关事宜。市社联党组书记、专职副主席权衡,市科协党组成员、二级巡视员黄兴华出席会议并讲话。市社联党组成员、二级巡视员陈麟辉主持会议。

权衡在讲话中介绍了市社联及所属学会的基本情况,他指出,在国家积极推进新文科建设的大背景下,进一步推动自然科学和人文社会科学的交融势在必行,希望通过双方努力,搭建起自然科学和社会科学之间的桥梁,共同推动跨学科、跨领域研究的不断深化。黄兴华首先介绍了市科协的主要职能和任务,他强调,人文社会科学的力量对于提高科技领域研究的进一步深入具有重要引领作用,希望通过推进科技和人文对话,在智库、科普、论坛、报刊等方面加强同市社联的协作。

会上,与会人员围绕智库建设、人才培养、论坛协作、新时代融媒体建设等进行了热烈讨论。

市科协办公室主任刘如溪、《探索与争鸣》编辑部主编叶祝弟、上海科技报社副社长于江,以及《探索与争鸣》编辑部全体人员与会。

伟大建党精神数字资源库建设战略合作签约仪式举行

8月6日,上海市社联、中共上海市委党史研究室与上海立信会计金融学院就伟大建党精神数字资源库建设签署学术资源、科学研究、人才培养等合作共建战略合作框架协议。市社联党组书记、专职副主席权衡,市委党史研究室主任严爱云,上海立信会计金融学院党委书记解超等出席致辞并见证签约仪式。

权衡在致辞中指出,近年来,市社联全面准确把握新阶段、新形势、新任务对社科工作的新要求,进一步推动深化社科理论研究,着力突出决策咨询工作,切实加强学会管理服务,深入开展社科普及宣传,提升学术刊物品质影响,团结凝聚社科界"五路大军",持续提升社科"五大平台"功能,社联的政策影响力、学术影响力、社会影响力也得到进一步加强。

权衡强调,市社联与上海立信会计金融学院历来有良好的交流合作传统,此次签署双方战略合作框架协议,以双方的社会科学研究及资源优势为依托,构建双方优势互补、协同发展、战略合作的新模式,共同打造社会科学研究教育的新高地,共同开启双方全方位交流合作的新篇章。他表示,今天的签约仪式是一个新的起点,市社联将以更积极、更有力的项目举措,服务好、支持好立信会计金融学院社科事业的高质量发展与全方位提升。

签约仪式由上海立信会计金融学院党委副书记、校长杨力主持。市社联党组成员、专职副主席任小文,市委党史研究室副主任谢黎萍,上海立信会计金融学院副院长陈洁等代表三家单位签约。上海立信会计金融学院党委副书记文选才,市社联、市委党史研究室、上海立信会计金融学院相关部门负责人等出席签约仪式。

海南省社科联一行来上海市社联考察调研

　　9月9日,海南省社科联党组书记、主席、省社科院院长王惠平一行7人来沪调研。上海市社联党组书记王为松,党组成员、专职副主席任小文出席座谈会。沪琼双方围绕学会管理、智库建设、社科普及等方面开展交流,并就深化合作的模式和发展路径交换了意见。海南省社科院副院长、省社科联副主席熊安静,省社科联专职副主席、社科院副院长詹兴文,上海市社联相关处室负责同志参加了调研座谈会。

《探索与争鸣》编辑部赴浙江省社科联学习调研

　　9月26日,上海市社联党组成员、二级巡视员陈麟辉率《探索与争鸣》编辑部一行4人,赴浙江省社科联学习调研。此行旨在进一步拓展合作领域、相互借鉴学习、加强交流合作,共同研讨办刊经验,繁荣哲学社会科学事业。

　　浙江省社科联党组成员、副主席陈先春,《浙江社会科学》杂志社社长、主编俞伯灵及相关编辑参与座谈。与会双方就学术期刊组织管理经验、期刊人才培养与队伍建设、新时代红色文化与城市名片建设等问题展开了深入交流。

成果发布与评价平台

CHENG GUO FA BU YU PING JIA PING TAI

成果发布与评价

2021年度"中国十大学术热点"评选结果揭晓

　　由《学术月刊》编辑部与光明日报理论部、中国人民大学书报资料中心联合主办的中国十大学术热点评选活动已连续开展十九届。归纳、总结和梳理年度学术热点,既是对一年来我国哲学社会科学研究的系统回顾,也是对现实焦点问题、深层理论问题的折射,有助于为建设中国特色、中国风格、中国气派的哲学社会科学提供智力支持。2021年度中国十大学术热点,经过学界推荐、文献调研、专家研讨评议等程序,现已评选出来。

热点一：习近平法治思想研究

　　入选理由：2020年11月召开的中央全面依法治国工作会议总结并阐述了习近平法治思想。习近平法治思想是习近平新时代中国特色社会主义思想的重要组成部分,深刻回答了新时代为什么实行全面依法治国、怎样实行全面依法治国等一系列重大问题。2021年度,学术理论界围绕习近平法治思想的研究持续推进,取得诸多高质量成果。1.习近平法治思想的理论来源和重大意义。阐明了习近平法治思想是马克思主义法治理论中国化最新成果,是顺应实现中华民族伟大复兴时代要求应运而生的重大理论创新成果,是全面依法治国的根本遵循和行动指南,具有重大政治意义、理论意义、实践意义和世界意义。2.习近平法治思想的学理阐释。深入阐释习近平法治思想各组成部分的主要内容,并围绕依法治国与依规治党的关系、改革与法治的关系、人民立场、对中华优秀传统法律文化继承和创新、推动全球治理体系变革等重大理论命题,阐明习近平法治思想的鲜明特征、核心要义和科学方法。3.习近平法治思想的实践探索。聚焦法治政府、法治社会建设,监察法治,立法工作,生态文明法治,法治人才培养等实践问题,在习近平法治思想指导下从各领域、各部门法进行多层次、多视角系统研究。

　　专家点评：2021年度,学术理论界掀起学习研究宣传贯彻习近平法治思想的热潮。在既有研究成果基础上,当前和未来一个时期,关于这一主题的研究将主要面向以下方面：1.加强习近平法治思想的实践研究,以吃透基本精神、把握核心要义、明确实践要求,推进习近平法治思想落地生根、走深走实,进而在全面依法治国中释放出新的实践伟力。2.加强习近平法治思想的学理阐释和体系构建,特别是系统分析习近平法治思想中原创性、独创性、集成性理论创新,彰显其真理力量和话语魅力。3.加强习近平法治思想的融通性研究。习近平法治思想是对中华优秀法律文化的创造性转化、创新性发展,是对人类法治文明成果的批判性继承、择善性借鉴,与中华优秀传统法律文化和人类法治文明思想精华具有内在融通性。要通过深入研究,展示这一思想蕴含的博大精深的中国精神和中国文化,展示其海纳百川、博采众长的全人类共同价值。4.加强以习近平法治思想为指导的重大专题性研究。习近平法治思想涵盖经济、政治、文化、社会、生态文明和党的建设各领域,运用于改革发展稳定、内政外交国防、治党治国治军各方面,在政治与法治、民主与专政、权利与权力、自由与秩序、安全与发展、法治与德治、依法治国与依规治党、改革与法治等辩证关系中都有习近平法治思想的政理、法理、哲理,这就需要我们以习近平法治思想为指导开展一系列专题研究。

(点评人:中国法学会党组成员、学术委员会主任张文显)

热点二:中国共产党百年奋斗伟大历程、重大成就和历史经验

入选理由:在中国共产党成立一百周年的重要历史时刻,在"两个一百年"奋斗目标的历史交汇期,全面总结党的百年奋斗伟大历程、重大成就和历史经验,具有重要学术价值、鲜明现实意义和深远历史影响。2021 年度,学术理论界围绕中国共产党成立一百周年这一重大主题,形成了丰硕研究成果。1.从历史与现实相结合的角度,回顾中国共产党百年奋斗历程,全面梳理中国共产党为实现中华民族伟大复兴,团结带领人民在经济、政治、文化、社会、生态文明、国防和军队建设、国家安全、外交等领域取得的历史性成就,彰显了中国共产党百年历史的主题主线、主流本质。2.从历史发展规律的角度,深刻阐释中国共产党百年奋斗创造辉煌历史、取得重大成就的历史逻辑、理论逻辑和实践逻辑,全面总结了中国共产党百年奋斗的历史经验,为诠释中国共产党过去为什么能够成功、未来怎样才能继续成功提供了深厚的学理支撑。3.运用多学科理论和方法,从不同维度系统总结中国共产党百年奋斗的重大成就、历史意义和宝贵经验,形成了学科交叉研究态势,既拓宽了人文社会科学研究领域,也进一步深化了党史研究。

专家点评:学术热点的形成往往与现实密切相关。2021 年是中国共产党成立一百周年,学术理论界关注的焦点主要有:中国共产党为实现中华民族伟大复兴而进行的不懈奋斗史、不怕牺牲史、理论探索史、为民造福史、自身建设史;习近平总书记"七一"重要讲话精神;党的十九届六中全会通过的《中共中央关于党的百年奋斗重大成就和历史经验的决议》,等等。总体而言,学术理论界对中国共产党百年历史的研究具有以下特点:1.用大历史观审视和评价百年党史,既有分领域、分阶段的研究,又有整体性研究,将某一问题的研究以百年为考察周期、研究时空,并将中国共产党百年历史置于中华民族发展史、中国近现代史、马克思主义发展史、世界社会主义发展史、人类文明发展史的高度来评价和定位,充分彰显中国共产党百年奋斗的历史意义,拓宽了中共党史研究的视野。2.马克思主义理论、哲学、历史学、政治学、经济学、文艺学、教育学等学科立足本学科视域、基本理论、研究方法开展中国共产党百年历史的研究,凸显了多学科交叉研究的优势,特别是在新民主主义革命时期的中共党史研究方面取得不少突破进展。3.将历史、现实、未来有机结合起来,着眼中国共产党百年奋斗历史经验的总结,注意阐发历史经验的当代价值,体现了中

国学术理论界的历史自觉、历史自信和历史担当。中国共产党百年历史波澜壮阔、厚重宏大,对这一课题的研究是一项重大的系统性工程,面向未来,学术理论界还需立足现有成果,充分挖掘和利用史料,进行更为具体的探讨、更为深入的分析思考。

（点评人：华南师范大学教授陈金龙）

热点三：中国现代考古学的理论与实践

入选理由：百年前仰韶遗址的发掘,拉开了中国现代考古学的序幕,经过几代考古学人的艰苦努力,中国现代考古学有了长足发展,业已成为世界考古学界不可忽视的重要一脉。值此中国现代考古学开创百年的历史节点,学术理论界回顾了中国现代考古学百年探索之路,并在总结成绩的同时展望未来。中国现代考古学是在社会与学术多方因素作用下形成的,百年间走出了一条独具特色的学科发展之路,取得了一系列重大考古发现,展示了中华文明起源与发展的历史脉络、灿烂成就及对世界文明的重大贡献。2021年度,学术理论界聚焦中国现代考古学的理论与实践,在以下方面开展了深入研究：1.探讨了中国现代考古学理论范式的变迁和理论体系的演进,分析了中国现代考古学的话语类型和叙事模式,在与西方考古学的比较中辨析其中国特色。2.探讨中国现代考古学对探索中华文明起源、构建中国上古史、铸牢中华民族共同体意识所起的作用和贡献。3.探讨中国现代考古学的学科归属,辨析考古学与历史学、人类学的关系。4.总结中国现代考古学过去百年的本土实践经验,谋划建设中国特色、中国风格、中国气派的考古学。

专家点评：中国现代考古学具有历史学的学科属性,并自始至终承担着强烈的历史学使命。百年来,中国现代考古学取得了一系列重大考古发现,展示了中华文明起源和发展的历史脉络,实证了我国百万年的人类史、一万年的文化史、五千多年的文明史,展现了中华文明的灿烂成就和对世界文明的重大贡献。在百年发展过程中,中国现代考古学坚持以马克思主义为指导,吸收借鉴西方考古学理论和研究方法,逐渐摸索出具有中国特色的考古类型学、考古地层学、聚落考古学和考古学文化谱系研究方法,形成了具有中国特色的考古学文化区系理论、文明起源和国家演进理论。可以预期,未来的中国现代考古学必将有更多重大考古发现,会更强化多学科合作,会有更广阔的国际视野,会产生更大的国际影响力。今后一段时间,建立具有中国特色的考古学理论、方法和技术体系,建设中国特色、中国风格、中国气派的考古学,更好认识源远流长、博大精深的中华文明,是中国现代考古学的重要任务和时代使命。

（点评人：中国人民大学历史学院教授韩建业）

热点四：数字时代劳动的哲学审视

入选理由：数字时代,随着信息科技的广泛应用和数字经济的快速发展,劳动和劳动关系正在发生深刻变革,劳动形态、劳动保障和劳动权利等问题引起社会各界关注,对数字时代劳动及其本质和形式的探究成为哲学研究的一个重要议题。2021年度,哲学界对数字时代劳动的探讨主要集中于劳动方式、劳动价值、劳动正义、劳动自由等话题:1.分析数字时代劳动的过程,指出数字技术的介入使得劳动过程开始无缝镶嵌和全面浸润在人的生活中,改变着人与人的交往和存在方式,推进了劳动过程的社会化,加深了劳动者对社会的依赖。2.运用马克思主义政治经济学剖析"数字劳动"的含义,对比传统劳动,辨析数字劳动与物质劳动、生产劳动的关系。3.聚焦数字时代"数字生产过劳"现象,智能生产中人与其类本质的对立、人机关系背后的劳资关系等话题。4.对数字生产要素的公平配置模式、数字生产结构的均衡性、数字生产的多元共治、数字劳动中人的主体性安置、劳动者的数字技能、劳动时间等具体议题展开讨论,探求数字时代的劳动正义和劳动幸福。

专家点评:劳动作为人的存在方式和本质性活动,是社会发展和人的美好生活的基础。迈入数字时代,劳动内容、劳动方式、劳动价值、劳动关系等正在发生巨变,学者们敏锐地捕捉到这些新变化,围绕数字劳动问题进行了广泛而深入的探讨。这些讨论既具有强烈的高科技色彩,又表现出深切的人文关怀:1.特别关注劳动内容和方式的变化,数字劳动的本质和基本特征成为讨论的焦点。2.特别关注机器替换人可能造成的技术性失业,以及数字时代的劳动机会和劳动权利问题。3.特别关注"资本的逻辑"和"技术的逻辑"宰制下劳动的新形态、新变化,以及如何实现劳动正义和劳动幸福的问题。当然,由于数字劳动兴起的时间不长,目前的讨论仍然是初步的,诸如智能系统承担、完成任务的活动是否可以称为"劳动",智能系统能否成为"劳动主体"、是否应该享有"劳动权利",以及如何保障全体人民拥有平等的劳动机会和劳动权利等,这些新兴理论和实践难题,需要哲学研究者拓宽视野,开展更加深入的研究。

（点评人：上海大学伟长学者特聘教授孙伟平）

热点五：平台经济领域的反垄断规制

入选理由:数字经济蓬勃发展,新业态、新模式不断涌现。同时,数字经济的市场集中度越来越高,平台作为新的市场主体聚集了大量资本和资源,易产生滥用市场支配地位等垄断问题。传统反垄断理论产生于工业文明时代,其规则及执法在数字经济时代面临巨大挑战。近年来,全球范围内很多国家都在不断强化数字经济方面的反垄断,并主要集中于平台经济领域。2020年末以来,中央层面召开多次会议,明确要求强化反垄断和防止资本无序扩张,重点聚焦于平台经济领域,强调要坚持发展和规范并重,把握平台经济发展规律,建立健全平台经济治理体系。如何合理规制平台经济领域的垄断,为防止资本无序扩张提供更加明确的法律依据和更加有力的制度保障,成为学术理论界研究的重要议题。2021年度,学术理论界围绕平台经济领域的反垄断规制作了大量研究,主要集中在:1.数字经济时代垄断协议、滥用市场支配地位等问题的重新认识与界定。2.平台经济监管规则的构建与治理思路。3.算法与消费者权益保护。4.平台公用事业性质的探讨。5.反垄断法修改的思路及建议。6.国内外平台经济的反垄断规制比较研究。

专家点评：反垄断既是市场经济的内在要求，也是各国的普遍做法。近年来，在全球范围内呈现出反垄断不断强化的趋势，并且主要集中在平台经济领域。随着我国强化反垄断的政策法规密集出台，反垄断执法力度不断加大并呈现常态化。2021年度，学术理论界掀起了反垄断尤其是平台经济领域反垄断研究的热潮，各种学术活动非常活跃，学术成果不断涌现。这些成果既涉及传统反垄断分析框架在平台经济领域的适用，也涉及用新的理论和方法来看待和处理平台垄断问题，及时回应了现实需求，有力促进了平台反垄断工作的开展。在国家持续强化反垄断和防止资本无序扩张的背景下，国家反垄断局新近成立，反垄断法修订工作即将完成，如何在平台经济领域有效适用反垄断法，还会是未来一段时期的研究热点。同时，也应密切关注我国和欧美国家在平台经济领域反垄断规制方面的差异，不断推进反垄断的理论与实践创新，以促进发展和规范并重、竞争和创新兼顾目标的实现。

（点评人：上海交通大学特聘教授王先林）

热点六：新型举国体制下重大科技创新管理研究

入选理由：创新在我国现代化建设全局中居于核心地位，科技自立自强是国家发展的重要战略支撑。在我国现代化建设实践中孕育形成的新型举国体制，面向世界科技前沿、面向经济主战场、面向国家重大需求，在加强科技创新和技术攻关方面发挥了巨大优势，对于推动我国经济高质量发展、保障国家安全，强化关键环节、关键领域、关键产品保障能力具有十分重要的意义。围绕新型举国体制下重大科技创新管理这一议题，2021年度，学术理论界从多个层面和维度进行了深入研究。1.探讨新型举国体制的发展脉络，辨析其与传统计划经济下的举国体制的区别，并讨论在社会主义市场经济体制下新型举国体制的重要价值及作用机制。2.探讨新型举国体制如何将国家作为重大科技创新组织者的优势作用充分发挥出来，研究有利于新型举国体制价值发挥的组织机制与实施方法。3.在世界百年变局和世纪疫情交织背景下，有针对性地研究不同国家的战略选择和战略实践，探讨如何发挥新型举国体制优势，对科技创新事业进行战略性、全局性谋划。4.围绕发挥新型举国体制优势获得重大科技突破的项目，开展案例研究。

专家点评：新型举国体制是我国争取重大突破、实现重大发展的重要手段，是在世界面临百年未有之大变局、中华民族伟大复兴进入关键阶段的战略性举措。对这一问题的探索，要求研究者扎根中国大地，深入研究阐释解决国家重大需求中的组织动员和政府与市场之间的协同机制；要求我们发展战略性科技力量，以重大任务为导向撬动产学研有效衔接，攻克科技与工业技术发展中的重大难题；等等。2021年度，学术理论界成功破题，通过分析中国及世界其他主要国家在科技与创新中实现重大突破的历史经验，凸显了新型举国体制的关键逻辑；通过对全球经济体系与国际竞争的历史与现状分析，指出了理论研究和对策研究的探索方向；通过对若干战略性产业和关键部门的实证分析，为本土理论创新打下了基础。展望未来，应从两个方面深化研究：一方面，夯实中观层面的研究，立足于世界主要国家的历史经验,深入挖掘新型举国体制的具体机制,辨析有为政府与有效市场互相协作互相促进的关系;另一方面,深耕实践,通过深入的案例研究和比较研究,及时总结和归纳在新领域、新实践中的机制创新,在学习、参与和推动关键突破的历史进程中,发展出理解社会经济重大变化的理论框架。

(点评人:北京大学政府管理学院副教授封凯栋)

热点七:多学科视域下的总体国家安全观

入选理由:国家安全是关乎国家生存与发展的首要问题。2014 年,习近平总书记从全球视野和战略高度创造性地提出了坚持总体国家安全观;2020 年 12 月,国务院学位委员会、教育部印发通知,设置"国家安全学"一级学科。2021 年度,学术理论界聚焦总体国家安全观展开多学科、跨学科研究,展现了学术理论界积极回应国家重大发展战略、协同解决经济社会发展重要问题的担当与努力。例如,政治学界梳理和阐释了中国共产党百年国家安全思想发展、总体国家安全观的全面落实、总体国家安全观视野下国际关系及竞争等科学议题;管理学界紧扣总体国家安全观视野下的国家治理体系与治理能力现代化这一问题展开学术讨论;法学界围绕总体国家安全观的要义阐释与法治宣传、国家安全法治体系构建、数据安全法文本解读等进行学术交流;军事学界从国家安全与军事安全关系、总体国家安全观与军民融合、学科发展等角度展开探索;图书情报学界就国家安全学科建设、国家安全情报理论、国家安全情报工作等展开学术研究;等等。

专家点评:国家安全是安邦定国的重要基石。党的十九届六中全会通过的《中共中央关于党的百年奋斗重大成就和历史经验的决议》,将维护国家安全作为新时代中国特色社会主义伟大成就的一个重要方面。2021 年度,以习近平总书记关于总体国家安全观的重要讲话精神为指导、结合数据安全法施行等背景,政治学、公共管理、法学、公安学、军事学、图书情报与档案管理、计算机科学与技术等学科从自身视角对国家安全问题予以深刻思考与回应,针对大变局下的国家安全与治理、国家安全战略与政策、国家安全数据管理、领域国家安全、国家安全学学科建设、国家安全人才培养等主题展开了大量深入研究与跨界对话,从多学科视域丰富了新时代总体国家安全观的理论内容,为推进国家安全治理体系与治理能力现代化提供重要参考。国家安全研究的多学科参与以及学科交叉,有利于从多元化、特色化等方面综合把握国家安全的创新发展,国家安全也需要置于多学科视域下进行思维的碰撞与宽领域知识的融合。可以预期,未来国家安全领域将有更多的跨学科对话、交流与合作。

(点评人:南京大学信息管理学院院长、教授孙建军)

热点八:深化新时代教育评价改革研究

入选理由:2020 年 10 月,中共中央、国务院印发《深化新时代教育评价改革总体方案》(以下简称《总体方案》),这是新中国第一个关于教育评价系统性改革的文件。此次改革关联面广,涉及各级各类教育以及教育系统内外。教育评价改革关系整个教育事业健康发展,对教育改革发展具有导向性作用。2021年度,围绕这一主题,学术理论界主要集中研究了以下几个方面:1.对《总体方案》的政策内涵解读,分层分类研制配套的各分领域评价改革方案。2.在推进教育治理体系和治理能力现代化的框架下,对教育评价的治理功能进行研究探索,从宏观总体视角审视当前我国教育评价理念、范式等方面存在的问题,并提出改进建议。3.开展不同学段和不同教育主体的评价制度研究,特别是义务教育质量监测研究、招生考试改革研究、高等教育教学质量评估研究、高等教育学术评价制度研究、教师评价改革研究,对具体领域的评价改革进行理论深耕和成效数据论证。4.探索行之有效的教育评价改革实施方案,制定不同领域的教育评价指标体系,以科学方法支撑深化教育评价改革的推进工作。5.通过历史和比较的研究方法,借鉴国际教育评价理念和实践经验,对标中国实际情况,探索中国特色的教育评价体系构建。

专家点评:习近平总书记在全国教育大会上明确提出,"扭转不科学的教育评价导向","从根本上解决教育评价指挥棒问题"。近年来,国家连续出台高规格文件,把教育评价改革作为各级各类教育改革与发展的重要任务,特别是2020年10月印发的《总体方案》,对未来5至10年教育评价改革作出了系统部署。2021年度,学术理论界从教育评价改革的不同层面进行了研究探讨,表现出以下特点:1.政策解读与理论探讨并重,研究者既有对《总体方案》的解读和理论思考,又有对新时代教育评价的理论、功能、范式等的深入探讨。2.围绕"改进结果评价,强化过程评价,探索增值评价,健全综合评价",重视对评价技术方法的探讨,例如增值评价的原理与可实现性问题、信息技术对评价技术手段的延伸等。3.关注教育评价的实践应用,既有对评价改革实践落地的途径与模式的探讨,又有对评价落地可能带来的问题的反思。也应该看到,这一领域研究内容主要集中在理论研究、制度研究和实践反思层面,研究方法以思辨为主,期望未来的研究中出现越来越多基于数据和证据的实证研究。

(点评人:北京师范大学中国基础教育质量监测协同创新中心常务副主任、教授辛涛)

热点九：全面现代化与中国特色社会主义社会学

入选理由:社会学自创建之始就将解释现代化带来的巨大社会变革作为学科使命。中国式现代化道路迥异于西方的现代化进程,具有自身鲜明的特色,创造了人类文明新形态。2021年度,中国社会学界以习近平总书记在经济社会领域专家座谈会上提出的不断发展中国特色社会主义社会学为引领,在系统总结学科发展成就经验、挖掘历史资源、进行中西文明比较的基础上,进一步凝聚共识,阐发中国式现代化实践自身的逻辑,推进中国特色社会主义社会学构建,进而服务于社会主义现代化建设。相关研究成果主要体现在以下三个层面:1.从理论层面建构和梳理"中国特色社会主义社会学""新发展社会学"等标识性概念的研究框架、方法体系及发展脉络。2.通过纵向的历史镜鉴和横向的文明互鉴,以社会学视角总结中国式现代化的特有要素和实践逻辑。3.基于经验研究,以中国特色社会主义社会学的知识体系回应中国社会面临的重大现实问题,如城乡基层治理、脱贫攻坚与乡村振兴、网络安全等。

专家点评:一个现代化的社会,是既充满活力又拥有良好秩序的社会,呈现出活力和秩序有机统一。社会学作为一门学科,中心使命是揭示社会良性运行和协调发展的条件和机制。2021 年度,中国社会学界按照发展中国特色社会主义社会学的要求,围绕全面建设社会主义现代化国家新征程中的重大战略需求和现实问题,不断加强文化自觉、理论自觉和实践自觉,不断加强理论和政策创新,加快构建中国特色社会主义社会学理论体系,取得了丰硕成果。中国现代化事业的全面推进,必将为中国特色社会主义社会学的发展提出更强烈的需求、提供更丰富的素材,中国特色社会主义社会学学科体系、学术体系话语体系、全面现代化的推进方略、共同富裕的实现路径与社会机制、社会老龄化与中国人口发展战略、美好生活与社会政策、科技革命与数字社会治理等内容,将成为中国特色社会主义社会学研究的重要课题。

(点评人:中国人民大学社会与人口学院教授冯仕政)

热点十:碳达峰碳中和与绿色转型

入选理由:2021 年 3 月,中央财经委员会第九次会议强调:实现碳达峰、碳中和是一场广泛而深刻的经济社会系统性变革,要把碳达峰、碳中和纳入生态文明建设整体布局,拿出抓铁有痕的劲头,如期实现 2030 年前碳达峰、2060 年前碳中和的目标。为实现"双碳"目标,我国加快建立健全绿色低碳循环发展经济体系,彰显了以人民为中心的发展理念,体现了构建人类命运共同体的责任担当。2021 年度,学术理论界围绕"双碳"目标从以下几个方面展开讨论:1.围绕"生态兴则文明兴""人与自然是生命共同体"等重大命题,系统阐释习近平生态文明思想指引下的"双碳"概念、目标以及相关理论与实践。2.围绕"双碳"目标,从碳核算、减碳措施、碳捕获利用与封存、碳经济等角度,开展有关节能减排、产能治理、绿色经济、能源安全、能源革命、油气资源开发与利用、清洁能源发展、电力市场发展、储能与氢能发展、垃圾焚烧治理、生物能源和地热能开发与利用等研究。3.围绕中国碳排放权交易市场,开展碳汇、碳配额、碳金融等问题的研究。4.中外"双碳"进程的比较研究,如各国在碳达峰碳中和进程中的实践探索、目标定位、政策工具,以及中国作为发展中国家在应对全球气候变化中的担当作为。

专家点评:绿色转型要求经济发展摆脱对高消耗、高排放和环境损害的依赖,实现碳达峰碳中和是推动高质量发展的内在要求,是实现绿色转型的题中应有之意。碳达峰碳中和是绿色转型的抓手、测度和推力,绿色转型则为碳达峰碳中和提供了技术选项和实现路径。在现实中,能源工业、制造业、农牧业、金融服务业以及森林湿地海洋的保护与利用,都需要考虑"双碳"目标。碳达峰碳中和是一个具有目标导向、时间刚性的进程。我国作为经济体量位居世界第二的发展中国家,未来对能源需求还将持续增加;与此同时,我国面临以高碳的煤炭为主导的能源消费结构,减排的选项有限,碳达峰碳中和在时间进程上比发达国家更为压缩。2021 年 12 月,中央经济工作会议再次强调"要正确认识和把握碳达峰碳中和"，要坚定不移推进，狠抓绿色低碳技术攻关，创造条件尽早实现能耗"双控"向碳排放总量和强度"双控"转变，加快形成减污降碳的激励约束机制。未来，关于碳达峰碳中和与绿色转型的研究还将随着实践的推进不断得以深化。

（点评人：中国社会科学院生态文明研究所研究员潘家华）

上海市第十五届哲学社会科学优秀成果评奖启动

　　日前,上海市第十五届哲学社会科学优秀成果评奖工作会议举行,相关评奖工作启动。

　　本届哲学社会科学优秀成果评奖设学术贡献奖、党的创新理论研究优秀成果奖、学科学术优秀成果奖等三个奖项类别。凡上海市学术单位在编及退休的作者在规定时间内产生的研究成果均可申报参评。本届评奖的申报期截至 11 月 15 日,评奖实行网上申报,申报网站为上海市哲学社会科学优秀成果评奖网(http://pj.sssa.org.cn)。有关本届评奖的通知文件等材料,也可在此网站查阅。

《学术月刊》和《探索与争鸣》在"人文社科综合性期刊"全文转载排名中再创佳绩

　　3月30日,中国人民大学人文社会科学学术成果评价研究中心和书报资料中心联合研制的2020年度复印报刊资料转载指数排名正式发布。上海市社会科学界联合会《学术月刊》和《探索与争鸣》编辑部再创佳绩,在"人文社科综合性期刊"全文转载排名中,分别获得转载量第一和第三,综合指数第二和第三的好成绩。

上海市社联《学术月刊》荣获第五届中国出版政府奖期刊奖

　　7月29日,第五届中国出版政府奖表彰大会在京举行,会上发布了《国家新闻出版署关于表彰第五届中国出版政府奖获奖出版物、出版单位和出版人物的决定》和第五届中国出版政府奖获奖名单。

　　根据该名单,全国有3种出版物获本届中国出版政府奖荣誉奖,120种图书、期刊、音像电子网络出版物、印刷复制产品、装帧设计出版物入围中国出版政府奖正奖,50家出版单位、70名个人入围先进出版单位奖和优秀出版人物奖。

　　上海地区共有13种图书、期刊、音像电子网络出版物、装帧设计出版物入围正奖,2家出版单位入围先进出版单位奖,5名个人入围优秀出版人物奖,其中上海市社联《学术月刊》荣获第五届中国出版政府奖期刊奖。

上海市社联 2021 年度推介论文

"年度推介论文"活动由上海市社联 2013 年组织发起并连续多年推出。2021 年的活动对上海学者年度内(2020 年 9 月 1 日至 2021 年 8 月 31 日)发表于国内学术期刊,引起学界高度关注的原创性学术论文作出推介,旨在反映上海哲学社会科学的发展水平,引领学术前沿,彰显时代主题。经各学科权威学者、学术期刊主编、资深学术编辑等多轮评审推荐,共产生本年度推荐论文 11 篇(排名不分先后):

1.《新文明的中国形态》,载《复旦学报(社会科学版)》2020 年第 5 期,作者:吴海江徐伟轩(复旦大学马克思主义学院)

2.《重思正义——正义的内涵及其扩展》,载《中国社会科学》2021 年第 5 期,作者:杨国荣(华东师范大学哲学系)

3.《城乡二元结构转化视域下的中国减贫"奇迹"》,载《学术月刊》2020 年第 9 期,作者:高　帆(复旦大学经济学院)

4.《民法典意义的法理诠释》,载《中国法学》2021 年第 1 期,作者:陈金钊(华东政法大学)

5.《关于核心素养若干概念和命题的辨析》,载《华东师范大学学报(教育科学版)》2020 年第 10 期,作者:杨向东(华东师范大学教育心理学系)

6.《中国文学制度研究的统合与拓境》,载《清华大学学报》2020 年第 5 期,作者:饶龙隼(上海大学文学院)

7.《传承中求变化:唐五代江南县城的空间规模和结构》,载《浙江社会科学》2020 年第 9 期,作者:张剑光(上海师范大学人文学院)

8.《中国贫困治理的政治逻辑——兼论对西方福利国家理论的超越》,载《中国社会科学》2020 年第 10 期,作者:谢　岳(上海交通大学)

9.《"家"作为一种方法:中国社会理论的一种尝试》,载《中国社会科学》2020 年第 11 期,作者:肖　瑛(上海大学社会学院)

10.《论戏曲电影的叙事修辞》,载《上海大学学报(社会科学版)》2021 年第 1 期,作者:蓝　凡(上海大学)

11.《汉语研究的当代观和全球观》,载《语言战略研究》2021 年第 3 期,作者:游汝杰(复旦大学)

社科志编纂

上海市社联召开《上海市志·人文社会科学卷》样稿审读研讨会

11月22至23日,上海市社联在市委党校淀山湖校区召开了《上海市志·人文社会科学卷》样稿审读研讨会。市社联党组领导、《上海市志·人文社会科学卷》副主编、执行主编陈麟辉出席会议并讲话。上海市相关职能部门领导、专家、出版社编辑、《上海市志·人文社会科学卷》各篇章节编纂责任人及编纂办公室成员30余人参加会议。市哲社规划办副主任吴净主持研讨会。

陈麟辉首先代表本卷志书主编权衡及市社联党组书记、专职副主席王为松对各位编纂责任人长期的辛劳付出与不懈努力表示感谢。他表示,本卷志书编纂关注度高、涉及面广、时间跨度大,各位编纂人员务必增强责任意识,认真审校。在工作中要把好政治导向关,对标对表中央最新精神;要把好学术关,减少基础内容错讹遗漏;要把好平衡关,遵循学界发展规律,注意学科与学科之间、学术单位与学术单位之间的适度平衡,真正做到经得起历史和学界的检验。

与会专家围绕相关议题畅所欲言。市社联原党组领导、《上海市志·人文社会科学卷》副主编、执行主编莫剑平表示,行百里者半九十,社科志取得今天的成果实属不易,但仍需秉持高度责任意识,用心打造一部经得起历史检验的优秀志书。市地方志办公室市志处处长黄晓明从方志的体例要求、内容规范等方面提出了审读要求。上海人民出版社责任编辑丁辰指出本卷志书内容经过近一年时间的编校,已经较为成熟,建议加强意识形态领域方面的审查,确保志书内容准确客观。社科志编纂办公室副主任、执行副主编王心红结合志书内容,就行文规范、逻辑标准、修改重点等方面进行了具体说明。

会上,各编纂责任人围绕志书内容体例统一规范等方面进行了深入探讨交流,专家学者夜以继日审校讨论,集中发现和解决了一些新问题,进一步提高了编纂质量,为本卷志书顺利出版打下坚实基础。预计本卷志书将于2022年初正式问世。

社科普及平台
SHE KE PU JI PING TAI

东方讲坛·思想点亮未来

传承红色基因培育时代新人——上海市社联推出党史学习教育进中学活动

　　3月29日下午,"东方讲坛·思想点亮未来"系列讲座第八季第一讲在上海市第六十中学开讲。本次讲座邀请上海市委讲师团党史学习教育专家宣讲团成员、上海师范大学历史系苏智良教授讲述"中国革命的'红色源头'——上海的建党往事"。现场有400余名同学聆听讲座,另有近500名同学同步收看视频直播。

　　苏智良教授从一百年前,一批有志青年在陈独秀带领下,利用租界的缝隙作用,在老渔阳里建立中国第一个共产党组织,在新渔阳里建立青年团,在三益里商议翻译《共产党宣言》,在成裕里印刷革命文献,在树德里召开中共一大讲起,娓娓道来100年前上海城市面貌,阐释革命者为什么在租界闹革命,他们是如何发动中国革命等问题,为莘莘学子拨开历史迷雾,告诉大家中国共产党诞生在上海是历史必然的选择。更让同学们感慨的是苏智良教授和他的学生多年来通过文献、实地考察等方法确认上海红色遗迹的艰难研究过程。苏智良教授还向同学们重点推荐了多处沪上红色遗存,鼓励同学们培养党史学习兴趣,利用课余时间去实地探访,共同担当起保护红色文化遗产的社会责任。

　　习近平总书记指出:"学习党史、国史,是坚持和发展中国特色社会主义、把党和国家各项事业继续推向前进的必修课。这门功课不仅必修,而且必须修好。"青少年是实现第二个百年奋斗目标、建设社会主义现代化国家的主力军。为吸引广大青少年学习党史,从中汲取丰富营养,把实现中华民族伟大复兴的接力棒一代代传下去,在庆祝建党100周年之际,由上海市社联主办的"思想点亮未来"系列讲座,秉承"以今日之传播造就明日之传承"的创办理念,特别策划将党史知识送进校园,以厚重精彩的红色文化丰富中学生第二课堂,引导他们把个人理想融入时代主题、汇入复兴伟业,坚定不移听党话、跟党走,勇做担当民族复兴大任的时代新人。后续还将推出"品读上海红色文化,传承上海红色基因"、"从党史视角解读毛泽东诗词"等主题讲座。

张汝伦:哲学的意义

4月2日下午,由上海市社会科学界联合会主办的"东方讲坛·思想点亮未来"系列讲座的第八季第二场,在上海市建平中学如期举行。复旦大学张汝伦教授为师生们带来主题为"哲学的意义"的演讲。

张汝伦教授是复旦大学特聘教授,哲学学院中国哲学教研室主任、博士生导师,上海市中西哲学和文化比较学会副会长,中国哲学史学会理事。同时,他还兼任北京大学、台湾辅仁大学、德国特里尔大学、东南大学中西文化研究交流中心客座教授和黑龙江大学兼职教授,享受国务院特殊津贴,在业界久负盛名。

首先,张汝伦教授就"哲学"一词的来源进行了阐释,并且借此展开了关于中西方哲学史的深刻探讨。接着,针对我国科研现状的不足,他提出了哲学之于具体科学研究的意义。张汝伦教授指出一切具体科学都应以哲学为指导,并谈到现今教育界哲学之日益崛起,对我们提出了期许。最后,他对人与自然、人与人、人与自我的三种关系进行了简明扼要的论述。

此后的提问环节中,同学们之踊跃积极令张汝伦教授颇有感触。一位同学与张汝伦教授关于"精神家园"的交流更是深入人心。引人沉思的观点接连被抛出,将现场气氛推向又一个高潮。

本场讲座带来的哲学思考,定会更好的启发同学们人生之路的每一步。

虞云国：《水浒传》的阅读门径与历史视野

　　4月15日下午，上海师范大学人文学院的虞云国教授为上海外国语大学附属外国语学校初中二年级的同学们带来了主题为"《水浒传》的阅读门径与历史视野"的讲座。

　　虞云国教授先从水浒传的读法讲起，提到了五个不同角度的阅读方法：故事、文学、历史学、社会学和励志读法，并推荐了相关的书籍。虞云国教授讲解了如何从文学角度对水浒中的人物做评价和鉴赏；从历史学角度区分《水浒传》中的史实和虚构成分；从社会学角度将人物的生活当作个例等，为同学们开辟了更加广阔的阅读路径。

　　接着，虞云国教授重点谈到《水浒传》的史学意义，并带领同学们梳理了《水浒传》的成熟轨迹：从宋代的勾栏说书，一直到元末明初一百回本的汇总整理，《水浒传》越来越完善，最终成为了我们今天看到的样子。教授也分享了一些他自己读《水浒传》的切入点：以风俗民物为关注点，研究《水浒传》中的蒙古族带来的风俗习惯等。

　　最后，虞云国教授提到了《水浒传》插图的考辨，他举了一些生动的例子，比如他通过找算子和算盘的插图来研究"神算子"蒋劲，还有对于"插手"这一很难用文字描写来表述的动作，插图说明便很有必要。

　　虞云国教授对《水浒传》的诠释让同学们受益匪浅，并对阅读古典名著的方法和角度有了更深更广的了解。

王进锋:中国古代中低阶层中贤者的社会出路

　　4 月 16 日下午,上海市第五十二中学在笃行楼五楼大礼堂举行了"东方讲坛·思想点亮未来"系列讲座第八季,邀请到了华东师范大学的王进锋教授作了题为"中国古代中低阶层中贤者的社会出路"的讲座。

　　王进锋教授在讲座介绍了社会阶层的概念,每个人所在的阶层有很强的稳定性,不经过较多的努力,很难实现跃升。占据中国古代社会大量人口的中低阶层向上流动的过程便是"社会出路"。了解中国古代中低阶层中的精英群体——贤者,可以把握中国古代社会发展和进步的钥匙。王进锋教授通过《孟子》中故事、汉高祖刘邦、明太祖朱元璋的事迹以及北宋时期的汪洙《神童诗》,通过多时期、多视角的例子向我们介绍了中国古代向上流动的典型实例。

　　王进锋教授以西周时期为例,系统的讲解了中国古代中低阶层向上流动的事例,来展示西周统治者的尚贤意识与任贤行为。西周中低阶层里的贤者向上流动的途径主要有:由下而上的推荐、学校教育的选拔授予官职和爵禄、在射礼中的突出表现、建立军功获得赏赐和进爵和自我推举五种形式。

　　王进锋教授特别指出,无论在什么时代,自身的努力都是最为重要的,只有持之以恒的努力提升自己,便一定会获得机会,并以此激励拥有美好青春的同学们,在奋斗中实现自己的人生价值。

詹丹：以重读致敬《红楼梦》

　　4月22日下午，"东方讲坛·思想点亮未来"系列讲座第八季第六讲由詹丹教授在控江中学礼堂讲授"以重读致敬《红楼梦》"为主题的讲座。詹丹是上海师范大学人文学院教授，兼任中国红楼风学会副会长，上海市古典文学学会副会长。

　　詹丹教授结合高中统编教材，告知同学们读书应具备问题意识，同时还用人们读红楼梦时"读得要死要活"和"死活读不下去"这两类态度引入，以生动的案例"若蒙棹雪而来，娣则扫花以待"向解读了《红楼梦》的选本。

　　詹丹教授以其独到的见解，将其中的人物分为三大类：立体人物、平面人物、符号人物，并用金陵十二钗、"琴棋书画"为例为我们揭示了红楼中的人物结构特点；又点出红楼中那打破传统的深刻思想；再以"大旨谈情"作为总括叙述其中人物饱满的情感；然后又从递进式和并列式这两种冲突的形式向同学们讲授其中独特的情节；最后通过赏析黛玉写的《唐多令》中的语言和诗词赏析问题向大家展示红楼的"文备众体"。

　　詹丹教授以其多维度的视角解读《红楼梦》，用其丰富的教学经验和风趣幽默的语言，让我们不仅能够领会到阅读经典著作例如《红楼梦》的阅读方式，更激发起我们好好读《红楼梦》这一著作的兴趣。随着研读的深入，现场气氛十分活跃，同学们的表达热情高涨，纷纷举手，各抒己见。

朱叶楠:品读上海红色文化 传承上海红色基因

4月23日下午,"东方讲坛·思想点亮未来"系列讲座第八季第七讲来到上海市新中初级中学。讲座邀请上海青年讲师团专家团成员、上海市习近平新时代中国特色社会主义思想研究中心研究员、中共上海市委党校哲学教研部朱叶楠讲师,以"品读上海红色文化 传承上海红色基因"为题,为同学们送上了一场别开生面的党史学习教育主题讲座。

朱叶楠老师介绍,在整个中国共产党诞生前、诞生时和诞生后,有许多重大历史事件发生在上海,有许多共产党人活动在上海,自然而然留下了众多红色文化资源。上海的红色遗址和遗迹共存600余处,这些红色资源已融入了这座城市基因,成了城市精神的鲜明底色,浸润滋养着生活在这座超大城市的每一个人。

"上海为什么这么红?"朱叶楠老师以生动的讲解为同学们概括了三大现实因素:即马克思主义从上海传入中国;中国共产党诞生在上海;中共组织长期在上海活动。为什么中国共产党的诞生和发展与上海这座城市密切相关,是因为上海具有非常独特的地理位置,独特的地缘格局,独特的文化背景和独特的市民。

朱叶楠老师勉励同学们,要继承心系故土、放眼天下的开阔视野;开天辟地、敢为人先的创造伟力;坚定信念、百折不挠的革命斗志。同学们纷纷表示,大家从小在这座城市长大,肩负着将红色基因传承下去的光荣使命,要积极学习红色历史,主动开阔视野,磨炼意志品质,不辜负革命先烈的付出与鲜血,无愧于上海这座红色城市。

在中国共产党成立100周年之际,上海市社联将继续推进党史学习教育进中学活动,通过创新方式方法,定制学习资源,将生动鲜活的党史知识送进校园,让广大中学生听得进,学得会,记得牢,不断加深他们对党史的理性认识,培育他们不忘初心、牢记使命的思想根基,激励逐梦路上的热血少年们再续中国共产党荣光。

刘少伟:食品标签里的秘密

4月26日,"东方讲坛·思想点亮未来"系列讲座第八季第八讲在七宝中学附属鑫都实验中学举行,华东理工大学食品科学与工程系教授、博士生导师刘少伟为同学们带来了一场题为《食品标签里的秘密》的讲座,本场活动得到了上海市社联的大力支持。

刘少伟教授从"食品标签的定义范围""生活中如何看食品标签"以及"标签里的注意事项"三个方面展开,用丰富的图片、真实的事例向同学们科普了食品标签的内容如何界定、参考标准及行业规范如何对照、与生活息息相关的一些添加剂如何判别、对身体健康产生危害的食品如何分辨,逐一揭示了食品标签中蕴含的秘密与知识。

同学们与刘少伟教授积极互动,从自身健康或是日常关注的方面纷纷提出不同的疑问,刘教授从专业领域出发,以通俗易懂的语言进行解答,现场氛围十分热烈。

鲍鹏山:孔子和他的学生

　　4 月 30 日,"东方讲坛·思想点亮未来"系列讲座第八季第十一讲在同济大学第一附属中学开讲。本次讲座的主讲人是上海开放大学人文学院教授鲍鹏山教授,主题为《学习,就是要学会问》。鲍鹏山教授通过近两小时的演讲,深入讲述了儒家文化以及孔子的人物性格与行为准则。

　　鲍鹏山教授解释了孔子对学生樊迟的用心、不回答樊迟问题的原因以及回答樊迟问题的原因,体现孔子对于技能的轻视和对礼义的坚持。鲍鹏山教授表达了自己对于"学好数理化,走遍天下都不怕"这句"名句"的看法,他认为,学好数理化的人有能力去做很多事,但如果只重视"数理化",那么就很容易走入另一个极端,成为一个"器",缺乏价值判断的处事方式是不足以成为一个完整大写的"人"的。要成为一个完整大写的"人",真正重要的是从先人典籍中明白有很多事是一定要去做的,而有些事是不能做的,从而去追求"仁"。

　　鲍鹏山教授的本次讲座,使得同学们对儒家文化有了更加深刻的印象,激发了他们对中华文化的兴趣,提升了同学们对于学习方法和态度的认知,同时也激发了同学们学习积极性。

田松青:二十四节气——春意盎然

4月30日下午,"东方讲坛·思想点亮未来"系列讲座第八季第十二讲在上海市民办立达中学举办,上海书画版社副总编辑田松青老师以"二十四节气——春意盎然"为主题,开展了一场别样的二十四节气之旅。

在讲座的开始,田松青老师先由古到今,详细介绍了历法与自转、公转。古代以月亮圆缺变化周期作为计算单位,形成了"农历",并以"闰月"的方式解决了阴阳历日期与季节发生倒置的问题,这就是古人智慧的体现。

接着,田松青老师选取了二十四节气中的代表节气,并介绍了与其所对应的民风民俗。如:惊蛰表示"立春"以后气候转暖,春雷开始震响,蛰伏在泥土里的各种冬眠动物都苏醒了,开始活动了。再如:人们在立春有着"打春牛"的风俗,又称为"鞭春"。男女老少牵"牛"扶"犁",唱栽秧歌,祈求丰年。

中国传统文化之美,通过讲座在同学们的心中生根发芽。

江晓原：换一种眼光看人工智能

5月6日下午，"东方讲坛·思想点亮未来"系列讲座第八季第十三讲"带你走进高深可测的社会科学世界"在上海市徐汇中学崇思楼小礼堂举办。本次讲座邀请到了上海交通大学科学史系主任、博士生导师江晓原教授，他向同学们普及了人工智能的相关知识，启迪了同学们的思想。

讲座伊始，江晓原教授表示，每个人都有谈论人工智能的权利，因为 AI 俨然对我们每个人的生活都产生了越来越大的影响。随后，江晓原教授提出了人工智能威胁的三个阶段——近期、中期、远期威胁，并作出了具体阐释，用环环相扣的问题串引发同学们进行深度思考。江晓原教授深入浅出的讲解配合着生动的例子与比喻，激发了同学们对于人工智能的兴趣，并解锁了看待人工智能的不同角度。

此次讲座旨在帮助同学们培养科学思维、批判精神与从不同角度看待问题的科学态度。江晓原教授表示，"科学并非一味歌颂、推崇新事物，要着眼于事物的发展前景与潜在危害作出综合判断。人类要保留低级的人工智能并严防其进化。"

通过此次科普讲座，同学们认识到人工智能所代表的科学的魅力。面对科学，应该时刻保持理性思考，而非盲目俯首称臣。应以科学严谨的态度在漫漫求索路中不断发现、不断创造，为人类谋求一个更幸福的未来。

林毅:当众口语表达——与青少年谈口才

5月12日,"东方讲坛·思想点亮未来"系列讲座第八季第十五讲在上海市彭浦中学四楼大礼堂开讲。

林毅教授介绍了当众口语表达的定义和重要性。语言艺术是一种不可缺少的重要沟通工具,得体的语言能体现出发言人的自身素养。林毅教授以《晏子使楚》中晏子与楚王对话中的三轮"对垒"为例,通过分析晏子睿智的思维和高超的语言艺术,让学生们感受到语言文字的魅力以及沟通技巧。林毅教授还提出了口才培养的重要性。近些年,社会越来越重视表达,为的就是让青年一代更好地与社会接轨。

讲座的互动环节将现场气氛推向高潮,学生积极提问,林毅教授也做了全面的回应,同时也为彭浦学子们针对如何培养口才提出期盼和建议,林毅教授希望同学们保持对人物演讲、口语训练的热情,一定要有当众表达的勇气,把学到的所有东西通过外在的表现、口头语言、内在语言,以及整体的态势语言表现出来。

本次讲座,让同学们感受到了口语表达的魅力,为学生生涯教育中的沟通问题做出了指导,进一步提升了学生自信表达、有效沟通的能力。

以青春点燃青春　以理想照亮理想——上海市社联党史学习教育走进上海市继光高级中学

　　为了让新时代广大青少年树立理想信念,激发前进动力,厚植爱党、爱国、爱社会主义情感,上海市社联通过"东方讲坛·思想点亮未来"系列讲座,继续推进党史学习教育进中学活动。

　　10 月 26 日下午,"东方讲坛·思想点亮未来"系列讲座第九季首场讲座在红色文化底蕴深厚的上海市继光高级中学开讲。本场讲座邀请中共上海市委党校副教授王瑶,以"英雄出少年——上海红色文化中的党史人物"为主题,聚焦信仰、家业、青春三个核心关键词,向同学们讲述毛泽东矢志不渝追寻真理、彭湃舍弃巨富家业投身革命、陈延年陈乔年不惜生命前赴后继的动人故事。

　　青年毛泽东"千回百转觅真理",他在上海的早期经历,揭示了追寻真理的不易与艰辛。经过千难万险,遭遇山穷水尽,也一定要找到救国济世的道路。马克思主义,这就是青年毛泽东在上海找到的真理。彭湃烈士"散尽财富为苍生",他不把继承巨额家产视作理想,而是为天下苍生投身革命,他在上海长期从事中央军委工作直至被捕牺牲,展现了一位忠贞革命者的家国情怀。陈延年、陈乔年两兄弟"坎坷青春祭理想"。他们是两任中共江苏省委书记,当年两人先后被捕只差 6 天,先后牺牲只差 15 天,用热血与生命诠释了前仆后继的大无畏革命精神。

　　主讲人在声情并茂讲述的同时,还为大家展示了大量珍贵历史影像和档案照片。100 年前,青年革命者高举马克思主义思想火炬,在风雨如晦的中国苦苦探寻民族复兴前途的光辉形象跳脱眼前,感动着在场的莘莘学子。

　　近 200 人的会场座无虚席,格外安静。讲座结束,同学们踊跃提问,纷纷表示,上海是中国共产党的诞生地,青少年一代要从这座光荣城市的革命传统和红色基因中不断汲取开拓前进的力量,努力成长为德智体美劳全面发展的社会主义建设者和接班人。

于凯:"大一统"中国的历史生成与文明特质

为引导学生树立积极向上的世界观、人生观、价值观,上海市社联"东方讲坛"创办了"思想点亮未来"系列讲座,针对中学生群体,组织社科界的知名专家学者,开展涉及各学科的讲座,打造新媒体时代丰富多彩的"第二课堂"。

11月11日下午,"东方讲坛·思想点亮未来"系列讲座第九季第三讲在上海市彭浦中学四楼大礼堂开讲,由上海工程技术大学马克思主义学院教授、历史学博士于凯带来讲座"'大一统'中国的历史生成与文明特质"。

于凯教授用一张地图引出中华文明历史演进的整体史视域,向同学们抛出问题"中华文明在特定历史时空情境下的起源、生成与演进路径是什么",阐释相对于世界其他几大历史文化系统而言,中国文化的自成一系,指出正是这种多源、一统的格局铸就了中华民族经久不衰的生命力。之后他梳理出了中国古代文明历史生成的清晰脉络,图文并茂地向同学们介绍每个朝代的特色,令人印象深刻。

讲座的互动环节将现场的气氛推到了高潮。彭浦学子争相举手向于凯教授提问,于凯教授一一仔细耐心地解答,并对学生们认真思考、善于思考、勇于表达的态度表示高度赞赏,现场气氛热烈。同时,于凯教授向彭浦学子们表达了诚挚的祝福与期盼,希望同学们能够多多阅读历史书籍,感受中国历史的博大精深。

陆雷:从互联网＋时代到智能＋时代

　　中学阶段,是学生们树立理想、"扣好人生第一粒扣子"的重要时期。在网络发达、信息获取极为便捷的今天,加强社科教育,引导学生们在良莠不齐的信息之海,甄别正能量,树立积极向上的人生观、价值观、世界观极为重要,也极为迫切。上海市社联"东方讲坛·思想点亮未来"系列讲座,以多元和立体化传播,打造新媒体时代的"第二课堂"。

　　本期主讲人是上海信息服务业行业协会陆雷秘书长。陆秘书长以"从互联网＋时代到智能＋时代"为题,从中央网络安全和信息化领导小组说起,围绕"CPH"信息空间、物理世界、人类社会,从法律法规、市场竞争、民族竞争等多方维度,描绘实现上海成为世界影响力的国际数字之都之远景。激励同学们成为"智能＋时代"国家创新、民族复兴的科创先锋。

　　陆雷秘书长的讲座深入浅出,信息量大,尤其是他诙谐幽默的语言,深深吸引了华理科高线下线上 2000 多名学生、老师、家长。作为信息科技特色高中学生,更是倍感肩负的使命与责任。

　　此次"东方讲坛"活动,也是华理科高"专家教授进校园"系列讲座之一。

方笑一:江南画家的绘画与诗文

　　为引导学生树立积极向上的世界观、人生观、价值观,激发学生对人文社会科学的兴趣,上海市社联主办的"东方讲坛:思想点亮未来系列讲座"第九季第五讲在上海市第六十中学举行。华东师范大学中文系副主任、古籍研究所所长、思勉人文高等研究院副院长、博士生导师方笑一教授为高一、高二部分学生作了题为"江南画家的绘画与诗文"的精彩讲座。

　　讲座伊始方笑一教授进行了"破题",他从当下青少年学习传统文化的多元路径入手,分析了"诗画互证"在读图时代的重要性,并运用文献、地图剖析了"江南"作为一个文化概念的变迁历程。紧接着方教授聚焦明朝江南的绘画与诗文进行了重点分析,他以上海博物馆藏"吴门四家"——沈周、文徵明、唐寅、仇英的绘画为例,结合他们创作的诗文展现了明清时期经济发达的江南地区不同画家所呈现的不同画风。江南自有诗意,而诗意的江南,是古人用一首首诗歌,一幅幅绘画酿就的。他从绘画的标题、绘画旁所题诗文、绘画的内容等视角带领学生剖析绘画蕴含的意象,带领学生找到解读绘画与诗文背后时代变迁、思想嬗变、作者心理变化的"钥匙"。整场讲座方教授妙语连珠、风趣幽默,《千里江山图》《松山高闲图》《垂虹别意图》以及唐伯虎"六如居士"别号由来等诗、画、人背后的故事串联起了整场讲座。同学们个个认真听讲,不时将自己所关心的问题记录,讲座也在同学们一次次的掌声中被推向了高潮。正如方笑一教授总结时所言:"好的艺术作品是艺术家与时代、与岁月一起成就的。"

　　最后,互动交流环节,方笑一教授对于学生们的提问做了精彩的回答。同学们在讲座后意犹未尽,很多学生追着方教授询问有关宋代江南诗画的相关问题。高一年级部分学生更是方笑一教授的"粉丝",拿着方笑一教授的专著提问,方笑一教授一一耐心解答,并与他们签名合影。整场讲座让同学们感受到了中国文学与艺术的魅力,提升了我校学生的人文素养,是跨学科美育的一次重要实践。后续学校将继续开展名家讲坛活动,为六十学子提供更多思想盛宴。

李贵：文学如何塑造地方——以苏轼为例

11 月 19 日，"东方讲坛·思想点亮未来"系列讲座第九季第六讲在上海市第五十二中学举行。本季讲座由上海市社联主办，东方讲坛、文柏讲堂承办，上海市第五十二中学等 12 所中学协办。

本次讲座以"文学如何塑造地方——以苏轼为例"为主题，讲座嘉宾李贵教授是复旦大学中文系文学博士，现为上海师范大学人文学院教授、博士生导师、中文系主任，主要从事唐宋文学及古代文化的教学与研究。

李贵教授首先以"丁真效应"、叶圣陶所著的《苏州园林》等熟知的实例，诠释了现代文化地理学的理念。文学作品不能简单地视为是对某些地区和地点的描述，而是帮助创造了这些地方。

随后，李贵教授从苏轼的一生入手，结合他一生仕途的几起几落介绍了百世士苏轼是如何利用文学作品塑造宋朝各地的风土人情。讲座内容不仅让师生了解了全才苏轼坚定自信、旷达乐观的人格风骨，更让我们对于他的作品有了新的认知，作为八景文化的先驱，文人画理论的奠基者，他的诗作传达出诗人随遇而安的人生态度，以俗为雅的艺术追求。他用文字塑造了人们对于宋朝万里山河的新认识。

最后，互动交流环节，李贵教授对于师生代表的提问也做出了精彩的回答，也让听众从多个角度再次全面了解了苏轼的人格魅力。

杨焄：重读稼轩词——文本校订与场景还原

　　11月22日晚，"东方讲坛·思想点亮未来"系列讲座第九季第七讲在上海交大附中嘉定分校报告厅隆重举行，本次讲座特别邀请到了复旦大学中文系教授、博士生导师杨焄老师，杨焄教授为高一、高二全体同学带来了以"重读稼轩词：文本校订与场景还原"为题的主旨讲座。

　　杨焄教授先后为同学们解读了《丑奴儿·书博山道中壁》《破阵子·为陈同甫赋壮词以寄之》《西江月·夜行黄沙道中》《永遇乐·京口北固亭怀古》四首经典作品。

　　对于《丑奴儿·书博山道中壁》，杨焄教授将这首作品与李清照的《凤凰台上忆吹箫》作对比，深入剖析情感后发现李词"欲说还休"的纠结和矛盾与辛词接近，让同学们感受到了对比阅读对把握古代诗词主旨含义的重要作用。提到《破阵子·为陈同甫赋壮词以寄之》时，杨焄教授从题目"壮词"中的"词"入手，围绕"壮语"二字，从刘过、刘勰、黄昇、杜甫等善壮语的词人或诗人入手，分析他们的语言风格，从而更好地体会其主旨情感。

　　在讲解《西江月·夜行黄沙道中》时，杨焄教授从夏承焘先生的《唐宋诗选》讲起，就"别枝"有"离开，离别""另一枝，斜枝"等意思进行探讨，接着点明"明月别枝惊鹊"一句可能正是化用于苏轼的"月明惊鹊未安枝"，而辛词中调换了惊鹊与别枝的顺序，也是从对仗角度出发，使其更加符合词律的要求。对于《永遇乐·京口北固亭怀古》的解读，杨焄教授把重点放在京口北固亭的地名来历和变迁过程上，从"北固亭"的险固到"北顾亭"的进攻态势，无不传递出辛弃疾对收复失地的迫切需求，也让同学们对诗词的背景知识有了进一步的了解。

　　在杨焄教授为同学们分析解读辛弃疾四首作品后，现场进入提问环节，同学们先后提出"词牌名江城子与江神子的异同""辛弃疾写词的手法和风格""李清照的婉约与豪放""对于高中生研究古诗文的顺序有何建议"等一系列问题，杨焄教授先后给予精彩解答，指出所有词人风格都不是归于一端的，不同阶段和不同心态会延伸出不同的风格，同学们应当认真掌握教材进而拓展延伸，杨焄教授也特别欢迎有志于古诗词研究方向的同学们积极报考复旦大学中文系。

　　最后同学们以热烈的掌声感谢杨焄教授的精彩讲座。中学阶段是学生树立理想、"扣好人生第一粒扣子"的重要时期，杨焄教授在初冬时节为高一高二全体同学送来的演讲生动、有趣、厚重、博大，越过时空的境界线，为同学们的生命注入了一段充满思辨的时光。相信经过本次讲座的熏陶，同学们对于辛弃疾在古诗词中所展现的人生境界和人文情怀会有更加深刻的领悟，对提升自身人文素养、培养人文情怀也大有帮助。

骆玉明:《红楼梦》里的家族政治

11 月 23 日下午,"东方讲坛·思想点亮未来"系列讲座第九季第八讲在上海市光明中学举办,校高二全体学生分别在三楼礼堂和教室聆听讲座。此次讲座由复旦大学骆玉明教授讲述,主题为的《红楼梦》里的家族政治。

骆玉明教授以尤三姐为例,体现了曹雪芹对人性刻画超出常人的精准把握,同时引出荣、宁二府的人物关系以及背后四大家族盘根错节的势力显现。接着再以平易诙谐的语言,分别从刘姥姥一家、邢岫烟与宝钗的相似性及地位等级差别、王夫人对宝玉的婚姻态度等方面入手,再度深入浅出、剥茧抽丝地诠释了各家族之间错综复杂的政治关系。

在后续的提问环节中,同学们就自己的感想踊跃发言提问,渐渐也不拘于此次讲座话题,与教授交言融洽。本次的讲座也并不单单只是对红楼家族政治的简单复述,其背后渗透的文化、人性、社会形态都同样引人深思。或许正如骆玉明教授《诗里特别有蝉》代序中所写,不必设限,也不作什么定义,只是去体会它鲜活流动的情感状态,便别有风趣,或可感蝉的境界。

通过此次次讲座,同学们对红楼、对我国千年来浩浩荡荡的文化都有了一个新的认识。不再只是嚼着"四大名著之一"的名头事不关己,而是真正走到书中去,"飞鸿踏雪泥,偶留指爪迹"。

徐英瑾：为何大数据人工智能不靠谱

2021年12月2日，由上海市社联主办，东方讲坛、文柏讲堂承办，上海市徐汇中学协办的"东方讲坛·思想点亮未来"系列讲座"带你走进高深可测的社会科学世界"第九季第九讲在徐汇中学校小礼堂举行。复旦大学哲学系教授、博士生导师徐英瑾老师作为特别嘉宾，为高一年级的同学作了以"为何大数据人工智能不靠谱"为主题的讲座，阐释了人工智能与人们正常生活之间的哲学关系。

人工智能作为计算机学科，属于工科类学科，与哲学有什么关系呢？徐英瑾教授以电影《人工智能》为引子，从艺术作品的角度，介绍了关于"人工智能在有了足够的智慧后，有了自我意识，是否算是一个人类了"的辩证思考，引发了同学们的深思。

徐英瑾教授利用"我为什么对人工智能哲学产生了兴趣"这个问题引入讲座内容，《人工智能哲学》一书是徐英瑾教授在人工智能哲学领域科研兴趣的开始，他的科研之路便从那时起步。徐英瑾教授充分从辩证角度，为我们讲解了影响人们对于人工智能的态度的因素，以及一些哲学常识。联系实际"爱奇艺和阿里巴巴裁员40%左右"这一事实告诉我们人工智能产业正在流失这一现状。徐英瑾教授为我们介绍了关于人工智能发展现状的三种态度：乐观论、悲观论与泡沫论。现在人工智能的发展阶段相当于物理学前伽利略阶段，充分展现了人工智能哲学的无基础性与奠基性，让同学们接触到了未知的世界。

为了让同学们更好地认识到当今人工智能的真实现状，徐英瑾教授又举了"阿尔法狗打败李世石"和"图灵测试"的例子，让同学们明白了当下的人工智能距离通过"图灵测试"还是很远的。此次讲座的核心部分借此展开。徐英瑾教授为我们讲述了主流人工智能的核心——深度学习并结合理论告诉同学们：现在的人工智能并不能成为未来主流趋势。徐英瑾教授类比了青少年在考试中该如何做题和意大利语中双重否定依然是否定的现象，浅显易懂地讲述了人有知识汇通能力这一观点。又通过大学前后的考题对比说明了人是具有高度调试性的，而机器和程序不具备这一特点幽默地为同学们说明了计算机通过不断反复试错被环境改变和调整，但这一过程从某些角度来说甚至可谓是"愚"推进了自己的观点：人工智能并不能灵活有效地解决一切。

徐英瑾教授通过图像为同学们厘清了图像处理的基础原则与机器调试错误的特点，自己还加以总结陈述了"太上老君"效应，同学们更加清楚地认识到了人工智能究竟是什么、如何认识深度学习以及人工智能在人们生活中的哲学思考。

同学们与徐英瑾教授现场互动，积极提问并与徐英瑾教授共同讨论，聆听了徐英瑾教授细化深入的观点。同时徐英瑾教授还向同学们推荐了两部浅显易懂而前沿的著作《人工智能哲学十五讲》和《用得上的哲学》,让同学们对人工智能哲学领域有了进一步的了解。提问同学还拿到了组委赠送的书籍并与徐英瑾教授合影留念。

此次讲座,拉近了我们与人工智能的距离,让我们认识到:科技是一把双刃剑,它在拉近人的同时亦在使人疏远,在帮助人提高效率的同时亦在侵蚀人的心灵。在人工智能时代到来的前夜,同学们既要乐观以待,也要秉烛忧思。如何在速度与质量中寻求平衡,如何在飞速发展的同时勿忘初心,是值得每一个同学深思的问题。

陈静：城市美学——理性与浪漫的植物园

12月13日，上海市社联"东方讲坛·思想点亮未来"系列讲座第九季走进上海市育才中学，本期邀请了同济大学建筑与城市规划学院景观学系陈静副教授。她演讲的主题是"城市美学：理性与浪漫的植物园"。

演讲伊始，陈静老师先以"同学们有没有去过植物园"的问题与我们互动，一下拉近了彼此的距离。接着陈静老师从同济大学的网红打卡点"三好坞"引入，给我们展示了水杉、马桕、银杏等植物在不同季节里截然不同的样子，那油画般浓郁的色彩，像一只无影的手，勾起了每个人的兴趣，让我们直观地领略到了植物园的美丽。

"植物园里不只有花草，也应有其他出乎意料的事物，如建筑、装置、有些甚至是艺术家的作品"，陈静老师的话改变了同学们对植物园的刻板印象。讲到王莲时，陈静老师将其巧妙地比喻成了"善变的女神"，并就"水晶宫是参考王莲形状而造"这一例子，点明艺术来源于生活这一真谛。

接着，陈静老师从植物园的定义、发展史、优秀案例、上海本地优秀植物园4个方面全面展开介绍。植物园分为科研系统、教育系统、园林系统、生产系统。近年来，我国植物园数量飞速增长，优秀案例也不再屈指可数，从侧面反映出中国发展的速度之快。陈静老师以新加坡植物园为例，分析了植物园面积变化背后的原因，重点介绍了植物园科研方面的成就。以兰花为例，植物园用名人的名字，如成龙、周迅，命名兰花这一趣事，着实让我们涨了知识。

最后，陈静老师向我们介绍了上海本地的两所植物园：辰山植物园和上海植物园。与上海这座城市一样，两座植物园的定位都是"国内领先，国际一流"。但通过调研，不难发现两者在植物科普与保护、活动宣传、交通、餐饮等方面与国际优秀案例相比，仍需努力。在陈静老师介绍自己规划设计时，我们也发现考虑因素繁多，如功能分区、设施布局、甚至是色系、五感，需要非常全面。在月季园规划设计图这一环节，陈静老师还与同学们进行了充分互动，共同探寻园区合理布局的问题。

本次讲座，同学们不仅感受到了大自然的无穷魅力，也增补了社科方面的知识。对于散落在城市各个角落的植物园和植物，也有了更深入的了解。今后再去植物园游玩，我们将会有不一样的欣赏角度和眼光。

望道讲读会

上海何以成为"光明的摇篮"——望道讲读会邀请史学大家联袂解读红色上海

10 月 28 日上午,"上海何以成为'光明的摇篮'"望道讲读会主题活动在上海市社联举办,特邀上海社会科学院熊月之研究员、上海师范大学苏智良教授,围绕《光明的摇篮》一书,共话上海的红色历史。本次活动是市社联党史学习教育系列主题活动之一。市社联党组书记、专职副主席王为松,党组成员、专职副主席任小文出席。近百名党员干部和市民群众现场聆听,并与演讲嘉宾交流互动。

《光明的摇篮》是熊月之研究员历经 30 年精心打磨的原创力作。该书以红色文化、海派文化、江南文化为坚实底色,是一本兼具学术性和可读性的党史读物。

上海何以成为"光明的摇篮"? 熊月之研究员为听众们做了精彩的现场导读。首先,上海现存各类红色资源 612 处,兼具根据地、纪念地特点,在全国红色资源地标中独具特色。其次,上海的红色文化特色可以用"闳、深、雄、奇"四个字来概括,它们相互映照,共同汇成了上海红色文化的美妙乐章。其三,上海的独特性可以通过四重空间来解读,即:上海城市的内部空间结构,上海与江南、全国,乃至世界的空间关系。最后,也是最为关键的是,中国共产党诞生在上海依托于六大支撑因素,即先进思想文化的传播系统、工人阶级与先进知识分子的社会基础、发达的水陆交通系统、便捷的邮政通信系统、可供依托的社会组织系统、可资利用的租界安全缝隙。正是在这些因素的相互支撑之下,党才得以在上海应运而生,由此开启了中国开天辟地的大事变。

苏智良教授认为,《光明的摇篮》是一部匠心编撰的红色读物,是史学大家精心撰写通俗读物、通俗命题的一个典范,是深入学习党史,深度研学历史的一条捷径。苏智良教授特别为大家划出了两处重点。一是通过阅读"新文化运动基地与马克思主义传播盛况"章节,可以深入发掘新老渔阳里在党的创建历史上的重要地位和深远影响。二是加深对"为什么是法租界"这一篇章的理解。该章通过城市区域历史的纵深比较,从文化传统的层面深度阐释了法租界所具备的"安全缝隙"效应。

在互动环节,两位学者还就上海的红色文化与江南文化、海派文化的关系,怎样通过创新形式让更多人,特别是青年人了解上海的红色历史等问题与现场听众热烈交流。

望道讲读会由上海市社联和上海人民出版社创办于 2014 年,倡导讲读结合,互动交流,中西会通,古今对话。讲读会以"十年读书,以启学林,沉浸浓郁,含英咀华"为宗旨,致力于为市民打造"博约兼顾、广深结合"的高端学术交流平台。

"从开天辟地　到经天纬地"，望道讲读会邀请党史专家共话百年大党伟大历程

　　2021 年是中国共产党成立 100 周年。100 年来，党团结带领人民谱写了一部开天辟地的革命史、改天换地的建设史、翻天覆地的改革史、惊天动地的发展史。如何理解中国共产党百年奋斗的精神伟力，如何从党的伟大征程中汲取前进力量？

　　11 月 5 日，一场以"从开天辟地　到经天纬地"为主题的望道讲读会在上海市社联举办。活动特邀党史领域知名学者：中共上海市委党史研究室主任严爱云、中共上海市委党校副校长梅丽红、上海交通大学教授刘统、华东师范大学教授齐卫平，共话百年来中国共产党奋斗的伟大历程与宝贵经验，并与党员干部和市民群众现场交流互动。活动开始前，市委党史学习教育第三巡回指导组与演讲嘉宾进行了座谈交流。本次活动是上海市社联党史学习教育系列主题活动之一。

　　严爱云现场解读了中共上海市委党史研究室编写的《中国共产党在上海 100 年》一书，帮助读者一本书读懂党在上海的历史。如何纵览党在上海百年史？她为大家梳理了三大视角。从政治视野来看，上海区位优势得天独厚，是近代中国光明的摇篮。从经济社会视野来看，进入上海曾是中国革命要过的一大难关，发展上海则是改革开放的一张"王牌"、一条捷径。从文化视野来看，上海始终彰显着对党忠诚不负人民的精神文化优势。

　　梅丽红结合自己的专著《党内民主——改革开放以来的实践探索》一书，帮助读者更深刻地理解民主集中制在保证党的团结和集中统一方面所发挥的重要作用。她现场讲述了中共党史上三个重要文件"立规矩"的故事。一是 1929 年"九月来信"，为解决党内争论树立了典范。二是 1938 年，针对党内王明闹独立性等问题，制定了《中共扩大的六中全会关于中央委员会工作规则与纪律的决定》。三是 1941 年汲取皖南事变教训，起草了《中共中央关于增强党性的决定》。

　　刘统的新著《火种——寻找中国复兴之路》荣获第五届中国出版政府奖，他交流了自己的著书心得。刘统教授的秘诀是把研究融于叙事，把党史的"故事"讲好，写读者们爱看的书。他将大量考据所得的档案史料细节用于描绘特定的历史场景，把陈独秀到上海建党的经过描述得细致入微。为把党史人物写活，他努力将笔下人物还原成为有血有肉的人。为使一代伟人的形象跃然纸上，他反复考察并体味史料，生动地刻画了毛泽东在革命中遭遇的重重挫折、误解与煎熬。在他心目中，讲好中国共产党的故事，就是对"没有共产党，就没有新中国"最为生动的佐证。

　　齐卫平介绍了自己近年来在党史方面的研究成果,并对"建党精神"作了生动解读。伟大建党精神内涵不是具体革命精神叠加的总和,而是各种革命精神融合的精髓。32 个字的建党精神,围绕"真理""理想""初心""使命""牺牲""斗争""忠诚""人民"8 个核心词展开。这些词,在中国共产党长期的历史实践与发展中,都深深印在党员、干部以及广大人民群众的脑海里。围绕核心词,建党精神精炼成简短的 4 句话,具有鲜明的话语特点,能够产生强大的思想表达力和概念传播力。

　　讲读会由华东师范大学教授吴冠军主持。在互动环节,主讲嘉宾们就党史上重大决议的历史意义,上海在改革开放初期的历史地位,以及如何"量体裁衣",生动撰写党史普及读物等问题与现场听众热烈交流。

科普活动

上海市社联《学人论疫》系列短视频荣获 2020 年 "上海市健康科普优秀作品"优秀奖

　　5 月 11 日,由上海市卫生健康委、市健康促进委员会办公室主办,市健康促进中心承办、《大众医学》杂志协办的"2020 年上海市健康科普优秀作品征集推选活动颁奖交流会"在沪隆重举行。上海市社联拍摄制作的《学人论疫——你需了解的社会科学知识》4 集主题系列短视频荣获音视频类作品优秀奖。

　　2020 年是极不平凡的一年。突如其来的新冠肺炎疫情,已不仅是一场医护人员与疫病的战斗,还牵动着经济、法律、文化等社会各个领域。为此,市社联特别拍摄制作"学人论疫——你需了解的社会科学知识"4 集主题系列短视频,邀请专家从历史、社会、法律、心理四大领域,介绍、解答本次疫情所涉及的社会科学知识与问题,更好地让人们从思想上高度重视,在知识上破除疑惑,共同应对疫情带来的挑战。该系列视频于 2020 年 2 月 27 日起陆续上线,获市委网信办全网推送,上观、文汇、澎湃、土豆、爱奇艺、哔哩哔哩等各类媒体平台广泛传播,上线半月点击量就达 300 多万次,获得了众多网友的转发与点赞。

铭记百年路　聚力新征程：第 20 届上海市社会科学普及活动周启动

　　5 月 22 日，由上海市社联主办的第 20 届上海市社会科学普及活动周（以下简称"科普周"）在长征镇社区文化活动中心隆重开幕。市委宣传部副部长徐炯讲话并宣布科普周开幕，市社联党组书记、专职副主席权衡致开幕辞，市社联党组成员、专职副主席任小文为上海毛泽东旧居陈列馆、中国劳动组合书记部旧址陈列馆、中国会计博物馆、上海邮政博物馆、上海纺织博物馆、长征镇社区文化活动中心等 6 家 2021 年新增"上海市社会科学普及示范基地"授牌。

　　徐炯在讲话中指出，近年来市社联发挥桥梁纽带作用，团结全市有关力量，重点推进党的创新理论大众化普及化，全力推动本市社会科学普及，做了大量卓有成效的工作，体现了社会科学工作者的责任担当。他希望上海社会科学界通过社会科学普及这一抓手，进一步深化学习宣传，大力推进党的创新理论大众化普及化，主动服务大局，充分体现社科普及工作的责任担当，扎实开拓创新，推进社会科学深入人民群众中间，切实体现出社会科学传承文明、创新理论、资政育人、服务社会的现实作用和独特魅力。

　　权衡在致辞中介绍，上海市社会科学普及活动周是一个全市范围的群众性社会科学普及活动平台。自 2002 年创办以来，已经连续举办 19 届，共开展了 3000 余场社科普及活动，参与人次突破 170 万，逐步构建起一个社科普及的协作网络和全市社科普及大联动平台。本届科普周吸引了全市近百家学会、公共文化场馆、企事业单位、街镇等单位积极参与，推出 9 大板块，共 140 余项特色鲜明的社科普及活动，覆盖全市各区，深入社区、学校、楼宇、园区，为上海市民献上丰富的精神文化大餐。

　　开幕式结束后，本届科普周推出了首场活动——"信念赓续百年　理想光耀中国——庆祝中国共产党成立 100 周年主题诵读会"。诵读会由上海电视台新闻主播、全国优秀社科普及工作者林牧茵主持，丁建华、赵静等知名表演艺术家参演，分"光辉岁月""辉煌时代""复兴力量"三个篇章，现场朗诵《兴业路睁开中国的眼睛》《可爱的中国》等反映中国共产党百年征程的动人诗篇，带领观众在聆听中重温辉煌历史，感受信仰力量。

　　2021 年是中国共产党成立 100 周年。为大力营造"党的盛典、人民的节日"的浓厚氛围，市社联充分发挥社会科学的引导功能，积极调动红色文化资源，大力彰显上海的红色底色。科普周期间，上海市新四军历史研究会、上海市中共党史学会、上海市毛泽东思想研究会、上海市档案馆、上海图书馆、上海师范大学等单位，将推出"定向南京路追忆战上海"党史学习教育主题定向活动、"号角初响迎曙光　红旗百年凯歌扬"主题论坛、"建党百年　初心如磐"长三角红色档案珍品展等 8 场主题论坛、20 场主题活动、21 场主题讲座，共 50 余项庆祝建党百年的主题系列活动。

　　本届活动周着力创新活动形式，持续提升吸引力和影响力，在"新"上下功夫，在"活"上做文章。除了开幕式上举行的"信念赓续百年　理想光耀中国——庆祝中国共产党成立 100 周年主题诵读会"以外，还将推出"红色印迹　百年初心"主题地铁专列、"百年飞天强国梦——科技与人文的对话"在线直播，《为什么是上海（第三季）——探寻"排头兵、先行者"的担当之路》系列短视频发布会，以及定向比赛、图书漂流、沉浸式情景剧……线上线下、地上地下、室内室外的交互联动，让市民有听、有看、有参与、有体验。

　　此外，为更好服务百姓民生，让市民共享文化盛宴，在本届科普周期间，还将举办"凡人微光抗疫故事"影戏展示、"沪惠保"在线主题宣教、"法博士漫谈《民法典》"地铁科普宣传长廊、"小手翻开大世界"家庭亲子阅读主题宣传周等一批论坛交流、展览展示、专题讲座、咨询互动、现场体验等活动，回应当前群众关心的热点话题，推动社会科学知识普及。

《为什么是上海(第三季)》系列短视频发布研讨会举行

5 月 27 日,上海市社联拍摄制作的 6 集系列短视频《为什么是上海(第三季)——"排头兵、先行者"的担当之路》发布研讨会在市社联举行。市社联党组书记、专职副主席权衡出席并致辞,党组成员、专职副主席任小文主持会议。上海市社科界专家学者、媒体平台、基层党组织和中学教师等 20 余人与会。

权衡在讲话中指出,中共中央办公厅印发通知,对在中国共产党成立 100 周年之际开展"四史"宣传教育作出安排部署。《为什么是上海(第三季)》的发布将为在全社会深入推进"四史"宣传教育提供了生动鲜活的学习资源和案例教材。近年来,市社联围绕党的创新理论大众化普及化,围绕深化习近平新时代中国特色社会主义思想的学习宣传,积极发挥社会科学作用和社联工作优势,充分适应理论传播的互联网时代新趋势,聚焦党的理论宣传普及重点工作,相继推出了包括《社科专家带你读懂十九大》《中国之治,懂了》《我们的"十四五"》《为什么是上海》等在内的 8 大系列 140 余集新媒体理论普及产品。接下来,市社联将继续开拓新媒体的广阔空间,为党的理论宣传和社科知识普及贡献更多更好的精品力作。

市社联科普工作处处长应毓超代表主创团队介绍,《为什么是上海》系列短视频是市社联从 2018 年始,历时四年陆续策划推出的一部集权威性与思想性、生动性与真实性于一体的红色文化原创产品。第一季"探寻上海红色基因"获得上海宣传系统"党的诞生地"文艺党课创新大赛"创新演艺类"一等奖,市委组织部开展的上海市第十四届党员教育电视片观摩交流活动入选作品"系列片奖"一等奖。本次发布的第三季共 6 集,从 5 月 27 日起上线,集中展现上海从全国改革开放的"后卫"到"前锋",再到"改革开放排头兵,创新发展先行者"的不凡历程,并分析其背后的深层次原因。反映新时代上海勇创新奇迹的《为什么是上海》第四季正在紧锣密鼓制作之中,力争在 7 月与公众见面。届时《为什么是上海》全四季将形成一部贯穿百年党史的上海故事,献礼党的百年华诞。

市党建服务中心副主任张洁如认为,《为什么是上海》系列短视频既有很强的政治性、理论性和权威性又通俗易懂、紧凑生动,为基层党组织"三会一课"提供了优质资源。在 2020 年上海市第 14 届党员教育电视片观摩交流活动中,经专家评审和 16 个区的社会化网上评审,《为什么是上海》系列短视频获得大家一致好评,从 400 多部参赛片中脱颖而出,获得"系列片奖"一等奖。期待市社联继续推出更多高水平的理论宣传产品,发挥社会科学价值引领的作用,助力基层党员干部的学习教育。

　　"学习强国"上海学习平台编辑部办公室主任张蔓蔓认为,《为什么是上海》系列短视频涵盖了专家权威观点和珍贵档案史料,视频的原创性、思想性、通俗性强,也具有极强的可看性。江西省委党刊《当代江西》社长曾专程来沪了解学习《为什么是上海》系列短视频的制作经验,可见其影响之大之广。此外,市社联推出的《我们的"十四五"》《学人论疫》《中国之治,懂了》等系列原创短视频被"学习强国"上海学习平台转载,满足了党员学习的多层次、多样性需求,深受广大党员欢迎。

　　杨浦区四平路街道社区宣传文化办公室副主任李原认为,《为什么是上海》系列短视频主题鲜明,短小精悍,紧贴上海城市建设的发展变化,能够吸引广大基层党员群众看进去、有思考,补充了基层学习教育在师资和内容方面的短板,为基层单位推动"四史"宣传教育向深向好,提供了非常好的教材。

　　上海市第六十中学的历史教师王祖康谈到,《为什么是上海》系列短视频为青少年思想道德教育提供了鲜活素材。每集6分钟的短视频,既有思想性又有故事性,不枯燥不乏味,适应青少年的学习偏好,网络化的传播方式也符合新媒体环境下成长起来的"00后"们的认知规律,体现了市社联在社科普及、立德树人方面的高水准。

让红色文化列车驶向城市的四面八方——"红色印迹　百年初心"主题地铁专列投入运行

　　5月28日上午,上海市社联推出的"红色印迹　百年初心"主题地铁专列在13号线淮海中路站启动。这是第20届上海市社会科学普及活动周的系列主题活动之一。市社联党组书记、专职副主席权衡,上海申通地铁集团有限公司党委副书记葛世平等领导出席,共同启动并与现场市民一同乘坐这趟红色文化列车。

　　上海是党的诞生地和初心始发地,百年来党走过的光辉历程、创造的历史伟业、铸就的伟大精神,也在上海得到了充分体现、生动演绎、精彩阐释。怎样用好上海丰富的红色资源,让红色文化成为上海的城市名片,怎样结合上海超大城市特点,让红色文化浸润滋养着生活在这座城市每一个人,近年来上海市社联不断探索创新,充分挖掘放大地铁独特的空间优势和人流优势,把地铁变成了流动的红色文化宣传阵地。自2016年以来,已相继开通了"上海——中国共产党诞生地""学习新思想,走进新时代""'四史'关键词"等十多趟主题地铁专列。

　　本次活动选择比邻中共一大会址和新老渔阳里等标志性红色遗址的13号线淮海中路地铁站,启动"红色印迹百年初心"主题地铁专列,意义尤为特殊。车厢拉手、车壁、车门等处图文并茂地介绍了中共一大会址、《新青年》编辑部、茂名路毛泽东旧居、中国劳动组合书记部旧址、陈望道旧居暨《共产党宣言》展示馆等一批上海的重要红色纪念地。广大市民乘坐地铁就能感受到鲜活的红色历史,感受上海城市精神的鲜明底色,感受庆祝中国共产党百年华诞的浓厚氛围。据悉,主题地铁专列将持续运行到7月底。

《光明的摇篮》出版座谈会在上海市社联召开

8月2日下午,由上海市社联、上海世纪出版集团、上海人民出版社共同主办的《光明的摇篮》出版座谈会在上海市社联举行。上海市社联党组书记、专职副主席权衡出席并致辞,上海世纪出版集团党委副书记、总裁阚宁辉出席并讲话。座谈会由上海世纪出版集团总编辑、上海人民出版社社长王为松主持。

"光明的摇篮",是毛泽东同志对近代上海红色文化的综合评价,也是上海史专家熊月之新著的书名。以红色文化、江南文化、海派文化为底色,《光明的摇篮》首次完整提出中国共产党诞生在上海需要六大因素的支撑,即先进思想文化的传播系统、工人阶级与先进知识分子的社会基础、发达的水陆交通系统、便捷的邮政通信系统、可供依托的社会组织系统、可资利用的租界安全缝隙。这六大因素相互支撑,构成了上海的独特性,使得中国共产党在上海应运而生,诞生了"开天辟地的大事变"。

权衡指出,党史类专著《光明的摇篮》的出版恰逢其时,是献给党的百年华诞的一份厚礼。全书以红色文化、江南文化、海派文化为坚实底色,深度解析中国共产党诞生的历史必然性,意在传承共产党人精神血脉的红色基因,探寻共产党人初心使命的历史源泉。上海市社联要充分发挥上海社科人才资源优势,激发哲学社会科学贡献更多智慧,扶持和催生更多像《光明的摇篮》这样的佳作。要充分凝聚社科界专家学者的力量,以学习贯彻习近平总书记"七一"重要讲话精神为契机,继续丰富拓展党史学习教育和"四史"宣传教育的内涵,做好宣传宣讲和理论普及工作,大力推动党的创新理论飞入寻常百姓家。

阚宁辉表示,近年来上海世纪出版集团、上海人民出版社积极打造新时代理论研究出版的上海高地,正在建设一支新时代上海红色文化研究和主题出版的主力军,将为书写和彰显上海城市软实力继续贡献像《光明的摇篮》这样的精品力作。出版人将继续努力,与专家学者们一道,共筑中国学术出版的上海摇篮,共创中国学术出版光明的未来。

座谈会上,《光明的摇篮》作者熊月之分享了撰写思路与体会。复旦大学资深教授姜义华、中共上海市委党校常务副校长徐建刚、国防大学政治学院教授张云、上海市中共党史学会会长忻平、上海师范大学教授苏智良、复旦大学马克思主义学院教授朱鸿召、上海市中共党史学会副会长徐光寿、中共上海市委党史研究室研究一处处长吴海勇等先后发言。与会专家学者认为,熊月之并非传统意义上的党史学者,他对上海史、思想史和中共党史均有精深研究,《光明的摇篮》运用上海史、思想史、中共党史等多学科知识,从全球视野和历史维度讲清楚了中国共产党为什么诞生在上海,视角新颖、史料扎实、图文并茂、故事生动,是一本兼具学术性和可读性的通俗读物,被称为"写给青年人的党史第一课"。

"百年共产党人精神谱系关键词"地铁专列启动

　　9月26日上午,上海市社联推出的"百年精神　代代相传"主题地铁专列在13号线淮海中路站启动,本次活动是上海市社联党史学习教育系列主题活动之一。中共上海市委宣传部副部长徐炯致辞,市社联党组书记、专职副主席王为松,上海申通地铁集团有限公司纪委书记、监察专员陆阳等出席,市社联机关党委和各部门、上海申通地铁集团有限公司党委党建工作部、上海地铁第二运营有限公司等党员代表参加,共同启动并与现场市民一同乘坐这趟红色文化列车。

　　徐炯指出,在党的百年奋斗历程中,一代代中国共产党人顽强拼搏、不懈奋斗,涌现出一大批视死如归的革命烈士、顽强奋斗的英雄人物、忘我奉献的先进模范,构筑起了中国共产党人的精神谱系。如何传承好、弘扬好这笔宝贵的精神财富,是一个值得我们共同思考和探究的课题。此次市社联以"百年精神代代相传"为主题,聚焦中国共产党成立百年历史上的伟大精神,精心策划了本次地铁专列,为我们弘扬红色精神,宣传红色文化提供了一个很好的思路。

　　市社联精心策划设计的这趟主题地铁专列,以地铁列车的车厢拉手、车壁、车门贴和地铁车站为载体,运用文字、图片等形式,全面展示"伟大建党精神""五四精神""延安精神""抗美援朝精神""焦裕禄精神"等党在各个时期铸就的伟大精神……每一篇章还贴心地附上了二维码,乘客用手机扫码就能进一步阅读、了解其历史源头、实践意义与时代价值。

　　据悉,本次主题地铁专列,是市社联在"百年共产党人精神谱系"系列关键词的基础之上打磨推出的。5月24日,"百年共产党人精神谱系"关键词专栏在澎湃新闻上线,该系列聚焦党的精神建设,陆续推送31篇专栏文章,生动解读和深入阐释百年大党精神建设历程中的座座丰碑。在习近平总书记发表"七一"重要讲话的第二天,专栏还特别策划推出"伟大建党精神"专题文章,取得了良好反响。截至7月下旬,该系列的总点击量已超过1100万。

　　近年来,市社联进一步探索创新,把弘扬红色文化与社科普及进地铁相结合,着力将地铁空间开发成为流动的红色文化传播阵地。自2016年推出首趟社科普及专列至今,已相继开通了"上海——中国共产党诞生地""学习新思想,走进新时代""'四史'关键词""红色印迹百年初心"等十多趟主题地铁专列,一列列"流动车厢"变身为移动的红色文化阵地,让乘客在车厢内学习感悟百年大党光辉历史和伟大精神,凝聚团结奋进的力量。

　　本次"百年精神代代相传"主题专列将持续运行一个月。

《新上海的 70 个瞬间》系列短音频荣获"中国广播电视大奖 2019—2020 年度广播电视节目奖"

近日，由国家广播电视总局主办、中国广播电视社会组织联合会承办的"中国广播电视大奖 2019—2020 年度广播电视节目奖"终评工作在京完成。220 个入围终评的节目，经过评委会认真、严谨、专业、公平公正地评审，共评出 96 件获大奖作品，其中广播节目 51 件，电视节目 45 件。由上海市社联、中共上海市委党史研究室和上海人民广播电台联合制作的《奋斗创造城市传奇——新上海的 70 个瞬间》系列短音频荣获大奖。

中国广播电视大奖是经中央批准设立的广播电视节目国家级政府奖，由国家广播电视总局主办，中广联合会承办。其初评工作由各会员单位、省级协会和专业委员会组织，复评、终评由中广联合会负责组织并完成。

2019 年是新中国成立 70 周年、上海解放 70 周年，为了帮助广大市民更好回顾 70 年来的光辉足迹，市社联特别策划制作了《奋斗创造城市传奇——新上海的 70 个瞬间》系列 70 集短音频。从 2020 年 5 月 27 日到 9 月 13 日，在上海新闻广播《990 早新闻》节目中播出，同步在阿基米德 App、话匣子 FM 等新媒体平台呈现，获"学习强国"全国平台推送。这 70 个短音频以历史发展脉络为主线，撷取上海 70 年发展长河中 70 个具有重要意义的历史瞬间，以采访纪实为基础，以知情者个体口述、记录者客观表达、历史音响还原等方式，展现上海解放 70 年来，尤其是改革开放 40 年来城市发展的巨大成就，让听众重温历史的同时，能汲取继续奋发前行的动力，共同创造上海更加辉煌的未来。该系列短音频日均收听 76.8 万人次、累计收听人次超 5376 万。

学会服务平台

XUE HUI FU WU PING TAI

上海市社联举行党史学习教育暨春季会长论坛：
深入阐释"人民城市"重要理念

4月9日，主题为"人民城市重要理念与新时代上海发展新奇迹"的上海市社联2021年度春季会长论坛在上海社科会堂举行。本次论坛作为市社联党史学习教育系列活动之一，旨在进一步深化认识党的性质宗旨，组织社科界力量对"人民城市"重要理念开展研究和宣传阐释工作，体现学术团体服务党和政府中心工作的重要功能。市社联党组成员、专职副主席任小文主持论坛。部分市社联所属学术团体负责人、专家学者代表、上海市社联机关党员干部等120余人参加会议。

论坛邀请市社联副主席、市改革创新与发展战略研究会会长李琪，市委党校副校长朱亮高，市宏观经济学会会长王思政，市固定资产投资建设研究会副会长钱耀忠等专家学者围绕"在人民城市重要理念指导下，推进新时代城市治理和建设现代化""深入阐释践行'人民城市'重要理念""人民城市建设需要优化软环境""城市轨道交通投资建设中的可持续发展问题"等内容先后作学术报告。

李琪从深刻认识和把握人民城市重要理念的科学内涵、党组织引领和统筹人民城市建设中的全过程和各方面、积极探索社会主义国际化大都市建设人民城市的新路径等三方面，对新时代城市建设和治理现代化作了全面系统的论述。他强调，践行人民城市重要理念，推进人民城市建设，必须在党的坚强领导下，坚持以人民为中心，贯彻创新、协调、绿色、开放、共享的新发展理念，转变城市发展方式，完善城市治理体系，提高城市治理能力，让人民城市的治理效能体现在人民群众获得感、幸福感的提升上。

朱亮高在报告中深刻分析了人民性、整体性、精细性、科学性、功能性等五个"人民城市"的重要理念。他指出，人民城市的重要理念首要的体现在于人民性，这是中国特色社会主义城市发展方向的根本属性。城市工作是一个系统工程，做好城市工作要顺应城市工作的新形势、改革发展新要求、人民群众的新期待，始终坚持以人民为中心的发展思想，人民城市的人民性，体现在城市发展建设治理，为了人民、依靠人民、服务人民、成就人民的过程之中，也体现在城市让人民生活更美好，人民也让城市变得更美好的良性互动的过程之中，这种人民与城市相互成就、融为一体的状态，就是人民城市的精神真谛所在。

王思政在报告中聚焦了人民城市建设的软环境。他从城市的起源与功能讲起，回顾了特斯拉落户上海过程中所体现出上海在理念、诚信、契约精神与多元文化融合等方面的软实力优势。他以众多鲜活生动的案例阐述了上海在关爱民生、积极应对老龄化、培育主人翁精神、城市治理精细化、推进五大新城建设等方面所蕴含的以人民为中心的城市发展理念,强调了人民城市发展中软环境建设的重要作用。在他看来,上海建设有温度的人民城市,必须坚持以人为本,积极提升文化软实力,立足人民所需,聚焦民生改善。

钱耀忠围绕上海城市轨道交通主要发展阶段和客流变化情况,并结合"人民城市"重要理论,对上海与其他世界城市的地铁建设进行了综合比较。探讨了合理的网络建设规模与合适的建设标准、"线随人走"与"人随线走"、网络资源共享与网络优化等城市轨道交通建设中的可持续发展等问题。

会长论坛是市社联为发挥学会名家集聚、人才荟萃优势而倾心打造的知名学术活动品牌,聚焦学术前沿、重大主题、社会热点等开展学术交流、决策咨询和理论宣讲,更好服务上海经济社会高质量发展。

"四史讲堂"聚焦新四军与上海——上海市社联为党史学习教育提供开放共享资源

　　4月16日,"四史讲堂"2021年首讲"新四军与上海"在上海社科会堂举行。上海市社联党组成员、专职副主席任小文主持讲堂。市新四军历史研究会等部分学会代表,市商务委相关处室、市社联机关等单位党员干部百余人参加活动。

　　2021年2月18日,习近平总书记给上海市新四军历史研究会的百岁老战士们回信,向他们致以诚挚问候和美好祝福。习近平总书记的回信在上海社科界产生巨大反响。本次四史讲堂,聚焦新四军与上海,既是市社联党史学习教育系列活动之一,也是学习贯彻落实习近平总书记重要指示精神的具体举措。新四军老战士刘汉山、市中共党史学会副会长兼秘书长陈挥、市新四军历史研究会会长刘苏闽、市马克思主义研究会副会长王公龙,围绕"上海战役中的小故事""新四军老战士对新上海的建设发展和改革开放的历史贡献""铭记初心使命　传承红色基因""学好教科书　不断从中国革命历史中汲取智慧和力量"等内容先后作主旨演讲。

　　92岁高龄的新四军老战士刘汉山结合亲身经历,讲述了他从临平出发,顶风冒雨,日夜兼程,参与解放上海战斗的全过程。刘老朴实的话语,展现了新四军战士们丰满的革命形象,他们前赴后继、不怕牺牲、坚定不移跟党走的革命精神深深感染了在座的每一位听众。

　　陈挥详细讲述了新四军老战士在上海建设发展和改革开放中发挥的重要作用。在探索中国特色社会主义建设道路进程中,新四军老战士始终站在时代前列,保持良好精神状态,为全社会作出表率。在推进上海工业升级改造、推动高等教育和医疗卫生事业发展、构画上海长期发展蓝图、力促浦东开发开放等的历史进程中,新四军老战士都发挥了先锋模范作用,为上海的建设发展殚精竭虑、屡立新功。

　　刘苏闽在演讲中指出,走过百岁人生的新四军老党员、老战士,是中国共产党百年奋斗的参与者和见证人。他们历经战火洗礼,一生矢志不渝坚守理想信念,期颐之年仍心系党史教育,是红色基因的传承者、发扬者。习近平总书记的回信既是全党开展党史学习教育的前奏曲,又是对新四军老战士和新四军历史研究会几十年来坚持党史军史宣传普及的肯定鼓励。深入学习习近平总书记回信精神,就是要学史明理、学史增信、学史崇德、学史力行,坚定理想信念,传承红色基因。

　　王公龙紧扣"中国革命历史是最好的教科书,常读常新",要从中汲取营养和智慧、走好新时代的长征路。他指出，一部新四军的历史就是一部听党话，跟党走，为党举旗，对党忠诚的历史。学好中国革命历史这部教科书，就是要把握历史机遇，牢牢掌握党和国家事业发展的历史主动；要牢记党的性质宗旨，始终保持马克思主义政党的鲜明本色；要发扬斗争精神，不断提高应对风险挑战的能力和水平；要发扬革命精神，不断增强奋进新时代的精气神；要增强政治意识，不断提高政治"三力"。

"四史讲堂"由上海市社联、上海市地方志办公室、东方网共同主办，自 2019 年底举办首场活动以来，已累计举办 12 期，先后邀请熊月之、张文宏、杨洁勉、王思政等知名专家学者开讲。2021 年，市社联将党史学习教育与社联中心工作深度融合，切实发挥自身特点，集中社科界的丰富资源，积极为全市党史学习教育提供开放共享的平台，聚焦党史学习，普及党史知识，推动党史学习教育深入群众、深入基层、深入人心。

上海市社联举行 2021 年度学术团体负责人暨党建工作会议

4 月 28 日,上海市社联举行 2021 年度学术团体负责人暨党建工作会议。市社联党组书记、专职副主席权衡出席会议并讲话,党组成员、专职副主席任小文作工作要点说明,党组成员、二级巡视员陈麟辉主持会议。市社联所属学术社团、民办社科研究机构的负责人及党工组负责人 220 余人参加会议。

权衡在讲话中充分肯定了 2020 年各学术团体在统筹做好疫情防控前提下,开展重大主题研究、学术交流研讨和社科普及活动,组织参与会长论坛和"四史讲堂",落实巡视整改并规范社团管理等方面取得的成绩,并对 2021 年的重点工作进行了部署。

权衡指出,2021 年是中国共产党成立 100 周年,也是"十四五"开局之年,各学术团体要认真谋划,开好局起好步,重点做好七个方面的工作。一是聚焦建党百年,组织力量开展形式多样的主题活动;二是积极引导会员,推动党史学习教育走深走实;三是围绕市委市政府中心工作,开展理论研究和决策咨询,更好地服务上海经济社会高质量发展;四是用好"会长论坛""四史讲堂""理论征文""科普活动周"等各类社联平台,推进学术交流和理论宣讲;五是强化党建引领,全面落实社团党建工作的相关要求,筑牢意识形态阵地;六是不断加强自身建设,推动学术团体规范化建设、可持续发展;七是开展评优表彰,发挥学术团体模范榜样作用。

权衡强调,各学术团体负责人要及时传达会议精神,认真学习会议文件,抓实抓细落实。同时结合正在开展的党史学习教育,对标对表不足,补齐发展短板。上海市社联也将创造条件,进一步服务社团发展,激发社团活力,以优异成绩迎接和庆祝建党百年。

任小文就会议下发的上海社联《关于加强哲学社会科学学术社团建设的实施意见》等文件作说明。他指出,加强新时代社科学术社团建设,对于巩固马克思主义在意识形态领域的指导地位,巩固全党全国人民团结奋斗的共同思想基础具有不可替代的重要作用。他强调学术团体要进一步以学术研究为本、发挥智库功能;要进一步加强党建工作、守好意识形态阵地;要进一步完善制度建设、不断推动学术团体健康发展。

会上,上海市劳动和社会保障学会会长张剑萍、上海市城市经济学会副会长姚仲华、上海市社会学学会常务理事杨发祥代表学术社团作交流发言。

张剑萍聚焦"发挥学会智库功能,助推经济社会高质量发展",介绍了学会以成立专家团为抓手,不断凝聚专家学者,围绕本市热点难点问题,形成一批高质量的课题研究报告,得到本市相关部门肯定,智库作用初见成效。

姚仲华以"切实加强党的领导,严把学会发展方向"为题,介绍学会充分发挥党的工作小组核心作用,在开展学术研究、组织学术活动、推进学会规范化建设等各项工作中商量在先、决策在先,确保学会发展的正确方向。

杨发祥围绕"搭建学术平台,服务青年学者",聚焦学会青年学者培养工作,以组织"青年学者沙龙"为契机,建立跨学科交流机制、负责人召集机制、信息沟通机制、活动拓展机制,充分发挥中青年学术骨干作用。

为进一步加强上海市社联对所属学术团体党史学习教育的指导,大会邀请上海市马克思主义研究会副会长王公龙给学术团体作党史学习教育专题报告。

上海市社联举行所属学术团体党史学习教育专题报告会

为切实加强对所属学术团体党史学习教育工作指导，推进所属学术团体党史学习教育走深走实，4月28日，上海市社联邀请上海市马克思主义研究会副会长王公龙作"深入学习习近平总书记关于中共党史的重要论述"专题报告。市社联党组书记、专职副主席权衡，党组成员、专职副主席任小文出席报告会，党组成员、二级巡视员陈麟辉主持会议。市社联所属学术社团、民办社科研究机构负责人及党工组负责人220余人参加学习。

党的十八大以来，习近平总书记围绕学习中共党史发表一系列重要论述，立意高远，博大精深，创新发展了马克思主义唯物史观，为我们树立正确党史观提供了思想指南和根本遵循。王公龙从深刻领会开展党史学习教育的重大意义，准确把握党史学习教育的重点内容，树立正确党史观、反对历史虚无主义三方面深入阐释分析了习近平总书记关于党史学习的重要论述，用学理和案例生动回答党史学习教育"为什么学"、"学什么"和"怎样学"的问题。

王公龙指出，理解"为什么学"，需要领会习近平总书记强调的三个"必然要求"。学史明理，明的是马克思主义真理；学史增信，增强中国特色社会主义"四个自信"；学史崇德，崇尚中国共产党的光荣传统和优良作风；学史力行，就是将党史学习与工作结合起来。

关于党史学习"学什么"，王公龙紧紧围绕习近平总书记在党史学习教育动员大会上的讲话中的六个"进一步"谈了他的思想认知和学习心得：进一步感悟思想伟力，就是要认真学习理论，深刻领悟马克思主义同中国革命相结合，产生了毛泽东思想、中国特色社会主义理论体系、习近平新时代中国特色社会主义思想，实现了马克思主义中国化历史性飞跃、创造性升华，增强用党的创新理论武装全党的政治自觉；进一步把握历史发展规律和大势，就是要始终以马克思主义基本原理来分析把握世界大事，牢牢把握当下的重要战略机遇期，构建新发展格局，全面推进社会主义现代化国家建设新征程，始终掌握党和国家事业发展的历史主动；进一步深化对党的性质宗旨的认识，归根到底就是始终践行党的初心使命，把党和人民之间的血肉联系传承下去，始终与人民心连心、同呼吸、共命运，始终保持马克思主义政党的鲜明本色；进一步总结党的历史经验，就是要汲取百年党史的历史经验，强化斗争意识、丰富斗争经验、提高斗争本领，不断提高治国理政的能力水平，不断提高应对风险挑战的能力水平；进一步发扬革命精神，就是要坚定信念、以人民为中心、强调奉献、勇于创新，传承红色基因，赓续共产党人的精神血脉，始终保持艰苦奋斗的昂扬精神;进一步增强党的团结和集中统一,就是要教育引导全党,切实增强"四个意识"、坚定"四个自信"、做到"两个维护",自觉在思想上政治上行动上同党中央保持高度一致,确保全党步调一致向前进。

关于党史学习"怎样学",王公龙认为,需要正确把握党史的主题主线、主流本质,坚持用唯物史观来认识和记述历史,用正确的立场观点方法看待党的成绩与问题、正确与错误、经验与教训,坚决反对历史虚无主义。

奚洁人做客"四史讲堂"：讲述党史故事　传承红色基因

　　5月13日，"四史讲堂"在上海社科会堂开讲。中国浦东干部学院首任常务副院长、上海市领导科学学会名誉会长奚洁人以"讲好党史故事　传承红色基因"为题作主旨演讲。上海市社联党组成员、专职副主席任小文主持讲堂。市社联机关、所属学会代表共百余人参会。本场讲堂也是市社联党史学习教育系列活动之一。

　　奚洁人从讲故事是无产阶级领袖的政治艺术、习近平总书记讲述关于共产党领袖的故事、习近平总书记善用红色故事传承革命基因、深刻感悟习近平总书记讲述自己故事意义等四个方面，生动讲述了中国共产党百年历史上一个个经典故事，以史育人、发人深省、催人奋进。

　　奚洁人通过讲述毛泽东、周恩来、邓小平、陈云等老一辈无产阶级革命家的故事，蔡和森、夏明翰、杨靖宇、方志敏等烈士的故事，遵义会议和红军长征的故事，龚全珍、邓玉芬、"沂蒙母亲""三千孤儿入内蒙"等红色故事，谷文昌、焦裕禄、高德荣等好干部的故事，充分展现了共产党人的献身精神、奋斗精神、奉献精神和为民服务精神。

　　奚洁人在演讲中指出，习近平总书记身体力行，为全党树立了讲好党史故事，传承红色基因，开创美好未来的典范。加强党史学习教育，就是要牢固树立坚定的理想信念，不断提高党性修养，坚守共产党人的初心使命，牢记"江山就是人民，人民就是江山"，始终同人民在一起，同人民心连心、同呼吸、共命运，确保红色江山基业长青，永不变色。

上海市社联举行 2021 年度所属社团换届培训工作会议

　　5 月 14 日，上海市社联举行 2021 年度所属社团换届培训。市社联党组成员、专职副主席任小文出席会议并讲话，学会处副处长梁玉国主持会议。市社联所属社团负责换届工作的领导成员 50 多人参加培训。

　　任小文在讲话中指出，各所属社团要高度重视换届工作，按期换届、规范换届是社团规范自身建设的基本要求；各社团要以换届为契机，提升自我管理、自我发展的能力建设；要注意领导班子组成的代表性、专业性和发展的可持续性，要不断推动社团工作走向科学化、制度化、规范化，不断增强学术社团的影响力、凝聚力、号召力；要充分发挥各社团党的工作小组作用，全面加强党对学术社团的领导，强化党的建设和思想政治工作，牢牢把握正确的政治方向、学术导向和价值取向。

　　围绕换届工作，会议介绍了规范化管理的一些新规定和新要求，重点就社团换届的流程和领导班子组成、财务审计、工作报告、制度建设等关键环节的具体要求作详细解读。会议要求所属社团必须建立健全财务制度，社团负责人要认真履职，落实好有关财经纪律要求。

王世豪做客"四史讲堂":讲述上海金融改革发展 40 年

6 月 18 日,"四史讲堂"在上海社科会堂开讲。上海银行原副行长王世豪以"上海金融改革发展 40 年"为题作主旨演讲。上海市社联党组成员、专职副主席任小文主持。本场讲堂系市社联党史学习教育系列活动之一。

从飞乐音响公开募股到上海证券交易所挂牌,拉开中国证券市场改革的大幕;从"土地批租"、推动"棚改",到实行住房公积金制度,引领全国住房改革;从中国第一条高速公路——沪嘉高速通车,到上海大众桑塔纳轿车下线,中国道路交通从此旧貌换新颜;从建立全国资金拆借一级网络,到外资银行中国总部云集陆家嘴,上海逐渐成为全国乃至世界金融新高地。王世豪用一个个生动鲜活的案例,揭示了上海金融改革发展 40 年所取得的辉煌成就,以及伴随着人民群众生产、生活发生的巨大变化。他强调,中国所经历的每一次重大经济与金融改革背后,都有上海作为改革开放排头兵、创新发展先行者的身影。

王世豪回顾了改革开放以来中国金融改革的历史进程,阐述了上海在其中扮演的重要角色和做出的重要贡献。他指出,正是由于上海金融改革的开创性工作,进一步助力形成了由中国人民银行领导的,国有商业银行为主体的中国特色社会主义现代金融体系。上海金融改革发展的 40 年,不仅守住了风险底线,而且全面提升了金融服务的整体效能,进一步激发了上海金融市场的活力,助力上海经济社会发展,促进了市场的繁荣,为构建新发展格局提供有力支持。

王世豪指出,"人民对美好生活的向往,就是我们的奋斗目标",贯穿了中国 40 年经济金融改革整个历程。上海经济社会发展的生动实践成果很好的阐述了中国共产党为什么"能"、马克思主义为什么"行"、中国特色社会主义为什么"好"。当前,中国特色社会主义进入新时代,一个强大有效的金融体系对于我国实现经济的转型升级和跨越式发展具有关键性和战略性的意义,为此上海金融改革发展的任务依然艰巨,我们要做好风险控制,继续推进金融改革,打造多层次的资金供应体系,进一步推动人民币国际化,为全面建成上海国际金融中心,构建以国内大循环为主体、国内国际双循环相互促进的新发展格局,建成富强民主文明和谐美丽的社会主义现代化强国而努力奋斗。

上海市社联机关、所属学会代表百余人参加本次讲堂。与会代表反响热烈,一致认为上海市社联搭建高标准平台、邀请高水平专家、举办高质量论坛,充分发挥了"四史讲堂"服务全市党史学习教育的功能。

上海市社联举办所属学术团体财务工作培训会

7月13日,上海市社联举办所属学术团体财务工作培训会。各学术团体财务工作负责同志130余人参加培训。培训会由市社联学会管理处副处长梁玉国主持。

会上,上海市社会组织服务中心财务负责人赵鸣、上海上审会计师事务所会计师魏靓依据《民间非营利组织会计制度》及其若干问题的解释等相关文件规定,围绕学术团体财务制度和会计制度作了详细解读,并就历年审计中发现的常见问题作重点说明,为学术团体建立健全财务管理制度和财务报告制度,加强内部会计监督,提高会计信息质量和管理水平提供了有效指导。两位老师还就学术团体实际运作中遇到的重点、难点问题进行了针对性答疑。

与会人员纷纷表示,本次学术团体财务工作培训内容丰富,具有很强的针对性和指导性,通过培训学到了实用的财务知识,提升了对财务工作重要性的认识,为进一步提升财务管理水平,促进学术团体规范发展提供了有力保障。

财务工作是学术团体的一项重要工作,是学术团体规范运作的基础。本次培训会是上海市社联落实巡视整改要求,进一步提升学会管理履职能力、加强学术团体规范化建设的重要活动。上海市社联以举办财务工作培训为契机,推动学术团体完善内部治理结构、规范内部工作制度和工作规范体系。通过专题培训提升学术团体业务能力,通过风险提示与案例教育,增强学术团体政治意识、规范意识、责任意识,推动学术团体进一步按照中央精神和有关法规依法治会、按章办会,形成依法运行、权责明确、管理科学、诚信自律的内部治理体系,更好地服务上海经济社会高质量发展。

上海市社联举行夏季会长论坛：聚焦"上海城市软实力与国际传播能力建设"

　　7月27日，上海市社联2021年度夏季会长论坛在上海社科会堂举行。论坛的主题是"上海城市软实力与国际传播能力建设"，本次论坛也是上海市社联党史学习教育系列活动之一。市社联党组成员、专职副主席任小文主持论坛，市社联所属学术团体负责人、专家学者代表和市社联机关党员干部等百余人参加会议。

　　2021年6月，中国共产党上海市第十一届委员会第十一次全体会议审议通过《中共上海市委关于厚植城市精神彰显城市品格　全面提升上海城市软实力的意见》。会议强调，要深入贯彻落实习近平总书记对上海工作重要指示要求，着眼于全面完成党中央赋予上海的重大使命任务，更好向世界展示中国理念、中国精神、中国道路，需要更加自觉地弘扬城市精神品格，更加主动地提升城市软实力，充分发挥软实力的"加速器"作用。

　　上海国际文化学会会长陈圣来认为，加强全球叙事能力和传播能力，是城市软实力的重要内容。为什么一座城市能够在世界范围内引起关注和好感？很大程度上取决于这座城市在全球的知晓度和感召力。"有的城市，它的GDP或者规模在世界上几乎可以忽略不计，但是却能拥有很高的知名度、很强的吸引力，关键就在于软实力。"他表示，上海理应成为中华文化走向世界的领跑者，成为讲好中国故事的"最佳故事员"。

　　上海市国际贸易学会副会长兼秘书长姚为群指出，作为全球贸易投资网络中具有枢纽作用的国际贸易中心，上海的硬实力有目共睹。但是，光有硬实力还不够，需要提升与这一地位相匹配的国际经贸治理能力。为此，要持续打响上海服务、上海购物等品牌，塑造城市品牌形象。要更好地发挥上海自由贸易试验区以及临港新片区试验田作用，讲好中国精彩故事。要用好中国国际进口博览会这个重要平台，打造对外文化交流品牌。

　　上海市美国学会原会长黄仁伟指出，当前世界处于百年未有之大变局，国际环境发生深刻变化。在这个大背景下，上海在提升国家软实力方面发挥着特殊作用。从鸦片战争以来，上海一直是东西方文化的交汇点、结合部，是向世界介绍中国的前沿。"国外不少人认识和接受中国，就是从认识和接受上海开始的。"他表示，上海要推进城市治理体系和治理能力现代化，加强法治建设，提高传播能力。城市软实力建设非一日之功，也非政府一家之事，我们每个人都要起而行之，因为"人人都是软实力"。

　　第一财经总经理陈思劼立足财经视角，从探索有效国际传播等方面发表了观点。他认为，讲中国故事，关键是要阐明故事背后的价值追求。要多讲事实，多用数据，增强全球叙事能力,提升上海城市软实力的国际影响。

　　弘扬城市精神品格、提升城市软实力是一项关乎长远的系统工程,必须把方方面面的资源和要素调动起来、活力和创造力激发出来。硬实力与软实力相辅相成,同时相互转化,当前尤其要重视将硬实力优势转化为软实力效能,从而提升城市核心竞争力。上海市社联将充分发挥所属学术团体人才荟萃、学科齐全的优势,引导相关学术团体积极开展上海城市软实力与国际传播能力建设的研究阐释和宣传普及工作。

上海市社联组织开展 2018—2020 年度"三优一特一品牌"互评活动

9 月 16 至 17 日,2018—2020 年度"优秀学会""优秀民办社科研究机构""学会特色活动""学会品牌活动"互评交流活动在上海社会科学会堂举行。上海市社联党组书记王为松出席互评活动并讲话,党组成员、专职副主席任小文介绍了"三优一特一品牌"活动的基本情况。市社联所属学术团体负责人 160 多人参加会议。

王为松指出,市社联所属学术团体集聚众多沪上知名社科学者,人才荟萃。近年来,在抓实党建加强自身建设、围绕中心工作开展重大理论与实践研究、助力打响上海社科学术活动品牌等方面取得很大成绩,为上海经济社会高质量发展作出了重要贡献。

王为松强调,每三年举办一次的"三优一特一品牌"评选活动,是为了进一步推动所属学术团体的发展,提升规范化管理水平,加强对学术团体的管理和考核。希望各参评学术团体能够在活动中互学互鉴、取长补短,同时把好经验、好做法落实到具体工作中去,进一步推动学术团体健康有序发展。

王为松希望各学术团体在今后的工作中进一步宣传展示普及老一辈专家学者的学术成就,进一步发挥学术骨干决策咨询作用,进一步培育助力青年学者成长,彰显上海城市精神品格,全面提升上海城市软实力,向世界讲好学术中的中国、理论中的中国、哲学社会科学中的中国,发挥上海社科界的特色和优势,促进哲学社会科学事业更加繁荣发展。

本次评选活动得到了各学术团体的高度重视,活动现场气氛热烈,大家全面总结工作、精心准备材料,充分展示了学术团体工作中的亮点和特色。

上海市社联举行第十五届学会学术活动月开幕式暨秋季会长论坛

10 月 20 日,上海市社联第十五届(2021)学会学术活动月开幕式暨秋季会长论坛在上海社科会堂举行。市委宣传部副部长徐炯出席会议并致辞,市社联党组书记、专职副主席王为松主持开幕式,市社联党组成员、专职副主席任小文主持秋季会长论坛。市社联所属学术团体负责人、专家学者代表和社联机关党员干部等 150 余人参加会议。

徐炯指出,当前我们正在向着全面建成社会主义现代化强国的第二个百年奋斗目标迈进,在新的征程上,上海社科界必须坚持以习近平新时代中国特色社会主义思想为指导,增强"四个意识",坚定"四个自信",坚决做到"两个维护"。社科学术研究要从我国改革发展的实践中挖掘新材料、发现新问题、提出新观点、构建新理论,立足中国、借鉴国外、挖掘历史、把握当代、关怀人类、面向未来,着力构建中国特色哲学社会科学,为实现第二个百年奋斗目标提供坚实的理论支撑,作出社科界应有的贡献。他对市社联多年来在发挥平台功能、推动社团发展等方面取得成绩给予肯定,希望学术团体借助活动月这个平台,开展学术研讨与交流、推进理论创新和实践探索,充分发挥学术团体的引领和推动作用。

2021 年的秋季会长论坛聚焦"数字化建设与社会科学发展",邀请上海市政府总值班室沈金波副主任,上海市宏观经济学会副会长、复旦大学袁志刚教授,上海市信用研究会会长、上海立信会计金融学院洪玫教授,上海市人工智能和社会发展研究会副会长、上海社会科学院惠志斌研究员四位嘉宾,作了题为"上海数字治理的成就与展望""数字经济、大数据与经济学研究创新""数字经济助推社会信用体系建设新发展""人工智能时代数据隐私挑战与应对"的演讲。

安全有序、高效便捷是许多人对上海这座超大城市的直观感受。在沈金波看来,在其背后起支撑作用的是城市数字化建设。"上海共有 727 座下立交,地铁工作日客流量有1200 万人次……城市生活有多丰富,城市治理就有多复杂。"为此,上海在全国首创推出了"政务服务一网通办"和"城市运行一网统管",并作为数字政府、数字社会建设的"牛鼻子"。"两张网"的意义不仅仅在数字化本身,因为数字化只是手段不是目的。城市数字化转型要始终坚持以人民为中心,"应用为要,管用为王"。

袁志刚详细阐述了数字经济的特征及其对劳动力市场、社会治理可能带来的影响,强调了数字立法、数字经济、大数据、经济学创新的重要性。他指出,中国已经从廉价劳动力的比较优势转变为 14 亿人口巨大的市场优势，在此背景下，数字经济已成为新时代非常重要的增长动力，对中国的新增长格局至关重要。数字经济作为生产要素，广泛参与到所有的生产、交换、分配以及消费过程，重构了商品价值，促进实体经济效率的提升，优化了新兴经济的生态结构。但同时也要关注数字经济发展带来的法律、伦理等问题，处理好数据隐私保护和场景应用的关系。他表示，大数据的成果应用优于入户调查的统计数据，将给经济学研究带来了更多的便利和机遇。

洪玫指出，市场经济背景下，诚信文化、营商环境的建设，离不开信用体系的不断发展与完善。信用基础保障层的建设为应用服务、制度约束和意识约束提供的支撑，数据、制度都是通过外在力量推动守信，诚信慢慢成为习惯，最终达到自我约束，这是信用体系建设的最高境界，由此而形成全社会的诚信文化。随着信用体系建设和数字经济结合，大数据征信发展非常迅速，大数据征信将依靠互联网机构的数据沉淀，通过需求触发，把不同的接口链接起来，迅速产生数据结论，推动了我国信用体系建设在层次、架构、信息共享等方面产生新的突破，为"大数据＋信用"等创新应用赋能，在经济、生活、治理等各行各业产生了巨大的影响。

惠志斌指出，当前全球人工智能发展正在逐步从"科学探索期"进入"产业应用期"。随着数据驱动型经济时代的来临，一切皆可数据化，个人数据成为支撑经济活动和社会治理的关键资源，针对个人信息采集、利用、流转所产生的数据隐私问题成为当前的核心矛盾。比如，对进店客人进行人脸识别，究竟是经济创新还是侵犯隐私？他表示，人工智能的发展必须要有伦理和法律的边界，越是创新的地方，越要注重隐私保护，"在某种程度上，围绕数据资源构建的生产关系的模式和水平，将直接决定数字化转型的未来"。

本届"学会学术活动月"中，共有 93 场精彩学术活动集中亮相。市社联"学会学术活动月"创办于 2007 年，15 年来，共举办了近 2000 场高质量的学术活动，是市社联重要的学术交流平台，也是上海市社科界重大年度文化盛事。

上海市社联举行冬季会长论坛，深入学习贯彻党的十九届六中全会精神

　　12 月 17 日，上海市社联 2021 年度冬季会长论坛举行，本次论坛作为市社联党史学习教育系列活动之一，主题为"奋进新征程　建功新时代——学习贯彻党的十九届六中全会精神"。市社联领导王为松、任小文、陈麟辉出席论坛，部分所属学术团体负责人和机关党员干部等近 200 人通过线上线下结合的方式参与。论坛由任小文主持。

　　2021 年是党和国家历史上具有里程碑意义的一年。当前，世界百年未有之大变局加速演进，中华民族伟大复兴进入关键时期。奋进新征程，建功新时代，要从增强"四个意识"、坚定"四个自信"、做到"两个维护"的政治高度领会和把握六中全会精神，始终在思想上政治上行动上同以习近平同志为核心的党中央保持高度一致，要从百年党史中汲取智慧和力量，用全会精神统一思想、凝聚共识、坚定信心、增强斗志，真正把学习成果转化为干事创业的实际行动。

　　本次冬季会长论坛聚焦"学习贯彻党的十九届六中全会精神"，邀请市领导科学学会会长、上海应用技术大学党委书记郭庆松，市经济学会会长、上海市决策咨询委员会委员周振华，市美国学会会长、复旦大学国际问题研究院院长吴心伯，市可持续发展研究会会长、同济大学学术委员会副主任诸大建，分别围绕"新时代马克思主义中国化新的飞跃的缜密逻辑""三重压力下的上海经济走向""国际格局变化与中国的对外战略""解读中国碳达峰碳中和"做主题演讲。

　　郭庆松认为，对习近平新时代中国特色社会主义思想这一新时代马克思主义中国化新的飞跃进行理论溯源、历史追问、实践探究，具有十分重要的理论价值和现实意义，并从理论逻辑、历史逻辑、实践逻辑三个方面作了详细阐述。他强调，习近平新时代中国特色社会主义思想的真理伟力正是体现在其源于实践、回应实践、遵循实践规律并取得一系列实践成果。"只要我们在实践基础上不断推进理论创新、在理论创新的基础上不断用以指导实践，马克思主义中国化的理论成果就一定会进一步彰显无穷的实践魅力。"

　　关于 2021 年中国经济运行情况，2021 年中央经济工作会议用了一个关键词——"三重压力"。周振华首先解读了需求收缩、供给冲击、预期转弱这"三重压力"的具体内容，并进一步分析了中国经济运行出现的新特点和新变化。他认为，明年面临的压力对中国经济运行影响更加复杂，其中既有正效应，也有负面效应。由于上海在投资和营商环境优化等方面较好，对企业具有强劲的吸引力，上海经济受供给冲击的影响相对较少，因此他对

上海明年的经济形势预期比较有信心。"相比之下,上海经济发展的中长期走势更需要关注,五个中心的能级怎么提升? 功能性机构的能级怎么提升? 如何扩大服务的半径? 科技能力怎么进一步提升? 这些可能是上海今后能够走向高质量发展所要积极准备的。"

吴心伯主要分析了国际格局变化的特点,从经济、政治、安全三个方面解读了我国在大变局下面临几大风险与挑战,并对应提出"积极推动国际经济合作,抵制和弱化脱钩倾向;强调人类共同的价值观,积极推动国际事务合作,弘扬多边主义,抵制集团化倾向;减少大国冲突的风险"等大变局下的中国对外战略。他认为我国发展仍处于重要战略机遇期,机遇更具有战略性、可塑性,挑战更具有复杂性、全局性。

为什么说碳中和是与传统工业革命逆反的新工业革命? 国际上对碳达峰碳中和持什么观点? 中国的"双碳"将如何突破困难,步步落实? 诸大建教授首先为与会听众解释了"碳达峰碳中和倒 U 形革命",并进一步指出中国要实现碳达峰碳中和,最大的挑战来自四个结构和三个 80% 的问题,因此未来 40 年关键在于下一个 10 年,特别需要由"双碳"目标引领绿色转型。他认为"双碳"目标的提出,标志着中国真正进入了发展与环境高度整合的生态文明新时代,进入了有中国式现代化特色的绿色发展新时代。最后,他围绕经济建设、政治建设、文化建设、社会建设、生态文明建设,讲述了"双碳"问题对于社会科学研究的重要意义。

上海是党的诞生地和初心始发地,上海社科界在传承红色基因,赓续红色血脉方面理应发挥更加积极的作用。社联所属学术团体更应该走在前列、作出表率,更加自觉地把思想和行动统一到党的十九届六中全会精神上来,在新征程上创造新奇迹、展现新气象,为将上海加快建设具有世界影响力的社会主义现代化国际大都市贡献智慧,以优异成绩迎接党的二十大召开。

学会学术交流

XUE HUI XUE SHU JIAO LIU

语言、教育、文化、新闻

上海市家庭教育研究会举行第六届会员大会

　　1月20日,上海市家庭教育研究会在巾帼园召开第六届会员大会。市妇联主席徐枫,市社联党组成员、专职副主席任小文出席会议并讲话。

　　徐枫在讲话中对市家庭教育研究会新一届理事会的工作提出了三方面的要求。一是要精准把握新时代家庭教育工作的方向和坐标,在推动实现中国梦的进程中发挥更大的作用;二是要精准把握新时代家庭教育工作的发展和动态,在宏观研究、决策咨询中发挥更大的作用;三是要精准把握新时代家庭教育工作的重点和难点,在服务妇女、儿童和家庭中发挥更大的作用。

　　任小文在讲话中指出,研究会要以习近平新时代中国特色社会主义思想为指导,始终坚持围绕中心、服务大局,增强主动服务意识,倡导良好家风家教,不断推进家庭文明建设,发挥家庭作为培育和践行社会主义核心价值观重要阵地的作用;要严格按照章程,合法依规开展活动,以高度的社会责任感,积极承担学术团体的职责,真正发挥立足专业、服务大众的作用,促使广大家庭重言传、重身教,教知识、育品德,身体力行、耳濡目染,帮助孩子扣好人生的“第一粒扣子”,迈好人生的第一个台阶。

　　大会审议并通过了第五届理事会的工作报告、财务工作报告和章程修改的说明,选举产生了新一届理事会成员和监事。在随后召开的研究会第六届理事会第一次会议,选举产生了新一届学会领导班子成员,王剑璋为会长,裴小倩、唐洪涛、黄瑾、郭海云、刘金泽、程福财、江伟鸣为副会长,顾秀娟为秘书长。

　　王剑璋在讲话中表示,家庭教育是一项涉及各专业、各领域的综合性学科,新一届理事会将努力做到理论研究再上新台阶,彰显家教会的高地作用;指导服务更上一层楼,彰显家教会的品牌效应;宣传普及跟上新时代,彰显家教会的时代特征。

上海市终身教育研究会召开会员大会暨"终身教育理论与实践"学术研讨会

1月29日,上海市终身教育研究会第六届理事会第四次会议、第六届第三次会员大会暨"终身教育理论与实践"学术研讨会在上海开放大学国顺路校区召开。会议由会长王伯军主持。

首先召开的理事会讨论了学会负责人、理事、专委会及其负责人等调整情况,审议并通过《上海市终身教育研究会第六届理事会第四次会议决议》。在随后的会员大会上,研究会副会长兼秘书长杨晨作研究会 2020 年度工作报告和财务报告并通报研究会人事调整情况。研究会专业委员会负责人分别作各专委会 2020 年度工作报告。

"终身教育理论与实践"学术研讨会由研究会副会长、学术委员会主任黄健教授主持。研讨会首先举行了《终身教育学通论》(叶忠海著)新书发布仪式,王伯军和叶忠海共同为新书揭幕,叶忠海作主题报告。他从终身教育学产生的现实基础、研究对象、性质和特性、终身教育学构架的基本理念、终身教育学框架的基本内容等方面进行了阐述。黄健作点评,她认为这本著作从基本理论到体系进行阐述,内容十分丰富,将终身教育学的研究对象清晰呈现,搭建了终身教育学这一新兴学科的基本体系,有助于终身教育工作者队伍的科学化发展,从整体上促进人的全面发展。

松江区石湖荡镇社区学校校长姜延军作题为"打好四张牌,擦亮社区教育底色"的报告。姜延军从开展线上教育教学活动、科研基地建设、户(互)助学习点建设和特色项目打造等四方面介绍了石湖荡镇社区学校推动农村社区教育高质量发展的实践。社区教育专委会主任宋亦芳作点评,他用"五个一"对社区学校的实践进行了高度评价,即"一个明确定位""一条主线""一个团队""一组项目""一组机制"。

研讨会的举行引起听众强烈反响,大家纷纷表示会议对终身教育的理论和实践发展具有重要的指导作用,会后将继续加强学习与交流。

上海市家庭教育研究会举办首期会长讲坛

5月24日,上海市家庭教育研究会举办首期会长讲坛,以"学党史、守初心、担使命,筑牢未成年人关爱保护网"为主题,邀请研究会副会长、上海市人民检察院第一分院第二检察部主任刘金泽作主题讲座。上海市家庭教育研究会会员40余人参加讲坛。

刘金泽以"依法保障未成年人的利益最大化"为题,从案例入手,结合新修订的《未成年人保护法》,分享了检察领域家庭教育工作者推动中国特色未成年人检察制度不断完善的坚定决心和实际行动。

研究会秘书长、市妇联家儿部部长顾秀娟在总结时指出,法制教育是家庭教育的重要组成部分,也是保障家庭教育发挥立德树人重要作用的底线。家庭是孩子的第一所学校,父母是孩子的第一任老师,法制教育要从娃娃抓起、从家庭抓起,作为家庭教育工作者,更要学法、懂法,更好地保障未成年人的利益最大化。

上海炎黄文化研究会举行第六届会员代表大会

　　10月12日,上海炎黄文化研究会第六届会员代表大会在上海文艺会堂举行。上海市委宣传部副部长徐炯,上海市社联党组书记、专职副主席王为松出席会议并讲话。老领导周慕尧、陈正兴及研究会第五届理事会领导、顾问和会员代表等 120 余人出席会议。

　　徐炯在讲话中勉励全体会员深入学习贯彻习近平新时代中国特色社会主义思想,学习习近平总书记"七一"重要讲话中提出的"两个结合",把握其中蕴含的丰富而深刻的思想内涵,希望研究会紧紧抓住传承和弘扬中华优秀传统文化的历史机遇,围绕中心,服务大局,为理论创新与实践探索贡献更大的力量。

　　王为松对研究会坚持宗旨弘扬中华优秀传统文化,积极开展形式多样的学术活动予以充分肯定,希望研究会继续强化政治引领,规范自身建设,积极发挥功能,在原有成绩基础上更上一层楼。

　　大会审议并通过了第五届理事会工作报告、监事工作报告、财务报告以及新的章程和工作制度,选举产生了研究会第六届理事和监事。在随后召开的研究会第六届理事会第一次会议上,选举产生新一届常务理事和研究会领导班子:会长为汪澜,副会长为杨剑龙、马军、陈忠伟、郑土有、刘平、刘梁剑,秘书长为马军(兼)。

　　研究会第五届理事会会长杨益萍代表刚刚卸任的老同志,向研究会新班子表示祝贺,他表示将继续支持、参加研究会活动。

　　新任会长汪澜表示,新一届理事会将聚焦三个关键词"学习""传承""服务",紧密依靠研究会领导班子和广大会员,发挥各分支机构和会员的智慧和作用,共同为弘扬中华优秀传统文化作出贡献。

上海市古典文学学会举行"古代文学研究的多维拓展"学术研讨会

　　10 月 22 日,上海市古典文学学会在同济大学举行"古代文学研究的多维拓展"学术研讨会。本次活动为上海市社联第十五届(2021)"学会学术活动月"系列活动之一。来自上海市各高校、研究机构和出版单位的学会会员近 80 人参加了本次研讨会,会议由学会副会长高克勤、詹丹主持。

　　研讨会上,同济大学人文学院副院长赵千帆教授,学会会长谭帆教授分别致辞。在"学术动态交流"环节,学会选介了上海地区三项国家社科重大项目进行交流,分别是上海大学李翰报告《中国诗学研究的脱虚向实——董乃斌先生"中国诗歌叙事传统研究"简介》、华东师范大学刘晓军报告《不剥不沐、十年成毂——国家社科重大项目"中国古代小说文体研究"系列成果简介》、上海师范大学严明报告《"东亚汉诗史"研究进展及思考》。

　　主题报告环节,同济大学教授刘强作题为《〈世说新语·德行〉"名教乐地"条新解——兼论西晋清谈家乐广的玄学立场及思想史意义》的报告,他从乐广的玄学立场及思想旨趣、乐广之"乐"的思想史意义等方面,阐述了其"名教乐地"之说所具有的超越时代的价值。复旦大学教授侯体健以《〈稀见清人文话二十种〉的编纂及其学术价值论略》为题,认为《稀见清人文话二十种》集中反映出清代文话和文章学的三种特性品格。华东师范大学教授刘成国以《王安石文集在宋代的编撰、刊刻及流传再谈——以"临川本"与"杭州本"关系为核心的考察》为题作主旨演讲,他利用若干新见史料,重新梳理了王安石文集在宋代的编撰、刊刻及流传情况。上海师范大学教授吴夏平的报告题目是《唐代制度与文学》,内容涉及"制度与文学"研究范式的兴起、"制度与文学"研究成果并将自己近年来学术研究概括为从文馆制度到书籍制度。上海大学博士后杨曦的报告题目是《精思与屡改:谈苏轼创作的多重面向》,他从苏轼创作前的积累与酝酿、苏轼修改己作的三个维度、苏轼创作中多重面向的关系以及后世对苏轼天才印象的形成四个角度进行汇报。上海交通大学副教授陆岩军的报告题目为《〈张溥年谱长编〉的编撰思路及其学术价值》,他在对近百年来有关张溥研究进行概述之后,指出蒋逸雪《张溥年谱》有待推进的三个方面,介绍了《张溥年谱长编》的编撰思路及目标与价值。

　　同济大学人文学院副院长朱崇志在总结时表示,出席此次会议的老、中、青三代专家学者,充分显示了上海市古典文学领域人才济济、后继有人的强劲实力,并提出共同促进上海市古典文学研究蓬勃发展的希冀。

上海市教师学研究会举办学术论坛

10 月 20 日,"中华美育精神视域下美术教师核心素养的培养与建构"学术论坛在上海市香山中学举行,活动由上海市教师学研究会等主办。本场活动为上海市社联第十五届(2021)"学会学术活动月"系列活动之一。学会会员、上海市"双名工程"美术学科攻关基地学员和骨干教师代表 70 余人参加活动。

上海市浦东教育发展研究院院长李百艳在致辞中表示,要认真学习习近平总书记 2018 年 8 月在给中央美院 8 位老教授回信中提出的"弘扬中华美育精神"的深刻内涵,立足工作实际,努力培养一支有教育理想、有创新智慧和有责任担当的新时代美术学科名师队伍。

上海市美术学科攻关基地主持人瞿剑宛作了题为《弘扬中华美育精神 践行美术教师责任》的报告,他认为新时代美育工作必须坚持"立德树人、以美育人",要重视课程美育、活动美育、场馆美育、体验美育、环境美育的联动,紧扣时代脉搏,增强学生社会责任感,助力中华美育精神深入人心。

在基地学员微报告环节,四位学员围绕新时代美术教师应具备的关键能力和精神品格,用"四支笔"形象地概括了美术教师的核心素养。上海市静安区实验中学教师胡菲在题为《握好画笔 擦亮教师专业底色》报告中提出要彰显美术专业特色;上海福山花园外国语小学教师汤春妹在题为《勤练粉笔 彰显教师教学特色》报告中认为要聚焦美术教育阵地;上海理工大学附属中学教师顾超在题为《紧握钢笔 书写教师研究之路》报告中指出要强化美术教育研究;上海市嘉定区教育学院教师沈琪在题为《秉持心笔 强化教师教育责任》报告中强调要践行教育立德树人责任。

与会者一致认为,为更好发挥美术学科的育人价值,需要提高美术教师的专业素养和文化素质、过硬的教育教学和研究本领和独特的艺术和人格魅力,相关理论研究和实践探索具有推广意义,同时期待更多美术教师将反思精神和创新意识贯穿于日常工作中,理解美育精神,深化美育实践,更好地发挥美育功能。

研究会副秘书长兰保民在会议总结中表示,美育是审美教育、情操教育、心灵教育,也是丰富想象力和培养创新意识的教育,在弘扬中华美育精神视域下美术教师必须增强使命感和责任感,注重培养与建构核心素养,贯彻落实立德树人根本任务,推进美育工作,致力于塑造广大青少年的美好心灵。

上海市外国文学学会举行学术论坛

　　10 月 30 日，上海市外国文学学会主办的"外国文学与课程思政"学术研讨会在上海理工大学外语学院举行。本次活动为上海市社联第十五届(2021)"学会学术活动月"系列活动之一。上海理工大学副校长张华致欢迎词。学会文学与思政研究委员会副主任刘芹教授主持会议。来自全国高校 200 多位学者、教师和学生通过线上与线下相结合的方式聆听发言并参与讨论。

　　学会会长李维屏致开幕词，他指出必须以新时代高等教育"立德树人"的根本目标为指向，强调外国文学课程在习近平新时代中国特色社会主义思想指引下做好课程思政工作的必要性和紧迫性。

　　上海师范大学朱振武教授作题为"课程思政的融入性、及时性和自然性"学术报告，他认为外国语言文学文化课是以中国语言文学文化为参照，以外国语言文学文化为主要修习内容，以培养有家国情怀和责任担当的学子为旨归的学习行为，因此思辨与思政应该贯穿整个过程，但这种思辨与思政应该在自然、自如和自在的情况下进行，应该避免呆板说教、生搬硬套甚至简单僵化。

　　上海外国语大学王岚教授的主旨发言题目为"外国文学教学与课程思政的有机融合"，她感到，教师首先要树立正确价值观，在生动的文本分析过程中培养学生的使命感、责任感和高尚情操，外国文学教学要有中国视角、家国情怀和世界格局。

　　复旦大学戴从容教授以具体案例阐释了文学的社会力量，她认为，文学对于个人来说是一种自我启迪和心灵升华，对社会来说可以起到感受历史进步，关注国家和民族命运，反应人民群众心声的作用。

　　华东师范大学金雯教授以启蒙时代的情感为切入点，分析 18 世纪的人类身体如何内嵌于自然环境与历史语境，提出要辩证地看待文化多样性和文化共同体，并从中国视角出发重新思考启蒙精神。

　　上海理工大学文学文化研究所所长王影君副教授发言的题目是"大数据时代外国文学课程思政的问题探讨"，她认为，人工智能和信息技术给人类生产生活带来便捷的同时，也对人类的身心健康带来前所未有的挑战，课程思政是对抗技术异化新症候的育人途径，外国文学可以发挥自身独有学科优势，深刻揭示人类命运共同体的重大意涵。通过对比、借鉴和批判，外国文学课程思政应以深化情感体验、延承家国使命和拓展天下大义为己任，深度激发受教育者的信仰、担当和爱心，使之免于成为大数据时代的"空壳人"。

　　最后，学会副会长卢丽安致闭幕词，她对本次会议所取得的成果表示充分肯定和高度评价,并通过外国文学课程教学过程中的生动案例进一步阐释了做好课程思政的基础动因与具体做法。与会人员纷纷表示将以本次研讨会的成功召开为契机,立足外国文学教学和研究在课程思政建设中的独特功能和重要作用,深入发掘其中蕴含的思想政治理论教育资源,着力将"立德树人"、教书育人贯彻落实到课堂教学之中。

"多学科视野:建党百年与百年上海"学术研讨会在沪举行

　　10月30日,上海炎黄文化研究会、上海市历史学会、上海市哲学学会、上海市伦理学会、上海东方研究院联合主办的"多学科视野:建党百年与百年上海"学术研讨会在上海市社联群言厅举行。本次会议是上海市社联第十五届(2021)"学会学术活动月"系列活动之一。会议由上海炎黄文化研究会会长汪澜主持。来自相关学会和高校的专家学者60多人与会。

　　上海炎黄文化研究会汪澜在致辞中指出,在持续深入学习贯彻习近平总书记"七一"重要讲话精神的热潮中举行本次学术研讨会,是一件很有意义的事情。上海是党的诞生地、初心始发地和建党精神的起源地,上海近百年的城市巨变是我们党百年风雨历程的一个重要的缩影和见证,围绕"建党百年与百年上海"这一主题进行学术研讨,目的是进一步讲好党的历史、上海的历史,从多学科的角度阐扬红色历史蕴含的思想、理论、经验、成就,引导干部群众从百年党史中汲取强大精神力量。

　　上海市政协原副主席陈正兴作题为"不忘初心·牢记使命·继续奋斗·永远向前"的主旨报告,他结合自身成长和工作经历,回忆党和政府从人民的利益出发,为解决上海城市快速发展中出现的住房紧张、交通拥挤、污染严重等矛盾,根据群众呼声,坚持并加快改革步伐,终于取得显著成效的往事。一组组对比数据,生动诠释了"中国共产党人的初心和使命,就是为中国人民谋幸福,为中华民族谋复兴"的深刻内涵。

　　上海师范大学教授苏智良在题为"中共在上海建党的红色历史空间"的主旨报告中,综合分析了大量史料,论证作为中国共产党的诞生地,红色革命的历史是上海城市的重要文脉。上海建党的众多历史建筑和历史街区,是承载红色历史的重要空间。这些中共建党的初心始发地,也是独一无二的红色历史地标,形象而直观,丰富且独特,具有强烈的感召力。

　　上海师范大学教授高惠珠、上海电力大学教授李家珉的"论海派文化和党的诞生地的内在关联——以历史唯物主义的视野"报告,论证了海派文化内在的包容性、规则意识和工业文明特质为上海成为党的诞生地提供了现实可能性。

　　复旦大学教授戴鞍钢以"毛泽东和中共中央与上海统一战线——聚焦1949年上海工商界"为题发言,通过回顾历史,指出中国共产党领导的统一战线的政治优势和巨大感召力,广泛团结上海工商界爱国进步人士,同心协力迅速实现上海经济形势得好转,有力地推进了全国的解放。

复旦大学教授吴新文作题为"中国共产党对上海城市主体性的重建"的发言,他认为上海是中国共产党的初心之城,中国共产党对于上海城市主体性的重建也有着至关重要的作用,把一个光怪陆离、四分五裂的旧上海变成了一个生机勃勃、前景光明的新上海,实现了上海的浴火重生。

上海市历史学会会长章清在会议总结中谈到,各位专家学者的报告或致力于发掘党的百年历史所展现的经验与成就,或立足上海百年历史展示城市的性格和精神,或将两者结合在一起,为我们展现了建党百年与上海百年历史千丝万缕的联系,也激励我们鼓起迈进新征程、奋进新时代的精气神。

会议气氛热烈,与会者纷纷表示将以本次研讨会为契机,继续大力弘扬党的初心使命和奋斗精神,深入研究阐释党从石库门到天安门的辉煌历程、创造的精神丰碑和精神谱系,让流淌在城市血脉中的红色基因赓续相传、永放光芒。

上海市演讲与口语传播研究会举行"互联网时代人际沟通与语言艺术"学术研讨会

10月30日,上海市演讲与口语传播研究会举行"互联网时代人际沟通与语言艺术"学术研讨会。本次活动为上海市社联第十五届(2021)"学会学术活动月"系列活动之一。

研究会副会长巩晓亮以"口语传播功力与魅力人格的构建"为题作主旨演讲,他认为在当下的互联网时代,口语传播成为重要议题,其原因就在于合作已成为重要的生产生活方式,技术发展克服了口语的不足,口语也回归到了传播的核心。因此人人都需要加强自己的口语传播能力,面对镜头做好语言表达,从"清、情、请、亲"四个方面学习传播技术,提升"抓耳、明了、动情、入心"的能力,构建属于自己的魅力人格体。

研究会秘书长林毅用幽默诙谐的语言,为现场听众作题为"新媒体环境下的口语传播"的演讲。他认为,过去40多年中国家庭主要媒体发生了巨大的变化,新媒体技术把口语传播的众多不可能变成了可能,也把口语传播从小众变成了大众、从流失变成了留存、从完整变成了片段,口语传播者需要不断加强自身传播能力和传播素养,既要做好"专业的事",又要做好口语传播的教育普及,积极传播正能量。

研究会学术专委会副主任姚俊吾在发言中谈到,人类的生产生活高度依赖沟通且非语言传播也能沟通并产生共情,准确地识别微表情和身体语言,有助于在沟通中占据优势。此外,他还阐述了人工智能在口语传播领域的具体应用。

研究会高校专委会副主任陈静聚焦口语传播实践领域,围绕"网络直播中的沟通技巧",通过具体实例深入浅出地讲解了吸引注意、建立共情、挖掘需求、口头写生等实用沟通技巧。

研究会副会长郑欢对演讲逐一点评,她认为,随着媒介技术的不断进步与发展,传播者越来越多元化,口语传播的表现形式也更加丰富,因此需要准确把握互联网时代下口语传播的特征与发展规律,推动专业和行业发展。

在随后的交流研讨环节,与会专家分别从各自专业领域解读了口语传播在互联网时代的重要性,也结合自身工作实际谈了对人际沟通与语言艺术的理解。

"互联网时代人际沟通与语言艺术"学术研讨会已成功举办十余届,不仅在学术理论上深入研究,在指导实践上也有很强的针对性和有效性,对于提升口语传播工作者的能力与素养具有积极作用。

上海社会科学普及研究会举办学术论坛

　　11月2日,上海社会科学普及研究会和浦东新区区委党校共同举办了"上海市'十四五'规划与浦东引领区建设"学术论坛。本场活动为上海市社联第十五届(2021)"学会学术活动月"系列活动之一。论坛邀请全国人大代表、上海社会科学院原副院长、上海国际经济交流中心副理事长张兆安作题为"上海市'十四五'规划与浦东引领区建设"的主旨报告,从全球形势、国家"十四五"规划、上海未来发展、浦东引领区建设四个方面做了精彩解读。

　　张兆安认为,新冠肺炎疫情对全球经济造成了巨大冲击,从而导致全球经济首次同时出现了"五个下降",即增长下降、供给下降、需求下降、贸易下降与投资下降。他从五个方面深入剖析了国家"十四五"规划的核心内容,重点论述了经济增长、科技创新、数字化转型、制造业比重、粮食安全等方面的内涵与要求。

　　结合《上海市国民经济和社会发展第十四个五年规划和二〇三五年远景目标纲要》,他认为上海未来发展有几个关键词需要重点把握。一是"四大功能"——全球资源配置功能、科技创新策源功能、高端产业引领功能和开放枢纽门户功能;二是"五个中心"——国际经济、金融、贸易、航运、科技创新中心;三是三大先导产业——集成电路、生物医药、人工智能,与六大重点产业集群——电子信息产业、生命健康产业、汽车产业、高端装备产业、新材料产业、现代消费品产业;四是"空间新格局"——中心辐射、两翼齐飞、新城发力、南北转型;五是总书记交给上海的三项新的重大任务与进博会;六是"五型经济"——创新型经济、服务型经济、开放型经济、总部型经济、流量型经济;七是"四大品牌"——"上海服务""上海制造""上海购物""上海文化"。

　　对于浦东引领区建设,张兆安从五个方面论述了引领区应当如何定位、浦东干部怎样推动引领区建设等问题。一是高质量发展,重点在科技创新与产业支撑;二是高标准改革,注重改革系统集成以及与系统相对应的综合改革;三是高水平开放,在制度性开放方面走在全国前列,在临港新片区建设上取得新成就;四是高品质生活,把完善公共资源配置、提高公共服务水平、打造宜居生态环境作为核心任务;五是高效能治理,注重全生命周期的管理,提升政府治理效能。他认为引领区建设对浦东来讲即是重大机遇,也是重大责任。

"2021 教育领域信用热点问题的多学科探讨" 跨学会研讨会成功举行

10 月 29 日,上海市信用研究会、市伦理学会、金融法制研究会联合举办"2021 教育领域信用热点问题的多学科探讨"跨学术研讨会在上海社会科学会堂举行。上海市社联党组成员、专职副主席任小文,市教委政策法规处处长郁能文先后致辞。会议由市信用研究会会长、上海立信会计金融学院洪玫教授主持。

任小文表示,跨学会学术活动是市社联一直重点支持的项目。市信用研究会牵头组织伦理学会、金融法制研究会不同领域的专家学者和市教委一起组织的跨学会学术论坛针对教育领域突出的信用热点问题组织不同学科领域的专家学者展开研讨,积极努力地推进上海市教育领域的社会信用体系建设,取得了很好的成效。希望今天与会的专家学者能够充分交流想法、分享智慧,为上海教育领域社会信用体系建设建言献策。

郁能文认为,提高教育领域信用体系建设水平是推动我国社会信用体系更高质量发展的重要基础,在制度、机制、措施等很多层面有值得探讨和研究的空间。市信用研究会牵头组织的跨学会论坛围绕 2021 年教育领域信用热点问题,采用多学科、跨学会的方式进行前沿领域的探索,共同为构建上海市教育领域诚信建设长效机制提供智力支持,为教育领域信用体系建设和热点问题的解决贡献上海力量和上海智慧。

洪玫认为,教育领域是社会信用体系建设的重点关注对象。每年都有新的信用热点问题需要专家学者来研讨。近期,教育领域广泛引起社会和学者关注的信用热点问题,国家发改委"社会信用法"的研究和推进,央行"征信业务管理办法"的出台等带动对个人信用用信息的保护,信用信息安全、信用监管等问题的研讨,"双减"后校外教育培训机构出现的"退费难"等信用问题,教育领域信用信息的共享和应用,教师、学生的信用问题等都值得不同领域的专家学者深入研究和探讨。

在研讨环节,来自国内信用、伦理、法学、社会学和经济金融领域的专家学者和实务工作者,从教育信用的伦理基础、经济基础和法治基础三个主题从不同视角跨学科研讨2021 教育领域的信用热点问题。

上海财经大学人文学院徐大建教授认为,诚信教育极其重要。它不仅是信用教育和教育信用的伦理基础,而且是道德教育的核心部分,因而是政治学或治国理政的重要组成部分。目前大学的诚信教育内容只限于抽象地谈论职业道德的部分,脱离学校存在的各种具体不诚信或欺骗行为,需要大力改进。

上海师范大学哲学与法政学院王正平教授指出,真诚是人类精神生活的基础,诚信是教育诚信的基础。目前我国教育信用出现的一些问题,涉及个人教育诚信、学校机构教育诚信、政府管理部门教育诚信。要对教育信用进行道德治理,从根本上说,要提高对诚信在政治、经济、文化、教育生活中重大伦理道德作用的认识。我们不能仅仅把诚信作为个人层面的社会主义核心价值,而且要同时作为国家层面、社会层面的社会主义核心价值。诚信是全社会道德建设的基础。诚信应该成为我们新时代中国人的国民精神。在教育领域中,应当把教育诚信作为推进立德树人、教书育人的道德基石。

上海理工大学马克思主义学院刘科教授通过归纳教育诚信中的若干价值痛点指出,诚信建设的长效机制要求我们深度反思制度建设的"实践智慧"的尺度。师风师德建设的制度化是教育诚信的重要部分。师风师德的制度建设应简洁高效,才能增强参与主体的积极性,将外部制度"化"为惯性和风气,教育诚信才能转变为每个道德主体相关的价值事实。

上海对外经贸大学马克思主义学院陈伟宏教授认为,教育领域信用建设不是一个孤立的问题,而是一个涉及全社会信用体系建设的综合工程。社会的伦理道德状况是教育领域信用建设的现实环境,不能局限于教育领域来讨论教育信用,需要将教育信用建设放到整个社会的伦理道德大背景下来认识和理解。政府诚信是教育领域信用建设的伦理先导,是教育信用建设的道德标杆。教师道德素养对自身诚信提升和学生诚信培育具有重要价值,但教育领域的个人诚信不能仅仅依靠道德自律,外在的信用规则约束同样重要。

上海市伦理学会副会长、上海财经大学马克思主义学院郝云教授认为,教育领域的信用问题在于没有很好地将信用教育上升为一种共识性的价值与文化加以导向、约束和激励。当今的社会信用功利化、工具化的趋势较为明显。在追求流量经济、信用经济的时代下,出现诸如虚假慈善、信用诈骗、信用违约、信用透支等信用问题;在后真相时代的政治和文化背景下,许多人对事实的真相并不重视,粉丝流量的追求、饭圈文化的流行,使得情感相对于事实更加受到追捧而不辨真假,轻视人品和诚信价值,颜值正义代替了应有的是非观念等等。这就需要让青少年破除盲信,树立正确的诚信价值观,培养一种诚信的文化氛围。因此,教育领域要避免诚与信教育的分裂,营造一种以真与诚为基础的信用文化。

华东师范大学经济学院方显仓教授提出,由于培训机构与教育产品的特殊性、教育培训预收费乱象频发以及无固定资产投入缺乏信用保障等原因,有必要对预收费的教培机构进行信用监管。形成监管的制度化、规范化的常态机制,包括对教培机构严格定位,强化负面清单;完善信用保障机制,预收费须接受第三方存管服务和严格的保证金制度;构建校外培训机构事前、事中、事后全环节的监管机制;完善培训机构信用评价体系,实行信用分级评价和信用管理周期记分制;构建校外培训机构综合管理服务平台,实现"政府监控＋行业监测＋公众监督"一体化信用监管机制。

浙江财经大学金融学院叶谦教授认为,消费者对教育培训机构资质和教学质量存在严重信息非对称,从而产生教育培训机构因培训履约和经营不力所产生的"预付费"难以退费的纠纷。因此,应坚持分类治理、分级监管、治理效率与市场生存发展兼顾的原则,改变过于依赖于监管方外力强制对培训机构的责任履行和债务支付的执行方式,创新市场化履约保证金制度,建立培训机构信用评价机制,探索实行金融机构履约保函和支付保函方式,提高教育培训机构的预付费使用效率,节省监管资源,使得信用治理在教育培训事前、事中、事后全过程监管得到落地,从而,强化教育培训机构"预付费"行为信用治理。

上海海事大学经管学院袁象副教授认为,加强大学生诚信体系建设迫在眉睫,需要从制度建设到体制机制方面加强创新,具体包括为定期为大学生举办诚信讲座、在大学里开设诚信专栏、建立大学生诚信档案等,从根本上提升大学生的诚信意识,培养大学生的信用素养,推进全社会个人信用体系的建设。

上海师范大学全球城市研究院王宇熹副教授谈到,教师职业信用记录的是教师遵守或者违反相关职业法律法规和职业道德规范的信息和资料。高校教师职业信用体系建设,一是明确师德失范行为的界定标准的边界。二是细化师德处罚裁量基准颗粒度。三是提高师德失范行为处理结果透明度。四是构建高校教师职业信用信息平台。五是编制教师职业信用信息"三清单"。六是建立教师职业信用申诉和修复制度。七是积极推动教师职业信用地方立法。

上海华夏经济发展研究院信用研究中心主任潘文渊研究员指出,信任是教育的基本前提和重要的社会目标。教育信任危机的根源在于现代社会信任关系普遍缺乏而产生的焦虑。重建教育的信任,需要达成价值共识、认同的教育关照以及立足文化的教育制度反思与实践。教育对生命是一种渐化的过程,善待老师,信任老师;善待学生,信任学生,才能重建良好的互信关系。不以利益的眼光看待教学关系,以人本理念促进诚信教育,才能最终实在教育信任。

上海市信用研究会副会长、华东师范大学社会发展学院熊琼教授认为,教育领域的信用体系建设需要经济学,伦理学,法学和管理学等多学科理论研究基石,并在现实实践中逐步探索形成。其中,大学生信用越来越被社会所关注。如何有效规制大学生经济资助,落户等诚信行为,采取哪些必要的信用措施引导大学生,值得我们深入探讨与研究。

浙江大学光华法学院黄韬研究员谈到,在"双减"政策压力下,不少教育培训机构出现了经营困难乃至陷入破产困境的局面。而在这个过程中,极易引发争议的就是教培机构"预收款"的商业模式,一方面消费者已经支付的预付款可能面临无法取回的信用风险,另一方面预收款的模式已经成为教培行业的惯常商业模式,机构在运营过程中对其有了很大的依赖性。目前我国不少地区已经出台了相应的监管法规或措施,对教培机构预收培训费用的商业行为实施了一些严格的限制措施。在考察和分析这些监管措施的时候,我们有必要意识到,监管规则的出台要权衡好消费者保护与行业发展之间的关系,不应有偏废。

上海政法学院上海全球安全治理研究院张继红教授认为,个人信用信息是指用于识别判断个人信用状况的基本信息、借贷信息、其他相关信息,以及基于前述信息形成的分析评价信息。2021年《个人信息保护法》正式公布,强化了对包括信用信息在内的个人信息的保护。掌握学生信用信息的教育机构作为信息处理者负有更重的保护义务,只有在具有特定目和充分必要性,并采取严格保护措施的情形下,方可处理。

华东政法大学经济法学院何颖副教授表示,教育培训机构跑路潮之下,消费者退款维权难凸显出预付式消费的监管困境。收取预付费的教培机构不属于现行金融监管框架下的金融机构或"准金融机构",其向社会公众收取预付费以实现企业融资等为目的的行为虽然属于金融活动,但是并不受到相应的金融监管。这也是教育培训、健身美容等各类预付式服务机构普遍存在挪用客户预付金备付金的根源所在。提供预付式消费的市场主体,其涉众性融资活动存在信用风险、流动性风险等固有的金融风险,理应接受相应的金融监管。

上海政法学院张园园副教授认为,信用联合奖惩措施是伴随我国社会信用体系的发展推进而产生的制度描述性概念,并不是一个精确的法律概念,主要内容是守信联合激励措施与失信联合惩戒措施。联合惩戒制度固然能够有效弥补责任规则体系的不足,提高诚信治理水平,但是实践中已经出现诸多问题亟待解决。信用修复是有前提、有程序、有限度的失信整改过程。

华东政法大学张敏副教授认为,推免生选择报考的自主性带来了高校招生工作的不确定性,推免生择校失信行为时有发生。规制办法是各校推免招生系统联网,预先设置考生投报推免院校的次数。推免院校应提前细化规则,要求签署《承诺书》,并明确违反承诺的后果。教育部可制定推免招生中院校及推免生的失信行为清单,并将招生单位的推免失信行为公之于众。

上海金融法制研究会副会长、华东政法大学吴弘教授指出,教育领域的信用是社会信用的重要组成部分,在教育领域信用体系建设方面,以法规和制度为保障,将制度建设与诚信教育结合起来,发挥制度的最大效用。同时,在教育系统开展信用体系建设,是规范办学行为、净化学术风气、维护风清气正的教育教学环境的迫切需要。

上海市教委政策法规处四级调研员陆海佳认为,信用既是一种道德品质,也是一种制度和规则。教育领域社会信用体系建设的基础工作包括各类教育信用信息的归集共享和教育领域信用法规制度建设等相关工作。近年来,为了推动社会信用体系全面纳入法治轨道,信用的法规制度建设大力推进,但同时需要明确制度的边界和效用,夯实合法性基础,实现社会信用体系建设的规范化和法治化。

中国人民银行上海总部征信管理处杨阳谈到,近些年,学科类校外培训机构普遍采取预收费模式,该收费模式虽然在保证机构资金流动便利性方面发挥了一定作用,但也存在巨大风险隐患,同时,机构诱导学员违规使用"培训贷"支付培训费引发纠纷争议等问题时有发生。因此,强化教育、金融部门合作,加强预收费的制度性防范很有必要。

中国建设银行上海市分行风险管理部副总经理马静认为,资助育人是新时期资助工作的新使命。对高校家庭经济困难学生进行资助是实现教育公平、促进社会和谐的重要途径,而结合资助实施育人则是提高教育教学质量、培养优秀人才的重要措施。要增强大学生的诚信意识,加强大学生的诚信教育,普及大学生的金融信用知识,为持续推进教育领域信用体系建设营造良好的氛围。

"上海高校产教融合协同育人"研讨会在沪举行

11月11日,"上海高校产教融合协同育人"研讨会在上海市教育科学研究院召开。本次会议是上海市社联第十五届(2021)"学会学术活动月"系列活动之一,由上海市教育委员会、上海市学位委员会办公室与上海市研究生教育学会联合举办。上海市教委副主任、学会理事长毛丽娟出席并讲话,学会各理事单位代表数十人参会。

上海应用技术大学校长柯勤飞以"产教融合'双协同'研究生培养机制的探索与实践"为主题作报告,他指出产教融合正在成为提升我国专业学位研究生实践创新能力和职业发展能力的基本模式,从动力机制、运行机制和支撑机制三个视角出发在理论层面梳理了传统产教融合面临的问题,并基于此提出构建"双协同"理论。她强调,协同创新和协同育人是深化产教融合国家战略中相辅相成、不可或缺的两个方面,也是建设高水平地方应用型高校的基本途径。她以上海应用技术大学为例,展示了协同创新平台建设、跨学科导师团队建设、课程体系建设、协同创新育人、应用推广等若干方面的实践与成效,并提出了深入推进推广产教融合"双协同"研究生培养机制的发展与展望。

上海电机学院校长胡晟围绕"因'产'而生,随'产'而进——上海电机学院推进产教融合的探索与实践"的主题作报告。他谈到,学校坚持随产而进,探索培养模式,产教融合发展;坚持需求导向,开发基于行业需求驱动的培养方案及课程体系;坚持工学交替,形成理论与实践相结合、学校与企业相融合的高质量实践能力培养过程;坚持产教协同,形成多元投入合作、"三双六共同"的产教协同培养专业学位研究生模式;坚持职业衔接,量身定制高级设备监理师对接方案;坚持偕产而行,人才培养成效显著提高,社会成效明显。

上海交通大学研究生院副院长归琳从工程类专业学位硕士培养模式改革背景出发,对上海交通大学工程类专业学位硕士研究生教育改革的探索与实践作了讲解。她指出,在专业学位研究生培养模式改革背景下,上海交大大力开展研究生联合培养基地建设,加强专业学位研究生双导师队伍建设,高度重视校企联合,开启依托联培基地培养工程类专业学位研究生的新篇章。在工程类专业学位硕士培养模式改革进展中创新举措,一是成立工程类专业学位教指委,完善治理体系,二是制定专业学位硕士研究生培养模式改革方案。在联培单位遴选中,注重响应国家战略、注重服务行业需求、注重支持地方发展,在联培基地的分类和管理模式上进行创新。

东华大学研究生院常务副院长余昊围绕"双融共促四链协同培育高层次创新型复合人才"的主题,对东华大学深化产教融合促进校企协同育人的探索与实践作了汇报。他强调,产教融合作为高等教育融入国家创新体系建设的关键环节,贯通了创新驱动发展中的核心要素资源,形成了以价值链为核心的"产业链—创新链—教育链—人才链"的"四链贯通",是推动新时代高等教育内涵发展的核心机制。他详细介绍了学校推进"四链融合"的五大政策和举措,并从产教融合的科技创新能力持续增强和产教协同育人成效显著两个角度作了解读。

毛丽娟做会议总结。她以中央人才工作会议精神为切入点,结合上海近年发展,对建设高水平人才高地的重要性作了深入解读。她指出,要坚持面向世界科技前沿、面向经济主战场、面向国家重大需求、面向人民生命健康,加快把上海建设成为高水平人才高地;要尊重学生发展规律,了解学生发展需求,主动对接先进技术,创新课堂教学方式,为产教融合协同育人作出新的贡献。她希望上海各高校和行业企业共同努力,扎实推进产教融合,协同育人工作,为高层次应用型人才培养提供新模式,为上海产教融合型城市建设开拓新经验,为上海现代化产业体系的建立提供新的支撑。

上海市形势政策教育研究会 2021 年学术年会暨六届三次会员大会在上海举行

　　11 月 17 日，上海市形势政策教育研究会 2021 年学术年会暨六届三次会员大会在上海医药集团党校举行。本次会议是上海市社联第十五届（2021）"学会学术月活动"项目之一，主题是"学深悟透习近平新时代中国特色社会主义思想，推进新时代形势政策教育工作"。研究会副会长任真、常务副秘书长钟晓方分别主持了年会第一、第二阶段会议。

　　首先举行的"每月谈"讲座，由上海市注册咨询专家、教授级高级工程师郑俊镗作题为《学深悟透习近平生态文明思想，共推经济社会绿色低碳发展》的报告。郑俊镗教授系统介绍了习近平生态文明思想的意义、内涵和行动部署等。他谈到，习近平生态文明思想是习近平新时代中国特色社会主义思想的重要组成。其重要性体现在：从中国特色社会主义建设总体布局全局层面作战略调整、空间拓展。习近平生态文明思想体系博大精深、内涵丰富，以历史观大视野，明确人与自然和谐共生关系，当代与未来逻辑统一关系，经济发展与生态保护协调共进关系，蕴含可持续、全人类、生态正义、生命价值、共同体等多种思想元素，是马克思主义生态观的最新成果、中国化的时代最强音。他从专业的角度介绍了"碳达峰""碳中和""零碳排放"等相关名词。重点介绍了 2021 年 4 月，在中央政治局第 29 次集体学习会上习近平总书记作的"新形势下加强我国生态文明建设"讲话内容。其中具体对今后在全球气候治理框架下中国如何加强生态文明建设提了 28 个方面要求和任务的工作部署。

　　沈明达会长以《学习贯彻十九届六中全会精神，推动形势政策教育承优立新巩固提高》为题，作了 2021 年度工作报告暨学术年会总结讲话，就学习贯彻六中全会精神提出三点要求：

　　一要充分认识十九届六中全会召开的重要意义。六中全会是在庆祝建党一百周年的重要历史时刻和"两个一百年"历史交汇关键节点上召开的一次重要会议。全会通过的《中共中央关于党的百年奋斗重大成就和历史经验的决议》是一篇光辉的马克思主义纲领性文献，是新时代中国共产党人不忘初心、牢记使命、坚持和发展中国特色社会主义的政治宣言，是以史为鉴、开创未来、实现中华民族伟大复兴的行动指南。六中全会精神的贯彻落实，必将有力推进新时代中国特色社会主义伟大事业，必将极大促进中华民族的伟大复兴。

　　二要深刻认识"两个确立"的决定性意义。六中全会强调党确立习近平同志党中央的核心、全党的核心地位,确立习近平新时代中国特色社会主义思想的指导地位,对新时代党和国家事业发展、对推进中华民族伟大复兴历史进程具有决定性意义。要深刻领会,切实增加贯彻落实的政治自觉、思想自觉、行动自觉。

三要结合形势政策教育工作实际,宣传落实好六中全会精神。要运用好"每月谈""专题培训班""研讨座谈会"等载体,把学习好宣传好贯彻好六中全会精神作为当前和今后一个时期形势政策教育的重大政治任务,从党的百年奋斗重大成就和历史经验中汲取智慧力量,学深悟透习近平新时代中国特色社会主义思想,不断增强"四个意识"、坚定"四个自信"、做到"两个维护",不断提升形势政策教育的针对性有效性。

会上,部分会员围绕学习党的十九届六中全会精神,谈了初步的心得体会,并介绍了各自的学术研究成果。会议还对研究会先进专业委员会、优秀会员、优秀工作者作了表彰。

"语言文字事业高质量发展与上海城市软实力"学术研讨会在沪举行

　　11月21日,上海市语言文字工作者协会和上海市教科院国家语言文字政策研究中心联合举办"语言文字事业高质量发展与上海城市软实力"学术研讨会。本次会议是上海市社联"第十五届(2021)学会学术活动月"活动之一。与会专家围绕语言文化传承、语言规范、语言服务、语言资源等主题作学术报告,探讨新时代上海语言文字事业发展方略。市语协副会长刘明钢主持会议,协会理事和会员等近50人出席。

　　上海市语协副会长兼秘书长、华东师范大学副教授吕志峰以"汉字与中学古诗文学习浅谈"为题,用生动具体的讲解,分析了汉字的结构和发展演变过程,以及在古诗文用词中所起到的独特作用,强调要向中小学生教授正确的汉字知识,传承弘扬中华优秀传统文化。

　　上海咬文嚼字文化传播公司编审王敏围绕"自媒体时代的语文问题",从"网络空间虚拟现实""公众语文认知错位""文字差错泛滥成灾""语文规范总在路上"4个方面进行了具体分析,提出要深入细致地辨析字词,正确得体地使用语言,推动汉语符合规律地健康发展。

　　上海楹联学会总监、特级教师杨先国以语言文字传承为主题,从"母语亲近""文化认同""精神传承"各个层面,寻找语言文字传承的密码;从"积累素材""养成习惯""涂抹底色"等方面,打开语言文字传承的通道,并用大量的实例阐明语言是承载历史的力量,文化知识是社会发展的精神财富。

　　上海外国语大学教授柴明颎以"从译入走向译出"为题,介绍了近代以来的翻译事业的发展历程,从大量引入西方科学思想和先进生产技术的"译入",发展到今天全方位介绍中国、讲好中国故事、参与全球治理的"译出",强调要加强和完善译出类语言服务,提升文化软实力。

　　上海辞书出版社语词室主任汪惠民以《辞海》《汉语大词典》等权威辞书为例,阐述了作为文化资源和社会资源的语言资源在语言规范、语言教育、语言服务、语言治理等领域发挥的重要作用,并提出了进一步探索辞书编撰与出版、更好服务语言文字事业高质量发展的方略和途径。

　　与会专家的学术报告从汉字教学与传承、翻译服务、辞书编纂、语文应用等方面,多角度、多层次阐释了语言文字与文化、语言文字事业与文化建设、语言文字事业高质量发展与文化软实力提升的关系。与会者纷纷表示,要树立语言文字事业的"文化自觉",从中华优秀传统文化创造性转化、创新性发展的高度,自觉融入上海建设具有世界影响力的社会主义现代化国际大都市的大局,高质量推进语言文字事业,助力上海城市软实力提升。

上海市教育学会举办"2021·初中教育校园行"活动

　　11 月 14 日,"2021·初中教育校园行"活动在上海市进才中学北校成功举行,本次活动由上海市教育学会、中国教育学会初中教育专业委员会、上海市浦东新区教育局联合主办,主题为"生态育人——推进高品质学校建设"。会议以线上线下相结合的形式进行,学会初中教育管理专委会理事单位校长代表、浦东新区初中校长代表现场参会。

　　会长尹后庆在讲话中强调,提高基础教育质量的关键是回归育人本位。会议的主题"生态育人",就是强调必须要尊重人的发展规律,尊重人的生命成长的规律,简而言之,"双减"政策的根本目的就是更好地育人。"双减"背景下的初中教育改革,要更加呈现出对人的生命的关照,要注重在学生学习知识的过程中,激发学生的学习兴趣和动机,建立知识与生活的联系,解决真实情境中的问题,发现知识的应用价值以及知识背后蕴含的文化精神,从而体现学科教学的育人价值,给学生的生命成长带来持久的动力。

　　上海市浦东新区教育局副局长陈斌在致辞中指出,浦东新区作为上海首个区域教育综合改革创新示范区,在"双减"背景下,更应做先行者,坚持落实教育优先发展战略,注重强化学校教育主阵地作用。

　　上海市进才中学北校校长金卫东以"田园养正　生态育人——推进高品质学校建设的思与行"为题,分享学校的办学思想、办学特色。他指出,学校聚焦于两个维度:一是通过文化建设来积淀文化底蕴;二是通过探索特色助力师生打造攀登高峰的"天梯"和"通道",初步形成了"田园养正　生态育人"的教育主张和教育追求,为高品质学校建设奠定基础。

　　在接下来的"面向未来·初中教育高质量发展"校长论坛环节,四位校长围绕"'双减'背景下初中学校高质量发展行动——教与学变革"的主题,分别进行主题发言。

　　上海市风华初级中学校长堵琳琳以"素养导向下的教学方式变革:初中学科实践性学习活动的体系建构与课堂实施"为题,分享了学校在课堂提质方面的经验和探索:编制学科实践性学习活动图谱,提升教师课程理解;模态构建,将教师课程意识"转化"为学生学习经历;全面保障,提升实践性学习活动常态化实施水平。开展具有真情境、低结构、易嵌入、深融合特征的实践性学习活动。

　　上海市大同初级中学书记、校长张雷鸣以"聚焦作业设计　团队合作赋能"为题,从作业的设计、实施和评价三个方面进行了分享交流。他指出,作业要立足课标,系统设计;要立足学情,分层设计;要立足生活,基于真实情境设计。打造特色学科组,加强作业设计的有效性;变革教学模式,加强作业设计的针对性;开展跨学科项目研究,形成作业设计的特色化;搭建线上作业平台,实现作业资源共建共享。

　　上海市延安初级中学校长许军以"落实'四则管理' 推进增效减负"为题进行了分享交流。他提出要"统筹兼顾,系统设计,丰富内涵,促进成长"十六字工作总原则,作为细化下一阶段工作预案的方针和指引。做好"加减乘除"四则管理,精准定位"减负"目标。同时强调要理顺三对关系,即"校内与校外"的协同关系,"课内与课外"的整合关系,"共性与个性"的融合关系。

　　上海市进才实验中学书记、校长,进才实验中学南校校长杨龙以"'双减'背景下教与学的变革在路上——从开发'学的内容'到研究'学的方式'"为题作了主题发言。他强调既要关注校本课程建设,开发学生"学的内容"。又要基于核心素养培育,研究学生"学的方式"。开展小组合作学习的教学实践,集中体现在学生学习方式的变革给课堂带来的变化上;构建更为多元、开放、包容的课堂教学文化,拓宽"学"的途径,营造更广阔的学习时空,总结提炼出十一种学习方式。

　　本次会议对于贯彻全国教育大会精神,落实有关文件精神,贴近一线学校实际,发现和总结初中教育教学中的典型案例,为初中学校搭建展示与交流的平台,全面提高初中教育质量,推进高品质学校建设,具有重要的促进作用。

哲学、史学

上海市逻辑学会召开第十二届会员大会暨"逻辑词的当代研究"学术研讨会

　　1月9日,上海市逻辑学会在上海大学召开第十二届会代表大会,进行换届选举。上海大学党委副书记、纪委书记段勇出席会议并致欢迎辞。他指出,逻辑学作为基础性科学,在人类理性文明发展中,具有不可或缺的理论魅力与应用价值。教育部公布的"关于在我国全民普及逻辑知识的建议"答复,体现逻辑知识教育在我国人才培养体系中的作用越来越受到重视。他期待通过本次大会的召开充分展现逻辑的科学精神与人文智慧,并预祝大会取得圆满成功。

　　大会审议并通过了学会第十一届理事会工作报告、财务报告和新的章程,选举产生了新一届学会理事和监事。在随后召开的第十二届理事会第一次会议上,与会理事选举产生了新一届学会领导班子,宁莉娜当选会长,黄伟力、晋荣东、张留华、陈伟、缪四平为副会长,晋荣东兼任秘书长。

　　新任会长宁莉娜首先对上届会长冯棉及其领导的理事会对学会发展做出的贡献表示感谢。她表示,新一届理事会将继承和发扬学会的优良传统,广泛团结理事会员,锐意进取、遵章守纪、担当责任,加强逻辑学的学理研究与知识普及,为推进逻辑事业在上海的发展壮大而努力。

　　由上海市逻辑学会主办,上海大学社会科学学部(筹)、马克思主义学院、哲学系承办的"逻辑词的当代研究"学术研讨会同期举办。来自复旦大学、华东师范大学、华东政法大学、上海交通大学、上海大学、上海师范大学、东华大学等高校及其他单位的学会会员参加了本次会议。研讨会由副会长黄伟力主持,副会长张留华作题为"逻辑词的意义问题"的学术报告,与会人员围绕报告展开了热烈研讨。

上海宋庆龄研究会、上海中山学社等联合举办"孙中山与辛亥革命"线上青年论坛

2021 年是中国共产党成立 100 周年、辛亥革命爆发 110 周年、孙中山诞辰 155 周年。9 月 10 日上午，由上海宋庆龄研究会、上海中山学社等单位联合举办的"传承辛亥精神，助力复兴伟业——孙中山与辛亥革命"线上青年论坛顺利召开。

此次论坛分上海、广州、中山、武汉四个会场，采用线上线下相结合的方式。上海市孙中山宋庆龄文物管理委员会业务处（研究室）处长（主任）、上海宋庆龄研究会秘书长黄亚平主持。上海市十四届人大常委会副主任、上海宋庆龄研究会会长薛潮，中山大学历史学系副主任安东强教授分别致辞；上海社会科学院历史研究所研究员、中国史学会原副会长熊月之作主旨报告；上海中山学社副社长、复旦大学历史学系教授、博士生导师戴鞍钢作总结。

薛潮指出，本次青年论坛是在中国共产党百年华诞和"两个一百年"奋斗目标历史交汇点的关键节点举办的一次学术论坛，具有三个方面的积极意义：一是以青年学术交流的形式共同纪念辛亥革命 110 周年。在新时代纪念辛亥革命，缅怀孙中山等革命先驱致力振兴中华的光辉业绩，对于发扬爱国主义精神，实现中华民族伟大复兴的中国梦，有着十分重要的意义；二是由四座城市联合打造青年论坛学术研究平台的特殊意义。本次论坛通过馆际、馆校、馆所、馆社之间的合作，实现七个联合举办单位的联手，这样的联手，不仅有历史分量、学术分量，更有合作成果；三是青年论坛着眼创造学术土壤和研讨氛围，给青年学者们有空间、有历练、有平台、有机会。他表示，这次论坛体现出"青年视角，专家引领"的特点，专家的支持、参与和点评能给青年人更多的启发和鼓舞，激励和鞭策青年研究人员有更好的学术精进。

安东强认为，此次青年论坛是中国共产党成立 100 周年、纪念辛亥革命 110 周年之际举办的一次别开生面的学术会议，必然在孙中山研究史上留下重要意义。他指出，中山大学系孙中山先生亲手创立，通过几代学人的付出和努力，孙中山研究已成为中山大学人才培养和学术研究的重要方向。他表示，这次四地联合成功举办的青年论坛必将激励青年研究人员取得更多学术成果。

熊月之在主题为《孙中山的世界眼光与文化自信》的主旨报告中指出，孙中山生活的时代处在中华民族历史发展的低谷，但孙中山坚信中华民族的复兴是一定会实现。他认为，孙中山先生的民族自信来自三个方面：一是对世界文明有整体性了解；二是对世界发

展势头有乐观性判断;三是对中华民族价值有清晰的认知。孙中山宏大的世界眼光、深厚的历史知识,使他能看到中华民族在世界文明中的独特价值,看到中华民族的振兴系潮流所向,不可阻挡。

戴鞍钢在总结中指出,本次青年论坛的主题学术性、时代性鲜明,实现中华民族伟大复兴是孙中山等革命先驱努力追求的目标,也是当代青年承担的重要责任和使命。他认为,本次论坛在辛亥革命相关史实的梳理、辛亥革命后续问题的研究、辛亥革命相关人物研究、文博文物史料研究等选题领域,内容有新意、交流有亮点。他鼓励青年学者要关注重要的纪念性时间节点,继续拓展新的学术视野,追求学术研究的最前沿。

交流环节在上海、广州、中山、武汉四个会场依次进行,每个会场有 3 名青年学者进行论文交流。本次青年论坛共征集论文 35 篇,围绕孙中山的革命活动、革命思想、与历史人物的关系等诸多问题上展开有深度、有广度的分享与探讨。

"建党百年与史志文化"论坛在沪举行

中国地方志指导小组办公室在贺信中指出,"百年来,在党的领导下,上海市地方志工作者以强烈的责任感、使命感,甘于奉献,锲而不舍,为国家创造出一笔巨大的精神文化财富。约1.8亿字的上海市第二轮志书,全面记录了1978年以来上海自然、政治、经济、社会、文化发展状况,完整展现了上海的改革开放史。"上海二轮志书,共218部,是全国省级志书平均部数的3倍,覆盖面之广,参编人数之多前所未有。年鉴与地方史作为地方志重要组成部分,百年来也得到长足发展。

市社联党组书记、专职副主席王为松表示,本次论坛的举办,对推动史志文化宣传推广,促进社科事业发展具有重要意义。希望上海市地方史志学会进一步提升政治站位、把好政治方向,坚持党史姓党、方志为党,把学习贯彻习近平总书记讲话精神转化为指导史志工作健康发展的政治自觉和行动自觉,切实做好党史理论成果转化和地方志资源开发利用,深入挖掘、传承、创新上海红色文化和传统文化,为厚植城市文化软实力之基、助力上海经济社会高质量发展做出新的更大贡献。

浙江省地方志办公室副主任章其祥就史志发展作了回顾。他认为,我国早在战国时期已有地方志的萌芽,秦汉以后逐步发展和充实,到宋代体制已臻完备,明清是编纂地方志的鼎盛时期。民国时期由于战乱,修志不多,但修志没有间断。宋元以来,历代保存下来的旧志有8000余种、10多万卷,约占全国现存古籍的十分之一,不仅对中华文化的兴衰、存续有着重要价值和深远意义,也是全人类珍贵的历史文化遗产。

上海市委党校常务副校长徐建刚认为,治天下者以史为鉴,治郡国者以志为鉴。志书不但有存史功能,而且有育人、资政作用。一个有作为的领导干部都会读志、用志,重视发挥史志作用。战争年代是这样,新时代更需要这样。

安徽省委党史(地方志)研究院副院长吴静谈到,丰富的地方志资源成为推动社会经济发展的重要生产力,地方志具有丰富的文学价值、旅游资源开发价值等,可谓百科全书。地方志为一些诗文提供了有效的载体,使一些弥足珍贵的作品得以流传至今。唐代著名诗人李白在《早发白帝城》中就有与《水经注》中有关描写有异曲同工之妙;还有像陶渊明的《读〈山海经〉十三首》同样取材于《山海经》;现代著名作家萧军的长篇巨著《吴越春秋史话》,根据的材料也来自"地方志鼻祖"《越绝书》以及《吴越春秋》等。

上海市委党史研究室主任严爱云提出,中国共产党自诞生起就重视史志文化,史志文化完整记录着上海城市发展的红色记忆,为赓续红色血脉、弘扬城市精神品格提供借鉴,为讲好红色故事、传承红色基因提供支撑,"红色文化是涵养引领上海城市精神的宝藏,中国共产党孕育、发起、诞生、出征过程中凝结的伟大建党精神,是红色文化的起点。百年以来,我们党不懈奋斗、积极进取、铸就的精神谱系,在上海史志文化中有着充分的体现和生动的阐释。"

上海市地方志办公室党组书记、主任洪民荣认为,党的十八大以来,全国地方志事业迎来了千载难逢的发展机遇。习近平总书记强调"要高度重视修史修志"。李克强总理作出批示:"修志问道,以启未来。"上海地方志已建成办、所、馆、会四位一体组织架构,着力打造志库、智库、知库"三库"。

上海社会科学院研究员、中国城市史研究会会长熊月之谈及"要在五城建设中重视梳理上海文脉"时提出,上海城市的主色调是国际性、现代性、都市性,中国历史文化资源对上海城市特别重要,嘉定、青浦、松江、奉贤与南汇这五城,是上海城市在传统文化方面的主要承载地,"在新城建设过程中,对这些地方的历史文脉,包括历史遗址、遗迹,需要大力发掘、梳理、研究与弘扬,使这些资源成为上海文化地图中心的亮点"。

中国地方志指导小组成员、复旦大学历史系教授巴兆祥呼吁,要加强史志文化理论建设。地方志从私人撰修到官修,从民间自发到国家统编,从一本书到志、史、鉴多业并举的地方志事业,应该说史志文化在不断进步,但与社会发展形势还不相适应。至今没有一部地方志法,学科建设也比较滞后,需要史志工作者大声疾呼,需要各级政府高度重视。

上海市地方志办公室副主任姜复生提出,要重视对志书的开发利用,编纂以志书为基础的普及性、趣味性通俗读物。近年来,上海地方志办公室组织编印的《上海通志》《上海六千年》及上海地情普及系列丛书等,深受读者喜爱。

上海市青年运动史研究会召开第三届"俞秀松与中国革命"学术研讨会

　　10月26日,由上海市青年运动史研究会举办的第三届"俞秀松与中国革命"全国学术研讨会在上海团校举行。本次会议是上海市社联第十五届(2021)"学会学术活动月"项目之一,上海市青年运动史研究会会长、上海团校副校长张恽主持开幕式。

　　上海市中共党史学会会长忻平,共青团上海市委挂职副书记、上海团校党委书记、校长戴冰出席会议并致辞。中共中央党史研究室原副主任章百家、中共中央党史研究室原研究员李蓉、张太雷外孙冯海龙将军、共青团中央青运史档案馆馆长胡献忠、市委党史学习教育第三巡回指导组有关负责同志和相关领域的专家学者参加会议。

　　戴冰在致辞中指出,2021 年是建党 100 周年,2022 年是建团 100 周年,本次论坛的举办是向光辉历史、伟大精神和先锋力量的致敬。上海团校作为团属政治院校,将始终坚定政治学校和红色学府办学定位,贯彻落实习近平总书记在党史学习教育动员大会上强调的要求,抓好青少年学习教育,将优秀文化传统和革命精神作为开拓未来的丰富资源和不竭动力。上海团校在今年先后成立了"上海共青团俞秀松研究中心",落成了以展示建党建团早期先锋人物精神为内核的先驱广场、矗立起信仰之环和俞秀松烈士塑像,举办了"新时代高水平团校建设"全国性主题校庆论坛。上海团校将继续深化围绕"俞秀松和建党建团青年先锋革命事迹",阐释好宣传好伟大建党精神,赓续红色血脉,传承红色基因,加强团青干部和团员青年党史学习教育,建设党在青年工作领域特色鲜明的政治学校。

　　忻平在开幕式上作题为"俞秀松对伟大建党精神的培育与传承"的发言,他认为,伟大建党精神形成于伟大建党过程之中,俞秀松是建党先驱中的重要一员;伟大建党精神体现在伟大建党先驱们的身上;伟大建党精神是中国共产党的精神之源、力量之源。他指出,全面研究建党先驱主导的建党过程,可以准确把握伟大建党精神形成于伟大建党过程的一致性特征,可以更加深刻地认识建党历程中孕育的红色基因和血脉根基。上海是建党先驱们进行伟大斗争的理想之地,是俞秀松烈士曾经生活过、奋战过的地方。我们应不忘初心、牢记使命,赓续红色血脉,把伟大建党精神发扬光大。

　　专题研讨阶段,与会专家围绕"俞秀松与伟大建党精神""俞秀松的革命实践及其精神""学习弘扬俞秀松的革命精神"等专题,深入研究和学习中国共产党早期无产阶级革命家、中国共产党成立发起人之一、中国社会主义青年团创始人俞秀松烈士的崇高理想信念和革命精神,推进党史学习教育,弘扬伟大建党精神。

　　华东师范大学俞秀松研究中心主任、教授丁晓强作会议总结。他表示,在建党 100 周年召开本次研讨会适逢其时,本次研讨会研究史料更全面,研究思路有创新,研究方法更多样,研究内容更丰富,必会将俞秀松研究推向新阶段。

"伟大建党精神与新四军铁军精神"学术研讨会举行

为庆祝中国共产党百年华诞,深入研究和大力弘扬伟大建党精神,进一步讲好中国共产党的故事,讲好新四军的故事,探讨伟大建党精神的育人功能,上海市新四军历史研究会和华东师范大学马克思主义学院联合举办了"伟大建党精神与新四军铁军精神"学术研讨会。本场活动是上海市社联第十五届(2021)年学术活动月系列活动之一,来自高等院校、新四军纪念馆的 50 多位专家学者参加了会议。

市社联党组书记、专职副主席王为松,华东师范大学党委书记梅兵,市新四军历史研究会常务副会长张云分别致辞。与会学者围绕伟大建党精神的逻辑层次和现实意义、伟大建党精神的育人功能、铁军精神的基本内涵和逻辑生成、建党精神与铁军精神的关系等问题展开深入讨论。

王为松表示,铁军精神起源于光荣的北伐时期,践行于不朽的抗战岁月,传承于艰苦的建设阶段,弘扬于伟大的改革开放新时代。听党指挥,铁的信仰;报国为民,铁的担当;逆境制胜,铁的意志;集中统一,铁的纪律是对铁军精神的精确描述。铁军精神在上海的解放、建设、改革开放的每一个阶段,每一个步骤发挥了重要的作用。铁军精神是伟大建党精神光辉而生动的写照,也是中华民族宝贵精神的重要组成部分。

梅兵认为,中国共产党领导下的新四军将士在华中敌后战场英勇杀敌,屡建功勋,铸就了铁军精神。对党忠诚、听党指挥是铁军精神的灵魂;英勇作战、不怕牺牲是铁军精神的核心;顾全大局、敢于担当是铁军精神的本质;意志顽强、纪律严明是铁军精神的基石。铁军精神是中国共产党人精神谱系的重要组成部分,是伟大建党精神在华中敌后抗日战场的具体体现和丰富发展。

张云认为,中国共产党百年精神谱系中尽管因时因地因人因势的不同,所反映的精神的形态各异,但思想本质、精神的内涵、政治品格、理论的特征是一脉相承的。这些宝贵的精神财富跨越时空,历久弥新,集中体现了伟大建党精神的发扬光大,是伟大建党精神延伸的光辉结晶。

在主题发言环节,上海新四军历史研究会会长刘苏闽,上海新四军历史研究会名誉会长阮武昌,解放军总政治部原副主任童世平先后发言。

刘苏闽认为,新四军铁军精神是党和人民军队传统的革命精神与新四军抗战具体时间相结合的产物,是伟大建党精神的发扬光大和鲜明运用。他将铁军精神概况为 5 个方面:听党指挥、坚守信念的军魂意识;忠诚使命、救国为民的宗旨情怀;英勇善战、奉献牺牲的钢铁意志;团结一致、严纪守法的优良传统;艰苦奋斗、务实创新的进取精神。铁军精神具有超越时空的强大生命力,时代向前发展,精神永葆青春,铁军精神永放光芒。

在阮武昌看来,新四军是党领导的武装力量,是执行党所赋予的各项任务的武装集团。体现着新四军精神风貌的铁军精神,与建党精神是一脉相承的,是建党精神的重要谱系。也因此,"今天我们在深入学习建党精神的时候,便紧密结合着铁军精神来进行学习,让这两个不可须臾或缺的精神血脉代代相传。"

童世平对如何深入建党精神作了阐述,他认为一是要研究伟大建党精神在我们精神谱系当中的地位和作用。伟大建党精神是一个纲,又是一个核,是中国共产党整个精神谱系的精神要义。二是要紧密结合党的百年伟大历程和伟大实践展开研究。这是因为伟大建党精神是实践的产物,同时又指导实践。三是要研究伟大建党精神的核心。核心可以概括为立党为公,服务人民。四是要聚焦伟大建党精神的当代价值和现实意义研究的重点。

在交流研讨阶段,华东师范大学教授齐卫平、丁晓强,上海交通大学教授张远新、陈挥,复旦大学教授周晔,上海理工大学教授杜仕菊,上海工程技术大学教授于凯,上海立信会计金融学院教授徐光寿,上海商学院教授陈志强,《解放日报》栏目主编王多,新安旅行团纪念馆馆长顾学让,茅山新四军纪念馆馆长孙志军等分别从多个角度谈了对伟大建党精神和铁军精神关系的认识。

齐卫平认为,"建党精神"既是一个历史概念,又是一个贯通历史、现实、未来的综合概念,伟大建党精神在中国共产党人的精神谱系中不仅是居于首位的,而且是排在上位的,是中国共产党的精神之源。伟大建党精神既是重大的理论研究命题,也是重大的实践命题。

丁晓强认为,铁军精神在叶挺独立团时期就已经孕育。铁军精神"铁的信念,铁的意志,铁的团结,铁的纪律,铁的作风"五个方面非常简单明了。他认为,对党忠诚,听党指挥应该是铁军精神的第一精神;为民服务,为民奉献则是铁军精神的基本精神;英勇奋斗,果敢担当是对铁军的最好说明;统一战线和民族团结是铁军精神最鲜明的特点;铁军精神中还有一个重要内容,就是以智建军,文化强军。

周晔以"学习习近平总书记给'90后''00后'两个群体的重要回信,培养党的精神谱系忠实传人"为题,阐述了伟大建党精神的育人功能,寄语青年继续讲好中国共产党故事,不忘初心,牢记使命,坚定理想信念,要求青年学好马列主义,增强做中国人的志气、骨气、底气。

杜仕菊认为,"不负人民"是马克思主义政党的内在要求。这是它的理论基础,即人民群众是历史的创造者的观点。同时,"不负人民"还是中国共产党一以贯之的价值理念。这是它的历史逻辑。党的百年奋斗史,就是一部中国共产党人矢志为人民谋幸福的历史。要做到"不负人民",就要践行以人民为中心的发展思想。这是它的实践逻辑。即"不负人民"不能仅仅在口头上,更要表现在实际工作中,要尊重人民的首创精神。

于凯认为,在伟大建党精神的引领下,中国共产党找到了一条中国式现代化新道路。坚持真理、坚守理想是中国式现代化新道路方向的保证,体现了马克思主义理论巨大的思想力量。践行初心、担当使命,体现了中国共产党踏实、务实的实践探索精神。不怕牺牲、英勇斗争,为中华民族伟大复兴提供了源源不断的精神动力。对党忠诚、不负人民,是中国式现代化新道路的价值遵循和组织保障。

　　徐光寿认为,中宣部公布的第一批精神谱系有 46 种精神,可以分为五个类型。第一个类型是伟大建党精神,第二个类型是 16 种革命精神,第三个类型是 11 种建设精神,第四个类型是 9 种改革精神,第五个类型是 8 种新时代的精神。

　　陈志强认为,要将伟大建党精神体现的共性贯穿于思政课教学的全过程。华东师范大学郝宇青教授认为,今天弘扬伟大建党精神,也与一系列弱化、虚化、边缘化党的领导的情况有关,也就是说伟大建党精神的提出有着很强的现实针对性。

　　王多认为,伟大建党精神的四个方面逻辑非常清晰,一是坚持真理和坚守理想,这是从思想和理论高度的认识。二是可以从实践层面对践行初心、担当使命加深认知。三是要从对外层面上认识不怕牺牲、勇于斗争。四是从对内层面上认识对党忠诚、不负人民。

上海市中共党史学会等联合主办"伟大建党精神的深刻内涵和时代价值"青年论坛

　　11月5日下午,上海市中共党史学会等联合主办"伟大建党精神的深刻内涵和时代价值"青年论坛在上海社科会堂举行。相关领域的专家学者和青年才俊等30余人出席论坛。

　　上海交通大学马克思主义学院党委书记董玉山指出,召开本次青年论坛对深入贯彻习近平总书记"七一"重要讲话精神,弘扬光荣传统、赓续红色血脉具有特别意义,要更好地从伟大建党精神的发展历程中汲取智慧和力量,提高党建科学化水平,提升马列·科社及党史党建等学科的研究水准。他强调,上海是中国共产党的始发地,也是伟大建党精神的起源地,有125年办学历史的上海交通大学也满载伟大建党精神的红色基因,交大学生为上海解放、新中国的成立,做出了时代青年应有的贡献。

　　市党史学会会长忻平表示在中国共产党成立100周年之际,研究伟大建党精神具有重要意义,我们要以伟大建党精神统领党的精神谱系,推动伟大建党精神研究新高度。上海有着党史研究的富矿,也是党史研究的重镇,从社会主义青年团到渔阳里共产主义小组再到伟大建党精神的实践都是在上海形成。中共四大提出"支部",中共五大设立监察委员会,俞秀松的家人在海外发现《工人之路》刊物等也为党史研究提供了重要的史料和依据。在新时代的背景下,依托上海特殊的地理位置和历史条件,青年人要在党史研究成果和教育方面不断努力,多去研究相关课题,成为具有上海特色的党史专家。

　　会议主题发言分为上下两个半场。同济大学马克思主义学院副教授刘顺以"伟大建党精神的政党逻辑及世界价值"为题,认为伟大建党精神是中国共产党自身奠基发展壮大的一种历史自觉、能动创新和实践理性,其本身就贯穿着"政党起源—政党功能—政党意志—政党认同"式政党逻辑,蕴含着共时性横向化的广阔世界价值,为世界其他政党提供"长期执政"的重要镜鉴启迪。

　　上海交通大学马克思主义学院讲师贾微晓作了题为"建党精神的文化意义——论建党文化的内涵与构成"的主题发言,从理论高度解读建党精神与建党文化的内涵与逻辑联系,并从文化内涵、元素、表现、本质四个方面详细论述了建党文化的构成。

　　上海交通大学马克思主义学院助理教授马楠以"建党精神如何融入中国近现代史纲要教学"为切入点,认为"纲要"课在应对历史叙述之挑战时关键是教者和被教者双方都要建立起应有的"历史崇高感",进而阐发融入"纲要"课需从伟大建党精神的信仰力量、践行精神、品格彰显三方面着力。

徐汇区委组织部、党史研究室沈萍以"流量时代以伟大建党精神把稳思想之舵"为题，从接地气、重实践、讲创新三方面叙述创新理论同群众语言、实践需求、创新方式结合的必要性，并结合基层工作经验论述在向基层群众宣讲时要以伟大建党精神掌控好流量时代发展之"舵"。

上海大学马克思主义学院博士生杨阳从"弘扬伟大建党精神全面推进党的建设"角度论述伟大建党精神和党的建设两者间互为表里的高度契合，进而提出伟大建党精神引领新时代党的建设伟大工程需从动力支撑、路径指引、创新机制三方面着手。

上海交通大学马克思主义学院讲师魏旭作了题为"伟大建党精神是中国人精神上由被动到主动的转折"的主题发言，并就重塑现代化探索的精神风貌、明确推动民族复兴的进取方向及注入开展社会革命的不竭动力三大模块展开论述。

上海交通大学马克思主义学院讲师魏华以"推动伟大建党精神融入'大思政课'育人格局"为题作交流发言，他认为准确讲好"大思政课"应通过伟大建党精神构筑"大思政课"思想高地、引领"大思政课"育人力量、激发"大思政课"育人方向三方面入手，以此破解新时代实现思想政治教育高质量发展的精神密码。

华东师范大学马克思主义学院讲师张仰亮系统阐述了"建党精神的研究现状、拓展空间及其时代价值"，他认为尽管建党精神的主要内容和时代价值等问题研究取得了不少的成果，但还存在一些进一步深入探讨的空间，并阐发了大力传承和弘扬"建党精神"的极端重要性。

上海交通大学马克思主义学院助理教授李瑞奇以"伟大建党精神的审美意蕴"为切入点，论述了伟大建党精神所蕴含的信仰之美、价值之美、品格之美、道义之美，并从历史与逻辑相统一的角度，阐释了伟大建党精神的生成逻辑。

上海交通大学马克思主义学院讲师赖锐以"时空视域下的伟大建党精神与中国共产党精神谱系构建"为题，他从历史地理学的角度切入，生动阐述伟大建党精神与党的精神谱系在不同时期的空间视域下经历的四次飞跃，是一个由点、线、面到新时代走向世界的历史过程。

上海交通大学马克思主义学院讲师黄龙以"建党精神是中国共产党精神谱系的源头活水"为题，他认为建党精神作为中国共产党精神谱系之源，在中国共产党的各个历史时期都有展现，并得到验证及丰富发展，并详述了建党精神的四个方面内容在新时代条件下的充分表达和鲜活展现。

上海交通大学马克思主义学院博士生孔亮以"认同、引领与探略：伟大建党精神之于高校思政的三重审视"为题作交流发言，她从政治、理论、文化三重认同阐述伟大建党精神融入高校思政的亟需性，并从对理想信念、文化传承、斗争精神和青年使命的引领论述二者间的相符性，进而详述通过基础性的第一课堂和第二课堂以使二者融入更加全面、深入和持久。

上海交通大学马克思主义学院教授高福进作会议总结，他对青年学者的发言高度赞赏，将学者发言凝练为四个方面，一是伟大建党精神的内涵探究，二是伟大建党精神如何融入思政课探赜，三是伟大建党精神与建党文化关系探讨，四是伟大建党精神的大众化传播探析。

　　与会专家表示，在中国共产党百年华诞召开此次青年论坛具有深刻意蕴和实践价值，论坛从政治高度、历史维度、理论深度、实践效度四个维度深入探讨了伟大建党精神的深刻内涵和时代价值，研究范围不断深入、细化和拓展，将伟大建党精神的研究推向一个新的台阶。

上海市世界史学会举行 2021 年学术年会

11 月 6 日，上海市世界史学会 2021 年学术年会暨第十六届青年论坛与第七届教学论坛在华东师范大学举行。本次年会的主题是"文明互鉴与跨国交流"。来自复旦大学、华东师范大学、上海大学、上海师范大学、上海社会科学院、上海交通大学等高校、研究机构的 60 余位专家学者和青年才俊出席大会。

学会会长、复旦大学历史学系向荣教授回顾了近一年上海市世界史学科的发展状况，对华东师范大学认真组织本次年会、各位老师和同学热切支持表示感谢。学会秘书长、复旦大学历史学系金寿福教授作学会工作报告。

华东师范大学历史学系沈志华教授作题为"谈谈冷战起源与德国问题——最近研究的几点体会"的主题报告，从经济冷战角度探讨冷战起源，提出美苏战后对德政策的根本出发点是出于对战后赔款等经济方面的考量。

学会副会长、上海社会科学院历史所所长郭长刚教授作题为"全球史视域下的百年未有之大变局"的报告，系统阐释了西方主导的世界秩序的崩坏动因，以及中国在百年未有之大变局中的重要地位与角色。

复旦大学历史学系孙遇洲博士聚焦"冷战史新研究"语境下的中非现代关系史"，梳理了苏联解体后冷战史新研究背景下的第三世界研究，认为多元叙事的中非关系史需进行多样考察互动。

华东师范大学历史学系郝江东副教授从中、苏两国两党层面介绍东北抗联教导旅的整编、发展和建制，分析了东北抗联教导旅组建过程中的苏联因素。

上海师范大学张瑾副教授在围绕非洲水权的祛魅与旁落——19 世纪欧洲殖民扩张与非洲资源控制权的易手，讨论了"水"在非洲传统社会精神和自然中的重要属性。

上海大学刘招静副教授在"跨学科视阈中的欧洲中世纪经济伦理研究——基础、问题与前景"报告中从观念理论、经济学、心态、法学等多学科角度详细介绍了中世纪教会的经济伦理塑造。

上海交通大学杨婵副教授以英国政府对二战远东英侨的政策为例，指出英国政府在二战时期及战后对远东英侨并非不闻不问，不过囿于多种因素英国政府的自身限制等，导致英国政府举措多不尽如人意。

本届年会是上海市世界史学界的一次盛会，既推动了各高校机构世界史学科的合作互鉴，也促进了世界史研究的交流对话，更带动了世界史深入中学课堂一线，对国内世界史人才的培养、学科的建设与发展都产生了积极意义。

上海周易研究会举行 2021 年度学术年会

11 月 6 日，上海周易研究会年会暨学术研讨会在上海社科院召开。本场活动作为上海市社联第十五届（2021）"学会学术活动月"的活动之一，由研究会副会长、复旦大学中文系谢金良教授主持。来自复旦大学、华东师范大学、同济大学、上海交通大学、上海财经大学、华东理工大学、上海理工大学、上海古籍出版社、上海书店出版社、上海图书馆和上海社科院等单位的专家参加了会议。

同济大学人文学院谷继明副教授作了题为"海昏竹书《易占》初探"的发言。他指出《易占》的每一卦都对应"某方某数饺某方某数"，并且根据数字排布规律，可以订正释读者的补文。"某方某数饺某方某数"是一个将东南西北四方各分为十六度，每卦占八度，两卦对应一方，一周六十四度以对应六十四卦的方位系统。"饺"即"交"，其意义与两个六十四度数的盘转动对应有关。这个六十四方位系统可以实现天（时间）与地（空间）的统一。不管是六十四方位，还是十六时，在与卦相配时还要考虑到上下经三十与三十四的偏差。由此可推，《易占》的具体占筮技术也当是蓍占与式法的结合。

复旦大学哲学院何益鑫副教授作了题为"周易卦爻辞叙事研究"的发言。从《周易》自身的系统性特征出发，重构卦爻辞背后的历史叙事。他认为，《周易》的历史叙事，源于卦爻辞的内部结构，具有自身独立的意义。因此，它既可以与已知的历史记载相互印证，又可以纠正现有的错误认识，甚至可以发现一些已被遗忘的历史故事。更重要的是，《周易》历史叙事的系统性，为殷周之际历史世界的整体重建搭好了基本的框架。

上海交通大学马克思主义学院王金凤副教授作了题为"'意义的有效'及其方法论考察——以胡瑗的《周易口义》为例"的发言。她认为，胡瑗的《周易口义》对"人事"具有强烈关注，而其典范意义具体表现为解释取向的预设性、体例形式的趋同性两个特点。《周易口义》因为具备"意义的有效"而得到宋代理学家的普遍接受和认同。与现代逻辑学"逻辑的有效""实质的有效""修辞的有效"等有效性评判不同，"意义的有效"能够为中国经典诠释的有效性判断提供更为适合的标准，也对以经典诠释为向度的当代儒学哲学化工作具有积极的启示。

年会最后，研究会会长、上海社科院哲学所终身研究员周山对 2021 年度学会工作进行了总结，报告了研究会在 2021 年所取得的各项成果，并对 2022 年学会工作作展望。

上海市逻辑学会举办第八届上海市青年学者逻辑论坛

11 月 20 日,由上海市逻辑学会主办的第八届上海市青年学者逻辑论坛暨上海市逻辑学会 2021 年学术年会在沪举行。来自上海市各高校、科研机构的 50 余位学会会员参加了学术交流。本次活动也是上海市社联第十五届(2021)"学会学术活动月"项目之一

在开幕式暨上海市逻辑学会第十二届会员大会第二次会议上,上海交通大学马克思主义学院院长邢云文教授致辞,学会会长、上海大学宁莉娜教授作 2021 年学会工作报告,副会长兼秘书长、华东师范大学晋荣东教授作 2021 年学会财务报告。会员大会表决通过了关于确认第十二届理事会第二次会议增选上海大学闫坤如教授为学会理事的决议。

在随后举行的第八届上海市青年学者逻辑论坛上,上海大学曹青春在题为"人工智能逻辑的非演绎转向"的报告中提出,人工智能的发展并不排斥逻辑的作用,而是要求在演绎和非演绎之间探寻合理张力,保持动态平衡。华东政法大学杜文静在题为"司法实践中刑事证据推理的方法"的报告中主张,应该在最佳解释推论的基础上融合论证方法、故事方法和概率方法这三种主流的证据推理方法,进而提出定性定量平衡法来建构案件事实。上海交通大学李主斌在题为"为事实申言"的报告中,对当前围绕真理符合论是否需要以及能否求诸事实的争论进行了回应,认为事实符合论的出场有其深刻的形而上学动机,部分学者对"事实"概念的批评要么基于有待辩护的世界观,要么赋予了语言使用过多的本体论意义,都不具有判决性。华东师范大学张堡垒的报告"能处理一类 why 问题的问题逻辑系统",对辛迪卡的命题逻辑询问探究系统作了适当修改,通过添加"why 提问规则"的方式,构建了一个能处理一类"why 问题"的询问探究系统并证明了若干重要的元定理。华东师范大学贾国恒副教授、郝旭东副教授、晋荣东教授、冯棉教授进行了评论。

上海师范大学刘辉在"关于高中语文课程中逻辑教学的一些建议"的报告中,针对统编版高中《语文》选择性必修上册教材中"逻辑的力量"单元的编写与教学实践情况,提出了三条改进建议。华东师范大学魏宇的报告"A Logical Framework for Understanding Why",以标准认知逻辑为参照,描述了一个关于"理解为何"的逻辑框架,给出了一个公理系统并证明了包含可靠性和完全性在内的一些基本定理。华东师范大学谢婷在题为"Reconstructive Deductivism and Its Misapplication"的报告中,分析了限制的重构演绎主义与非限制的重构演绎主义各自面临的理论困境及其自我辩护,揭示了两者在重构非

演绎论证过程中的不足,认为重构演绎主义无法为自然语言论证的分析与评估提供充分的工具。上海科技大学王强的报告"《小取》中的行为概念与逻辑",从《小取》所论推理大都是涉及动词,讨论的是抽象的行为概念之间的关系这一特点出发,构建了行为概念语义学,用以刻画"是而然""是而不然"两类例子中的推理。针对上述四个报告,东华大学俞喆博士、何朝安副教授、刘小涛教授、李主斌副教授分别作评论或委托他人宣读评论意见。

上海市医学伦理学会举行 2021 年年会

　　11 月 19 日，为回顾红色医学历程，赓续医务工作者的初心使命，赋写新时代医学伦理篇章，上海市医学伦理学会举行 2021 年年会。本次年会是上海市社联第十五届（2021）学会学术活动月项目之一，在上海健康医学院召开。来自上海交通大学、复旦大学、同济大学、海军军医大学、上海中医药大学、上海申康医院发展中心等所属医疗机构和上海市多家社区卫生服务中心的医护人员，及国内业界学者以线上线下结合的方式参加了年会。

　　上海健康医学院党委书记郭永瑾教授、《中国医学伦理学》杂志主编王明旭教授、《叙事医学》杂志社社长邵卫东通过多种形式致辞，学会副会长方秉华教授结合中国共产党红色医学事业的历史，阐释了年会主题的时代意义以及学会围绕这一主题所取得的成绩。

　　在主旨报告环节，上海健康医学院彭骏馆长作了题为《中国共产党领导下的红色医学教育》的报告，分三个时期对中国共产党领导下的红色医学教育进行了回顾和总结，强调了这一课题在引导我国人民树立和坚持正确的历史观、民族观、国家观、文化观等方面所具有的重要意义。南方医科大学杨晓霖教授通过视频直播的方式作了题为《健康叙事伦理与叙事赋能》的报告，对健康叙事伦理从理论的高度进行了概括和论述，同时结合叙事能力的形成及其意义给予了实践意义上的阐述。

　　在交流发言环节，上海市医学伦理学会叙事医学专委会主任委员张燕华教授、上海市康健街道社区卫生服务中心安宁疗护科主任唐跃中、上海健康医学院 2019 级临床医学本科一班的张玮益同学、上海市第六人民医院医生施赛、上海市浦东新区精神卫生中心科教科科长陈发展先后发言。

　　学会副会长胡翊群教授宣读了本次论文征文、叙事故事和平行病历征文获奖名单，以及学会第四批"医学伦理实践基地"名单，与会领导嘉宾获奖人员代表和获批基地代表颁发了奖牌和证书。他在会议总结中指出，年会通过回顾红色医学历程，感悟老一辈医务工作者的初心使命，必将引领学会继往开来、勇于前行。他号召全体会员勿忘昨天的苦难辉煌，无愧今天的使命担当，不负明天的伟大梦想，赋写新时代医学伦理篇章！

上海市知识青年历史文化研究会举办"知青史料论坛"

日前，为进一步推动新时期的知青史料建设，上海市知识青年历史文化研究会举办了"知青史料论坛"。本场活动作为上海市社联第十五届(2021年)"学会学术月活动"之一，由研究会副会长严宇鸣博士主持。研究会会员和特邀嘉宾50余人参会。《中国知青图书要目(1949—2021)》在会上首发。

研究会副秘书长林升宝博士作题为《开创知青史料工程新篇章》的主题报告。他认为，知青研究的学科建设离不开史料的挖掘和积累。近年来，研究会加强自身"资料中心"建设，积极开发全国"知青博物馆"资源，大量搜集知青图书文献，合作选编知青档案史料，出版了众多学术专著和史料汇编，在国家哲学社会科学基金重大项目中取得一系列阶段性成果。今后也将继续开展史料的收集整理、数据库建设和专著出版等工作。

中国知青馆联席会秘书长李玉棠在《历史·现在·未来——中国知青博物馆调查报告》中，从知青馆的兴起和现状等几个方面概述了中国知青馆的过去、现在和未来。针对知青馆现状，从体制、财力、规范和设计等四个方面进行了对比和分析。

《中国知青馆》编著之一王礼民介绍说，该书全面地介绍了知青馆及其他知青地面纪念物的历史和现状，既是一本科普书，也是一本工具书。该书历经十年，易稿数十，其封面、序言、前言、正文、图片和后记，以及选用的2700余张照片、31张以各省市自治区为单位的知青纪念物分布图等，不同程度地展示了知青馆的总体数目、地理分布、历史沿革、典型场馆、变化趋势以及未来走向。

《中国知青图书要目》编著之一朱盛镭作了题为《与共和国知青史同行的书目——"知青专题书目"搜集、编制与分析》的报告。他介绍了"知青专题书目"编制策划与实践重点，应用echarts可视化工具对"知青专题书目"进行统计图和词云图分析，彰显知青上山下乡整个历史时期及各分期时间段知青图书的概貌、数量、结构和变化等。从某种意义上可说，翻阅"知青专题书目"，即是阅读共和国知青史的"足迹"，感知和触摸知青与共和国同命运的心声和脉搏。

中宣部原副部长龚心瀚谈到，新版《中国知青图书要目》达到了一个新的高度。未来重点要定位在书目的"样本"和"典型"上，而不片面追求同质化的数量。他对知青博物馆的未来发展以及如何传承等问题提出了建议，并对研究会新一届领导班子提出了要求和希望。

上海交通大学凯原法学院讲席教授沈国明认为，知青一代人有别于未曾上山下乡过的同龄人，也有别于支援三线的那代人。知青由于丰富的经历而自我表达意识特强，也产生了丰富的文化。如果不把真实经历记录下来，下一代则无从了解那段珍贵的历史。不但要将知青历史记录下来，还要让下一代能读懂并能有所理解他还建议《中国知青图书要目》可针对研究会资料中心收藏书目进行标注。

研究会会长金光耀教授做总结发言。他谈到，本次论坛是对知青史料研究方面所做工作的一次总结。但这并不是结束，而是一个新的起点。今后要进一步推进知青史料研究的不断深入，"知青史料论坛"还会继续办下去。今后我们要鼓励、动员更多的年轻人参加到知青历史文化研究中来。

上海市伦理学会举行 2021 年学术年会

　　赓续百年道德发展光辉传统,谱写新时代伦理学壮丽华章。在中国共产党成立百年之际,上海市伦理学会 2021 年学术年会"百年道德演变与新时代伦理学使命"在上海社会科学会堂隆重召开。来自上海社科院、上海市社联、复旦大学、上海交通大学、华东师范大学、上海师范大学、上海大学、华东政法大学、华东理工大学等高校和学术机构的专家学者共计 70 余人参加了本次研讨会。

　　本次年会围绕"百年道德演变与新时代伦理学使命"主题,分为"赓续传统"与"守正创新"两个板块。上海市伦理学会自创立起,始终坚持"学术立会、学缘聚会"的办会宗旨,倡导伦理学研究始终要结合时代重大的理论与现实问题,在传承学术传统、阐发经典义理、回应社会现实、倡导学术创新等方面致力于为广大会员搭建学术平台,构建学术共同体。

　　上海市伦理学会副会长兼秘书长付长珍教授在主持上半场会议时表示,上海市伦理学会的创建发展离不开历任会长、学界前辈的辛勤耕耘,已经形成了光荣的学会传统和鲜明的研究特色。首任会长周原冰先生的《周原冰道德科学研究文集》(上、中、下),现任名誉会长朱贻庭先生的《中国传统伦理思想史(第 5 版)》,学会顾问赵修义先生的《社会主义市场经济的伦理辩护》均于 2021 年出版。这些伦理学研究的典范之作,既是百年道德发展宝贵的思想财富,也集中代表了上海市伦理学会的重要贡献,是需要伦理学人赓续发扬的优良学术传统。

　　华东师范大学余玉花教授是周原冰先生最早的学生之一,她结合阅读《周原冰道德科学研究文集》的体会,重点阐述了周原冰先生留给后辈学人研究道德学问的精神遗产。她将其概括为三点:一是极强的学术研究使命意识,始终关注着社会主义建设过程中的道德问题和理论问题,其治学不是为己之学,而是为道之学;二是坚持学术真理的伦理精神,坚持理论的独创性,又善于接受不同意见的学术碰撞,宽容对待与自己见解不同的学术观点;三是生命不息、学术不止的学术态度。

　　上海市伦理学会名誉会长朱贻庭教授在报告中,着重阐释了中国传统道德哲学的三个基本理念,将其概括成为"天人之辨""和实生物"与"由义谋利",以此探讨中国传统道德哲学的根本问题。他认为,这三个基本理念分别指向人的敬天意识、生命存在与生命发展的"和生"及谋利的原则与方法。它们是古往今来的伦理学必须加以解决的理论问题,也是中国古人贡献给人类的"古今通理",反映了中国人对世界文化的杰出贡献。

　　上海市伦理学会顾问赵修义教授作了题为"如何增强伦理学研究的问题意识"的学术报告。他深情地回顾了伦理学科的发展历程,结合改革开放以来上海市伦理学取得的成就,反思了伦理学在经济社会发展中的"活动空间"。在此基础上,赵修义教授指出新时代伦理学发展应坚守的方向在于:接地气、重细节、审大势,希望伦理学研究者掌握中国社会真实的情况,在现实的社会生活中发现道德观念变迁与互动之理。

上海市伦理学会会长、复旦大学高国希教授指出,此次年会在建党百年之际、在"两个一百年"奋斗目标历史交汇点上召开,充分展现了伦理学在"大时代"应该担当"大使命"。他从价值论的角度理解中国式的现代化道路,提出新时代伦理学亟待加强价值论研究,发掘社会主义核心价值观的伦理意蕴,以中国价值超越现代性道德的局限。在此,中国价值不仅可为克服现代性道德困局提供了更加现实性的视角,而且也是当代中国伦理学为人类道德发展做出的重要贡献。

下半场的"守正创新"环节,由上海市伦理学会副会长、上海财经大学马克思主义学院党委书记郝云教授主持。与会学者回顾了百年来中国思想道德文化建设及伦理学的发展历程,探讨新时代伦理学创新发展的理论思考和现实方案。

上海师范大学陈泽环教授结合百年变局的历史语境,讨论了当代伦理学话语体系的构建问题,认为建构中国特色的学术学科和话语体系,把"民族复兴"与"构建人类命运共同体"作为伦理学发展的两大历史方位,必须以实践的方式与现实道德生活紧密结合起来。复旦大学吴新文教授阐述了中国共产党百年革命的伦理意义,认为中国共产党领导的革命有四重表现形态:国家形态的革命、生产方式的革命、社会关系的革命与思想文化的革命,它们为中国带来了伦理解放,为伦理关系在中国的开展提供了重要空间,中国传统伦理思想在其中被重新打破、激活和再组织,具有宽广且富有生命力的讨论空间。上海财经大学刘静芳教授提醒人们注意到,新时代伦理学要赋予日常生活以积极的伦理意义,围绕"人民幸福"的根本目标,赋予日常生活以丰富伦理意义将成为新时代伦理学所独具的特殊使命。上海师范大学何云峰教授从"劳动幸福论"的角度探讨了"道德期待",认为道德期待是人们参与社会生产同他人发生关系的过程中产生的道德现象,它使道德规范由此变得可见,有助于化解劳动冲突,保持劳动幸福程度、提高劳动幸福程度。上海师范大学晏辉教授立足现代性的语境,从伦理学视角审视道德焦虑现象,认为当代伦理学需要从伦理理论出发对当代的生活实践中的问题进行把握,并将新时代伦理学划分为宏观伦理学、中观伦理学和实践伦理学,将"现代化与现代性"作为伦理学研究的着力点。

在"评论与自由发言"环节,上海师范大学周中之教授回顾了上海市伦理学会的发展历程以及改革开放以后自己从事伦理学研究的体会,解读了伦理学"传统"的含义,倡导伦理学的发展需要虚心学习前辈的治学态度、精神品格和道德情操,切实做到赓续传统,守正创新。

同一天,上海市伦理学会第九届青年论坛——"儒家伦理与当代中国道德话语变迁"研讨会在上海社会科学会堂召开。本次论坛受上海市社联学术活动合作项目支持,由上海市伦理学会主办,《华东师范大学学报》编辑部、《社会科学报》编辑部协办。开幕式由上海市伦理学会青年委员会主任、华东师范大学付长珍教授主持。上海市伦理学会会长、复旦大学高国希教授在致辞中,充分肯定了本届论坛主题的重要意义,并对青年学者的未来发展提出了希望和建议。

与会青年学者聚焦儒家伦理的当代价值,注重阐发儒家的道德义理,积极回应时代挑战,不断与当代社会的现实问题展开对话。论坛共设置了两大主题:"儒家伦理与美德伦理""儒家伦理与当代社会",分别由上海市伦理学会青委会副主任、华东师范大学姚晓娜副教授和上海市伦理学会青委会副主任、华东政法大学陈代波教授主持。

在"儒家伦理与美德伦理"专题研讨环节,华东师范大学蔡蓁副教授以宋代的儒医为例讨论了儒家视域中的堕胎问题,认为儒家在堕胎问题上的价值权衡体现出其思想在解决实际问题上一贯的整全性的视域,值得现代人学习并深思。复旦大学张奇峰副教授从"道德辩护"的角度出发,针对现代道德生活遭遇的"相对主义"和"主观主义"等问题,尝试激活儒家的思想传统,尝试为现代人的道德辩护提供一个非普遍主义式、情境式的论证。上海对外经贸大学的陈伟宏副教授阐发了先秦儒家的修身论及其内在的伦理特质,提出先秦儒家修身论超越了修身作为个体"慎独"的狭义范畴,把修身作为齐家、治国、平天下等伦理目标的起点,将"自我"融入家国天下等各种伦理关系之中,实现修身实践与人生伦理目标之间的有机融合。上海师范大学的伍龙老师从现代性的时间体验出发,论述了孔子的时间观的内涵与现代启示。孔子的"时间"概念,用以检验人、成就人、沟通天人,个体在时间中尊重天常、实践仁德、成就自己。

上海师范大学哲学系主任张自慧教授高度评价了几位青年学者的发言,指出他们的研究尝试开放出儒家伦理在现代社会的理论解释力,既有鲜明的问题意识,也有独到的学术见解,体现了青年学者研究的理论自觉和文化自信。

在"儒家伦理与当代社会"专题研讨环节,上海师范大学苏令银副教授围绕"现代人工智能算法伦理",分析了人工智能算法目前所产生的伦理问题、进展与治理,提出要推动人工智能算法研究和应用向善、以改善人类生活为方向发展,使其成为安全可控、可解释性、公平公证、和谐友好的人工智能。华东政法大学的李源老师立足互联网平台企业的社会属性,阐述了互联网平台企业社会责任治理问题。她反对技术中立的伦理认知,认为技术的开发者和使用者其实都是具有价值观念和善恶判断的人,互联网平台应当有价值观,并应承担起相应的道德责任与道德义务。华东师范大学博士生李雁华从现代道德哲学视角上"道德能动性"理论进行伦理反思,追溯了道德能动性讨论的理论历程,尝试为现代性道德走出困境寻求理据。

上海社科院哲学研究所赵司空研究员认为,几位发言人的报告体现了伦理学的实践性品格,也从根本上确证了儒家伦理在现代社会应有的生命力。伦理学应该敏于社会现实,善于把握"人"的伦理需求,对信息时代出现的新问题做出有力回应。

上海市美学学会举行"全球人文视野下的中外美学比较论坛"

　　11 月 20 日下午,"全球人文视野下的中外美学比较论坛暨上海市美学学会 2021 年年会"于上海社会科学会堂学术报告厅举行。本次活动作为上海市社联第十五届(2021)"学会学术活动月"项目之一,聚焦全球化的文人视野下美学、比较文学及其交叉领域的一些热点话题及前沿问题,旨在进一步适应新形势下美学、比较文学的融通发展,开创美学研究的新局面。

　　开幕式由市美学学会副会长、华东政法大学新闻传播学院院长范玉吉教授主持。上海交通大学党委常委、宣传部长胡昊教授,上海交通大学人文学院党委书记齐红女士分别致辞。中国比较文学学会会长、上海交通大学神话学研究院首席专家叶舒宪教授介绍了上海交通大学"中华创世神话"工程项目的研究状况及中国比较文学学会的基本情况。市美学学会会长祁志祥教授从八个方面向会员报告了年度工作,强调学会将加强品牌意识,开拓思路,创新思维,争取再创佳绩。

　　上海交通大学人文学院院长、欧洲科学院外籍院士王宁教授作了《后现代文化的审美特征:抖音对文化普及和传播的作用》主题发言。他从八个方面对后现代主义的特征作了扼要精辟的提炼,认为具有后现代主义特征的移动互联网时代实际上是一个微时代。他从接受美学的角度出发,指出抖音自身所具有的审美价值同时体现在对传统文化的激活作用和对传统文化传播的再阐释、再建构。抖音作为新的传播媒介,能够使得被边缘化的传统文化在新的语境下得以焕发生机。

　　南开大学国际文化交流学院院长王立新教授作了《西奈文学叙事的观念与原型》主题发言。他认为,"西奈文学叙事"是指希伯来"出埃及"史诗中关于古代以色列人在西奈山下接受其民族律法体系的相关叙述文本。从"观念史"的角度看,它是希伯来民族文学与文化启示传统的真正发端,并深刻影响了后世的西方文学与文化。他从文本语境、叙事形式与观念内涵等方面全面阐释了"西奈叙事"这一概念,并通过对以"十诫"为代表的西奈叙事文本和《论语》中孔子之言的比较分析,以小见大地说明了以儒家思想为核心的中华文化传统与犹太—西方文化传统的一个根本性的差异在于人本主义与神本主义的文化立场。

　　华东师范大学国际汉语文化学院院长朱国华教授作了《元宇宙与文学的未来》主题发言。他认为,文学存在的目的在于制造并拉大与主体与日常生活之间的审美距离,而技术恰恰缩短了这一距离。元宇宙可以实现主体"既是观众又是演员"的欲望,扮演现实世界中难以实现的身份。照此理解,元宇宙对于人类生存纬度、感官纬度的拓展,将远远超过人类对文学所能带来的感官要求的期待。

市美学学会副会长、上海戏剧学院王云教授在点评中指出,王宁教授的发言对于后现代主义审美特征的概括十分精准,王立新教授对基督教伦理与儒教伦理的比较很到位,基督教在神本主义包装下隐含人本主义,朱国华教授关于元宇宙会加速文学消亡的观点也耐人寻味。

叶舒宪教授作了《万年中国观与美学的深度》主题发言。他基于对中国文化大传统的再发现和再认识,以文学人类学的研究方法考究中华文明基因的起源,并介绍了其"万年中国观"的学说递嬗。他认为,玉文化是驱动华夏文明认同、建构民族精神和核心价值的文化基因。

学会副会长、复旦大学张宝贵教授作了《拒绝装饰:马克思生活美育思想刍议》主题发言。张宝贵教授简要介绍了美育的历史,指出当前美育存在着美育与艺术教育不分、教育主体高高在上、职业美育等同于技术教育的问题,并结合马克思的生活美育思想,针对这些问题的解决途径提出了自己的建议。

华东师范大学刘阳教授作了《从事件论角度谈中西美学比较》专题发言。他介绍了英美法德等西方学界对于"文学事件"的观点和论述,以及国内学界对于其接受过程中所存在的种种问题。

祁志祥教授在点评中认为,叶舒宪教授从上五千年重新审视下五千年,为探索中华文明的起源问题拓展了新的文化视角;认同张宝贵教授提出的美育的性质在于改造生活,补充阐述了美育作为情感教育、价值教育的乐感纬度;认为文学事件论是文学从本质论走向现象学的一种形态,而刘阳教授的研究为文学理论的发展提供了一个极具参考价值的新动态。

上海宋庆龄研究会等联合举办《永远和党在一起——中国福利会英文历史档案选编》新书首发式

　　为了庆祝中国共产党建立 100 周年,缅怀宋庆龄同志为党和国家作出的独特的重大贡献,继承和弘扬宋庆龄"永远和党在一起"的伟大精神,11 月 25 日,由上海宋庆龄研究会、中国福利会、上海市档案馆、上海市孙中山宋庆龄文物管理委员会联合举办的《永远和党在一起——中国福利会英文历史档案选编》新书首发式暨出版座谈会,在上海展览中心友谊会堂举行。

　　上海市第十四届人大常委会副主任、上海宋庆龄研究会会长薛潮,中共上海市委宣传部副部长高韵斐,中国福利会副主席、党组书记、秘书长张晓敏,上海市档案局党组书记、局长、上海市档案馆馆长徐未晚,上海市机关事务管理局党组书记、局长、上海市孙中山宋庆龄文物管理委员会主任倪一飞以及中共上海市委统战部、上海市社会科学界联合会、中共上海市委党史研究室、上海市友协、上海图书馆、上海社会科学院、复旦大学、上海市外事翻译工作者协会等其他单位相关负责人和专家学者近 50 人出席会议。

　　会议首先由高韵斐致辞。随后,中国福利会英文历史档案(简称"203 档案")提供方负责人张晓敏,介绍了该档案的情况、解密经过与重要价值。档案保管方负责人徐未晚,介绍该档案的结构、划控与开放利用。"203 档案"整理研究利用工作总指挥薛潮,介绍了该档案的整理、研究与选编出版。薛潮强调,"203 档案"的整理、研究与选编出版是群体的力量。他指出,延安时期是中国共产党统一战线工作最成效显著的时期。宋庆龄与延安时期的中国共产党的交往,对中国共产党的支持和帮助,是她一生最光辉、最精彩的华章。由此也从一个重要侧面印证了中国共产党的伟大。

　　会上,市友协副会长景莹、市委党史研究室副主任谢黎萍、复旦大学特聘教授吴景平、上海社科院国际问题研究所所长王健、中国中福会出版社社长余岚等先后发言,阐述了《永远和党在一起》一书在党史研究、宋庆龄研究、对外友好等方面的价值和作用。

　　薛潮在会议总结中指出,值此中国共产党成立 100 周年之际,出版《永远和党在一起——中国福利会英文历史档案选编》是中国共产党从艰难走向胜利的真实见证,是宋庆龄全力支持中国共产党的集中展现,是世界人民同中国人民并肩战斗的鲜活写照。

上海市思维科学研究会举行 2021 年会暨思维科学研讨会

11 月 20 日，上海市思维科学研究 2021 年会暨思维科学研讨会在上海交通大学钱学森图书馆举行。本次会议作为上海市社联第十五届（2021）"学会学术月活动"项目之一，由市思维科学研究会、上海交通大学钱学森图书馆和上海市人工智能学会联合主办。会议通过线上线下相结合的方式，交流了最新的思维科学与人工智能研究成果，并围绕思维科学的本质与发展等问题进行了深入探讨。来自上海、湖北、山西、黑龙江、吉林和广西等全国各地的 50 余位思维科学领域的专家参加会议。

中国科学技术大学教授，全球人工智能理事会执行委员陈小平以《经典人工智能及其对思维科学的启示》为题，从图灵提出的经典人工智能的科学内涵与图灵测试到经典人工智能的封闭性和封闭化进行了专业的解读，介绍了封闭性准则——强力法、训练法的可应用条件。针对经典人工智能的科学问题——超越封闭性介绍了概率论及决策论规划的封闭式假设、经典逻辑的封闭式假设及因果理论的封闭性假设，通过软体机器人的研究案例生动地讲解了融差性原理。

华中科技大学人工智能研究所所长李德华教授指出建立数理辩证逻辑系统可以突破当前抽象分析建模和线性算法的局限性，提供综合分析建模的逻辑基础，可以为系统科学、人工智能、为钱老提出的解决开放复杂巨系统问题提供重要的理论工具。

上海海事大学教授、上海市思维科学研究会会长王晓峰的演讲《基于需求演化的自我模型》，分别从关于自我的几种观点、生命的本质与自我本质的统一、生命的基本需求与原始的自我、生命需求的演化与表征、基于需求演化的自我模型和模拟自我的超级图灵机等六个方面进行展开。他认为，生物体通过不断地与环境交换能量和信息，演化出新的需求和机制，成为新的自我，这是一个有反身性的交互迭代过程。

上海海事大学教授、中国人工智能学会机器学习专业委员会副主任委员冯嘉礼分享了思维科学研究的最新成果，强调了在哲学层面的数学公式表达。他首先提出钱学森院士为了创建思维科学和开放的复杂巨系统而提出的框架，研究了由两个对立信息的共轭所引起的纠缠—共轭向量对的类别与它的拓扑，以及其在诺亚科学和开放的复杂巨科学中的应用。

上海社会科学院研究员成素梅为以《人工智能本性的跨学科解析》为题，论述了智能机器的二重性，并对人工智能的限度和未来展开了精彩的论述。智能机器因为能够感知环境信息,而体现出类人性或自主性;又因为只能进行"代理思维"或只具有"代理智能",所以保持了物质性或工具性。它是人与工具之间的一种新生事物,并且对现在建立在人与工具二分基础之上的法律法规提出挑战。人类是否能够最终创造出人类水平的人工智能,是一个需要展开跨学科综合研究的技术问题,而且存在着许多不确定性。她提出,人文与科技需要同步发展,科技发展既需要颠覆性创新,也需要有社会分担。

在自由发言阶段,来自全国其他省、自治区、市思维科学学会的专家分享各自的观点,进行了互动交流。会议对思维科学的历史和发展进行了细致的讨论,分享了思维科学的最新成果与思想,规划了未来全国各地学会共同努力的方向,将有力地促进思维科学研究和各地学会组织建设的发展。

上海宋庆龄研究会举行成立 30 周年座谈会

今年是上海宋庆龄研究会成立 30 周年。12 月 16 日下午,上海宋庆龄研究会在 30 年前成立和出发之地锦江饭店小礼堂,以"不忘初心、接续奋斗"为主题,召开上海宋庆龄研究会成立 30 周年座谈会。

上海宋庆龄研究会第六届会长薛潮主持会议,上海宋庆龄研究会、上海市孙中山宋庆龄文物管理委员会、中国福利会、上海市社会科学界联合会,以及本市其他相关单位领导和同志近 50 人参加了座谈会。

薛潮回顾了 30 年来上海宋庆龄研究会在汪道涵会长带领和历任会长领导下,开拓奋进,锐意创新,接续奋斗,取得了一系列重要成果的光辉历程。他指出,三十而立,志在千里。在新的征程上,在习近平新时代中国特色社会主义思想的指引下,上海宋庆龄研究会要继续深入学习领会十九届六中全会精神,学习领会习近平总书记在庆祝中国共产党成立一百周年大会等一系列重要活动上的讲话精神,全面准确领会贯彻总书记关于党史研究的重要论断。"一是久久为功、持续推进'宋庆龄与中国共产党'史料挖掘和课题研究工作,对《课题报告》《史事编年》成果进行史料补充和进一步深化;二是配合加强党史国史等档案编修的国家战略工程,在第一批档案成果基础上,以多方合作进行课题研究的方式继续深入挖掘'203 档案'这个精神富矿和思想宝库;三是继续学习领会习近平总书记复信国际友人亲属的精神实质,深化'宋庆龄与国际友人'研究,持续推进'宋庆龄与国际友人'系列丛书编辑出版工作;四是紧跟国家建设文献数据库的战略规划,进一步加强与上海图书馆的合作,实施'宋庆龄文献数据中心'升级完善建设等各项工作。"

薛潮表示,"我们需要在不断前行的时候,适时地停留一下,回顾我们出发的初心,回望我们走过的路程,总结一下我们做过的工作,铭记住那些为我们的事业作出过重要贡献的人,特别是传承弘扬他们的开创、奉献与奋斗的精神和情怀,以便我们看清楚未来的路,找准奋斗的方向,继续前行。上海宋庆龄研究会必须赓续初心再出发。"

上海市社联党组书记、专职副主席王为松在致辞中表示,宋庆龄是一位伟大的人物,跟我们伟大的城市相连,汪道涵同志说研究宋庆龄是一个巨大而光荣的任务,她生在上海,长期奋斗在上海,最后安葬在上海,已经成为上海的一部分,是上海城市品格和城市软实力的一部分,也是上海城市温度的一部分。宋庆龄的一生,她的思想反映着中国时代的进程,所以要把她的思想、她的人格和事业用来教育我们自己和我们的后代。在今天潮涌东方的新起点,上海市社会科学界联合会愿意和上海宋庆龄研究会一起凝聚各路专家学者,创造出有中国气派的时代特征,同时具有上海气息的理论研究成果,共同激发起上海哲学社会科学发展的澎湃春潮。

上海市机关事务管理局党组书记、局长、上海市孙中山宋庆龄文物管理委员会主任倪一飞在座谈会上指出,上海宋庆龄研究会 30 年的光辉历程,是一部高扬宋庆龄爱党、爱国、爱人民的伟大思想旗帜,学习、研究、宣传、弘扬宋庆龄同志"为新中国奋斗"的理想追求和"永远和党在一起"的坚定信念,讲好宋庆龄故事、上海故事、中国故事,为中华民族伟大复兴和人类命运共同体建设奉献智慧力量的奋斗史诗。上海市孙中山宋庆龄文物管理委员会作为上海宋庆龄研究会的共同发起单位之一,将一如既往在学术研究力量投入、文献史料提供和合作攻关机制建设等方面,给予上海宋庆龄研究会全方位的支持与帮助,为推动上海宋庆龄研究会事业实现更大发展,贡献应有力量。

中国福利会副主席、党组书记、秘书长张晓敏在座谈会上指出,上海宋庆龄研究会成立 30 年来,在汪道涵、杜淑贞、许德馨、薛潮等历任会长的领导下,在宋庆龄研究领域成果斐然,形成了优势、权威、独特的学术地位。同为宋庆龄事业的传承者,中国福利会愿与上海宋庆龄研究会以及各位同仁一道,深入贯彻习近平总书记重要指示精神和党中央决策部署,积极推动事业发展和宋庆龄研究两相促进、相得益彰,立足新发展阶段、抓住新发展机遇,不忘初心、勇毅前行,开创宋庆龄研究和妇女儿童事业的新局面。

座谈会上,中国福利会原党组书记、上海宋庆龄研究会第四、第五届会长许德馨,上海市孙中山宋庆龄文物管理委员会原副主任、上海宋庆龄研究会创会时秘书长华平因年迈和健康原因无法出席会议,特地委托相关人员在会上作了书面发言。上海市孙中山宋庆龄文物管理委员会原副主任、上海宋庆龄研究会原副会长陈兆丰,上海社会科学院研究员、中国史学会副会长熊月之,复旦大学特聘教授、上海宋庆龄研究会副会长吴景平,中共上海市委宣传部二级巡视员吴瑞虎,上海大学教授、上海中山学社副社长兼秘书长廖大伟作了交流发言。

大家充分肯定了上海宋庆龄研究会成立 30 年来的一系列重大成就,并衷心祝愿上海宋庆龄研究会在新征程上不断取得新成就,作出新贡献。

30 年来,上海宋庆龄研究会在汪道涵会长带领下,在杜淑贞、许德馨、薛潮等历届会长和全体理事会员共同努力下,坚持服务大局和中心,不断开创宋庆龄研究工作新局面,不断取得宋庆龄研究新成果,不断推动上海宋庆龄研究事业繁荣发展。

政治、法律、社会、行政

上海市马克思主义研究会等举办"开启全面建设社会主义现代化国家新征程"学术研讨会

1月17日,上海市马克思主义研究会、上海市习近平新时代中国特色社会主义思想研究中心、国防大学政治学院等举办了"开启全面建设社会主义现代化国家新征程——学习贯彻党的十九届五中全会精神理论研讨会暨上海市马克思主义研究论坛"。中共上海市委宣传部副部长徐炯、国防大学政治学院政委王鹏、上海市马克思主义研究会会长王国平出席论坛并致辞,国防大学政治学院院长陶传铭,上海市领导科学学会会长、上海应用技术大学党委书记郭庆松等10余位专家作理论研讨,国防大学政治学院副院长濮端华主持开幕式,中共上海市委宣传部理论处处长陈殷华主持专家交流。

徐炯在致辞中指出,学习贯彻和研究阐释全会精神,一是要深入学习研究宣传习近平总书记关于开启建设社会主义现代化国家新征程的系列重要论述,在学深学透、融会贯通上下功夫,这是根本也是基础。二是要深入组织开展关于开启建设社会主义现代化国家新征程的重大课题,在创新研究、推出成果上下功夫。要做好四个方面的工作,即深入开展理论研究,继续加强理论宣传,加强重大课题引领,做好建党百年宣传研究。

王国平在致辞中表示,党的十九届五中全会通过的《关于制定国民经济和社会发展第十四个五年规划和二○三五年远景目标的建议》,充分体现了以习近平同志为核心的党中央高瞻远瞩的战略视野和强烈的使命担当,充分反映了新时代党和国家事业发展的新要求和人民群众的新期待,体现在习近平新时代中国特色社会主义思想指导下,不断开辟当代中国马克思主义和21世纪马克思主义的新境界。

王鹏在致辞中表示,党的十九届五中全会是我们党在中华民族伟大复兴关键时刻召开的一次具有全局性、历史性意义的重要会议。学习贯彻党的十九届五中全会是当前和今后一个时期全党、全国、全军的重大政治任务。要深入学习、坚决贯彻党的十九届五中全会精神,准确把握新发展阶段,深入贯彻新发展理念,加快构建新发展格局,推动"十四五"时期高质量发展,确保全面建设社会主义现代化国家开好局、起好步。

在研讨交流阶段,陶传铭、郭庆松、复旦大学马克思主义学院院长李冉、东华大学马克思主义学院院长王治东、上海科学社会主义学会副会长孙力、华东师范大学经济学院院长殷德生、上海大学社会学院副院长黄晓春、国防大学政治学院古琳晖先后围绕主题,以"坚持系统观念,全面协调推进社会主义现代化建设""锚定共同富裕的前进方向和奋斗目标"
"新在何处——'新征程'的三个理解向度与四个基本内涵""社会主义现代化国家建设的
美好生活向度""创造高质量发展的现代化""构建新发展格局如何迈好第一步""关于进一
步推进社会治理现代化的若干理论思考""以党的全面领导汇聚全面建设社会主义现代化
国家的强大合力"等主题作了交流发言,华东师范大学党委常委、宣传部部长顾红亮教授
作学术总结。

陶传铭表示,党的十九届五中全会把坚持系统观念确定为"十四五"时期我国经济社
会发展必须遵循的五大重要原则之一。系统观念是具有基础性的思想和工作方法。坚持
系统观念是全面建设社会主义现代化国家开好局、起好步的必然要求,是应对变局的现实
需要,是构建新局的内在要求,是驾驭全局的根本保证。将系统观念贯穿全面建设社会主
义现代化国家各领域、各环节、全过程,要加强前瞻性思考、全局性谋划、战略性布局、整体
性推进。

郭庆松表示,习近平总书记关于"共同富裕"的表述,既指明了前进方向和奋斗目标,
又实事求是符合发展规律。实现共同富裕是彰显我们党根本宗旨,巩固我们党执政基础,
增强我们党和人民群众血肉联系的必然要求。要深刻认识共同富裕的前进方向和奋斗目
标,全体人民共同富裕是不以人的意志为转移的客观规律,也是循序渐进的发展过程;要
努力实现共同富裕的前进方向和奋斗目标,不仅要从经济角度找到切实可行的经济举措,
也要从政治高度找到决定走向的关键政策。

李冉认为,全面建成小康社会开启新征程,有三个基本的历史向度,即民族复兴的向
度、现代化的向度、科学社会主义的向度。要深刻把握其四个基本内涵:一是基础新,四个
现代化鼓舞人心,凝聚了大家的斗志。二是新阶段,以现代化新阶段推动社会主义的新阶
段。三是现代化的新理念与新格局,也就是习近平总书记的现代化观。四是新使命,深刻
把握五中全会是中国的现代化历史使命的分水岭。

王治东提出,中国共产党对社会主义现代化国家建设认识的演进逻辑,符合党的性质
与宗旨;全面建设社会主义现代化国家新征程凸显人民对美好生活的向往。实现人民群
众对美好生活的向往,始终是现代化进程当中内涵的逻辑,当然也是一个终极目标。人的
要素是现代化建设的重要内容和关照点,离开人的现代化没有意义,只有凸显人民性的现
代化才是社会主义现代化的真正内核。

孙力认为,社会主义的出现就是要破解资本主义带来的社会危机,就是要解决发展的
高质量。这是社会主义的应有之意,是社会主义承担的历史使命,也是社会主义生存的空
间。高质量发展是五中全会的关键词。只有正确地把握好人与自然、人与人之间的关系,
才能处理好高质量发展的问题。

殷德生表示,2021 年作为"十四五"开局之年,也是开启全面建设社会主义现代化国
家新征程的开局之年,怎么对新发展格局理论的实践做突破,这是一个非常新的问题。要
深刻把握供给端方面的四个变化:国家战略科技力量的强化、产业链和供应链的自主可控
能力的增强、基础性的保障和反返贫。要深刻把握需求侧方面的两大战略:扩大中等收入
群体和人均收入翻番计划。

　　黄晓春提出，在新征程的背景下实现社会治理现代化，要构建党建引领下的多元共治新格局，形成能调适社会活力的嵌入式引领机制和更具开放性的党建工作网络平台；要打造以人民为中心的高效治理体系，进一步实现治理体系的数字化转型、实现以需求为导向的服务型政府再造、深度践行人民城市为人民的发展观；要推动社会组织和社会力量高质量发展，加快发展社会组织的顶层设计与谋划。

　　古琳晖表示，党的全面领导是我们党巩固政权、引领新征程最核心最关键的问题。要充分认识到决胜全面建成小康社会取得决定性成就，进一步彰显了中国共产党领导和我国社会主义制度的巨大优势；要深刻理解奋进全面建设社会主义现代化国家新征程，必须坚持和加强党的全面领导；要全面贯彻党把方向、谋大局、定政策、促改革的要求，确保党中央决策部署有效落实。

　　顾红亮在总结中表示，上述专家分别从党的建设、经济社会发展、共同富裕等角度阐释新征程的内涵，其中贯穿的核心观点就是社会主义现代化国家，全面建设社会主义现代化国家，文化是重要内容、是重要支点、是重要因素、是重要力量源泉，要深刻理解文化建设在新征程中的内涵。

　　来自国防大学政治学院、上海市有关高校、学术团体、新闻媒体的60余位理论工作者参加会议。

上海市统一战线理论研究会举行会员代表大会暨七届三次理事会议

　　3月25日,上海市统一战线理论研究会举行会员代表大会暨七届三次理事会议。中共上海市委统战部副部长房剑森,上海市社联党组成员、专职副主席任小文,上海市社会主义学院副院长、上海市统战理论研究会副会长邬万里,上海社科院政治与公共管理研究所所长、上海市统战理论研究会副会长刘杰出席会议,上海市社会主义学院副院长、上海市统战理论研究会副会长马俊生主持会议。

　　会上,邬万里代表七届理事会向大会作 2020 年度上海市统战理论研究会工作报告。经无记名投票,理事会选举房剑森为市统战理论研究会会长。

　　新当选会长房剑森随后讲话。他指出,2021 年是中国共产党成立 100 周年,是实施"十四五"规划的开局之年,也是学习贯彻《中国共产党统一战线工作条例》的第一年。统战理论研究工作应立足党中央关于统战工作的新部署新要求,努力实现理论创新和实践创新的良性互动。一要把握政治导向,以《中国共产党统一战线工作条例》为理论研究的根本遵循。要深刻领会《条例》修订的重大意义,深刻认识《条例》的突出特点,深刻掌握《条例》的重要创新,注重学党史与用《条例》的融合。二要坚持服务大局,把研究会建设成有层次、有特色、有成效的中国特色新型智库。坚持正确的政治立场,把握研究方向;坚持理论创新,开展原创性研究;树立问题导向,增强研究成效;加强风险防范,增强预警功能。

　　会上,虹口区社会主义学院、宝山区社会主义学院、民进市委、台盟市委、市教卫工作党委等 5 家单位进行了工作交流。

上海科学社会主义学会等联合主办专题学术研讨会

5月14日,"新时代新征程——中国特色社会主义的使命担当"庆祝中国共产党成立100周年学术研讨会在华东理工大学举行。上海立信会计金融学院党委书记、上海科学社会主义学会会长解超,华东理工大学副校长胡宝国分别致辞。

与会者一致认为,在世界社会主义的发展史上,社会主义革命和建设经历了曲折、漫长的探索过程。其中,中国特色社会主义在经济、政治、社会、文化、生态文明等方面作出了自己独具特色的探索,并且取得了举世瞩目的成就,创造了世界社会主义发展史上的奇迹。中国特色社会主义在新时代的使命担当,就是要开辟世界社会主义的新境界,为世界社会主义发展作出新贡献。

上海对外经贸大学党委副书记许玫教授表示,回顾百年历程,中国共产党善于在不同历史阶段的变局中把握机遇、迎接挑战、彰显出自身的使命与担当。我们党的100年,是矢志践行初心使命的100年,是筚路蓝缕奠基立业的100年,是创造辉煌开辟未来的100年。这一路走来,有过挫折与磨难,也经历过惨痛失败。但是,无论是在革命年代,还是在社会主义建设和改革开放时期,中国共产党人始终不忘初心、牢记使命,从而让社会主义在中国大地上焕发出勃勃生机。

上海师范大学黄福寿教授指出,中国共产党在建设中国特色社会主义的创造性实践中,既深刻反思和总结了中国社会主义建设正反两方面经验,又非常重视世界经验,善于在世界发展的历史坐标中吸收和借鉴人类文明的有益成果。从这个意义上说,中国特色社会主义是在反思与总结、比较与借鉴中形成和发展的。党的十八大以来,中国共产党人以更积极开放的视野吸收和借鉴人类文明的一切优秀成果,既使中国发展融入人类文明发展的大道,又使中国特色社会主义立于时代潮头,显示出强大生命力。

中国科学社会主义学会常务理事吴解生教授认为,使命包括了理想、目标、任务和责任。作为马克思主义政党,中国共产党从成立的第一天起,就把实现共产主义的理想写入党的纲领。同时,根据不同历史发展阶段,制定了不同的目标任务。中国共产党因使命而生,因使命而在。使命呼唤担当,使命引领未来,在党的领导下,中国特色社会主义伟大事业必将谱写出新的光辉篇章。

本次会议由上海科学社会主义学会、上海市马克思主义研究会、上海生产力学会联合主办,华东理工大学马克思主义学院、华东理工大学华东社会发展研究所、上海市习近平新时代中国特色社会主义思想研究中心华东理工大学研究基地承办。

上海科学社会主义学会等举办"百年奠基新征程"学术研讨会

6月12日,上海科学社会主义学会、上海市习近平新时代中国特色社会主义思想研究中心、上海对外经贸大学联合举办了"百年奠基新征程——中国共产党成立100周年学术年会"。上海市社联党组书记、专职副主席权衡,上海对外经贸大学党委书记殷耀,上海市习近平新时代中国特色社会主义思想研究中心副主任兼秘书长、中共上海市委党校副校长曾峻致辞。开幕式由上海对外经贸大学党委副书记、纪委书记许玫主持。

权衡指出,在百年未有之大变局叠加新冠肺炎疫情大流行的特殊时期,我们面临着前所未有的挑战。要想化危为机,需要哲学社会科学界深入总结历史、善于提炼经验,勇于理论创新,为研究解决重大现实问题提供坚实有力的学术支撑。哲学社会科学界的专家学者要有高度使命感和责任心,深入总结发展实践,构建立足于中国发展实际的理论话语体系,指导新征程,讲好中国故事和上海故事,提高对外传播的能力,为加快构建中国特色社会主义哲学社会科学体系贡献上海力量。

殷耀介绍了上海对外经贸大学的办学特色和取得的成就,强调本次学术年会是以百年党史为主线的思想交流和智慧碰撞的学术盛会,学校将以此为契机广纳真知灼见,为未来学术研究与合作和思政课教学改革与创新寻求新办法、开拓新途径。

曾峻表示,建党100周年之际我们要全面思考研究,中国共产党为什么让社会主义焕发出生机活力,如何在坚持科学社会主义基本原则同时,灵活运用并丰富发展这些原则以及中国到底给社会主义贡献了什么。回答以上问题,应从比较视野、跨学科与多学科视野、强大理论抽象能力等三个方面着力。

"西学东渐,马克思主义影响东方一大批国家,比如日本就比我们接触多、接触早,但为何中国成果最为丰硕?"在上海科学社会主义学会副会长、国防大学政治学院孙力教授看来,关键就在于我们成功实现了马克思主义中国化。而能做到这一点,与中国文化的特质密不可分。中国文化具有开放性与包容性的优势,为马克思主义中国化提供了非常重要的前提,同时建构马克思主义中国化的思想体系与深受中国文化影响的优秀的知识分子有密切关联。

上海科学社会主义学会副会长、上海市委党校马克思主义学院执行院长王公龙教授指出,百年来中国共产党铸就历史伟业的关键在于能够把握历史机遇,保持历史主动。他通过梳理在建党百年不同历史节点上,中国共产党顺应历史潮流,主动寻找机遇、把握机遇、扭转被动局面的历史事件,总结出 100 年来中国共产党善于用马克思主义辩证思维科学判断机遇,善于从内外互动中寻找机遇,善于通过改变既定思维范式主动塑造机遇的启迪与经验。

上海交通大学马克思主义学院张远新教授总结了中国共产党百年来领导中华民族伟大复兴的十大历史性贡献及基本经验,认为坚持中国共产党的集中统一领导、坚持以马克思主义为指导、坚持中国特色社会主义道路、坚持以人民为中心、坚持斗争精神以及大力加强党的建设是中国共产党百年来领导中华民族伟大复兴的基本经验。

上海社会科学普及研究会会长、解放日报社党委副书记周智强认为,"人民城市"是中国共产党治理城市的战略基点。他指出,中国共产党在管理和建设城市中取得了许多卓有成效的成就和经验,包括以人民至上破解"进城"难题,以"人民城市"回答时代之问。站在"两个一百年"历史交汇点上,放眼"十四五"开局和中华民族伟大复兴战略全局,应从价值观、发展观、历史观、文化观、民生观、幸福观等六个方面深化提升对"人民城市"重要理念的认识,拓宽工作领域,加大工作力度。

上海对外经贸大学中国特色社会主义理论体系研究中心主任赵勇教授总结了中国共产党对中国道路百年探索的原创性贡献,指出对于中国道路的观察和探讨需要整体历史感,要将整体性视角、历史性视角与比较视角相结合。中国道路不仅仅体现了特殊性的文化性,而且是具有世界意义的对新的文明类型的探索,集中体现在构建人类命运共同体对马克思主义世界历史理论的原创性回答。

中国科学社会主义学会常务理事吴解生在会议总结中指出,中国共产党通过百年实践成为世界上规模和力量最大的执政党,坚持党的全面领导地位,这是人民和历史的选择。历史将会证明,有中国共产党的全面领导,中华民族伟大复兴不是空想。

来自上海交通大学、华东师范大学、中共上海市委党校、国防大学、华东理工大学、上海师范大学、广西师范大学及上海对外经贸大学等近 20 所高校和单位的 70 余名马克思主义理论与党史党建领域专家学者出席会议。

上海市工人运动研究会等举办"高质量发展与工会工作"学术研讨会

5月28日，上海市工人运动研究会举办"高质量发展与工会工作"学术研讨会。邀请来自全国总工会研究室、中国劳动关系学院、上海社会科学院、华东师范大学、上海市总工会基层工作部等专家学者，从不同角度进行了研讨交流。

全国总工会研究室副主任、一级巡视员陶志勇在《探求工会工作高质量发展之路》的发言中提出，工会工作高质量发展是一项系统性工程，绝非单一路径可以实现，须从方向引领增"三性"、协同聚力扬优势、精准滴灌补短板、固本培元强根基等多维度统筹推进，通过找准方向、拉长长板、补齐短板、夯实地基等路径实现工会工作的高质量发展。

中国劳动关系学院马克思主义学院院长杨冬梅教授在《关于高质量发展与工会改革的几点思考》的发言中认为，新技术、新业态、新发展理念等对工会工作提出了新要求，因此要深入基层实际、密切联系群众，加强和改进职工思想政治工作，加快推进产业工人队伍建设，健全工会工作制度，提升工会工作法治化水平。

市工运研究会副会长、上海社科院研究员杨鹏飞在《创新推进产业工人队伍建设的若干思考》的发言中认为，目前我国经济开始转向高质量发展阶段，要认清意义、提高自觉，充分利用现有资源，整合各方力量，积极探索产业工人队伍建设的新途径、新方法，在工会组织内部合理配置资源，加强工会干部队伍的专业化建设。

上海江三角律师事务所主任、市政协常委陆敬波在《高质量发展需要高质量劳动关系》的发言中认为，高质量发展能够促进高质量劳动关系的构建，同时高质量劳动关系又可以推动高质量发展的实现。构建高质量劳动关系，要强化底线性思维，保障职工的基本劳动权益；补齐新就业形态领域的法律短板；强化中小微企业劳动关系的源头治理；加强企业党建，以党建促工建。

上海市总工会基层工作部部长张刚在《聚焦高质量　建功"十四五"——上海职工劳动和技能竞赛的创新实践》的发言中从上海职工劳动和技能竞赛的实践探索出发，提出要适应高质量发展，劳动与技能竞赛必须进一步向新经济领域延伸，主动应对当前人工智能的挑战，不断完善技能人才发现、挖掘、培育、评定体系。

上海社会科学普及研究会、上海市政治学会等单位联合主办"学习习近平总书记'七一'重要讲话精神"学术研讨会

7月3日下午,由上海社会科学普及研究会、上海市政治学会等单位联合主办"学习习近平总书记'七一'重要讲话精神"学术研讨会在中共上海市委党校召开。来自上海多所高校、党校等单位的专家学者围绕党的精神谱系、政党治理、人类命运共同体以及讲话的重大意义等展开研讨。

上海社会科学普及研究会会长周智强与上海市政治学会会长桑玉成分别致辞,指出"七一"重要讲话站在新起点上,揭示了百年奋斗的一个重大主题就是实现中华民族伟大复兴,精辟总结和提炼了中国共产党百年奋斗历程中形成的"九个必须"重要经验,并对未来发展作出了具有引领性、方向性的谋划,是马克思主义中国化的光辉文献。思想理论界的专家学者要发挥自身优势,把学习和研究结合起来,通过学习推进研究,通过研究深化学习。尤其要在新的起点上思考未来,进行思想碰撞。会议由中共上海市委党校研究生部主任袁峰主持。

上海市委党校科社部副主任丁长艳认为,中国共产党人的精神谱系内容主要包括:革命型精神、建设型精神、改革型精神以及强国型精神。精神谱系具有政治领导、政治动员、政治整合以及政治团结四大功能。为了实现精神谱系的现实转化,需要考虑传播的价值、结构、话语以及模式四个方面。

上海市政治学会副会长、市委党校教授程竹汝认为,中国共产党执政伦理的起点就是党除了工人阶级与广大人民的利益之外,没有自己的特殊利益。这在"七一"讲话中有明确体现。从利益出发来理解原则,而不只是简单强调原则,这既体现了理论与实际相结合,也是党执政的正当性与合法性之所在。

上海市委党校科社部副主任上官酒瑞教授通过中国共产党与国民党、苏联共产党以及西方资产阶级政党的比较,观察和思考中国共产党的政治品格、崇高的政治使命、高度的政治自觉以及强大的政治担当。

上海财经大学马克思主义学院院长章忠民教授将历史、现实与未来贯通起来,论述了中国共产党为什么能。他认为,中国共产党从开天辟地、改天换地到翻天覆地,再到新时代的惊天动地的历程,深刻说明了中国共产党能是因为马克思主义行,而马克思主义行也是因为中国共产党善于将马克思主义中国化。复旦大学中国研究院教授吴新文认为,中

国共产党为什么能与中国共产党彻底的革命精神以及理论武装教育是密不可分的。

上海交通大学国际与公共事务学院教授陈尧认为,党的十八大以来治国理政出现了新的发展,包括:提出习近平新时代中国特色社会主义思想、确立党领导一切的治国理政体制以及构建政策定型与法治体系。复旦大学国际关系与公共事务学院教授郭定平认为,百年大党治理研究新议程应当包括:政党治理、政党与国家治理、政党与社会治理、政党与经济治理以及政党与全球治理。

与会专家学者指出,过去 100 年,中国共产党向人民、向历史交出了一份优异的答卷。现在,中国共产党团结带领中国人民又踏上了实现第二个百年奋斗目标新的赶考之路。在这个过程中,需要戒骄戒躁,继续以人民为中心,发展中国特色社会主义。

"创新社会治理模式,推进治理体系和治理能力现代化建设"专题研讨会在沪召开

　　10月12日,复旦大学、上海市信访办与上海市信访学会联合召开"创新社会治理模式,推进治理体系和治理能力现代化建设"专题研讨会。复旦大学党委书记焦扬,市信访学会会长、市信访办、市人民建议征集办主任王剑华,市社联党组书记、专职副主席王为松出席会议。相关领域的专家学者和实务部门负责人等90余人与会。复旦大学社会发展与公共政策学院院长刘欣主持会议。

　　会上,复旦大学与上海市信访办签署了战略合作协议。复旦大学党委书记焦扬,市信访学会会长、市信访办、市人民建议征集办主任王剑华共同为"上海市信访与社会治理研究基地"揭牌。

　　在研讨会上,与会专家围绕"创新社会治理模式,推进治理体系和治理能力现代化建设""发展全过程人民民主,助力城市软实力提升"等主题作了研讨。

　　复旦大学教授、发展研究院常务副院长彭希哲指出,社会治理强调主体多元,对社会不同群体,要有不同的战略、方案和方针,要更多体现共建、共治、共享。信访工作的制度要创新,政策要完善,机构要建设,社会要参与,然后全民才能共享。

　　复旦大学文科科研处处长顾东辉认为,社会治理精细化,首先讲背景,然后讲策略和过程两个维度。他从管理到治理观念的转变,对治理的维度,治理者能力提升以及将来可能的问题提出了自己的思考。

　　市信访办办信处处长黄峰源从"坚持人民至上,树立上门办信工作新理念;积极稳妥推进,探索上门办信组织新模式;优化评估模型,完善上门办信评价新方法"三个层面,讲述如何探索实践上门办信新模式,助力提升城市软实力。

　　市民政局社区服务中心副主任龚晓燕结合12345热线的实际工作和遇到的问题,介绍了民众诉求服务效能的分析手段、工作机制协调以及赋能所产生的成效,为相关研究机构及专家提供了大量鲜活的案例。

　　复旦大学社会学系主任李煜将十年前的信访工作与当下作了比较,分析其新的发展趋势,提出对新时代信访工作转型升级的一些思考。

　　市信访与社会治理研究基地主任、复旦大学教授桂勇从代际观念变化的差异出发,指出新一代年轻人的观念、心态、行为的变化可能导致潜在的社会冲突,对信访或社会治理、经济政治文化等方面产生新的挑战,需要认真对待。

普陀区人民建议征集办主任赵松瑜结合案例,讲述了人民建议征集的三个"新":民意表达的新渠道、民主参与的新模式、主动宣传的新氛围,揭示了人民建议征集是社会治理主体参与多元化的重要体现。

市规划资源局公众处处长朱丽芳认为,"人民城市人民建"的理念需要政府开门做规划,让人人都能参与;多形式探索,把经验固化为机制;多渠道宣传,把活动升级为品牌。要开放协作共享,让我们的城市更美好。

复旦大学社会发展与公共政策学院党委书记尹晨在总结中指出,上海信访和人民建议征集工作需要进一步加强政策的研究和经验的总结,同时要提升理论高度,向世界讲好中国信访和人民建议征集工作的故事、经验、模式和道路,为中国话语体系建设作出贡献。

"伟大建党精神与中国共产党领导力"理论研讨会在沪举行

　　10月23日,"伟大建党精神与中国共产党领导力"理论研讨会暨上海市领导科学学会2021年学术年会在中共上海市委党校举行。本场活动为上海市社联第十五届(2021)"学会学术活动月"系列活动之一。上海市委党校常务副校长徐建刚,上海市社联党组成员、专职副主席任小文分别致辞。

　　在庆祝中国共产党成立100周年大会上,习近平总书记首次提出了伟大建党精神,这一精神是中国共产党精神之源。伟大建党精神思想精辟、内涵丰富、意义重大、意境深远,是我们全面认识和准确把握"中国共产党为什么能"的一把金钥匙。

　　中共一大纪念馆党委书记、馆长薛峰作主题演讲。他认为,在伟大建党精神的短短32个字里,蕴含着中国共产党人是如何炼成的密码。精神家园涵养精神之源。中共一大会址既是中国共产党人的精神家园,也是伟大建党精神的发源地。中共一大通过了中国共产党第一个纲领、第一个决议,选举出了中央局成员,为党的政治建设、思想建设和组织建设奠定了重要基础。"中国共产党成立时,全国有党员58人,其中有21人后来成为革命烈士,从占比来看将近四成。迄今为止,这在全世界的执政党中没有第二个,这就是中国共产党人不怕牺牲、英勇斗争最有力的证明。"中国共产党诞生之初的先进性密码是什么? 他认为,一是理论的先进性,二是组织的先进性,三是诞生在最先进的城市里。

　　上海市领导科学学会会长、上海应用技术大学党委书记郭庆松教授认为,伟大建党精神作为标志性的理论成果,在我们党的百年诞辰这样特殊的历史时刻提出来,具有非同寻常的理论意义和实践意义。习近平总书记在"七一"重要讲话中提出"两个结合",即坚持把马克思主义基本原理同中国具体实际相结合、同中华优秀传统文化相结合。郭庆松指出,在伟大建党精神中也体现了"两个结合"。"比如说坚持真理、坚守理想,本身是马克思主义基本要求,而真理在中华优秀传统文化当中被称为'道',坚持真理就是悟道。又比如,践行初心、担当使命,就是坚持人民立场这一马克思主义的基本立场,而在中华文化语境当中,初心就是最初的心意,使命就是重大的责任,初心使命就是人们和组织奋斗的目标,通常在中华文化当中叫'志'。"

　　近期,中国共产党人精神谱系第一批伟大精神正式发布,其中包括建党精神、"两弹一星"精神、新时代北斗精神、劳模精神、科学家精神、企业家精神等,彰显了一代又一代中国共产党人"为有牺牲多壮志、敢教日月换新天"的奋斗精神。上海市领导科学学会副会长、中共上海市经济和信息化委员会原党委书记陆晓春认为,上海是中国共产党的诞生地,也是中国工人阶级的发祥地、中国革命的红色基因的发源地。在党的领导下,不同时期上海孕育着不同的产业精神,这些产业精神都能在精神谱系当中找到自身的定位。忠诚、奉献是关键和实质,奋斗和创新永不停步。要进一步诠释上海的产业精神,传承上海产业发展的红色基因。

近代以来,中国社会大大小小的政治组织有 300 多个,很多都是昙花一现,为什么中国共产党能够历经百年仍然保持生机和活力?在上海市领导科学学会学术委员会副主任、市委党校教授周敬青看来,很重要的一个方面就是因为这是一个有着精神支撑的政党,而伟大建党精神就是中国共产党精神的源头活水。面向未来,中国共产党要坚守初心、勇于自我革命、不断锻造自身,成为引领中华民族实现伟大复兴的坚强领导核心。"'七一'讲话后不久,中共中央办公厅法规局专门颁布了《中国共产党党内法规体系》,这是我们党内法规体系的白皮书,在世界政党中也是十分罕见的,体现出我们党勇于自我革命。"

上海市领导科学学会学术委员会副主任、解放日报社党委副书记周智强表示,从百年党史的伟大进程中,特别是从建党前后共产党先驱们的实践当中,提炼概括出来的中国共产党伟大建党精神,从四个层面回答了中国共产党建党求什么、为什么、凭什么、靠什么,定义了中国共产党一切奋斗的落脚点和出发点,同时也解码了百年大党永葆青春的卓越基因。大理想、大使命催生大精神。伟大建党精神,呼应和破解了近代中国的时代难题和历史课题,是脱胎于中国近代社会历史变革所形成的政治自觉的精神结晶。伟大建党精神是百年大党一切奋斗的精神动力,是中国共产党人精神谱系的根和本,在中国共产党人精神谱系中起统摄、统领作用。

上海市领导科学学会名誉会长、中国浦东干部学院首任常务副院长奚洁人教授作会议总结。他指出,伟大建党精神是马克思主义中国化的最新理论成果,是习近平新时代中国特色社会主义思想的重大理论贡献。在伟大建党精神中有许多表述值得进一步研究。比如,践行初心、担当使命。"之前我们一般说不忘初心、牢记使命。但是,初心使命不是光记住就可以的。初心是需要践行的,使命是需要担当的,这对我们的干部提出了新的更高要求,也是领导力的重要体现。"

上海市城市管理行政执法研究会举行学术论坛

　　10月27日，上海市城市管理行政执法研究会举行主题为"紧跟时代步伐·创新执法理念"的学术论坛。本场活动为上海市社联第十五届（2021）"学会学术活动月"系列活动之一。来自上海青浦、江苏吴江、浙江嘉善城市管理行政执法系统及华东政法大学等单位共30余人参会。

　　华东政法大学党内法规研究中心助理研究员马迅、上海市青浦区朱家角镇城市管理行政执法中队中队长陈建荣、浙江省嘉兴市嘉善县综合行政执法局副局长王亚峰、江苏省苏州市吴江区城市管理法制大队副大队长钱建新、市城市管理行政执法研究会副会长刘建平围绕长三角城市管理与行政执法一体化工作等内容作交流发言。

　　马迅谈到，长三角区域一体化发展战略是重要的国家战略，所面临的新问题、新挑战和新机遇，要从基本理念、制度机制和配套保障三个方面着手应对。长三角三省一市城市管理行政执法系统要树立渐进合作、互惠互利、合作双赢的理念，在"差异化执法""首违不罚""文书统一"等具体机制上积极探索，努力争取地方立法支持，同时运用信息科技赋能，努力打造"百姓城管、智慧城管"。

　　"辖区包括28个村，17个居委会，但只有27名在编人员。一到节假日，一个古镇景区涌入几千人，放生桥上都没有落脚之处。"针对大客流常态化，如何全方位做好古镇景区市容环境保障？陈建荣分享了朱家角镇城市管理行政执法中队的做法和经验。按照上海市城管系统"三全四化"——全覆盖、全过程、全天候，法治化、社会化、智能化、标准化的工作要求，中队总结提出勤务调整精细化、日常管理不缺位、市容整治全覆盖、实战保障全过程、总结经验补短板五项重点措施，提供了可复制、可推广、有成效的管理方案，营造更有序、更安全、更干净的城市环境秩序。

　　王亚峰认为，嘉善县作为全省综合行政执法改革试点县，始终坚持县域善治，突出县镇一体、改革深化，不断整合执法资源、优化运行机制，全力打造覆盖城乡、权责统一、高效联动的综合行政执法新体制，从而提升执法效能，推动县域发展和基层治理。在行政执法改革方面，嘉善县探索以法治政府建设为导向，通过系统设计、协同突破，走活县域"一盘棋"，集成融合、协同推进，织密镇域"一张网"，整体智治、协同联动，推进监管"一件事"。

　　钱建新分享了两起关于跨区域执法典型案例，指出以前长三角跨省跨区执法，往往要靠熟人帮忙，有了《中华人民共和国固体废物污染环境防治法》作为依据后，南通、崇明、宝山、吴江、青浦、嘉善、金山、奉贤等地先后签订了执法框架协定，异地执法可以得到属地执法部门的大力支持，双方通力合作，跨区域执法效率大大提升，极大震慑了不法分子。

　　刘建平提出,随着国务院部署的长三角区域一体化发展的工作推进,有必要制定长三角区域城管执法行政处罚裁量基准,由三省一市城管执法部门按照程序共同起草、联合发布、同步实施。制定裁量基准要坚持合法性、合理性、过罚相当、处罚与教育相结合等原则,内容要科学、合理、规范,在法律规范、基准模式、特殊情形等方面不断优化,使其具有可操作性。

　　据悉,该论坛已成功举办五届,充分发挥了研究会的智库作用与影响力。历届论坛上提出的先进经验与创新做法为城市管理提供了借鉴,为城市高质量发展贡献出城管智慧。会长恽奇伟表示,研究会将进一步探索长三角城市管理与行政执法一体化工作,从长三角一体化的全局实践中发现新问题、提取新经验、提出新理论、落实新措施、创造新成效。

上海人大工作研究会召开双月理论座谈会

10月28日，上海人大工作研究会召开双月理论座谈会，就《全过程人民民主的上海人大实践与思考》课题报告进行研讨。本次会议是上海市社联第十五届(2021)"学会学术活动月"项目之一，由研究会副会长林化宾主持。来自市人大常委会、复旦大学等单位的专家学者30多人与会。

会上，上海人大工作研究会会长姚明宝传达了习近平总书记在中央人大工作会议上的讲话，课题组成员陆拯汇报课题报告主要内容。报告回顾了上海人大在国家和地方立法、民主监督以及代表工作等方面践行"全过程人民民主"理念所做的工作。报告就新时代如何把践行"全过程人民民主"理念推向深入这个主题，从加强学习、提高政治站位，全面加强自身建设，充分发挥人大代表作用等三个方面提出思考。

报告指出，上海已建成人大代表联系群众各类平台约6000个，基本实现了全市范围内每平方公里就有一个联系点。"家、站、点"——代表之家、代表联络站、代表联系点，是构筑群众和代表之间的"连心桥"。目前，全市1.3万市、区、镇三级人大代表均已编入各个"家、站、点"，打通代表联系群众的"最后一公里"。近年来，上海市人大常委会持续创新人大代表履职方式方法，要求全市各级人大常委会在践行"全过程人民民主"中发挥示范带头作用，充分发挥人大代表探索实践"全过程人民民主"的主体作用，把推进"家、站、点"建设作为实践"全过程人民民主"的重要抓手，将群众关注焦点作为代表履职重点。

与会专家和会员从报告的结构、内容、现实意义等方面进行了深入交流，并提出进一步修改完善的意见建议。复旦大学浦兴祖教授建议，要深入分析理解全过程人民民主的含义，增加内容深度和思考新意。研究会原副会长孙运时表示，践行"全过程人民民主"需要深入思考如何加强人大组织建设；如何进一步提高人大代表履职能力，丰富代表联系群众的形式和内容。上海马克思主义研究会专家委员会副主任、上海市人大常委会研究室原主任周锦尉表示，今后人大在实践中，要进一步思考如何加强对一府两院的监督，提高人大工作质效，同时加强人大代表和常委会的选民意识。

在总结阶段，姚明宝指出，该报告是今年研究会的重点课题之一，希望课题组认真研究吸收各位专家和会员的意见建议，把报告修改完善好，为上海人大践行"全过程人民民主"提供理论依据和决策参考。

上海市人口学会等举办"2021 年中国人口地理学术年会"

10 月 30 日,"纪念胡焕庸诞辰 120 周年·2021 年中国人口地理学术年会暨第 12 届城市社会论坛——城市人口、社会与空间"大会在华东师范大学隆重举行。本次会议是上海市社联第十五届(2021)"学会学术活动月"项目之一,由上海市人口学会等联合主办。大会围绕纪念胡焕庸先生和人口地理学主题,就中国人口分布、人口流动、人口地理研究新方法、城市经济社会生活、乡村振兴、人口健康等多个专题展开。基于疫情实际,大会通过线上线下相结合的方式进行,来自全国各高校与研究单位的 160 多位专家学者参会。

华东师范大学校长助理、人口研究所教授吴瑞君致辞,她介绍了华东师范大学与胡焕庸先生的传承渊源以及人口地理学的发展脉络;华东师范大学社会发展学院院长文军、地理科学学院副院长李响,中国人口学会副会长、中国地理学会人口地理专业委员会主任朱宇分别致欢迎辞。

大会主旨报告由华东师范大学人口研究所所长丁金宏教授、同济大学建筑与城市规划学院王德教授主持,中国科学院陆大道院士、福建师范大学朱宇教授、河北师范大学刘劲松教授、北京师范大学田明教授、复旦大学王桂新教授、华东师范大学吴瑞君教授、华东师范大学杜德斌教授和中南财经政法大学石智雷教授分别作大会报告。

陆大道从胡焕庸线出发,为我们回顾了胡焕庸线的发现过程,以及这条线在中国人口、经济、地理学上的学术影响力与重大意义。他认为胡先生的治学品质和为人态度应该成为新一代青年学者学习和检验自己的标准。他提出,研究者不应该只专注自身,而更应该关注社会、关注中国、关注全球。当下一些学者只在意发文数量,而不在意文章质量,写文浮于表面,治学不够严谨的功利学风只会阻碍学科整体的发展。科研要寻找兴趣、实事求是、埋头苦干,发扬以胡焕庸先生为代表的老一辈研究者的科学家精神,结合实践,为中国发展,为世界发展做贡献。

朱宇从最新的"七普"数据出发,为大家介绍"七普"数据在人口迁移实际研究中的应用以及引发的新思考。刘劲松通过对比世界上其他人口密度模型,并承接中国人口地理大师的人口发展理念,来介绍自身团队对"随机森林的高分辨率人口密度优化模型"的研究进展。田明就青藏高原发展实际,分享青藏地区在精准扶贫的政策背景下,其人口分布及可持续城镇化的发展路径。王桂新立足长三角地区,对长三角地区人口迁移流向进行对比分析,介绍长三角城市系统的演化及其一体化可能的展开方向。吴瑞君从"七普"数据出发,介绍了中国人口最新的省际分布变化及其与经济增长的时空耦合,并探究"七普"相较于"六普"数据的变化与其背后的逻辑。杜德斌提出胡焕庸先生不仅仅是卓越的人口学家、地理学家,同时也对世界地理、地缘政治等方面的研究颇有建树,他呼吁收复琉球群岛、命名南沙群岛,充分显现出胡先生的爱国主义情怀与世界战略眼光。石智雷从"一带一路"建设切入,探究"一带一路"规划是否会对胡焕庸线两侧的人口流动产生影响。

大会设"胡焕庸与胡焕庸线""人口地理学的新理论、新方法、新技术""典型区域的人口资源环境与经济社会发展""城市化新趋势与大都市人口问题""城市文化、城市民俗与城市生活""农村人口与乡村振兴""人口迁移与流动""新冠肺炎疫情与人口健康"八个分会场,分别作专题报告。

本次大会在胡焕庸先生诞辰 120 周年之际召开,旨在纪念胡先生并回顾其对中国人口地理学作出的重大贡献。胡先生一生严谨治学、忧国忧民。各地师生齐聚一堂不仅为了分享人口地理学最新的研究成果,更是为了更好地传承胡先生的治学态度与为人品格,给青年一代的人口地理研究者以新的担当与使命,为国家和社会的长足发展贡献力量!

上海市犯罪学学会等举办"企业内控与反舞弊第三届行业峰会"

　　10月29日,由上海市犯罪学学会等主办的"企业内控与反舞弊第三届行业峰会"暨探索数字化转型背景下的内控与反舞弊大虹桥论坛在上海举行。本次活动也是上海市社联第十五届(2021)"学会学术活动月"项目之一。

　　上海市长宁区司法局党委书记、局长林子岳在致辞中谈道,上海市犯罪学学会在峰会平台建设和日常工作开展中作出了很多贡献、取得卓越成绩,包括每年推出具有广泛影响力的《中国企业员工舞弊犯罪司法裁判大数据报告》、日常发表与内控反舞弊专业相关的学术文章、每年举办行业峰会、增进校企联动工作、助力企业内审监察部门的发展等,对塑造清正廉洁的社会风气具有重要意义。此外,本次峰会也是大虹桥法治论坛的组成部分,响应上海市政府"数字化转型"的一号课题,今年的大虹桥论坛将视角聚焦于"数字化转型背景下的内控与反舞弊"。"具体到企业内控与反舞弊工作中,数字化转型的意义也无处不在。"他从企业内控与反舞弊管理的前、中、后端的工作场景出发,阐述了数字化的应用与影响,也谈及政府层面能够提供的帮助和支持。此外,他也鼓励专业机构、学术机构对数字化转型过程中的法律问题加强研究,例如数据收集、存储、传输过程中的合规,企业调查权与员工隐私权之间的平衡等,要积极探索、寻求创新方案。

　　会上,中国犯罪学学会副会长、上海市犯罪学学会专家委员会副主任、上海社会科学院法学所魏昌东研究员,华东政法大学王戬教授,上海星瀚律师事务所企业内控与反舞弊法律中心负责人汪银平律师分别作题为《企业白领犯罪的司法趋势》《反舞弊调查取证与刑事司法衔接问题》《2020年度中国企业员工舞弊犯罪司法裁判大数据报告》的主旨演讲。

　　魏昌东谈到,企业内控与反舞弊工作是一个不断发展的过程。在舞弊行为调查方面,从最初的不敢查、不会查,到现在越来越深入地分析怎么查。在从业人员方面,很多企业从法务、人事、IT等岗位兼任,到设置了内审、监察、合规、风控等岗位,这些职能部门联合在一起,合力完成对舞弊案件的查处,"这也在提醒我们,企业内控与反舞弊的重点研究问题已经从简单的如何发现舞弊行为,延伸到了如何固定舞弊犯罪线索、合规地开展舞弊调查、与司法实务有效衔接等。"2021年3月,《刑法修正案(十一)》及最高院关于适用《中华人民共和国刑事诉讼法》正式实施,新规中,职务侵占罪、挪用资金罪、非国家工作人员受贿罪、侵犯商业秘密罪这四个典型舞弊罪名的量刑标准、刑罚种类等都有重要变化,明显加大了对企业内部发生舞弊行为的惩治力度,为企业维护自身权益、挽回损失创造更有力的法律保障,值得从业者重视。

王戬表示,舞弊是长期以来困扰商业组织的重大难题,给资本市场运行与企业发展带来重大威胁。舞弊行为给企业带来重大损失的同时,也沉重打击投资者对资本市场的信心。但是,企业在应对舞弊案件时,常常受制于取证能力弱的影响,进而无法使案件移交司法机关,具体表现包括:不了解案件特征、不了解证据特征、不了解证据类型、不了解取证方法、不了解证据要求。随后,他结合具体案例,谈及与刑事司法证据对接的视角并引出证据如何取得和使用的问题,并在分享物证、书证、证人证言等传统证据取证程序问题的基础上,结合《职务犯罪案件证据收集审查基本要求与案件材料移送清单》《中华人民共和国监察法实施条例》《公安机关办理刑事案件电子数据取证规则》详细阐述了"辨认"与"电子取证"两种较为新型的证据及其取证、应用要领。

汪银平认为,2020 年,经过司法裁判的企业员工舞弊案件共 4164 例,较 2019 年统计的 3995 例增长 4.23%。2020 年舞弊案件共涉及被告人 5185 人,较 2019 年统计的 4614 人增长 12.38%。2020 年舞弊案件涉及金额总计 75 亿余元,平均案值约 180 万余元,与 2020 年度的总额 73 亿余元、平均 182 万余元数据相差不大。其中,职务侵占案件、挪用资金案件占比较大,需要引起各方的高度重视。

在"数字化管理场景下的舞弊调查与司法鉴定"为主题的分论坛上,奇安信盘古石取证产品总监、移动终端电子数据取证技术专家吴汉迪,公安部第三研究所上海辰星电子数据司法鉴定中心主任助理、电子物证领域能力验证专家管林玉,上海文检司法鉴定专家委员会副主任、文书鉴定高级工程师竺亚敏,上海星瀚律师事务所电子取证专家周晓鸣分别作题为《iOS 取证技术在企业调查中的应用》《电子数据司法鉴定实务》《文书司法鉴定在企业内控与反舞弊中的应用》《代码中的秘密——反舞弊电子数据调查案例解析》的报告。

吴汉迪介绍了 iOS 系统发展与安全机制、iOS 取证的核心技术,并结合若干现实发生的典型案例,与在场听众分享了 iOS 取证技术在企业调查中的实践与意义,最后展望了技术发展的趋势——安全技术对抗与万物互联、云端调查及隐私合规等问题。

管林玉介绍了电子数据司法鉴定的基础信息,包括电子数据的定义与范围、电子数据司法鉴定相关的法律法规,以及鉴定委托所需的材料;结合案例讲述了电子数据的特征、子数据司法鉴定标准的应用。

竺亚敏重点讲述了企业内控与反舞弊过程中最为常见的几种鉴定内容:笔迹鉴定、印章印文鉴定、篡改(污损)文件鉴定和朱墨时序鉴定,强调文书司法鉴定在企业内控与反舞弊中的作用包括发现线索、固定证据;维护企业内部的正常秩序;为案事件的正确定性和处置提供依据;为仲裁和诉讼的举证作准备。

周晓鸣结合反舞弊电子数据调查过程中的大量新型实例,对程序、文档、日志中的秘密,网盘记录的解析、招投标的风控排查以及网络攻击溯源等方面展开分析。强调了前置内控的重要性和重调查轻预防的现状;检材数据原始型、完整性的保护;计算机技术应用的巨大作用和潜能;企业、司法、技术多领域的深度合作,对行业发展颇有启发意义。

在主题为"新形势下的反舞弊难点问题研究"的分论坛上,中芯国际副总裁、首席审计官毛武兴分享了《中国上市公司的治理与内部审计实践》。他以"安然事件"引入,指出:要改变公司治理机制的缺陷,完善公司治理,必须发挥内部审计的重要作用;内部审计的功能与组织越来越受到各国企业监管立法机构的重视。"在成功的公司治理过程中内部审计功不可没,失败的公司治理必定伴随着内部审计的失效",内审工作任重道远,鼓励从业者要有更强的责任担当和更为出色的专业技能。

上海星瀚律师事务所汪银平、张雪燕、卫新三位律师分别作了题为《虚设中间环节的职务侵占犯罪模型和实证解析》《舞弊相关的网络黑灰产问题研究》《舞弊行为的关联交易问题研究》的报告。

汪银平介绍了舞弊调查中常见的关联交易问题,分析了虚设中间环节的职务侵占行为的法律认定,提炼了虚设中间环节职务侵占的模型,强调了实务取证过程中的要点。

张雪燕介绍了"网络黑灰产"的现状和典型的行为模式。"黑产"通常是指直接触犯国家法律的网络犯罪;"灰产"则是游走在法律边缘,往往是那些为"黑产"提供辅助的争议行为。她还介绍了舞弊行为与"网络黑灰产"的关联关系及常见表现形式并分享经典案例及其处理路径。

卫新介绍了现行关联交易的法规规则与市场通用的反舞弊条款缺陷和处置舞弊行为的关联交易时常见的难点。他强调,"关联交易并不完全违法,需要分层次处理"。关联交易要关注公允性、公开性、是否有利益输送。

上海市延安精神研究会等举办"伟大建党精神与延安精神"学术研讨会

10月31日，上海市延安精神研究会与复旦大学共同举办"伟大建党精神与延安精神"学术研讨会。来自上海主要高校马克思主义学院专家、学者，上海市延安精神研究会理事单位代表等100余人参会。

中国延安精神研究会常务副会长兼秘书艾平在致辞中介绍了中国延安精神研究会这几年来在理论和实践上取得了显著成果，充分肯定了上海市延安精神研究会近年来在弘扬延安精神、凝聚前进力量中作出了突出贡献，并为认真贯彻习近平总书记关于弘扬延安精神的重要指示和贺信精神，更好地传承和弘扬延安精神提出了具体要求。他指出，要在学习和研究延安精神上下功夫，做到既走"深"又走"实"；要在继承和弘扬延安精神上下功夫，做到既走"心"又走"新"；要在培育和践行延安精神上下功夫，做到既真"知"又真"行"。

上海市社联党组书记、专职副主席王为松在致辞中表示，伟大建党精神是中国共产党精神谱系的源头之一，上海社科界和专家学者要更好地研究建党精神，这与延安精神也是一脉相承的。上海是中国共产党的诞生地，是很长一段时间中国革命的指导中心，是民族解放的战斗堡垒，也是近代中国光明的摇篮。市社联将提供各种平台和便利，致力于延安精神的弘扬、致力于伟大建党精神的深入研究。

复旦大学党委副书记许征在致辞中认为，上海和延安是新民主主义革命时期中共中央机关驻留时间最长的两个地方。上海是中国共产党的诞生地，延安是中国革命圣地。从上海到延安，曾经是大量爱国青年奔赴抗日战场，献身民族解放事业的英雄之路、献身之路；从延安到上海，是党中央领导中国革命走向胜利之路、繁华之路。复旦大学历来重视对马克思主义理论和中国共产党革命精神研究，注重将中国共产党革命精神与红色文化资源转化为教学内容，开展对全体师生的革命理想教育、共产主义理想信念教育、正确人生观、价值观、劳动观、世界观教育。她表示将共同努力把伟大建党精神和延安精神学习贯彻好，研究落实好，进课堂，进头脑，把共产党人的精神谱系传承担当好，发扬光大好。

上海市延安精神研究会会长叶骏对各方精心筹备会议表示感谢。他认为，党中央在延安13年形成了伟大的延安精神，产生了马克思主义中国化的第一个理论成果，为新民主主义革命的胜利奠定了基础。从伟大的建党精神再来学习和研究延安精神，必将提升我们的思考境界，丰富和发展我们的研究成果，拓宽继承和弘扬光荣传统的工作思路。上海市延安精神研究会将学术研讨会为新的起点，进一步学习贯彻习近平总书记关于弘扬延安精神的系列指示,在伟大建党精神的指引下把研究会的各项工作做得更好。

在主题发言环节,中共上海市委党校常务副校长徐建刚作了题为《伟大建党精神是百年奋斗的精神之源》的发言;复旦大学马克思主义学院教授朱鸿召作了《延安时期共产党人的精神图谱分析》的发言;华东师范大学马克思主义学院教授齐卫平作了《延安精神的深厚积淀彰显建党精神的思想伟力》的发言;上海师范大学人文学院教授董丽敏作了《延安时期的劳动英雄与劳动美学》的发言。

当天下午,与会专家学者分四个分会场开展研讨,主题分别为"延安精神与中共百年""延安精神与中国现代化""延安精神与新时代新征程""伟大建党精神与共产党人精神谱系"。

叶骏在总结中谈到,此次理论研讨会呈现几个特点:一是多方参与代表性强,80 多位师生代表莅临会议现场参与研讨,共有 20 余位专家学者进行了大会报告和主题发言,共同研讨、相互启发,是一次难得的学术盛会;二是主题重大时代性强,研讨会是在举国上下庆祝中国共产党百年华诞和学习贯彻习近平总书记"七一"重要讲话这个背景下召开,以"伟大建党精神和延安精神"作为主题,对于我们深入学习贯彻习近平总书记"七一"重要讲话精神和习近平总书记关于延安精神的系列论述都有重要的现实意义;三是研讨深入实效性强,这次研讨会在统一的主题下,专家们从不同的角度阐述伟大建党精神,阐述伟大建党精神和延安精神的关系,阐述新时代如何来推进延安精神,都给大家有很大的启发。研究会也将继续以习近平新时代中国特色社会主义思想为指导,认真学习和贯彻十九届六中全会的精神,凝心聚力善于作为,不负重托努力取得新的成绩,让延安精神在新时代、新征程上永放光芒!

"社会主义现代化强国建设与共同富裕"学术研讨会在沪举行

11月7日,由上海科学社会主义学会、上海市领导科学学会、同济大学、上海立信会计金融学院联合主办的上海市科学社会主义学会学术年暨"社会主义现代化强国建设与共同富裕"学术研讨会在沪举行。本次会议是"上海市社联第十五届(2021)学会学术活动月"项目之一。来自中央党校、中国科学社会主义学会与全国高校的180多名学者师生通过线上与线下互动相结合的方式参加了主题研讨。

上海市社联党组书记、专职副主席王为松,上海立信会计金融学院党委书记、中国科学社会主义学会副会长、上海科学社会主义学会会长解超,上海应用技术大学党委书记、上海领导科学学会会长郭庆松,同济大学党委常务副书记冯身洪分别致辞。上海科学社会主义学会副会长、上海对外经贸大学党委副书记许玫主持开幕式。

王为松表示,按照马克思恩格斯学说的科学社会主义原则,"建立一个代替存在着阶级和阶级对立的资产阶级旧社会的联合体","到那时每个人的自由发展是一切人自由发展的条件",描绘了未来人类社会发展的美好愿景,同时也揭示了人类社会发展规律。党的十九大提出建设社会主义现代化强国的第二个百年奋斗目标,是理论联系实际的伟大志向。上海社科界要努力学习贯彻习近平总书记在第四届进博会开幕式上的重要讲话精神,努力研究创新发展,充分展示上海的学术优势,进一步扩大在全国的影响力。

解超认为,把扎实推进共同富裕纳入现代化强国建设的远景目标,是中国共产党把马克思主义基本原理与中国实际紧密结合时代性的重要体现,是党的意志和庄严承诺,解决发展不平衡不充分,并非一蹴而就,需要经历努力奋斗过程,要坚持社会主义制度本质"以人民为中心"的价值导向,顺应人民群众的期盼,是中国共产党一以贯之的奋斗目标。

郭庆松结合学习习近平总书记"七一"重要讲话精神,明确社会主义现代化强国建设与共同富裕是民族伟大复兴主题的关键任务。共同富裕不仅是同生产力相关联的,而且是同生产关系相关联的,涉及社会公平正义、执政党价值取向、运行体制机制等方面的政治问题,必须在做大蛋糕同时分好蛋糕,必须防范资本无序扩张并绑架政治、舆论和权力。

冯身洪认为,中国共产党在大革命时期提出了"打土豪、分田地"的口号,志在发动人民群众,实现翻身解放;建立社会主义国家,实现"让人民享有劳动成果"的奋斗目标;通过改革开放解放生产力,让人民富起来;党的十八大以来,国家现代化建设进入新发展阶段,党中央把共同富裕放在更加重要位置,通过精准脱贫,消除了绝对贫困,彰显了一个马克思主义政党"以人民为中心"的立场,体现出中国特色社会主义制度的显著优势。

上半场主题报告由同济大学马克思主义学院院长徐蓉教授主持。

武汉大学党委副书记沈壮海教授指出,我们所创造的文明新形态不是停留于头脑中的文明想象或展望,而是呈现在中华大地上的文明跃动,是"现实的文明";是崭新的文明,是中国特色社会主义文明。新文明具有人民当家作主的民主和效率优势,以独立自主、和平发展推动社会主义现代化进程,为建设美好世界提供理论与道义上的重大贡献。

吉林大学党委副书记韩喜平教授认为,现代化的概念是伴随着工业化而产生的社会变迁与政治改良,具有普遍的社会性、革命性。现代化不仅是包括经济、政治、文化、社会、人与自然等各个层面的综合概念,也是涉及价值、制度、技术动态渐进的行为。不同民族具有各自文化特色,决定了人的本质现代化的基本内核。中国式现代化拓展了人类文明新形态,不仅人民福祉达到新要求,而且社会文明程度得到新提高,生态文明达到新进展,人的全面发展达到新水平。强国要有软硬实力为基础,我们要以理论化的解释,给世界提供新的示范。

南京师范大学马克思主义学院王永贵教授认为,从历史性、整体性、系统性等多个维度审视和考察中国式现代化新道路,具有五个鲜明特征。第一,领导力量新,坚持中国共产党坚强全面领导现代化;第二,发展路径新,体现"创新、协调、绿色、开放、共享"的新发展理念;第三,基本立场新,一切发展理念、发展方法都是以人民的根本利益为出发点和落脚点;第四,根本目标新,共同劳动、共同创造、共建、共享物质和精神成果;第五,社会形态新,体现在经济、政治、文化、社会、生态"五位一体"全面现代化建设由低向高前进。

中国科学社会主义学会副会长兼秘书长、《科学社会主义》副总编、中共中央党校郭强教授认为,共同富裕是社会主义本质的重要标志。习近平总书记一再告诫我们,必须站在科学的立场上,充分认识共同富裕的长期性、艰巨性和复杂性。以史为鉴,缩小地区、城乡和收入差距和贫富差异,共同富裕也不是同等富裕,首先需要实现全体人民的权力、机会和规则公平,共同分配着力点是解决二次分配的公平性问题,而不是把重点放在三次分配。

中国科学社会主义学会原常务副会长、现任《理论视野》杂志主编、中共中央党校秦刚教授指出,党的十九大报告提出在本世纪中叶实现建设社会主义现代化强国时,强调了通过实现国家治理体系治理能力现代化,提升世界领先的综合国力,基本实现共同富裕。建设社会主义强国的过程实际就是实现共同富裕的一体化过程,建成社会主义现代化强国,实现人民追求共同富裕的愿望,必须坚持和完善社会主义市场经济基本制度,坚持公有制经济制度为主体、多种所有制包括个体、民营企业共同发展的制度,调动各方面建设社会主义现代化强国的积极性,在消除了绝对贫困基础上,逐步推进,逐步积累,不断缩小差距,才能最终达到目标。

上海科学社会主义学会副会长、中共上海市委党校马克思主义学院执行院长、王公龙教授从马克思世界历史理论的理想追求、世界历史演变的时代环境和中国社会的政治倾向三个角度出发,表明中国选择社会主义现代化道路的必要性,中国式现代化新道路顺应历史前进的逻辑,具有推动世界历史发展的重要意义。

复旦大学马克思主义学院院长、马克思主义研究院院长李冉教授认为中国共同富裕的价值立场是人本身,人是发展的最高目的,是治国理政的最高价值,共同富裕关注的是整体的人、全面的人和现实中的人,而不是西方国家和社会大都重在关注的物与资本。西方国家社会私有制在解决部分个体富裕的同时不断制造了新的贫富差异,这种经济结构一旦遇到风险,更可能爆发衰退的危机。

下半场专家发言由上海领导科学学会学术委员会副主任、解放日报社党委副书记周智强和上海立信会计金融学院党委宣传部长兼马克思主义学院院长李文亮教授主持。

中国浦东干部学院教务部主任、长三角研究院执行院长何立胜教授认为,扎实推进共同富裕,需要全面辩证地处理好效率与公平、"做大蛋糕"与"分好蛋糕"、物质富裕和精神富足、少数先富部分人先富与全体人民共同富裕、三次分配、劳动收入差距与财产收入差距、扩大中等收入群体、合理调节高收入与增加低收入、推进共同富裕的重点与难点、短期目标与长期目标等九个关系。

中国科学社会主义学会常务理事、上海科学社会主义学会副会长、国防大学政治学院孙力教授提出,社会主义革命实现了中国的一个伟大历史跨越,彻底铲除了不公平的制度基础;如何在追求公平的同时更快地推动生产力的发展,中国共产党进一步做出了宝贵的制度创新;在民族国家范围内和历史上彻底消除贫困,创造了中国社会公平的三大伟业基础。这是中国共产党人对人类社会发展的又一伟大贡献。

上海领导科学学会秘书长、中共上海市委党校鞠立新教授认为,根据马克思提出的"生产关系环节的同一性"理论,全端共富机制包括了发展型、渐进型、全面可持续型、共享型、制度规则型等五个环节,通过生产关系前端、中端、终端改革创新、综合发力、同向推动,才能有效落实共同富裕目标。

上海科学社会主义学会副会长、《上海思想界》杂志常务主编、华东师范大学郝宇青教授认为中华民族站起来的历史起点为共同富裕创造了政治条件。同时实现共同富裕还应顾全"一部分人一部分地区先富"以及"进入新时代"两个大局,从具体举措和观念转型两个方面入手,深入推进共同富裕的实施。

上海立信会计金融学院副院长张士引分析了马克思的"经济社会形态"转型理论与我国"新发展阶段"的转型性质的内涵及其关系,认为应该推动我国从经济社会形态向人的社会形态转变,目标是人的全面发展。运用马克思关于"经济社会形态"转型的理论,依据我国"新发展阶段"的转型性质和实际,厘清当今经济社会形态转变需要的条件和要求。

中国科学社会主义学会常务理事吴解生教授作会议总结。他强调,上海是中国马克思主义理论传播的发源地,举办高质量、规范化且具有全国影响力的学术年会是上海作为排头兵、先行者和引领者的应尽责任和义务,必须坚持上海科学社会主义学会的光荣传统,坚持习近平新时代中国特色社会主义思想"以人民为中心"的根本立场与马克思主义的唯物史观和辩证唯物主义的观点、方法,发扬伟大的党建精神与科学社会主义学者特有的学术精神。

会议最后,解超宣读《上海科学社会主义学会成立学术委员会的决议》。决议要求广泛吸引更多的专家学者,用好各种资源,为青年学者成长出彩搭建更好的学术平台,使上海科学社会主义学会成为全国基础理论学会的示范榜样,为坚持和发展21世纪马克思主义中国化时代化大众化新成果作出更大贡献。

上海金融与法律研究院举行"全资子公司的独立性：理论与实证"研讨会

　　11 月 16 日，上海金融与法律研究院举行"全资子公司的独立性：理论与实证"研讨会。本次研讨会是上海市社联"第十五届（2021）学会学术活动月"项目之一，由上海金融与法律研究院院长傅蔚冈主持。

　　在主题发言阶段，中国政法大学公司法研究所副所长王军副教授以《全资子公司的独立性》为题讨论了全资子公司的独立性。通过对近 3 年最高法和各省高级人民法院近 20 份判决书的分析，他认为全资子公司法人独立地位中存在的主要的法律问题有下五点：一是否定公司法人独立地位，是否需要债权人先穷尽其他救济手段？二是"严重损害债权人利益"如何证明？三是举证责任如何分配？四是母公司如何证明子公司与自己的财产相互独立？五是国资公司有无特殊性？

　　浙江大学光华法学院"百人计划"研究员黄韬认为讨论全资子公司独立性问题，其实是在公司法和公共政策之间的权衡，所以在立法和司法层面，所有问题归根到底就是在打破有限责任制度和揭开公司面纱之间做到平衡，什么时候可以揭开公司面纱，这个例外制度适用的范围或者情形到底多大？他认为这个过程中需要区分自愿债权人和非自愿债权人，封闭公司和公众公司，金融机构和非金融机构等六种类型。

　　华东政法大学教授廖志敏提出，部分行业确实负债率很高，这需要法律人和企业家深入探讨这些项目或者这种产业的商业特征，相应的法律设计如何既能够兼顾商业特点，避免为了安全而过度损害商业创新的能力，但同时也要避免恶意的债权人蓄意利用法律漏洞。

　　北京天达共和（上海）律师事务所合伙人鲁宏律师分析了地产行业开设大量项目公司（子公司）背后的原因及现存的问题。与一般公司设立子公司目的是为了隔离风险不同，他认为地产公司开发项目公司的动力更多源于现实利益的驱动。同时他也指出，现阶段股东并非把有限责任制度当作盾牌，而是当作进攻的长矛去获取利益。

　　中恒星光投资集团董事总经理兼首席执行官沈韬认为，商业实践和法律之间存在实质与程序、效率与成本的"冲突"。他认为法律的更新不一定跟得上商业实践，一刀切的管理模式会阻碍商业创新，实践中要通过多种方式努力减少两者之间的对立，一要增加中介机构的专业化，比如发展专注生产型服务业的律所，缩小实践和法律中的差额；二要提倡公司经营的合规化；三要组织各界（法律、税务、工商等）依据实践中遇到的问题进行研讨，通过自下而上方式将实践中的意见反馈给立法机关。

"中国共产党自成立以来政治建设的成就与经验" 跨学会学术研讨会召开

10月30日,为学习、研究和贯彻习近平总书记在中国共产党成立100周年庆祝大会上的重要讲话精神,迎接党的十九届六中全会的召开,由上海科学社会主义学会、上海社会科学普及学会、上海市马克思主义研究会联合举办的"中国共产党自成立以来政治建设的成就与经验"跨学会学术研讨会于上海社会科学会堂召开。

上海科学社会主义学会副会长、上海对外经贸大学党委副书记许玫主持学术研讨会。她认为,科学透析党的百年奋斗实践,特别是总结党的政治建设取得的历史性发展和突破性成就,是总结经验的主要依据和宝贵财富,把成功的实践经验及时上升为理论、转化为马克思主义中国化的最新成果,一定能成为服务与引领未来发展与获取新成功的科学之道,开辟中国式现代化新道路,为实现中华民族伟大复兴,赓续中华文明,展现人类文明发展新形态。

中国科学社会主义学会常务理事、上海科学社会主义学会副会长、国防大学政治学院教授孙力以"中国共产党政治建设的源起、历史重心和时代使命"为题作主旨发言。他指出,党的十九大提出"政治建设是党的根本性建设",把政治建设提到了新的高度。中国共产党具有政治建设的优良传统,提出政治建设源起古田会议,毛泽东提出的"思想建党、政治建军"策略,从中国社会阶级实际分析出发,找到了从农村包围城市的中国革命正确道路,为建党建军指明了方向。不同的历史时期政治建设的内容不同,尤其是十八大以后党的政治建设的重心在于"制度建党",运用制度和法治力量解决党内存在的突出问题,凝聚党心和民心,以实现党的"初心和使命"。

上海科学社会主义学会理事、上海市委党校党建教研部教授周建勇以"政治建设——党的根本性建设"为题作发言。他解读了"政治"与"政治建设"的内涵,指出"政治"的本质是对权力的运用和分配,其核心是政权问题,"政治"是"权力""政权""人心""立场""信仰"。"政治建设",涉及两个层面的阐释,一是国家和社会层面,指"五位一体"总体布局中的政治建设;二是政党层面,指"党的建设总体布局"中的政治建设。党的政治建设是党的根本性建设,决定党的建设方向和效果,巩固党的执政地位和执政基础,必须解决党内忽视、淡化和不讲政治建设、偏离社会主义方向的问题。

上海市马克思主义研究会副秘书长叶柏荣认为,党的"两个历史决议"推动了马克思主义中国化的进程,即将召开的十九届六中全会,将总结党的百年奋斗重大成就和历史经验，全会的决议具有同样的重大意义。

上海市马克思主义研究会理事、上海交通大学马克思主义学院副院长鲍金认为，习近平总书记提出的"伟大建党精神"是在百年实践过程中形成，伟大建党精神是党的政治建设历史实践活动高度凝练的成果，理论来自实践，精神反作用于物质，一旦被广大党员和人民群众掌握，将成为推动实现党提出的第二个百年奋斗目标的巨大力量。

上海科学社会主义学会常务理事兼副秘书长、上海市委党校马院副院长李宗建梳理了党的十八大以来习近平总书记关于党的政治建设重要讲话精神的主线和脉络，当前必须坚持和加强党的全面领导，强调政治建设的首要任务是维护党中央权威和集中统一领导至关重要，自觉坚持"四个自信"、牢固树立"政治意识、大局意识、核心意识、看齐意识"是根本性建设的重中之重。

上海社会科学普及研究会会长、解放日报社党委副书记周智强以"伟大建党精神呼应和破解时代难题的政治之治"为题，指出伟大党建精神作为党的政治建设的成果，其内涵丰富与价值巨大，对于不同历史时期解决党的伟大事业、伟大使命遇到的各种难题发挥了积极的针对性作用。中国共产党从成立之初就讲政治，中国共产党人的实现"中华民族伟大复兴"的使命就是最大的政治。

上海科学社会主义学会副会长、上海师范大学比较政党研究中心主任黄福寿认为，要区分党的政治建设与政治文明建设的联系与区别，《中共中央关于加强党的政治建设的意见》规定了"党的政治建设"的主要内涵，目的是坚定政治信仰、坚持政治立场、强化政治领导、提高政治能力和净化政治生态，实现全党团结统一、行动一致，保持党的纯洁性和先进性。"敢于坚持真理、善于修正错误"是党的政治建设的重要经验。我们必须正确理解和处理政党和领袖的关系、中央权威和地方自主的关系、经验和教训的辩证关系，是党的政治建设的基本要求。

上海科学社会主义学会副会长、《上海思想界》杂志常务主编、华东师范大学教授郝宇青以"百年来中国共产党领导的政治发展主题变迁及启示"为题发言。他认为，百年来中国共产党领导的政治发展主题大致呈现从承诺、发展到共享的变迁。从政治学角度理解"国之大者"进行解读，社会实践和社会矛盾是政治发展的根本动力，人民福祉是政治发展的目标，党的领导是政治发展的组织保障，保持政治发展主题的调适性是保证政治发展道路稳健性的重要条件，运用科学方法指导政治建设才能保证政治发展的有效性。

与会专家一致认为，以习近平同志为核心的党中央领导集体在运用马克思主义中国化成果的过程中坚持和发展了马克思主义，形成了习近平新时代中国特色社会主义思想，以党的政治建设为统领，在关键时刻挽救了党，提升了党的创造力、凝聚力、战斗力，成功克服了国内外各种风险挑战，推进了社会主义国家经济、政治、文化、社会、生态建设和人的全面发展，开启了社会主义现代化强国建设的新征程，不断积聚起实现民族伟大复兴的磅礴气势和力量，这是新时代党的政治建设的伟大成就和新经验。

上海人类学学会举办 2021 年学术年会

　　11 月 6 日,上海人类学学会在复旦大学举办第八届会员大会暨 2021 年学术年会。大会审议并通过了第七届理事会工作报告、监事工作报告、财务报告以及新的章程和工作制度,选举产生了学会第八届理事和监事。在随后召开的学会第八届理事会第一次会议上,选举产生新一届常务理事和研究会领导班子:会长为王久存,副会长为李辉、汪思佳、潘天舒、周保春、李成涛、叶舒宪,秘书长为李辉。

　　随后举办的 2021 年上海人类学学会学术年会是"上海市社联第十五届(2021)学会学术活动月"项目之一。会长王久存教授主持开幕式,大会邀请 2021 年"人类学终身成就奖"获奖者徐杰舜教授、复旦大学金力院士、复旦大学张文宏教授、华东师范大学陈中原教授、复旦大学石乐明教授分别围绕"衣带渐宽终不悔的治学精神""数学战新冠表型组学的探索与实践""人类传染病的起源、演变与消除""三角洲环境演化与早期农业文明""多组学数据的质量控制与标准化研究"等内容作主旨报告。

　　与会专家认为,鉴于人类群体的复杂多面特性,人类学研究也有诸多分支领域,包括研究人类身体生物学性质的体质人类学、研究人类群体社会文化特征的文化人类学、研究人类语言发展演变规律的语言人类学、研究人类发展中留下的痕迹的考古人类学等。人类学的研究关注着人类的命运,而人类学研究者首先要关注人类学的命运。各具特色的分支包含众多细分支,通过融会贯通可以更全面与准确地观察人类群体演变的规律。

上海市社会学学会 2021 学术年会

11 月 22 日,上海市社会学学会 2021 学术年会在中共上海市委党校召开。本次论坛作为上海市社联第十五届(2021)"学会学术月活动"项目之一,与会学者就"共同富裕与高质量发展阶段的社会建设"的主题展开研讨。

市委党校副校长曾峻教授指出,习近平总书记在中央财经委第十次会议上的讲话,以及最近《求是》杂志发表的重要文章《扎实推动共同富裕》,代表了党中央关于在高质量条件下怎样实现共同富裕,对共同富裕的内涵、原则、目标、举措等方面作了非常详细完整的阐释。如何扎实推进共同富裕、实现高质量发展已经成为至关重要的战略性、政策性、学术性议题之一,从各个角度深入研究这个议题,既是干部教育的一门主课,也是科研咨政研究的一项主业。

学会副会长、华东师范大学原党委副书记罗国振教授认为,党的十八大以来,以习近平同志为核心的党中央顺应经济社会新发展和广大人民群众新期待,在不断取得新成就的基础上,脱贫攻坚战取得了全面胜利,从全面小康到共同富裕是人民本位实践的伟大跨越。在经济与社会互动的整体视野中,理解和解释中国快速转型何以能够保持社会和谐稳定,以及如何实现新的社会整合再建社会认同,既是对于以人民为中心的历史经验总结,也决定新的时代条件下民心所向和社会长期稳定的走向。实现共同富裕必须推动社会共同体新发展,这是社会学研究非常重要的课题。

全面建成小康社会,从社会学角度来看取得了哪些历史性成就?学会副会长、上海大学社会学院张文宏教授从多方面进行了梳理。一是城镇化率不断提升,城乡结构不断调整。从发达国家城镇化一般规律看,我国仍然处于城镇化率有潜力而且以较快的速度提升的发展机遇期。二是职业结构进一步优化,中高层职业的比例不断扩大,新社会阶层成为经济社会发展的重要力量。三是居民收入持续增长,中等收入群体的规模不断扩大,区域性绝对贫困人口在 2020 年年底清零。四是居民消费结构趋向合理。五是社会流动空间不断扩大,向上社会流动是主流。六是居民的获得感和幸福感日益增强。

"中国式现代化道路"靠什么取得成功?学会副会长、上海行政学院社会学教研部主任马西恒教授认为,中国式现代化的发展目标、实现路径是近代以来中国特有的历史和现实决定的。共产党人的理想和信念,不仅有道德情怀作基础,而且以历史规律为支撑,这个逻辑起点就是组织起来的需求。"中国共产党领导下形成的国家体制,摆脱了马克思所说的资本主义社会'虚幻的共同体',也不同于本尼迪克特·安德森讲的'想象的共同体'。党领导国家,也融入群众,通过党的组织纽带,实现国家和社会的有机链接,因而民族国家成为一种'真实的共同体'。"

党的十九届六中全会强调中国特色社会主义新时代是"全国各族人民团结奋斗、不断创造美好生活、逐步实现全体人民共同富裕的时代"。学会副会长、复旦大学社会发展与公共政策学院院长刘欣教授表示，共同富裕既要体现效率又要体现公平，不能是平均主义分配。要通过进一步解放思想、解放和发展社会生产力、解放和增加社会活力，努力建设体现效率、促进公平的收入分配体系来实现这一目标。什么样的分配原则才能体现效率、激发社会活力、体现社会公平？区分宏观公平与微观公平，对理解这个问题具有重要意义。

进入新发展阶段，世界百年未有之大变局带来了外部环境的诸多不确定性，如何在不确定性背景下推进共富社会建设？对此，学会副会长、华东师范大学社会发展学院院长文军教授强调，"在不确定性当中寻找甚至创造一种确定性，用形象的比喻，原来的策略总是想找到定海神针，但实际上不确定性不是定海神针而是阻力器，就像摩天大楼通过适度的振动化解大楼面临的风险。如何从定海神针式向阻力器式的转变，是新发展阶段社会治理转型非常重要的关键。"

上海市统一战线理论研究会举办"城市软实力与统一战线"学术研讨会

　　11 月 18 日,上海市统一战线理论研究会、上海市社会主义学院联合举办"城市软实力与统一战线"学术研讨会。本次活动是上海市社联第十五届(2021)"学会学术活动月"活动之一。中共上海市委统战部副部长、市统战理论研究会会长房剑森,市社会主义学院党组副书记、常务副院长毛大立出席本次会议。

　　房剑森表示,做好统一战线工作是全面提升城市软实力的重要标识。统战工作的本质要求是大团结大联合,主要特征是一致性与多样性的统一,与软实力概念高度契合,是城市软实力的鲜明标识。做好统一战线工作是全面提升城市软实力的重要内容。人人都是软实力,人人参与软实力,统一战线是治理体系的重要组成,是制度框架的重要体现,本身就是城市软实力的重要内容。做好统一战线工作是全面提升城市软实力的重要力量。统一战线解决的是人心和力量的问题,统一战线要在凝聚人心、凝聚共识、凝聚智慧、凝聚力量中发挥学会、学者的积极作用。

　　上海社科院软实力研究中心主任、《社会科学》杂志社社长、主编胡键作题为《如何将统一战线的凝聚力转化为城市软实力》的发言,他认为提升城市软实力,助推长三角城市群的能级提升需要把握统一战线与城市软实力的内在逻辑关系,在提升城市软实力中发挥统一战线的政治优势、组织优势、治理优势和资源优势。

　　上海交通大学中国城市治理研究院副院长徐剑教授作题为《广泛凝聚各方力量　讲好精彩上海故事》的发言,他认为展现上海城市良好形象、讲好上海城市故事,必须由学者去提,由每个市民去讲,由来自海内外的游客去传播,把上海这座人民城市已经发生或者说正在经历的伟大历史征程体现出来,并且向全球传递。

　　华东师范大学城市发展研究院院长曾刚教授作题为《上海数字化转型过程中城市软实力提升中值得关注的几个问题》的发言,他认为全面推进城市数字化转型,是践行人民城市人民建,人民城市为人民重要理念,是巩固提升城市核心竞争力和软实力的关键之举,统一战线可以借助大数据的方法使信息更加丰富,进一步做好建言献策工作、做好社会动员、做好跨界服务。

　　上海师范大学哲学与法政学院副院长朱新光教授作题为《城市软实力下的上海统战工作》的发言,他认为在上海的城市软实力建设中可以通过做好上海友好城市群、驻沪领事馆、国际组织的统战工作,通过与世界各国的文化交流契机开展文化统战,突出重点,加强协调和沟通,发挥上海统一战线的优势。

　　上海市社会主义学院城市民族和宗教研究中心主任蒋连华教授作题为《正确认识和把握民族宗教资源要素,全面提升上海城市文化软实力》的发言,她认为要用历史唯物主义和辩证唯物主义思想方法来正确认识和把握民族宗教资源要素,探索构建符合时代特征、中国特色、上海特点的城市文化。要以铸牢中华民族共同体为主线,打造体现上海多民族文化交往交流交融的文化标识;发挥宗教在构建人类命运共同体,以及对外传播中的有效作用。

上海市延安精神研究会与举办"延安精神与新时代的劳动观"专题研讨会

为深入学习贯彻党的十九届六中全会精神,从党的百年奋斗重大成就和历史经验中汲取不懈奋斗的力量,深入研究和挖掘延安精神在新时代的当代价值与意义,11 月 20 日,上海市延安精神研究会与上海中侨职业技术大学联合举办"延安精神与新时代的劳动观"专题研讨会。此次会议是上海市社联第十五届(2021)"学会学术活动月"项目之一。研究会理事单位代表、本市部分高校马克思主义学院专家学者以及师生代表参加研讨会。

研究会会长叶骏在致辞中表示,在中国共产党成立一百周年之际,习近平总书记提出伟大建党精神,是中国共产党精神谱系的本和源、根和魂。延安曾经开创了"尊重劳动,诚实劳动,人人劳动,劳动光荣,劳动树人"的崭新局面,总结弘扬延安时期的优良传统,对于新时代树立正确的劳动观,尤其是在学校的劳动教育中让青少年形成正确的劳动观念,重视劳动,热爱劳动并努力推进创造性劳动具有十分重要的意义。

上海市民办高校党工委思政工作负责人周光狼表示,党中央在延安 13 年,不仅领导了伟大的抗日战争,指挥了人民解放战争,也培育了延安精神,形成了我们党精神谱系中的灿烂华章。此次研讨会就是把弘扬延安精神与党史学习教育结合起来,与劳动育人结合起来,讲好党的故事,弘扬全心全意为人民服务和自力更生、艰苦奋斗的延安精神,教育广大师生热爱劳动、热爱劳动人民。

上海中侨职业技术大学党委书记平杰以《延安体育与延安精神》为题,回顾了延安时期体育运动的历史背景和发展历程,以及延安体育彰显的延安精神,讲述了毛泽东、周恩来等老一辈革命家的体育故事,以及习近平总书记关于体育工作的重要讲话精神,进一步阐释了体育精神不仅源于劳动,更是对延安精神的一种彰显和传承。

研究会副会长、复旦大学马克思主义学院教授朱鸿召围绕"古元木刻和劳动审美",从研究古元木刻创作入手,梳理了延安时期劳动审美观形成的实践逻辑、历史逻辑和理论逻辑。

华东理工大学马克思主义学院教授杜仕菊聚焦"延安精神与大学生劳动精神教育",认为加强大学生劳动精神教育是建设中国特色社会主义现代化国家,实现中华民族伟大复兴的需要。延安精神作为激发劳动者积极劳动的一种精神动力,是支撑劳动者实现劳动创造的一种持久信念,对新时代的大学生养成崇尚劳动,尊重劳动、辛勤劳动、敢于劳动创造具有非常重要的价值。

上海海洋大学马克思主义学院院长董玉来教授以《新时代大学生劳动教育的思考》为题发言,针对现今高校学生劳动教育评价存在的问题,提出了系统性的建议与设想,将"以劳树德""以劳健体""以劳增肌""以劳增智""以劳塑美"相融合,引导师生树立正确的劳动观,助力培养德智体美劳全面发展的新时代社会主义接班人。

上海师范大学马克思主义学院副院长耿步健教授以《延安精神对我国高等职业技术教育的启示》为题发言,谈到延安精神的内涵及其时代价值,是中国共产党人成就伟业的政治灵魂、思想基石、力量之源、不懈动力。新时代弘扬延安精神最重要就是大力弘扬劳模精神、劳动精神、工匠精神、企业家精神和科学家精神。

上海中医药大学马克思主义学院院长王芳教授以《延安时期劳动精神的塑造及新时代的价值》为题发言,从延安时期劳动精神的建构,新时代弘扬劳动精神的重要性,弘扬延安时期劳动精神的有效途径三方面,阐述了如何弘扬劳动精神。

上海师范大学天华学院马克思主义学院沈尚武副教授以《新时代劳动观的理解》为题发言,从劳动的真理观、劳动的价值观、劳动育人观、劳动精神观、劳动幸福观五个方面,阐述了马克思、恩格斯对劳动及其劳动价值观给予我们的重要启示。

研究会副会长、上海交通大学马克思主义学院教授张远新在会议总结中谈到,延安精神是中国共产党精神谱系的重要内容和重要组成部分,延安精神当中包含的艰苦奋斗,辛勤劳动等核心内容。在实现中华民族伟大复兴的关键时期,在开启全面建设社会主义现代化国家新征程的重要时刻,研讨延安精神以及新时代的劳动观特别有意义。

"构建友好型生育文化:制度解读和政策支持国际比较"学术论坛举行

　　11 月 16 日,上海市婚姻家庭研究会和上海政法学院联合举办"构建友好型生育文化:制度解读和政策支持国际比较"学术论坛。本论坛系上海市社联第十五届(2021)"学会学术活动月"项目之一。来自市婚姻家庭研究会、上海政法学院、市妇女学学会和市妇女儿童发展研究中心的代表 30 余人参加了本次论坛。

　　与会学者围绕友好型生育制度的设计原则和路径构建进行了深入探讨和交流,分享了不同国家的生育制度和生育扶持政策以及妇女儿童保护制度,研讨了"十四五"规划和妇女儿童发展纲要中的家庭目标,交流了各地开展的包容性生育政策执行情况及有效经验和制度机制,积极探索友好型生育文化构建的有效路径。

　　上海政法学院政府与管理学院教师杨柳回顾了我国计划生育政策历程,分析我国"三孩政策"的各项配套支持性措施,并以新加坡为例介绍了生育友好型社会构建的中长期支持性措施。杨柳指出,从陆续出台的各种配套支持政策中,可以看到国家和地方政府以及用人单位不惜余力地调动各种社会力量和财政,加大不同层面的支持,涵盖教育、养育、孕育等诸多方面。建议我国政府借鉴新加坡的"组屋"做法,解决中低收入阶层的住房需求,彻底释放生育潜力。构建女性友好型社会,需要从工作——家庭的平衡上,离婚财产的分配等问题上,提升对女性权益的保护。

　　上海政法学院语言文化学院教师杨军红介绍了韩国首尔市"女性友好城市"项目,分析了首尔市"女性友好城市"项目的成效,项目的考虑因素和建设重点。她认为,女性作为生育主体,是家庭中承担抚养、照料职责的主要成员。构建"生育友好型"社会,首先要营造妇女友好的社会环境,在城市规划中考虑妇女、儿童和家庭的特殊需求,为其提供更多便利。建议借鉴韩国首尔市经验,把性别平等作为建立女性友好城市的基础,在进行市政规划、城市环境设计、基础设施改造时纳入性别视角,加强性别影响分析评估,确保女性观点和经验得以体现,使不同群体都能够平等获取城市资源。建议上海市制定"女性友好城市"发展规划目标和建设指南,打造"女性友好城市"中国样本,进一步提升上海的治理能力和治理水平,为国际社会贡献中国城市治理方案。

　　上海政法学院语言文化学院教师孙盛囡分析了日本的生育危机现状及原因。她表示,尽管日本政府采取了一系列应对措施,并已形成较为完善的育儿支持政策体系,但总体而言收效甚微,并没有达到预期目标。原因在于日本的政策支持体系中,偏重生育援助,忽略了对未婚人群的结婚政策支持。日本社会"男尊女卑"的传统思想依然根深蒂固,女性在就业、薪酬、升职等方面依然处于相对弱势地位。日本的经济低迷现状没有得到根本性改善,人们仍然因为得不到稳定的工作和收入而焦虑,低收入群体依然面临结婚难的困境。

华东师范大学教师教育学院高惠蓉分享了"学术母亲"生育型学术中断及应对机制研究。她认为,高校女教师,兼具学者和母亲双重身份,承受着来自工作环境,家庭和社会等各方面巨大的压力。就高校女教师群体而言,女教师的工作压力很大,育龄女教师的生育意愿很低。高校应当尽早出台措施,缓解教职工的职业压力,化解工作—家庭之间的角色冲突。

上海政法学院政府与管理学院教师陶树果分析了生育对女性职业发展的影响。女性生育后重返职场困难。生育后回归职场的女性中,无法较快地适应职场的节奏的占58.9％。而托育机构不足、幼儿园收费高,导致部分低收入女性难以平衡育儿和工作。建议完善生育保险制度,切实提高生育险的覆盖面,保障女性的生育权。加大学前教育投入,并大力发展非营利性的幼托机构,促进幼托机构的发展。

上海政法学院语言与文化学院教师岳强介绍了塔吉克斯坦妇女儿童权益保护状况。他感到,近年来,越来越多的解除婚姻关系活动阻碍了塔吉克斯坦共和国婚姻和家庭法律政策目标的实现。因此,定期监测结婚及离婚登记,强化家庭观是塔吉克斯坦共和国婚姻和家庭法律政策的优先事项之一。为了调节家庭关系和解决家庭问题,2018年塔吉克斯坦立法和司法当局提出完善家庭立法、责令相关国家机构、机关和其他机构执行相关规定、设立国家赡养基金、为单身母亲设立国家住房基金、对残疾人、孤儿和无家可归儿童加强保护等措施。

上海政法学院国际交流学院教师王园指出生育具有社会属性,其事关社会发展各方面事业的长远发展,需要全社会共同努力。因此,设计我国的友好型生育制度需要遵循若干原则:一是坚持实事求是,一切从本国国情出发,不盲目借鉴国外经验;二要科学制定生育调控政策,准确把握生育调控的时间节点和力度;三要加强生育法治,保护合法的生育权,尊重多元的生育选择;四要注重公平,促进教育资源向弱势群体倾斜,完善女性平等就业权益保障,倡导家庭内部劳务公平分配;五是注重各种政策的连续性、系统性和协同性,发挥政策合力;六是塑造友好型生育文化,特别是借助媒体传播积极的生育观念,在全社会营造良好的生育促进氛围。

上海政法学院政府管理学院教师张可创分享了德国的生育友好支持政策。他认为,女性与生育友好水平高低是检验社会文明程度的尺度之一,国家制度与法律保障是能否建立起妇女与生育友好社会的关键。生育是一个系统工程,需要各方面的协调统筹,要加快构建生育成本在国家、企业、家庭之间合理有效的分担机制。从国际经验来看,公共政策越早干预生育问题其效果越好,且各国几乎都采取多部门"合作治理"手段。过去40年,中国的生育政策经历了从严控、宽松到包容的深刻转变。目前,中国也面临少子老龄化的问题。在借鉴欧美国家的政策模式的时候,不能忽略本国的社会价值观,必须了解本国未婚男女的真实心理。要改变目前这种状况,政府、市场、社会组织、家庭等诸多主体必须联动,共同搭建社会育儿体系,缓解育儿压力。

"庆祝上海市政治学会成立 40 周年暨新时代政治建设"研讨会在沪举行

　　11 月 27 日，由上海市政治学会、复旦大学国际关系与公共事务学院联合主办的"庆祝上海市政治学会成立 40 周年暨新时代政治建设研讨会"在上海市社科联报告厅举行。会议围绕上海市政治学会成立 40 周年纪念、王邦佐学术思想研讨以及新时代政治建设三个议程展开，来自复旦大学、上海交通大学、同济大学、华东师范大学、华东政法大学、上海大学、上海师范大学、东华大学、上海行政学院、上海社会科学院等多所高校院系的 60 余位教授、专家与会。

　　上午的第一项议程是上海市政治学会成立 40 周年庆祝大会，会议由中国政治学会副会长、上海交通大学教授程竹汝主持。

　　上海政治学会会长、复旦大学教授桑玉成回顾和总结了过去 40 年上海政治学界取得的成就，对当前的政治学发展提出了"立足政治学的价值取向与现实关怀""坚持本土性与开放性的结合""辩证看待政治学交叉学科的发展以及回应时代诉求""加快建设中国特色的政治学学科体系"四点思考与展望。最后他呼吁上海政治学应当在发展全过程人民民主，推进我国政治发展的过程中有所作为。

　　程汝竹教授宣读中国政治学会及其他有关单位的贺信，并介绍了《庆祝上海市政治学会成立四十周年纪念册》在原始档案、学人回忆、图片资料、奖项纪录、地方志编辑工作等方面的结构内容。

　　上海市社会科学院研究员尤俊意以《政治建设呼唤政法学科的理论供给——以 70 年来上海政法学科的曲折发展为例》为题，简明扼要地介绍了上海市政治学会成立的基本情况，并总结了上海政治学会和政治学界的优点和特点。最后，庆祝大会为来自上海社会科学院、上海交通大学、上海外国语大学、上海师范大学、东华大学、国防大学、华东政法大学、复旦大学、同济大学、华东师范大学的 41 名政治学教师颁发纪念奖。

　　上午的第二项议程是王邦佐先生学术思想研讨会，在播放了"深切怀念著名政治学家王邦佐先生"的短片后，复旦大学浦兴祖教授深情地缅怀了王邦佐先生的生平以及他与先生的师生情谊，然后从政治学的对象与体系、马克思主义的政治学、当代中国政治三个板块论述王邦佐先生的学术贡献、关于"政治"内涵和关于"政治学体系"的学术思想，并强调王邦佐先生作为坚定的马克思主义政治学家，坚持研究和信奉马克思主义本身的政治学，而且坚定不移地以马克思主义的立场、观点和方法去研究一般意义上的政治学与当代中国政治。

复旦大学郭定平教授专注于王邦佐先生的政党政治学研究,讨论了先生政党政治学研究中的范围与内容、理论范式和创新创见,特别是用政治生态学的方法研究中外政党制度,开创了政党研究的新范式;并强调了王邦佐先生一以贯之地坚持马克思主义政治学的理论指导,立足中国、研究中国、服务中国的问题意识以及在研究中大胆开放、包容创新这三个方面的重要启示。

上海交通大学谢岳教授认为,王邦佐先生对西方的学说抱有一种包容开放、兼容并蓄的心态,但并不是拿来主义和盲目追求,而是有意识地加以甄别;这种以中国为基点去研究西方的实用主义,以西方的马克思主义等理论来解释中国问题的态度,体现了先生肩负着从历史传承下来的强烈的民族主义和经世致用的传统;而这种开放的政治学则是王邦佐先生遗留下来的珍贵的学术思想。

同济大学邵春霞教授从"真情与真理"的角度讲述了王邦佐先生在马克思主义政治学的理论开拓与学科奠基、马克思主义实践创新的政治学阐释方面所作的突出贡献,并向王邦佐先生洞察真问题、以理性的政治学研究回应社会发展需求的治学精神致以了崇高的敬意。

复旦大学陈明明教授总结道,王邦佐老师的理论建树、治学精神、为人处世都是非常"统一"的,他的理论观点、开放的精神对上海政治学人来说是一个思想宝库和一座精神丰碑。

下午的"新时代政治建设专题研讨"分为两个部分,第一部分中,同济大学周敏凯教授认为,中国学者要赢得和掌握更大的话语权,写好中国故事、讲好中国故事,不仅要掌握中国特色社会主义的专业知识和理论基础,还要熟练掌握西方的语言、理论,理性认识资本主义的现状和特点;而民主理论、政治衰败、民族冲突与民族融合这些与国际话语权密切关联的政治议题,值得未来进一步地探究。华东政法大学张明军教授探析了上海政治学对中国政治学发展的贡献:不仅在实践中强调中国政治道路的稳健推进,展现了政治学发展的务实性,而且与时俱进地提出民主发展必须解决社会基础的建构问题,展现了政治学发展的系统性。

华东师范大学刘擎教授讨论了现代科技对民主政治和国家政治带来的双重挑战:一方面,西方社会中网络社交媒体和大数据公司通过技术误导(misinform)和欺骗(disinform)实现对民意的控制,不仅无法培育理智公民(informed citizen)以保证良好的民主政治运转,反而导致民族主义、民粹主义的爆发;另一方面,科技发展导致公司与公司、公司与国家、国家与国家之间的竞争变得更为微妙,传统公司性质的变化给国家政治带来了更复杂的挑战。华东师范大学吴冠军教授从"专家/技术统治"与"技术政治学"(technopolitics)的区别入手讨论现代技术与政治的关系,他指出现代技术"自身不被看见"的属性——一旦成熟、作用越大,就越会退隐到背景之中;而应对技术的变革,人们会有技术加速主义、逃避主义、寻找新敌人等几种不同的反应模式,但他认为最为可行的路径是基于人类本身的脆弱性去求同存异、建立人类共同体以应对科技带来的变革。

上海师范大学陶庆教授从是什么、为什么、怎么办三个角度讨论作为"政治学科学化第四次浪潮"的新政治人类学。他指出,新政治人类学的核心是权利与权力的互动关系;

通过回到农村田野、方法田野,利用文化人类学的田野研究方法与多元民族志的叙事模式去探究社会规律,避免政治科学走向"内卷""钝化",改善其缺乏人文、个体和扎根的缺陷。上海行政学院袁峰教授认为新时代政治建设中始终存在中国共产党这个"主轴",而所有的政治建设都是围绕着这个主轴展开的,这种思想一致、行动一致对中国的政治经济建设具有重要价值。上海浦东干部学院周光凡副教授从新闻发布的实践层面分析了国家治理体系、治理能力现代化问题。他介绍了新闻发布的历史和制度化过程,涉及党务公开、政务公开、防务公开、司法立法信息公开等多个方面内容,从微观之处体现了我国法治社会建设和政治制度文明的进步过程。

在下午第二部分的议程中,同济大学吴新叶教授从新民主主义革命时期、社会主义革命和建设时期、改革开放和社会主义现代化建设时期以及中国特色社会主义新时代四个历史时期分析了百年来中国共产党善用社会动员的基本经验,得出了动员、运动、整合、赋权四种激发机制,并总结了"中国共产党领导下的共同体建设自始至终保持着政党在场,并形成了共生性的政党—社会关系""中国共产党的成长和中国社会的发展都是渐进的过程,虽然党领导社会还没有形成对国家—社会范式的替代,但扩大了领导权概念的范畴""党的能动性领导,在不同历史阶段侧重点不同、选择的策略不同"这三方面的经验。东华大学秦德君教授结合对习近平总书记讲话的学习,认为需要加强关于全过程人民民主的基础理论研究,密切关注全过程人民民主发展的重点领域,推进全过程人民民主在国家治理、地方治理的深化和运用;不仅在制度设计和体制安排上对全过程人民民主加以完善和实践,而且还要注重全过程人民民主在国际社会中的传播。

华东师范大学王向民教授认为中国政治是按照比较的方式展开的,他通过纵向(古今)和横向(中西)两个比较的维度,讨论了中国政治知识生产的三种不同路径:传统中国的经史、西方经典政治理论以及马克思主义理论,未来的政治知识生产需要对这三种路径进行整合与超越。上海师范大学商红日教授认为,这种政治传统整合给我们带来的启示是,中国政治的知识生产既要走进田野,也要回归书房,两者应该并行不悖。同济大学余敏江教授探讨"理解两大奇迹的治理密码"。

上海师范大学朱勤军教授从"发展全过程人民民主需要走制度化发展的道路""发展和完善与中国基本政治结构相适应的多种形态的人民民主制度,推进全过程人民民主系统化的制度建设和制度创新"以及关于"全过程人民民主制度建设的对策思考"三个方面阐释了对全过程人民民主的认识,探讨相应的对策建议。上海外国语大学郭树勇教授认为,全过程人民民主是我国对民主问题讨论的重要概念,需要发扬人民民主,以人民为中心讨论民主问题。

在自由讨论环节,浦兴祖教授提出了两个重要问题:全过程人民民主的创新或侧重在"全过程"还是"民主"? 全过程人民民主和党内民主的关系是什么? 引起了热烈讨论。

最后,桑玉成教授对"庆祝上海市政治学会成立 40 周年暨新时代政治建设研讨会"进行了总结发言。他提出政治学研究要寻找好自己的定位、做好政治学的知识生产、处理好理论与现实的张力、营造良好的学术氛围、关注和探讨前沿问题,以繁荣和发展政治学理论。

理论经济、综合经济、产业经济

上海市世界经济学会召开第八届会员代表大会

　　1月9日,上海市世界经济学会召开第八届会员大会,进行换届选举。上海市社联党组成员、专职副主席任小文到会并讲话。

　　任小文在讲话中充分肯定了第七届理事会的工作,对学会顺利完成换届表示祝贺。希望学会在今后的工作中,能继续坚持以习近平新时代中国特色社会主义思想为指导,紧密结合世界经济形势发展与对外开放需要,围绕世界经济理论、国别地区经济和中国、上海对外经济关系中的重大理论与实际问题,进一步发挥学术社团的聚力作用、引领作用和智库作用,为上海经济建设和改革开放做出新的贡献。

　　大会审议并通过了学会第七届理事会工作报告、财务报告和新的章程,选举产生了新一届学会理事会。在随后召开的第八届理事会第一次会议上,与会理事选举产生了新一届学会领导班子,罗长远为会长,孙立行、钱军辉、靳玉英、方显仓、黄梅波、石建勋、何树全、张海冰、朱桦为副会长,孙立行兼任秘书长。

　　会议还举行了学术报告会,原上海市人民政府参事室主任、上海WTO事务咨询中心理事长王新奎,上海市国际贸易学会会长黄建忠,市世界经济学会第七届理事会会长张幼文分别做了题为"当前的全球经济再平衡和全球贸易规则重构""'双循环'下的'中心节点'和'战略链接'问题""新开放格局的二重性与战略的二分法"的专题报告。

上海市生态经济学会召开第七届会员大会

1月7日,上海市生态经济学会召开第七届会员大会,进行换届选举。上海市社联党组成员、专职副主席任小文到会并讲话。

任小文在讲话中肯定了学会四年来抓住生态城市建设、节能减排、环境保护政策等领域的热点难点问题,开展学术交流、攻关研究,为上海的城市建设和发展做出了积极贡献。他表示,上海市社联将一如既往地为学会的发挥提供更好的学术服务、平台服务、管理服务、传播服务。他希望学会要坚持以习近平新时代中国特色社会主义思想为指导,围绕中心服务大局,为上海的绿色转型发展做出新的贡献。

大会审议并通过了学会第六届理事会工作报告、财务报告和新的章程,选举产生了新一届学会理事会。在随后召开的第七届理事会第一次会议上,与会理事选举产生了新一届学会领导班子,周冯琦(法人代表)为会长,于宏源、齐康、杨凯、吴平、郭茹、韩晶为副会长,刘新宇为秘书长。

上海市生态经济学会举办"建设生态城市　厚植发展底色"学术年会

　　1月7日,上海市生态经济学会2020年学术年会在社科院小礼堂举行。十届上海市政协副主席、上海市生态经济学会原会长王荣华,上海市社联党组书记、专职副主席权衡,上海市生态环境局党组书记、局长程鹏,上海市科学技术委主任张全,上海社会科学院副院长干春晖等出席会议,市生态经济学会会长周冯琦主持会议。会上,上海市生态经济与绿色转型协同创新研究基地正式成立。

　　权衡在致辞中首先代表上海市社联向市生态经济学会成功举办学术年会表示祝贺,对推动创立"上海市生态经济与绿色转型协同创新研究基地"的做法表示肯定。他指出,研究基地依托上海社科院高端智库的影响力和跨学科综合研究的优势,依托上海市环境局政策需求方大力支持的优势,依托生态经济学会人才汇聚的优势,必将发挥出协同创新的活力,推动基地围绕上海经济社会发展全面绿色转型的重大需求和关键问题开展协同研究。

　　对基地及市生态经济学会未来发展,权衡提出三点希望。一是发挥学会平台作用,深入推进习近平生态文明思想的学理化研究;二是发挥学会智库功能,在绿色发展与上海高质量发展,绿色转型与城市高品质生活,向世界讲好中国绿色发展故事等方面,提供更多政策建议,做出更多创新尝试;三是发挥学会培育人才的功能,在经济发展绿色转型的过程中,注重人才积累和队伍建设,形成老中青相结合的优秀研究团队。

　　本次学术年会以"建设生态城市　厚植发展底色"为主题,上海市生态环境局党组书记、局长程鹏,中国生态经济学会理事长李周发表主旨演讲。华东师范大学教授达良俊,上海交通大学教授耿涌,世界自然基金会上海区域办主任任文伟,上海环境科学研究院低碳经济研究中心主任胡静,上海社会科学院生态与可持续研究所生态城市研究室主任程进分别做专题演讲。

　　通过研讨,与会专家学者一致认为绿色低碳转型是全球城市提升竞争力的迫切选择,使城市始终成为人民宜居安居的幸福家园的必然选择。城市作为自然中的城市,必须重新审视人与自然、城市与自然的关系。生态城市理论内涵丰富,具有广阔的实践外延,生态城市建设应将生态经济发展、韧性与弹性城市发展、城市生态文化塑造、生态技术创新等相融合。生态城市的建设始终要以人民为中心,以人民的满意度、获得感、参与度为衡量生态城市的重要标准。

上海市城市经济学会召开第十一届会员大会

6月19日,上海市城市经济学会召开第十一届会员大会,进行换届选举。上海市社联党组成员、专职副主席任小文到会并讲话。

任小文在讲话中肯定了学会第十届理事会取得的成绩,并对学会接下来工作提出要求:坚持以习近平新时代中国特色社会主义思想为指导,围绕中心服务大局,直面上海"十四五"发展的目标任务,进一步发挥学术社团的聚力、引领作用,凝聚专家学者的智慧共识,为上海的城市发展做出更大贡献。

大会审议并通过了学会第十届理事会工作报告、财务报告和新的章程,选举产生了新一届学会理事会和监事。在随后召开的第十一届理事会第一次会议上,与会理事选举产生了新一届学会领导班子,罗守贵为会长,丁健、袁钢、曹朔、胡剑虹为副会长,袁钢兼任秘书长。

上海市宏观经济学会等举办"建设虹桥国际开放枢纽"高端研讨会

　　为深入贯彻落实党中央、国务院关于虹桥国际开放枢纽建设的决策部署,加快把虹桥国际开放枢纽打造成长三角强劲活跃增长极的"极中极"、联通国际国内市场的"彩虹桥",6 月 17 日,市宏观经济学会联合市发展改革委、长宁区人民政府共同举办"建设虹桥国际开放枢纽"高端研讨会。

　　上海交通大学中国城市治理研究院院长、市人大常委会原副主任姜斯宪,上海社科院院长王德忠,市发展改革委副主任王华杰,市政府发展研究中心副主任严军,闵行区委常委、副区长管小军,市外商投资企业协会会长、商务部外资司原司长黄峰,普华永道上海公司首席合伙人黄佳,市发展改革委财政金融综合协调处处长陈刚以及市宏观经济学会会长王思政等专家;长宁区委书记王岚,区人大常委会党组副书记、副主任宋嘉禾,副区长翁华建,区政协副主席朱辉等领导出席会议。

　　研讨会上,市宏观经济学会专家围绕如何实现虹桥国际开放枢纽与临港新片区、一体化示范区功能上的互补和互动,如何更好形成共建共享虹桥国际开放枢纽的良好局面等议题,进行了深入探讨交流。市发改委介绍了《虹桥国际开放枢纽建设总体方案》的出台背景、战略意义、功能布局、主要内容、推进机制及近期工作。作为推动虹桥国际开放枢纽建设的核心龙头,上海设立了"上海市虹桥国际开放枢纽工作推进组",并于近期召开了第一次全体(扩大)会议,全力以赴抓推进、抓落实。

　　会前,市宏观经济学会专家一行围绕数字化转型、碳达峰、碳中和等主题,实地调研了携程旅游网络技术(上海)有限公司、江森自控(中国)投资有限公司,了解企业的主要业务和经营状况。

上海市经济学会、市世界经济学会联合主办"第七届'中国经济与世界经济的对话'高层论坛"

　　7月23日,由上海市经济学会和上海市世界经济学会联合主办的"第七届'中国经济与世界经济的对话'高层论坛"在上海社科会堂举行。本次论坛主题为"世界经济新格局与中国经济'双循环'"。

一、从"五个并存"迈向"三新一高"

　　上海市社联党组书记、专职副主席权衡在研讨中认为,中国经济与世界经济的关系正从"你中有我、我中有你"转换为现在的更加复杂多变,中国应对的是这样一个不稳定性、不确定性凸显的发展格局。讨论世界经济新格局与中国经济"双循环"可以从两个问题入手:一是怎么认识世界经济新格局的"五个并存":全球化放慢与数字全球化加快并存,贸易保护主义和高标准规则并存,世界经济的经济因素和非经济因素相互干扰交织并存,世界经济的结构性困境和宏观经济政策协调机制不同步并存。二是怎么理解双循环。"三新一高"是指中国经济新发展阶段,坚持新发展理念,构建新发展格局,最后立足于高质量发展。"三新"是为了最后这一个"高",即从原来单一地参与国际经济大循环转向以国内大循环为主、国际国内双循环相互促进的经济发展新格局。

二、制约恢复性增长的四个因素

　　上海市经济学会会长、上海全球城市研究院院长周振华认为,"世界经济新格局与中国经济双循环"这个主题很有前瞻性,从 2008 年金融危机以来,有识之士就已经预见世界经济格局将发生重大变化。当前正处在新冠肺炎疫情的后半场,中国经济与世界经济的恢复已是基本特征。但在这个大背景下,还有三个问题需要讨论:经济恢复已经达到了什么程度;目前的恢复性增长主要靠什么;可持续性怎样。中国经济与世界经济的恢复性增长很明显,但全球经济发展仍不平衡,尚未恢复到疫情前的水平。恢复性增长现在主要依靠的是量化宽松政策、财政刺激政策和刺激消费措施。恢复性增长的可持续性受通胀预期上升、大中小企业严重分化、消费恢复性反弹后劲不足、政府债务等四个因素制约。

三、 从比较优势到大国优势

上海市世界经济学会名誉会长、中国世界经济学会副会长张幼文从当代全球大变局与中国对外开放战略角度分析，以改革开放为起点，将中国经济与世界经济的关系划分为五个阶段：1978年改革后中国经济利用世界经济；1992年至2001年中国经济接轨世界经济；"入世"之后到金融危机，中国经济融入世界经济；2009年至特朗普上台前，中国经济成为世界经济增长的中流砥柱；特朗普之后，中美进入战略竞争，直到现在。当前我们面临的百年大变局，从经济内涵看，主要集中在七个方面：一是全球价值链断裂，二是国际规则重构，三是国家安全原则被滥用，四是公平竞争原则被否定，五是参与全球经济治理权利被阻挠，六是契约精神被抛弃，七是经济活动不断受到非经济因素的干扰。今后我们需要的是大国优势理论，依靠规模经济优势、全产业链优势、创新市场支撑优势、外部引力、高端人才优势、制度竞争力优势、数字经济平行发展优势等，寻求下一步发展。

四、 发挥超级经济实体的优势

上海市经济学会副会长、上海社会科学院副院长、应用经济研究所所长干春晖在发言中呼应了张幼文会长的大国优势理论。他认为，以低劳动力成本为代表的低成本优势正在逐渐丧失，未来中国要进入高收入国家行列，要大国崛起，要产业转型升级，要跨越中等收入陷阱，就要在产业竞争力方面突破，要通过利用中国作为一个大国、超级经济实体这个因素构建未来中国在全球范围内新的竞争力。为了使超大规模经济性或者作为一个超级经济实体这个优势发挥得更好，未来应该进一步加大国内统一大市场的构建，充分使超大规模经济优越性得以体现。

五、 "两个让利"才能促进共同富裕

复旦大学世界经济研究所所长万广华从共同富裕的角度阐释经济高质量发展。他认为，城市化既能使国民富裕起来，又能减少城乡差距，可能是鱼与熊掌兼得的。当前中国还没有富裕起来，至少在个人层面，尤其在消费层面没有富裕起来。未来要想实现共同富裕目标，一靠政府，二靠企业家。共同富裕如何实现"共同"，一是企业和国家让利，二是资本对劳动让利。国际局势的变化和逆全球化倒逼国内改革，推进共同富裕，已经没有退路，建议"一保二增三减"：保投资，增加居民收入份额，减少储蓄。

六、 创新区位也是经济要素

上海市经济学会副会长、上海交通大学陈宪认为，创新和现代产业需要集群发展。现代产业集群和创新集群密切相关，在美国是这样，在中国也是这样。从世界范围或者一个大国看，这就是创新区位的问题。是不是各个地方都可以形成创新集群？答案是否定的。创新需要各种必要条件和充分条件，比如人才、资本、基础设施、创新生态，包括金融等。

七、 重视大国经济运行的风险与安全

上海市世界经济学会副会长兼秘书长、上海社科院国际金融货币研究中心常务副主任孙立行在自由交流环节,分析了当前讨论中国经济与世界经济需要认真思考的四个问题:一是中国与美国的关系;二是全球产业链的重塑;三是共同富裕是均等富裕还是差别富裕;四是安全与发展、开放与风险、创新与稳定、公平与效率四大结构性矛盾关系。

上海市人工智能与社会发展研究会召开成立大会

10月31日,上海市人工智能与社会发展研究会成立大会在上海社会科学院隆重举行。上海市政府副秘书长徐惠丽,上海市社联党组书记、专职副主席王为松,上海社会科学院党委书记权衡,华东师范大学党委书记梅兵,上海市国际关系学会会长杨洁勉等出席成立大会并致辞。市社联党组成员、专职副主席任小文与上海市人工智能与社会发展研究会会长、华东师范大学副校长周傲英共同为研究会揭牌。

习近平总书记指出,人工智能是引领新一轮科技革命和产业变革的重要驱动力,正深刻改变着人们的生产、生活、学习方式;习近平总书记强调,要整合多学科力量,加强人工智能相关法律、伦理、社会问题研究,建立健全保障人工智能健康发展的法律法规、制度体系、伦理道德。近年来,上海把发展人工智能作为面向未来的优先战略选择,着力构建多层次创新平台、完善全链条产业布局、开展大规模场景应用、形成体系化制度供给,具有国际影响力的人工智能"上海高地"建设方兴未艾。人工智能的纵深发展极大地增进了社会福祉,但同时也带来了一系列安全挑战和结构冲击,亟需在伦理、法律、技术等领域加强前沿研究,从而把握人工智能发展规律和特点,促进其与经济社会的融合发展。

王为松在致辞中表示,深入研究技术变革带来的伦理挑战和对社会各个领域产生的深远影响,将各学科的专家学者团结凝聚起来形成合力,进行前瞻研究、理论创新和战略思考,是哲学社会科学应有的责任。市社联将进一步团结凝聚上海社科资源优势,围绕党和政府工作大局,开展理论研究和实践探索,为上海高质量发展提供更好的理论支撑。

会议审议通过了研究会的章程,选举产生了第一届理事会和监事会。在随后召开的第一届理事会第一次会议上,选举产生第一届理事会领导班子,周傲英任会长,惠志斌、鲁传颖、王长波、郑磊、贺仁龙、张照龙任副会长,鲁传颖兼任秘书长。

上海市人工智能与社会发展研究会旨在搭建人工智能领域跨学科、跨部门、跨领域的学术交流平台,加强人工智能社会科学的前沿和重大问题研究,为国家和上海的人工智能产业发展和社会应用提供科学指引。

上海蔬菜经济研究会举办"乡村振兴与蔬菜高质量发展"专题研讨会

  10月24日,"乡村振兴与蔬菜高质量发展"专题研讨会在市农科院奉浦院区举行。本次研讨会由上海蔬菜经济研究会主办,是上海市社联第十五届(2021)"学会学术活动月"项目之一。会议由研究会秘书长陈建林主持,来自上海市高等院校、科研院所、蔬菜行业合作社和企业等单位50余人参会。

  会上,研究会会长朱为民和上海蔬菜食用菌行业协会秘书长孙占刚作主旨报告,他们分别以"上海叶菜机械化探索与实践"和"上海蔬菜行业2021年度发展报告"为题,详细介绍了蔬菜产业发展基本情况、发展形势、未来方向,以及上海推进蔬菜机械化的迫切性和作出的积极探索,同时指出蔬菜产业未来发展落脚点在合作社,要在品种、技术等方面下功夫,并通过详实的数据图文并茂地分享了上海郊区蔬菜生产和上海蔬菜销售渠道典型案例。市农科院信息所青年学者刘增金副研究员和王丽媛助理研究员分别以"上海超大城市的乡村振兴实践与思考"和"华漕蔬菜生产保护镇规划的思考"为题做了报告,分享了科研团队最新研究进展。

  总结阶段,朱为民对本次研讨会做了点评,他认为四个报告侧重点不同,从不同角度思考了乡村振兴大背景下,蔬菜产业发展道路与思考,为上海蔬菜产业经济研究提供了很好的思路。乡村振兴与蔬菜产业既有相向的一面,也存在一些冲突点,希望研究会各单位能在创新上下功夫,从技术、模式和业态等方面全面发力,促进乡村振兴与蔬菜产业协同发展。

上海市市场监督管理学会举办"2021 上海市场监管论坛"

11 月 19 日,上海市市场监督管理学会举办"2021 上海市场监管论坛"。本次论坛是上海市社联第十五届(2021)"学会学术月活动"项目之一,主题为"改革创新与高质量发展"。全国政协常委、民建中央副主席、上海市政协副主席、民建上海市委主委周汉民做主旨报告。上海市市场监督管理局局长陈学军,上海市社联党组成员、专职副主席任小文到会致辞。

周汉民结合国家反垄断局的成立,对平台经济,数字经济等市场经济领域发展中的短板问题进行了深入剖析,提出市场经济是高效治理的经济、是不断完善的法治经济、是高度开放的经济。他希望市场监管理论研究要有前瞻性,对新市场,新领域出现的新情况、新问题有所研判,为市场监管助力,为经济社会健康发展服务。

陈学军充分肯定了市市场监管学会近年来的工作,强调要在前瞻性理论的指导下,积极探索实践市场监管改革创新的新路径;要准确把握市场变化新态势;要按照系统思维建构理论新模型;要坚持实践引领完善治理新模式,在更高层次、更高水平,发挥市场监管服务高质量发展的职能作用。

任小文对论坛的召开表示祝贺,对学会积极参与市社联活动表示感谢。他表示,上海市场监管论坛作为市场监管系统开展理论和实践问题研究、加强学术交流的重要平台,积极聚焦经济发展和市场监管领域前瞻性理论问题,很好地发挥了学术社团的聚力作用、引领作用。在市场监管领域开展实践总结和理论提炼,既是上海城市软实力集中展现,又是对外宣传、讲好上海故事、中国故事的生动案例。

复旦大学社会发展与公共政策学院党委书记、上海自贸区综合研究院秘书长尹晨教授聚焦引领区建设视角下的市场监管制度创新,从对标最高标准和最好水平、对接服务国家重大战略、对应市场、产业、主体、场景等需求三个方面阐述了市场监管制度创新的初心使命,并围绕"系统集成、风险防控、公共产品"对新发展阶段制度创新做阐述。

浦东新区市场监管局副局长管捍东结合浦东新区近年来的市场监管实践提出,要立足于充分发挥市场在资源配置中的决定性作用,更好发挥政府作用;要立足于深入推进高水平制度型开放,更好促进高质量发展;要立足于加快社会信用建设,努力构建以信用为基础的新型监管机制;要立足于市场治理现代化,努力打造浦东市场监管示范样板。

上海质量管理科学研究院副院长王金德从"数字化时代的数字化转型、数字化转型战略与框架、数字化转型的人才与支撑"三个方面来阐述了数字化转型与市场监管的关系，并提出理念转变、数字赋能、标准制定、质量监管等的实践路径。

上海交通大学凯原法学院教授侯利阳通过我国平台反垄断现状、欧美平台反垄断现状与趋势、我国平台反垄断发展趋势三个方面分析了平台反垄断的国内国际形势，同时对超级平台的反垄断责任提出了："在与平台内经营者竞争时，不得使用平台内经营者在使用平台服务时产生或提供的非公开数据；提供相关产品或服务时，平等对待平台自身和平台内经营者，不实施自我优待；推动与其他平台经营者服务的互操作性"等观点。

论坛上，嘉宾们还围绕后疫情时代、市场经济衍生出许多新行业新业态新模式、在"以国内大循环为主，国内国际双循环相互促进的新发展格局"下对市场监管创新作为等议题进行了热烈的探讨。

论坛开幕式由上海市市场监督管理学会会长、上海市市场监管局副局长彭文皓主持。市市场监管学会理事、监事和单位会员秘书长、理论骨干，高校和科研机构的专家学者以及相关政府职能部门负责人等 120 余人参加了此次论坛。

上海邮电经济研究会举办 5G 技术与应用趋势专题报告会

11 月 12 日，上海邮电经济研究会举办"5G 技术与应用趋势"报告会，邀请全国五一劳动奖章获得者、上海市劳模、上海电信高级工程师陈兆波作专题报告。本次报告会是上海市社联 2021 年度第十五届"学会学术活动月"项目之一。研究会会员、关心 5G 技术与应用发展的社会公众等 60 余人现场聆听。

陈兆波从移动通信发展、5G 无线关键技术、5G 网络主要能力等五个方面，对后疫情时代 5G 的趋势与前景作了深刻阐述。他认为，5G 具有更高的速率、更宽的带宽、更高的可靠性、更低的时延等特征，能够满足未来虚拟现实、超高清视频、智能制造、自动驾驶等用户和行业的应用需求。目前，我国正大力开展 5G 技术与产业化的前沿布局，在多个领域取得了积极进展，为抢占 5G 发展先机打下坚实基础。未来 5G 应用主要集中在 4 个场景：高铁、地铁等连续广域覆盖场景；住宅区、办公区、露天集会等热点高容量场景；智慧城市、环境监测、智能农业等低功耗大连接场景；车联网、工业控制、虚拟现实、可穿戴设备等低时延高可靠场景。

陈兆波表示，5G 的一个重要特征就是可以实现"人与人、人与物、物与物之间的连接"，形成万物互联，并融合在工作学习、休闲娱乐、社交互动、工业生产等各方面。逐步丰富的消费形态将促进用户体验需求的重大变革，进一步激发出新的产业、新的业态和新的模式。

在互动环节，上海电信研究院高级专家胡世良，上海电信网络操作与维护中心高级工程师郑明磊等专家学者也作了交流发言。

上海市渔业经济研究会举办水生野生动物保护学术研讨会

　　11月18日，"上海市水生野生动物保护学术研讨会"在崇明举行。本次活动作为上海市社联第十五届（2021）"学会学术活动月"项目之一，由上海市渔业经济研究会主办。来自上海海洋大学、上海市水生野生动植物保护研究中心、中国水产科学研究院东海水产研究所、上海市水产研究所、上海水产行业协会的专家学者30余人与会。

　　长江流域实施禁止捕捞是贯彻落实习近平总书记关于"共抓大保护、不搞大开发"的重要指示，是保护长江母亲河及加强生态文明建设的重要举措。加强水生野生动物保护，对于保护生态平衡、维护生物多样性具有重要意义，也是尊重自然、顺应自然、保护自然的生态文明理念具体的体现。本次研讨会的举办，对加强中华鲟保护、维护长江生态平衡发挥了积极作用。

　　会上，研究会秘书长晋洪涛，上海市水生野生动植物保护研究中心副主任陈锦辉先后致辞。与会学者围绕水生野生动物保护的重要问题和关键技术交流了最新研究成果。本次研讨会共征集论文15篇，涉及水生野生动物人工养殖、增殖放流、资源监测、生态修复等方面内容，如《人工养殖条件下野生中华鲟成鱼行为和生长的周年变化》《人工养殖条件下野生中华鲟成鱼行为和生长的周年变化》《环境DNA技术在长江口鱼类多样性调查中的应用》《长江口鱼类群落粒径结构特征及群落稳定性评估》《长江口海域国家级海洋牧场示范区人工鱼礁投礁前的生态环境调查与评价》《无人机巡航技术在长江口长江江豚资源监测中的应用》等。

第十五届上海城市发展创新论坛在沪举行

11 月 14 日下午,由上海市城市经济学会、上海市宏观经济学会、上海市固定资产投资建设研究会、上海市城市规划学会等联合主办的"第十五届上海城市发展创新论坛"在上海展览中心举行。本届论坛是上海市社联第十五届(2021)学会学术活动月项目之一,主题为:"新思维·新功能·新驱动——新城建设与上海城市发展"。市城市规划学会理事长伍江主持论坛。

上海市规划和自然资源局局长徐毅松作了题为《迈向最现代的未来之城——上海新城规划建设新思考》的主旨演讲。他指出,上海城市发展新形势新任务,只有通过深入分析新城建设阶段性特征,按照"产城融合、功能完备、职住平衡、生态宜居、交通便利"建言献策,提出符合上海城市特点和城市发展方向的思路和建议,才能切实推进新城建设。

随后,主办学会的专家学者围绕新城建设与上海城市发展议题作了现场交流与论文分享。

上海市城市规划设计研究院城市规划一所所长张逸梳理了导则中城市规划建设领域的思路。他认为,在提出"迈向最现代的未来之城"的新城总体目标愿景基础上,导则按照"活力""便利""生态""绿色"4 个维度的新理念,形成"汇聚共享的城市""高效智能的城市""低碳韧性的城市"和"个性魅力的城市"4 项目标。在规划层面,强化城市整体格局的塑造;在建设层面,细化重点公关空间的指引;在运营管理层面,提出品质体验提升的建议。

市城市学会经济副会长、上海财经大学教授丁健分享了自己对五大新城主要功能层次的研究。他认为,五大新城主要功能应该是一个有机的体系,但需要层次分明。自上而下,南汇新城的功能属于第一层次,需要依托新型贸易、跨境金融、总部经济、研发孵化、航运服务等核心产业,构建特色鲜明、体系完备的功能集群。嘉定、松江、青浦新城属于功能体系的第二个层次,是构成长三角城市群综合性节点城市的有利选择。奉贤新城基本处于第三层次,主要功能应是为上海市服务。

市宏观经济学会副会长、上海社科院经济所副所长唐忆文聚焦"双碳"背景下五大新城绿色低碳发展,提出将低碳发展理念注入五大新城生产生活的方方面面,可将其内化为当地经济发展的内生动力。例如在碳汇领域,可以将增加碳汇与改善新城生态环境、发展低碳旅游、低碳农业相结合,实现休闲、产业与增汇的共赢。

金融、财税、会计审计、其他经济

上海市税务学会召开第二届会员代表大会

2 月 24 日，上海市税务学会召开第二届会员代表大会，进行换届选举。上海市社联党组成员、专职副主席任小文到会讲话。

任小文指出，上海市税务学会自成立以来，结合税收中心工作，认真组织课题研究，在推动税收理论与实践应用相结合方面，发挥了非常重要的作用。他强调，围绕税收的研究一定要坚持立足于中国的国情、中国的实际，把握正确的税收导向，要在税收研究上形成中国自己的税收体系、税收特色、税收理论。

大会审议并通过了学会第一届理事会工作报告、财务报告和新的章程，选举产生了新一届学会理事和监事。在随后召开的第二届理事会第一次会议上，与会理事选举产生了新一届学会领导班子，许建斌为会长，谢惠康、印征平、刘小兵、赵锁根为副会长，赵锁根兼任秘书长。

上海市国际税收研究会召开第二届会员代表大会

2月24日,上海市国际税收研究会召开第二届会员代表大会,进行换届选举。上海市社联党组成员、专职副主席任小文到会讲话。

任小文在讲话中,对研究会近年来的工作表示充分肯定,并对研究会未来的工作提出四点希望。一是认真学习贯彻习近平新时代中国特色社会主义思想,强化政治担当;二是立足中国国情,坚持正确的导向;三是发挥智库作用,助推税收事业发展;四是强化服务意识,加强自身建设。他指出,上海市社联作为党和政府联系社科界专家的桥梁和纽带,更是为学会服务的平台。市社联将一如既往为学会发展提供更好的学术服务、平台服务、管理服务、传播服务,为学会发展做出更多贡献。

大会审议并通过了研究会第一届理事会工作报告、财务报告和新的章程,选举产生了新一届研究会理事和监事。在随后召开的第二届理事会第一次会议上,与会理事选举产生了新一届研究会领导班子,龚祖英为会长,徐佩仪、苏永军、顾晓敏、杨浩为副会长,杨浩兼任秘书长。

上海市审计局、市审计学会联合举办第四届上海审计青年论坛

9月23日，上海市审计局、市审计学会以"聚焦主责主业，推动审计高质量发展"为主题，共同举办了第四届上海审计青年论坛。论坛由市审计局党组成员、副局长蒲亚鹏主持，市审计局党组成员、副局长于万云出席论坛并讲话。论坛对获奖论文进行了表彰，6位获奖青年代表汇报了研究成果，并开展现场互动交流。论坛还特邀审计署驻上海特派办分党组成员、副特派员张冬霁和上海交通大学安泰经管学院会计系主任夏立军对论坛研究成果作专家点评。

本次论坛是学习贯彻落实习近平总书记关于审计工作的重要讲话和重要指示批示精神，贯彻落实审计署关于努力建设高素质专业化审计干部队伍的意见要求和《"十四五"上海市审计工作发展规划》的具体举措，旨在引导全市广大青年审计干部聚焦主责主业，深入开展研究型审计，增强审计研究的动力、活力和创造力，着重提升"能查、能说、能写"的能力水平，推动审计工作高质量发展。

张冬霁对青年审计论坛的研讨成果进行了肯定，更从坚持四个"真"、把握四个"度"（政治高度、行业跨度、专业厚度、实践深度）的角度对审计干部如何开展审计研究，推进研究型审计提出了未来的努力方向；夏立军则从如何开展理论研究、撰写审计研究论文的角度给予青年审计干部更多思辨和务实的指导。

于万云在讲话中指出，审计研究要坚持与审计工作规划实施相结合，增强审计研究的洞察力、穿透力和想象力，充分发挥审计研究的前瞻引领作用；要与日常审计工作相结合，把握好"专、深、广"，全面推进研究型审计；要与审计干部队伍建设相结合，切实激励审计青年使命担当。

于万云强调，青年干部朝气蓬勃、思想活跃、热情饱满、学习力强，拥有在审计理念、审计制度、审计方法上不断探索创新的勇气和锐气，从组织角度，既要搭建好各类研讨交流平台，更要发挥各级领导干部的示范引领作用，给青年审计干部指好路、指对路，推动青年干部尽快成长成才。她也同样寄语青年审计干部，要聚焦审计主责主业，下一定的苦功夫、拿出一定的精力投入深入细致的研究，要积极作为、敢于担当，提高党性修养、砥砺政治品格、锤炼过硬本领，为推动上海审计事业持续高质量发展作出更大的贡献。

各区审计局和市审计局各部门负责同志及青年理论研究骨干代表等120余人出席了活动。

上海市保险学会等举办"保险合同的订立与条款送达相关问题"专题讲座

9月,上海市保险学会、上海市高级人民法院及陆家嘴金融城发展局等共同举办的"保险合同的订立与条款送达相关问题"专题讲座在中国人寿金融中心举办。来自市保险学会法律专委会、上海市高级人民法院及各相关保险公司的实务工作人员近50人与会。

市保险学会秘书长助理马弋锝在致辞中指出,本次讲座的目的是要让保险从业人员从法制环境变化、保险业发展变化中发现问题所在、关注现象本身、增强风险意识,从促进保险业持续、稳健、快速发展的角度,齐心协力,共同构建满足"上海国际金融中心建设3.0时代"要求的金融营商环境,从而帮助保险业实现更高水平对外开放和更高质量发展。

上海市高级人民法院金融审判庭审判团队负责人、四级高级法官董庶作题为"保险合同的订立与条款送达问题"的讲座。董庶法官以司法实践中某个"钟点工案"为例,结合案件的具体情况,从格式合同概述、格式合同判断与诉讼的价值、格式合同订立方式、格式条款的送达、条款送达与合同订立之关系、条款送达之事实认定规则、案判词等方面进行了具体分析。董庶法官还就实际工作中遇到的热点、难点问题等与听众进行了互动交流。

上海管理教育学会等联合主办"2021 东方管理大讲堂"

10 月 16 日,由上海管理教育学会等联合主办的"2021 东方管理大讲堂"系列活动在中国 3D 打印博物馆举行。上海数据交易中心副总裁、上海大数据应用创新中心主任卢勇为大家带来数字经济和企业数字化转型的相关思考。本次讲座由上海管理教育学会会长、东华大学教授赵晓康主持。

"元宇宙"已悄悄成为继互联网、移动互联网以后的又一大新兴概念和投资风口。让人们关注到未来我国在国际竞争中的重要领域,即数字经济。为此,北京、上海等主要城市已经开始布局数字经济城市,通过数字经济提升城市治理水平,助推产业升级。例如通过海量数据提升公共卫生治理能力的数字抗疫;通过改变组织架构、组织模式,达到政务数字化转型的一网通办等。

卢勇在讲座中系统介绍了元宇宙概念以及北京、上海等城市数字经济转型发展引出未来助推经济增长的重要动力——数字经济,随后对数字经济进行深入剖析,并对企业数字化转型的原理、模式、步骤进行了详细解读。最后通过数字化转型案例分享帮助观众更直观地理解数字化转型。

讲座互动环节,在场观众围绕数字化教育、数字技能障碍人群、数据垄断、数字化公共服务等方面提问,卢勇一一作出精彩解答。

"2021 教育领域信用热点问题的多学科探讨"跨学会研讨会成功举行

10 月 29 日，上海市信用研究会、市伦理学会、金融法制研究会联合举办"2021 教育领域信用热点问题的多学科探讨"跨学术研讨会在上海社会科学会堂举行。上海市社联党组成员、专职副主席任小文，市教委政策法规处处长郁能文先后致辞。会议由市信用研究会会长、上海立信会计金融学院洪玫教授主持。

任小文表示，跨学会学术活动是社联一直重点支持的项目。市信用研究会牵头组织伦理学会、金融法制研究会不同领域的专家学者和市教委一起组织的跨学会学术论坛针对教育领域突出的信用热点问题组织不同学科领域的专家学者展开研讨，积极努力地推进上海市教育领域的社会信用体系建设，取得了很好的成效。希望今天与会的专家学者能够充分交流想法、分享智慧，为上海教育领域社会信用体系建设建言献策。

郁能文认为，提高教育领域信用体系建设水平是推动我国社会信用体系更高质量发展的重要基础，在制度、机制、措施等很多层面有值得探讨和研究的空间。市信用研究会牵头组织的跨学会论坛围绕 2021 年教育领域信用热点问题，采用多学科、跨学会的方式进行前沿领域的探索，共同为构建上海市教育领域诚信建设长效机制提供智力支持，为教育领域信用体系建设和热点问题的解决贡献上海力量和上海智慧。

洪玫认为，教育领域是社会信用体系建设的重点关注对象。每年都有新的信用热点问题需要专家学者来研讨。近期，教育领域广泛引起社会和学者关注的信用热点问题，国家发改委"社会信用法"的研究和推进，央行"征信业务管理办法"的出台等带动对个人信用用信息的保护，信用信息安全、信用监管等问题的研讨，"双减"后校外教育培训机构出现的"退费难"等信用问题，教育领域信用信息的共享和应用，教师、学生的信用问题等都值得不同领域的专家学者深入研究和探讨。

在研讨环节，来自国内信用、伦理、法学、社会学和经济金融领域的专家学者和实务工作者，从教育信用的伦理基础、经济基础和法治基础三个主题从不同视角跨学科研讨2021 教育领域的信用热点问题。

上海财经大学人文学院徐大建教授认为，诚信教育极其重要。它不仅是信用教育和教育信用的伦理基础，而且是道德教育的核心部分，因而是政治学或治国理政的重要组成部分。目前大学的诚信教育内容只限于抽象地谈论职业道德的部分，脱离学校存在的各种具体不诚信或欺骗行为，需要大力改进。

　　上海师范大学哲学与法政学院王正平教授指出，真诚是人类精神生活的基础，诚信是教育诚信的基础。目前我国教育信用出现的一些问题，涉及个人教育诚信、学校机构教育诚信、政府管理部门教育诚信。要对教育信用进行道德治理，从根本上说，要提高对诚信在政治、经济、文化、教育生活中重大伦理道德作用的认识。我们不能仅仅把诚信作为个人层面的社会主义核心价值，而且要同时作为国家层面、社会层面的社会主义核心价值。诚信是全社会道德建设的基础。诚信应该成为我们新时代中国人的国民精神。在教育领域中，应当把教育诚信作为推进立德树人、教书育人的道德基石。

　　上海理工大学马克思主义学院刘科教授通过归纳教育诚信中的若干价值痛点指出，诚信建设的长效机制要求我们深度反思制度建设的"实践智慧"的尺度。师风师德建设的制度化是教育诚信的重要部分。师风师德的制度建设应简洁高效，才能增强参与主体的积极性，将外部制度"化"为惯性和风气，教育诚信才能转变为每个道德主体相关的价值事实。

　　上海对外经贸大学马克思主义学院陈伟宏教授认为，教育领域信用建设不是一个孤立的问题，而是一个涉及全社会信用体系建设的综合工程。社会的伦理道德状况是教育领域信用建设的现实环境，不能局限于教育领域来讨论教育信用，需要将教育信用建设放到整个社会的伦理道德大背景下来认识和理解。政府诚信是教育领域信用建设的伦理先导，是教育信用建设的道德标杆。教师道德素养对自身诚信提升和学生诚信培育具有重要价值，但教育领域的个人诚信不能仅仅依靠道德自律，外在的信用规则约束同样重要。

　　上海市伦理学会副会长、上海财经大学马克思主义学院郝云教授认为，教育领域的信用问题在于没有很好地将信用教育上升为一种共识性的价值与文化加以导向、约束和激励。当今的社会信用功利化、工具化的趋势较为明显。在追求流量经济、信用经济的时代下，出现诸如虚假慈善、信用诈骗、信用违约、信用透支等信用问题；在后真相时代的政治和文化背景下，许多人对事实的真相并不重视，粉丝流量的追求、饭圈文化的流行，使得情感相对于事实更加受到追捧而不辨真假，轻视人品和诚信价值，颜值正义代替了应有的是非观念等等。这就需要让青少年破除盲信，树立正确的诚信价值观，培养一种诚信的文化氛围。因此，教育领域要避免诚与信教育的分裂，营造一种以真与诚为基础的信用文化。

　　华东师范大学经济学院方显仓教授提出，由于培训机构与教育产品的特殊性、教育培训预收费乱象频发以及无固定资产投入缺乏信用保障等原因，有必要对预收费的教培机构进行信用监管。形成监管的制度化、规范化的常态机制，包括对教培机构严格定位，强化负面清单；完善信用保障机制，预收费须接受第三方存管服务和严格的保证金制度；构建校外培训机构事前、事中、事后全环节的监管机制；完善培训机构信用评价体系，实行信用分级评价和信用管理周期记分制；构建校外培训机构综合管理服务平台，实现"政府监控＋行业监测＋公众监督"一体化信用监管机制。

　　浙江财经大学金融学院叶谦教授认为，消费者对教育培训机构资质和教学质量存在严重信息非对称，从而产生教育培训机构因培训履约和经营不力所产生的"预付费"难以退费的纠纷。因此，应坚持分类治理、分级监管、治理效率与市场生存发展兼顾的原则，改变过于依赖于监管方外力强制对培训机构的责任履行和债务支付的执行方式，创新市场化履约保证金制度,建立培训机构信用评价机制,探索实行金融机构履约保函和支付保函方式,提高教育培训机构的预付费使用效率,节省监管资源,使得信用治理在教育培训事前、事中、事后全过程监管得到落地,从而,强化教育培训机构"预付费"行为信用治理。

上海海事大学经管学院袁象副教授认为,加强大学生诚信体系建设迫在眉睫,需要从制度建设到体制机制方面加强创新,具体包括为定期为大学生举办诚信讲座、在大学里开设诚信专栏、建立大学生诚信档案等,从根本上提升大学生的诚信意识,培养大学生的信用素养,推进全社会个人信用体系的建设。

上海师范大学全球城市研究院王宇熹副教授谈到,教师职业信用记录的是教师遵守或者违反相关职业法律法规和职业道德规范的信息和资料。高校教师职业信用体系建设,一是明确师德失范行为的界定标准的边界。二是细化师德处罚裁量基准颗粒度。三是提高师德失范行为处理结果透明度。四是构建高校教师职业信用信息平台。五是编制教师职业信用信息"三清单"。六是建立教师职业信用申诉和修复制度。七是积极推动教师职业信用地方立法。

上海华夏经济发展研究院信用研究中心主任潘文渊研究员指出,信任是教育的基本前提和重要的社会目标。教育信任危机的根源在于现代社会信任关系普遍缺乏而产生的焦虑。重建教育的信任,需要达成价值共识、认同的教育关照以及立足文化的教育制度反思与实践。教育对生命是一种渐化的过程,善待老师,信任老师;善待学生,信任学生,才能重建良好的互信关系。不以利益的眼光看待教学关系,以人本理念促进诚信教育,才能最终实在教育信任。

上海市信用研究会副会长、华东师范大学社会发展学院熊琼教授认为,教育领域的信用体系建设需要经济学、伦理学、法学和管理学等多学科理论研究基石,并在现实实践中逐步探索形成。其中,大学生信用越来越被社会所关注。如何有效规制大学生经济资助,落户等诚信行为,采取哪些必要的信用措施引导大学生,值得我们深入探讨与研究。

浙江大学光华法学院黄韬研究员谈到,在"双减"政策压力下,不少教育培训机构出现了经营困难乃至陷入破产困境的局面。而在这个过程中,极易引发争议的就是教培机构"预收款"的商业模式,一方面消费者已经支付的预付款可能面临无法取回的信用风险,另一方面预收款的模式已经成为教培行业的惯常商业模式,机构在运营过程中对其有了很大的依赖性。目前我国不少地区已经出台了相应的监管法规或措施,对教培机构预收培训费用的商业行为实施了一些严格的限制措施。在考察和分析这些监管措施的时候,我们有必要意识到,监管规则的出台要权衡好消费者保护与行业发展之间的关系,不应有偏废。

上海政法学院上海全球安全治理研究院张继红教授认为,个人信用信息是指用于识别判断个人信用状况的基本信息、借贷信息、其他相关信息,以及基于前述信息形成的分析评价信息。2021年《个人信息保护法》正式公布,强化了对包括信用信息在内的个人信息的保护。掌握学生信用信息的教育机构作为信息处理者负有更重的保护义务,只有在具有特定目和充分必要性,并采取严格保护措施的情形下,方可处理。

华东政法大学经济法学院何颖副教授表示,教育培训机构跑路潮之下,消费者退款维权难凸显出预付式消费的监管困境。收取预付费的教培机构不属于现行金融监管框架下的金融机构或"准金融机构",其向社会公众收取预付费以实现企业融资等为目的的行为虽然属于金融活动,但是并不受到相应的金融监管。这也是教育培训、健身美容等各类预付式服务机构普遍存在挪用客户预付金备付金的根源所在。提供预付式消费的市场主体,其涉众性融资活动存在信用风险、流动性风险等固有的金融风险,理应接受相应的金融监管。

上海政法学院张园园副教授认为,信用联合奖惩措施是伴随我国社会信用体系的发展推进而产生的制度描述性概念,并不是一个精确的法律概念,主要内容是守信联合激励措施与失信联合惩戒措施。联合惩戒制度固然能够有效弥补责任规则体系的不足,提高诚信治理水平,但是实践中已经出现诸多问题亟待解决。信用修复是有前提、有程序、有限度的失信整改过程。

华东政法大学张敏副教授认为,推免生选择报考的自主性带来了高校招生工作的不确定性,推免生择校失信行为时有发生。规制办法是各校推免招生系统联网,预先设置考生投报推免院校的次数。推免院校应提前细化规则,要求签署《承诺书》,并明确违反承诺的后果。教育部可制定推免招生中院校及推免生的失信行为清单,并将招生单位的推免失信行为公之于众。

上海金融法制研究会副会长、华东政法大学吴弘教授指出,教育领域的信用是社会信用的重要组成部分,在教育领域信用体系建设方面,以法规和制度为保障,将制度建设与诚信教育结合起来,发挥制度的最大效用。同时,在教育系统开展信用体系建设,是规范办学行为、净化学术风气,维护风清气正的教育教学环境的迫切需要。

上海市教委政策法规处四级调研员陆海佳认为,信用既是一种道德品质,也是一种制度和规则。教育领域社会信用体系建设的基础工作包括各类教育信用信息的归集共享和教育领域信用法规制度建设等相关工作。近年来,为了推动社会信用体系全面纳入法治轨道,信用的法规制度建设大力推进,但同时需要明确制度的边界和效用,夯实合法性基础,实现社会信用体系建设的规范化和法治化。

中国人民银行上海总部征信管理处杨阳谈到,近些年,学科类校外培训机构普遍采取预收费模式,该收费模式虽然在保证机构资金流动便利性方面发挥了一定作用,但也存在巨大风险隐患,同时,机构诱导学员违规使用"培训贷"支付培训费引发纠纷争议等问题时有发生。因此,强化教育、金融部门合作,加强预收费的制度性防范很有必要。

中国建设银行上海市分行风险管理部副总经理马静认为,资助育人是新时期资助工作的新使命。对高校家庭经济困难学生进行资助是实现教育公平、促进社会和谐的重要途径,而结合资助实施育人则是提高教育教学质量、培养优秀人才的重要措施。要增强大学生的诚信意识,加强大学生的诚信教育,普及大学生的金融信用知识,为持续推进教育领域信用体系建设营造良好的氛围。

上海市会计学会主办第十六届长三角研究生学术论坛

11月12日，由上海市会计学会主办的第十六届长三角研究生学术论坛在沪举行。本次论坛的主题为"数智时代会计与治理创新"，是上海市社联第十五届（2021）"学术活动月"系列活动之一。本次学术论坛通过线上线下相结合的方式举行，来自长三角地区20多所主要高校的百余名博士和硕士研究生代表参加论坛。学会副会长、学术委员会主任邵瑞庆教授，上海大学管理学院党委书记李伟分别致辞。

在主题报告环节，上海交通大学李娜博士作题为《行业经营性信息披露管制与企业盈余管理行为——来自行业信息披露指引的证据》的发言，她指出，行业信息披露指引的实施通过增强监管和增加信息供给抑制了企业的盈余管理行为，提高了上市公司信息披露质量，有助于缓解企业与市场间的信息不对称。并且这种抑制效应与企业良好的内外部治理环境存在互补作用，行业信息披露指引的有效实施需要良好的治理环境的配合。上海大学管理学院会计系副主任李远勤教授重点对论文研究框架、研究方法设计和制度环境进行点评指导。

在分组交流环节，与会代表围绕"数智时代会计与治理创新"主题，就公司治理与投融资、管理控制与企业发展、公司财务与政府监管、企业社会责任与治理创新、信息披露与高质量发展、企业数字化与审计监督等六个专题，分别由获奖论文作者进行交流发言，并由相关专家学者进行点评和互动。

邵瑞庆教授在论坛总结发言中表示，本次论坛主题新颖、内容丰富、形式多样，在参与学校和投稿论文等方面均创新高。他强调，以大数据、云计算、人工智能为特征的新技术正在重塑各行业的管理模式，不仅引领传统产业的转型升级、新兴产业的快速发展，也将深刻影响企业的会计与财务决策。

"碳中和背景下 ESG 对信用评价的影响"青年学者论坛举行

11 月 12 日,上海市信用研究会举办的"碳中和背景下 ESG 对信用评价的影响"青年学者论坛在上海社会科学会堂成功举行。此次论坛是上海市社联第十五届(2021)"学会学术活动月"项目之一。

上海市信用研究会会长、上海立信会计金融学院洪玫教授表示,碳中和及可持续发展的原则,已经得到全球金融与投资界的高度重视,举办青年学者论坛是积极呼应时代发展对信用评级的要求。ESG 即环境、社会责任、公司治理的缩写,通过这三个维度来衡量公司经营和投资活动对环境、社会的影响,以及公司治理是否完善等。探讨可持续发展因素 ESG 对信用评价的影响,具有理论研究的必要性,也为行业在碳中和转型中提供一定的决策支撑。

长三角投资公司战略管理部总经理叶继涛认为,公开 ESG 信息意义重大,是企业贯彻新发展理念的具体体现,是立足新发展阶段企业高质量发展的内在要求,是服务新发展格局构建企业更好抢占国内外市场的必然选择,是国家治理现代化和信用体系完善的重要组成部分。

上海资信有限公司总裁助理赵勃博士认为,从个人信用评分的维度,对 ESG 的信用评价有借鉴价值,从个人评分方法论来看,个人的信用与可持续发展也具有相关性。在实践中,越来越多的银行将环境、社会和治理因素纳入他们放贷过程中,未来会在个人信用风险管理中增加 ESG 风险的选项,建立 ESG 维度的个人信用风险识别、评估、计量、监测和控制,同时建立完善信息披露机制,推动 ESG 风险管理在金融投融资活动中的全面应用。

上海国家会计学院李琳副教授认为,碳资产与可持续发展将在未来的经济发展中起到重要作用。2021 年上半年国际财务报告准则基金会发起成立与国际会计准则理事会平行的机构国际可持续报告准则理事会,促进全球范围内可持续发展报告的协同。我国也在积极地推进可持续发展报告的国际趋同工作。随着整个社会越来越意识到碳中和问题的重要性,碳资产的会计确认、计量和披露也会逐步完善,有助于 ESG 相关信用评级工作的展开。但未来企业可能需要披露范围更广的可持续发展报告而非仅披露 ESG 报告,信用评级机构可及时关注可持续发展会计准则及相关会计信息披露的进展,帮助经济资源更有效地服务于可持续发展。

　　大成律师事务所高级合伙人张战民认为，ESG 与国家政策和法律规定是契合的，政府有关部门、交易所、基金业协会等相关部门和机构，在 ESG 方面也作出了相关的规定和要求。ESG 在不同的国定含义不尽相同，不可能有统一的公司治理模式。外资评级机构不断扩大对 A 股上市公司的评级范围。国务院国资委已将 ESG 纳入推动企业履行社会责任的重点工作，并将推动立足中国经济社会全局、顺应全球发展趋势的 ESG 评级体系建设。

　　上海大学全球品牌信用协同创新研究中心主任包国强教授认为，ESG 理念及评价体系的内容对信用评价具有重要影响。要通过创新竞争不断提升自身的实力，提升信用评级机构品牌影响力，构建具有国际话语权的信用评价体系，加强对国际国内评级机构的监管，保证公平竞争市场秩序，加强对国内评级机构发展的引导。加快积累国内债券市场的原始数据，开发符合国情的信用评级模型。同时，监管部门利用双向开放时机，推进国内评级机构参与国际市场。国内评级机构要走出去，发出自己的声音，要强调作为独立第三方，客观公正开展评级业务。在竞争与合作中加快成长，成为具有国际公信力的独立、公正的第三方评级机构。

　　华夏经济发展研究院信用中心主任潘文渊研究员认为，从 ESG 理念的内涵极其发展历程来看，国际 ESG 理念是适用于中国发展的，且与我国的碳中和发展战略高度吻合。从国际视野来看，环境、社会责任、公司治理的体系理念全面对标国际化 ESG 标准，结合中国发展阶段，调整适应量化指标，加强披露指引，将有利于我国企业的绿色发展和高质量发展。

　　上海市信用研究会秘书长、上海海事大学副教授袁象认为，在新冠肺炎疫情的影响下，ESG 投资出现史无前例的增长，将对信用评级产生直接的影响。未来，信用评级指标体系和评价因素中，必将被评机构的 ESG 执行情况作为重要因素，必将引导企业更加关注环境、社会责任和公司治理结构。

　　此次青年学者论坛不仅有学术的前沿理论探讨，也有实践的案例分享，面向未来，为青年学者提供了良好的学术交流平台，受到与会学者的积极参与，并对 ESG 进一步发展，提出了建设意义。

上海市税务学会、上海市国际税收研究会举行学术年会

11 月 18 日，上海市税务学会、上海市国际税收研究会联合举办"贯彻落实'两办'《意见》助推税收征管改革"学术年会。

会议由市国际税收研究会会长龚祖英主持会议。市国际税收研究会副会长徐佩仪宣读《2020 年度税收课题优秀论文评选通报》。2020 年全市税务系统学会共有 72 篇论文参加评选，经两轮评审，4 篇论文获得一等奖，6 篇论文获得二等奖，10 篇论文获得三等奖，10 篇论文获得优秀奖；基层学会推荐论文篇 2 篇论文获得一等奖，4 篇论文获得二等奖，6 篇论文获得三等奖，8 篇论文获得优秀奖。会上，6 个获奖论文单位代表汇报交流。

市税收科学研究所牵头课题组汇报了《应对数字经济的国际税收规则研究》，从改革创新的视野，详细研究国际税收规则，提出数字经济环境下应对措施。

静安区税务学会牵头课题组汇报《新形势下奢侈品行业避税模式研究及应对》，剖析了奢侈品行业收入和利润数据，结合转让定价提出了奢侈品行业避税带来的挑战与应对探索策略。

崇明区税务学会牵头课题组作《进一步推进办税服务厅规范化，提升服务软实力的研究》报告，提出当前办税服务厅四个不足，剖析原因并提出对策。

浦东新区税务学会牵头课题组作《创新征管服务举措，推进营商环境建设——对临港地区创新征管纳税服务的成效评价与建议》汇报，聚焦自贸区，对照国外自贸区标准，对现有税收政策进行评估，提出若干加强服务措施建议。

杨浦区税务局课题组汇报《数字经济与税收政策若干问题的研究和探索》，借鉴国外数字经济经验和我国现状，针对不同税种提出了具有针对性的建议。

市税务局第四税务分局课题组汇报《税务智能咨询服务系统国际比较研究》，研究全球智能服务系统，提出了不同的改革路径和服务道路。

最后，市税务学会会长许建斌要求各区税务学会、各直属分会抓紧时间，在认真调研的基础上围绕专题组织讨论和撰写，争取年内完成课题结题任务。

上海市保险学会召开 2021 年学术年会

　　11 月 19 日,上海市保险学会召开 2021 年学术年会。本次年会是上海市社联第十五届(2021)"学会学术活动月"活动项目之一,主题为"长三角区域保险业廉洁合规建设经验分享"。

　　与会专家共同探讨保险业的廉洁合规建设,是为了进一步落实中国银保监会《关于开展银行业保险业"内控合规管理建设年"活动的通知》要求,强化长三角区域保险机构、保险从业人员的廉洁合规意识、提高风控管理能力,不断夯实保险业高质量发展根基,积极服务长三角区域一体化发展国家战略。

　　在行业经验分享环节,上海市保险学会秘书长李玉新介绍了在廉洁合规建设方面签署行业廉洁倡议书,并通过上海保险直播间宣讲了廉洁合规等上海的做法。江苏省保险行业协会副秘书长丁正分享了江苏"激发会员公司自我合规需求""加强协会联动"等新举措,他表示,江苏省保协一方面通过清廉金融思想建设,提升合规理念;一方面主要通过开展车险合规,深化内控合规建设。浙江省保险行业协会副秘书长柴新鑫阐述了浙江省保协廉洁合规工作开展形式的多样性,通过多种宣传方式让"廉洁""合规"的思想更加深入人心。安徽省保险行业协会副会长张越平从"清廉"工作具象化的角度介绍了安徽保协"清廉故事分享会"等创新形式。此外,太保财险江苏省分公司、中国人寿安徽省分公司、中国人寿上海市分公司等各公司代表从各自角度介绍了如何多层级、多形式地开展廉洁合规建设工作。

　　在专家宣讲环节,上海市检察院一分院三部顾佳主任以"金融行业反腐倡廉警示教育"为主题进行了分享,通过详实案例对职务犯罪的界定、金融行业职务犯罪的基本情况和特点做了深入浅出的阐述。邦信阳中建中汇律师事务所陈云开律师结合《个人信息保护法》出台的背景,从个人信息保护的角度,介绍了这部法律对保险实操的影响及注意事项。

　　来自长三角三省一市的保险协会代表、上海市保险同业公会廉洁合规专委会成员以及检察院、律师事务所的专家和实务部门代表 100 余人以线上线下相结合的方式参加了年会。

上海市卫生经济青年论坛在沪召开

11 月 16 日，上海市卫生经济学会、上海市卫生和健康发展研究中心、上海市医药卫生发展基金会联合举办上海市卫生经济青年论坛暨上海市卫生和健康发展研究中心第 70 期双月讲座。本次论坛是上海市社联第十五届（2021）"学会学术活动月"项目之一，主题为"医院运营"。

当前，公立医院收支规模不断扩大，医教研防等业务活动、预算资金资产成本管理等经济活动、人财物技术等资源配置活动愈加复杂，经济运行压力逐渐加大，亟须坚持公益性方向，加快补齐内部运营管理短板和弱项，向精细化管理要效益。2020 年 12 月以来，国家卫生健康委、国家中医药局陆续印发相关文件规范公立医院经济运行与成本核算工作，推动公立医院高质量发展，推进管理模式和运行方式加快转变，进一步提高医院运营管理科学化、规范化、精细化、信息化水平。会上，五位演讲嘉宾做了精彩发言。

上海市卫生健康委员会医改处四级调研员王贤吉介绍了公立医院高质量发展内涵。他强调国家试点医院 6 项核心指标中，以 2019 年数据和改革目标相比，仍有较大差距。他表示，针对价格形成机制、支付方式改革、市区两级管理体制改革等，还会有相应细则陆续出台。高质量发展不仅要关注结构和过程，更要关注以群众需求为导向的结果。

上海市卫生和健康发展研究中心卫生政策研究部冯旅帆介绍了 DRG 实施效果评价国际经验借鉴，按病种付费（DRG）和按病种分值付费（DIP）是支付方式改革的有效抓手，他阐明了实施 DRG 和 DIP 付费监管考核制度的意义，建议灵活调整 DRG 实施效果评价方案，完善医保信息系统智能化建设，促进医院运行和监管的标准化、透明化、效率化和责任化。

上海交通大学医学院附属新华医院财务负责人宋雄以新华医院为例，介绍了医院全面预算管理的实践与思考。

上海市胸科医院绩效办主任许岩以上海市胸科医院为例，介绍了新形势下医院绩效运营的挑战与实践情况。

普陀区卫生健康委员会财务主管宋闻以公立医院运营管理为例，分析了其目前存在的问题、发展现状及取得的成绩，强调要强基础、控成本、重监管、加强区级医院运营管理。

国际问题、涉港澳台、其他

上海欧洲学会举办"中国共产党与欧洲"座谈会

7月2日,上海欧洲学会举办"中国共产党与欧洲"座谈会。学会领导层和党工组等成员围绕"中国共产党与欧洲"进行了党史学习和交流。与会者认真学习了习近平总书记在庆祝中国共产党成立100周年大会上的重要讲话,通过学习和交流,与会者提高了认识,深切感到中国共产党的伟大光荣,同时也认为应该发掘中欧关系的积极效应、推动中欧关系的合作发展。

伍贻康前会长谈到,自己在大学求学时就认识到党的光荣伟大,于1956年入党,至今已是65年在党。党成立一百周年,值得隆重庆祝。习近平总书记对我们党的光荣历史总结得非常好。欧洲是共产主义的发源地,马克思、恩格斯都是德国人。我们党的早期领导人中相当一部分有过旅欧经历。朱德同志能够舍弃一切赴德追求革命真理很了不起。这些同志在欧洲很好吸取了包括马克思主义在内的有益的思想文化和实践经验。

郑春荣副会长谈到,朱德同志于1922年至1925年旅德,他在柏林学习了德语,又去了哥廷根学习《共产党宣言》等共产主义著作。他于1922年10月22日到柏林找到了周恩来同志,11月经周恩来等同志介绍加入中国共产党。在德时因为宣传国共合作、声援五卅运动,两次被捕,后来去了苏联。朱德后来讲到自己入党,"从那以后,党就是生命,一切依附于党"。朱德等老一辈无产阶级革命家的身上体现的就是对党忠诚的大德、造福人民的公德和严于律己的品德,值得我们好好学习。

戴启秀副秘书长谈到,她冷战时期去德国参观过马克思故居,后来又去过数次,感觉资料越来越丰富,设施越来越先进。2018年去参观时已经有了中文版的《资本论》。马克思主义影响巨大,不仅深刻影响着我们中国,其实也持续影响着德国和欧洲。

戴炳然名誉会长谈到,党成立一百年很不容易、很伟大。现在全世界的社会主义国家并不多。苏共亡党有很多原因,其中一条应该与其早期斗争的时间相对较短和程度较不充分有关,这与中国共产党的经历不同。中国共产党是久经考验的政党,在其成为我们国家执政党前就已经进行了28年的伟大斗争。我们党的这些不凡经历必将能继续蓬勃发展。

丁纯副会长谈到,俄国十月革命一声炮响,给中国送来了马克思列宁主义,我们党以马列主义为理论基础,同时强调马列主义普遍原理与中国实际相结合。我们党不少先贤都有旅欧经历,接受了不少欧洲的先进文化思想。我们绝不接受"教师爷"般颐指气使的说教,但欢迎一切有益的建议和善意的批评。

尚宇红副秘书长谈到,习近平总书记曾讲过只有社会主义才能救中国,只有中国特色社会主义才能发展中国,才能实现中华民族伟大复兴。这种发展是包容性发展,既吸收国外有益经验,又不脱离本土文化,毛泽东时期就已经开展了马列主义中国化。欧洲从某种角度对共产党并不排斥,有不少马克思、恩格斯塑像,自己到斯洛文尼亚时看到大学的墙上还挂着铁托的画像。我们应该认识到中欧关系与中美关系有着较大差异,美国现在将中国完全作为对手,中欧有着比较大的共同利益基础,欧洲把中国看作平衡世界力量的重要砝码,所以中欧关系有其很大的积极一面。

海峰秘书长谈到,蔡和森、周恩来、邓小平、陈毅等先辈曾经赴法勤工俭学,尽管他们在法期间经历坎坷,但都得到了锤炼,坚定地选择了共产主义道路,成立了旅欧共产党组织,推动了国内共产主义的发展。

叶江副会长谈到,习近平总书记讲话提到我们深切怀念为中国革命、建设、改革,为中国共产党建立、巩固、发展作出重大贡献的毛泽东、周恩来、刘少奇、朱德、邓小平、陈云同志等老一辈革命家,这六位领导人中有一半与欧洲有着非常紧密的联系。他们接受和坚持马克思主义,把马克思主义带回中国,对中国共产党的建立和发展发挥了重要作用。叶江认为,在奋进第二个百年奋斗目标的过程中,坚持马克思主义依然起着关键作用,拉住欧洲也依然有着很大作用。欧洲能够相对客观地看待中国的发展,能够承认新冠疫情暴发后,如果没有中国共产党的坚强领导,就不会有这么好的控制效果。未来一段时期,欧洲仍然是世界上的一极和一支重要力量。我们以史为鉴,有必要对欧洲积极开展工作,促使中欧紧密合作。

徐明棋会长谈到,在我们党和国家的不同时期,欧洲的先进思想对我们的进步都有一定助益。我们的改革开放,从理论层面来说,就吸收过东欧思想家的有益观点。比如匈牙利经济学家科尔内的《短缺经济学》,虽然其分析框架是以东欧国家为背景,但它表现出对所有实行传统计划经济国家的经济运行的很强分析力和解释力,对改革开放初期的中国经济学人进而对国家经济政策都产生过深刻影响。时至今日,东欧的探索经验对我们的发展仍然有一定参考价值。近些年,欧洲强调人类需要应对环境变化、强调生态文明,这些思想对世界和中国都有着积极影响。

曹子衡监事谈到,欧洲对我国影响确实体现在各个时期,我们有必要吸取欧洲思想中的有益养分。比如改革开放前夕的 1978 年 5 月,根据邓小平同志"广泛接触,详细调查,深入研究些问题"的指示,时任国务院副总理谷牧带团去法国、联邦德国、瑞士、丹麦、比利时这西欧五国考察访问。一个多月考察后回国,谷牧的《关于访问欧洲五国的情况报告》指出:我们现在达到的经济技术水平,同发达的资本主义国家比较,差距还很大;我们一定要迎头赶上,改变这种落后状况。可以说,这次考察在一定程度促成了中央推行对外开放的决心。

在总结阶段,徐明棋谈到,我们也要承认,欧洲有时候在一些方面确实存在欧洲中心主义。这个时候,我们就要根据中国特点,按照中国特色的马克思主义,推动中国社会经济的进步发展。总的来说,欧洲是一个多面体,有比较强的变通能力和软实力。欧洲很早就认识到了中国的力量。中欧应该相互尊重和相互合作。

"新形势下中美俄关系及其全球影响"学术研讨会在沪举行

10月27日，上海国际战略问题研究会、上海市俄罗斯东欧中亚学会与华东师范大学国际关系与地区发展研究院联合举办的"新形势下中美俄关系及其全球影响"学术研讨会在华东师范大学举行。本次会议是上海市社联第十五届(2021)"学会学术活动月"项目之一。会议由上海国际战略问题研究会副会长兼秘书长吴莼思主持。来自上海国际问题研究院、华东师范大学、同济大学等研究机构的专家学者和研究生代表30多人与会。

华东师范大学原副校长、市俄罗斯东欧中亚学会前会长范军在开幕式上致辞，他认为可以从国家、国际和全球三个层面切入中美俄关系研究。中美俄都有各自的文化和基因，三国现在迫切需要考虑怎样面对全球性问题以及怎样在国际关系中进行协调。对于新形势下的中美俄关系及其全球影响，中国学者要致力于从中国的角度提供一个知识参照系。我们过去一百年的历史就是非常丰富的宝库，应更深入地加以挖掘。

在主题发言环节，与会学者从学理、现状、政策等多个角度探讨了当前的中美俄关系及其发展态势，并为下一步的中美俄关系研究提供了初步的方案及研究思路。

华东师范大学俄罗斯研究中心主任、周边合作与发展协同创新中心主任冯绍雷为中美俄关系研究拟就了十方面内容。他指出，研究中美俄关系具有十分重要的意义。无论是从文明的角度，还是从基本制度、实力地位、决策自主性、决策水平以及地缘空间等角度，中美俄关系都表现出与众不同的研究价值。冷战结束以来，中美俄互动展现出一些新趋势和新特点。我们需要从学理上，尤其要从思想人文层面进一步提升对中美俄关系的研究。

同济大学国际与公共事务研究院院长夏立平指出，当前中美俄三角关系与冷战时期中美苏大三角关系相比发生了重大变化。当前的中美俄关系是多维度关系，至少有三个维度。首先是地缘政治和安全维度。在美国对华进行的战略中，美国有意防止中俄走近。中俄当前是高水平的全球战略协作关系，但又不是军事同盟。俄罗斯努力寻求在中美间保持平衡，尽管不是等距离的，但中美俄之间仍然呈现三角关系状态。这种关系也许会持续下去，直至出现突破性事件。第二，从高技术维度来看，美国要与中国脱钩，中俄之间目前的平衡状态似乎也并非十分稳定。第三，从经济维度来看，俄罗斯国内经济发展以及其在能源、技术转型等方面能否成功，将决定俄罗斯未来的世界地位。

上海国际问题研究院台港澳所所长邵育群认为，美国对外政策的决策过程十分复杂，因此需要对拜登政府对中俄走近的看法做更细致的分析。一方面,拜登政府确实担心中俄走近,认为中俄之间的合作已从以往的战术性合作和战时伙伴关系转向更具持续性的方向。美国尤其担心中俄在军事和科技领域的合作,比如,战斗机、高效雷达还有作战集成系统、潜艇核动力系统等。但在另一方面,拜登政府又认为中俄关系的发展是有限度的,受到如印度因素的影响。美国认为,俄罗斯非常重视和印度的关系,而最近的中印关系使俄罗斯在与中国靠近时要反复斟酌。此外,欧洲因素、区域合作组织的发展以及美国国内政治斗争的演变都有可能深刻影响美国对中俄关系的看法。中美俄关系研究可以有更宽广的视角。

"新发展理念下的中欧合作前景"专题研讨会在同济大学召开

10月22日,"新发展理念下的中欧合作前景"专题研讨会在同济大学召开。本次会议系上海市社联第十五届(2021)"学会学术活动月"活动项目,由上海欧洲学会和同济大学德国研究中心共同主办。来自上海欧洲学会、同济大学、上海国际问题研究、上海社科院、复旦大学、华东师范大学、上海外国语大学、上海对外经贸大学等学术机构二十多位研究欧洲问题的中国专家,以及来自欧洲政策研究中心和中国欧盟商会的两位外国专家与会。

会上,上海欧洲学会徐明棋会长作开幕致辞,同济大学德国研究中心郑春荣主任作会议总结。同济大学德国研究中心伍慧萍教授、上海欧洲学会秘书长杨海峰博士分别主持了会议两个环节的发言与讨论。

徐明棋以"从更广的视野认知中欧关系的发展方向"为题发言,他认为中欧关系长期以来发展相对平稳,经贸关系不断增强,中欧领导人互访、会见频繁。但2020年中欧关系出现明显变化,转向原因包括:2008年以来欧盟经济发展受挫,增长率较低,并受到疫情严重冲击;欧洲内部民粹主义思潮、民族主义情绪上升;以美国为首的西方国家将中国作为批评对象,借此向外转嫁自身的国内治理困难和制度危机;欧洲议会、欧盟很多成员国的领导人更替,新一代领导人缺乏历史的纵深感,对欧盟、中国历史认知有限;随着中国的发展和中国企业的成长,欧洲企业在华竞争优势和制度保护都在减少,利润受到影响,对华批评随之上升等。欧盟对华定位开始发生变化,从原来强调战略伙伴关系、强调合作,到竞争因素增长,再到视为制度性对手。但不同于美国,欧洲至今仍强调和中国有更多的合作关系,这也是中欧关系保持相对稳定、没陷入强烈冲突的主要原因。他对未来中欧关系的发展前景抱有谨慎的乐观。中欧的基本面,即经济关系的互利共赢得到了双方认可,是稳定的基石。在全球问题、全球危机的处理上,中欧之间存在较多的共识。同时,欧洲软实力强大,在气候变化、跨境数据流动等方面走在前列,中欧合作空间广阔。

欧洲政策研究中心杰出研究员格罗斯(Daniel Gros)作题为"中欧经济关系现状与前景"的发言。他认为《中欧全面投资协定》主要着眼投资方面,该协定承诺为欧盟公司在中国投资机会提供一定的改善,这可能会间接促进中欧经贸关系的发展。当前,中欧经济合作受到了来自欧盟层面的偏见影响。由于投资筛选或资本控制,中国对欧盟的直接投资近几年呈现出数据急剧下降的趋势。与之相比,即使没有《中欧全面投资协定》的推动,欧盟对中国直接投资仍表现良好。此外,过去十年里,中国逐渐成为欧盟最重要的供应商。虽然仍落后于美国和英国,但中国对欧盟产品出口的重要性正在上升。总体上,中欧之间的政治"氛围"并不太可能对双方贸易关系产生强烈影响,但可能会影响投资关系。

上海对外经贸大学邱强教授就"中欧数字经济合作前景"从三方面发表了观点。一是在基础型数字经济方面,中国在欧盟深耕已久,覆盖面广、发展快,符合各国要求。在资源型数字经济方面,中欧合作形式多样。中国搭建了各种数据中心和平台,为欧洲企业和城市解决相关问题,与当地企业、高校和政府开展合作。技术性数字经济方面,中国企业参与欧洲标准的制定,发展融合型数字经济和服务型经济。二是中欧数字经济合作的驱动力来自中欧数字合作契合欧盟的战略、中欧数字合作在欧盟有强大的现实需求、中国数字经济技术领先、中国的市场和资金以及中国—中东欧合作机制的夯实等方面。中欧数字经济合作的障碍主要包括美国挑拨施压,欧盟国家之间意见的分歧,欧洲反华同盟的影响,欧盟一系列数字立法对数字企业和大型平台发展的限制,双边层面竞争关系的存在以及欧洲人的传统消费习惯。三是中欧数字经济的光明合作前景主要有三方面原因。首先是欧美的竞争超过中欧之间的竞争,从中可看到发展空间。其次是只要技术持续领先,欧洲就离不开中国。第三是只要中国的市场大于欧洲的市场,我们的局部竞争一定是让位于整体合作。

同济大学政治与国际关系学院宋黎磊教授围绕"中欧数字化合作:机遇与挑战"作发言。他认为中国数字经济快速发展,数字消费已成为一种常态,数字化基础设施建设日趋完善,工业互联网已成为工业数字化转型的新途径。同时,中国不同行业的数字化转型进展速度不同,行业之间的数据共享面临许多挑战。在欧盟层面,核心数字技术加速发展,数字基础设施正在改善,电子政务和电子商务发展显著,欧盟的 ICT(信息、通信和技术)服务出口稳步增长,数字化法律和法规不断加强。同时欧盟在数字领域也存在诸多挑战,首先是尚未形成统一的数字市场,在网络基础设施建设方面各成员国的网络设备更新不平衡,网络安全行动的协调有限。其次,欧盟人力资源中的数字技能水平不足。再次,欧盟对美国互联网数字平台存在依赖。对于中欧双方来说,在数字经济和技术方面存在进行沟通和协调的必要性。为此,中国应促进相关机构开放以推动双方合作,并加强与欧洲数据法规协调。

中国欧盟商会副主席贾可尼(Guido Giacconi)就"中欧如何在实现碳中和过程中合作共赢"进行发言。他提出中欧应深化在气候变化领域的合作,中欧在实现碳中和道路上面临的挑战既有相同点,也有不同点。因此,中欧双方在实现碳中和的过程中,步伐不会完全一致,必须正确对待和接纳双方的差异性,否则将无法实现有效合作。根据中国欧盟商会发布的文件,中方可与欧方在实现碳中和过程中达到合作共赢。

上海社科院李立凡副研究员围绕"碳中和背景下中国能源工业的挑战及中欧合作"作发言。气候变化已成为全球最大的非传统安全挑战,中国已在碳中和问题上作出承诺。从现在到 2060 年,中国能源市场面临一系列挑战,包括新能源能否成为未来主导,碳减排的目标是否过高、过快,中国和西方国家发展阶段和产业结构的差异等。各种不确定因素对中国实现减排承诺带来一定的影响。不过,中欧在该领域有很大的合作潜力。目前激励机制有二氧化碳排放市场和碳税两项。中欧双方将在可再生能源(风能和太阳能)、核安全、能源效率、电网标准、清洁煤等领域加强信息共享和经验交流,并在中欧企业技术标准领域开展合作。

上海国际问题研究院比较政治与公共政策所所长于宏源在"全球碳经济竞合中的中欧绿色伙伴建设"发言中谈到,中欧可从以下三点入手加强绿色合作。一是加强中国和欧盟在全球气候治理、COP25、联合国气候和生物多样性峰会、WTO 内的贸易和气候倡议以及避免碳泄漏措施方面的共同利益。二是通过中国—欧盟的"零排放竞赛"、绿色贸易议程和绿色技术联盟,加强清洁循环技术和市场方面合作,并发挥 G20 和全球可持续金融监管框架作用。三是在机制上,建立一个"具有更广泛内涵的绿色伙伴关系机制",消除绿色投资障碍。当前,中国已加入国际可持续金融平台(IPSF),并对绿色基金和债务减免表现出兴趣,中国可在此方面与欧盟合作,完善"一带一路"绿色融资机制。

复旦大学国际关系与公共事务学院薄燕教授就"碳中和背景下的中欧气候合作"发表演讲。她认为,首先,中国和欧盟在气候领域合作在双边和多边层面都意义重大。在双边层面,该领域合作具有历史延续性,有潜力成为中欧全面战略关系的一个新亮点、新引擎,应该成为中欧绿色伙伴关系的一个优先议题和核心领域,并可能会出现溢出效应,对中欧关系整体良性互动起到推进器作用。其次,中欧绿色伙伴关系的打造具有有利条件。一是中欧共享绿色发展的理念。二是高层对话的引领作用,政治推动力显著。三是中欧绿色伙伴关系的建设有非常好的制度化基础。四是中欧都面临着实现碳中和目标的长期任务,都制定了具体务实的碳中和实施规划和措施。五是中欧坚持多边主义,重视发挥全球环境治理领域多边机制的作用。第三,中国和欧盟在气候领域合作需要应对好各种挑战。一是要正视中欧之间的国情和能力的差异。对欧洲来讲,不能要求中国按照同一的时间表,或者承担类似的义务。二是在全球层面上双方存在广泛的共识,但也存在分歧。中欧双方应加强对话、合作和协商,尽量在多边会议之前达成一个双边共识。三是欧盟低估了碳关税问题对发展中国家的政治压力。四是中欧生态环境方面的交流和合作需要更加务实和具体。比如说可以交流工业和电力领域脱碳技术,推动和强化碳中和交易领域的双边合作,发掘更多的环保产业和技术合作的契合点和新机遇,通过绿色合作来推动经济的可持续发展。

上海社科院国际问题研究所副主任戴铁尘就"绿色新政下的欧盟能源外交与中欧关系"发言。她认为欧盟推出绿色新政后,对气候和能源外交重新布局,从原来的保证获得能源,转向维护三个维度平衡,即一是保护欧盟能源自主,二是领导全球能源转型,三是应对能源转型带来的地缘政治挑战。随着目标调整,欧盟所用的工具也发生了相应的变化。首先,维护能源自主。欧盟延续推动自由化的路径之外,更强调使用防御性工具保护本土的能源市场和经济自主,改变当前能源受制于人的处境。第二,领导能源转型。除了使用激励性政策推动第三国参与能源转型之外,扩大了使用强制性政策的范围,迫使第三国追随欧盟的规则和标准。第三,随着能源转型,面临新的地缘政治挑战。欧盟考虑在新的地区战略中,把推进能源转型和管理地缘政治挑战作为优先需求。欧盟能源外交目标和工具的复杂变化将对中欧关系产生一定影响。一是在能源自主性上,欧盟担心在可再生能源及地区可再生能源网络方面会加大对中国的依赖。二是在全球能源转型方面,欧盟担心中国是否能够信守减排承诺,以及可再生能源领域在行政权力干预下的扭曲。三是地缘政治方面,欧盟担心中国的"一带一路"布局,特别是在能源基础设施方面的布局。在可再生能源领域,中国和欧盟在经济层面存在着巨大的互补性,但需要管理好双方在政治层面的分歧,尽量将竞争局限在具体企业、商业领域,而不要上升到政治领域。

同济大学德国研究中心副教授朱苗苗以"大选后德国能源与气候政策前瞻"为题作发言。从目前德国几个政党谈判的探索性文件来看,能源与气候政策可能成为新政府议程中的优先事项。其中有几点值得强调:气候中和过程中产生的新商业模式和技术会成为德国的发展机遇;德国可能大力加注可再生能源的建设和增加燃气充电站;退出煤电的时间有可能提前到 2030 年;拟在 2035 年禁止销售新的化石燃料汽车。德国能源转型的现状将对新政府提出以下挑战:一是转型存在结构性缺陷,即可再生能源扩建迟缓,工业和运输部门减排量停滞不前;二是核能退出后的能源供应问题;三是绿色投入的资金缺口巨大。目前试探性谈判中关于能源转型和气候保护政策有以下几点值得注意:一是新政府将在市场手段和监管手段双管齐下;二是会加快碳定价的速度;三是加快数字化的融合,加强创新和技术在绿色转型中的作用;四是调整对外能源和气候政策,包括加强德国能源政策的软实力以及地缘政治因素。在能源和气候领域,中德和中欧合作空间依然非常广阔。但不得不承认,在全球进入去碳的时代后,中欧在标准、技术、经贸、碳边界调节机制还有资金等方面的竞争会增强,中国要有心理上和战略上的应对。

上海外国语大学英语学院副院长陈琦就"英国'反抗灭绝'环保运动与中英关系"发表演讲。"反抗灭绝"(Extinction Rebellion)是以左翼青少年为主要参与主体的环保运动,旨在让各国政府加快实现碳中和。该活动自称为非政治性草根运动,自 2018 年 5 月创立以后,从英国发展到欧洲各国及世界其他地区,具有环保主义、国际化和反建制特征。该运动有五项基本主张:主张世界各国必须要尊重 2016 年的《巴黎气候协定》;主张英国在内的发达国家需承担更大的责任;强调实现气候公正;主张"共同而有区别的责任";认为西方七国集团在减排方面欺骗公众。

上海世界城市日事务协调中心孙贝芸博士以"中欧城市可持续发展指标比较"为题发言,认为中欧在战略演化轨迹和战略内涵扩展方面具有相似性,也存在着广阔合作空间,尤其是在具体领域和技术层面,在城市可持续发展指标构建和数据收集方面就是如此。摸查全球 30 多个城市数据发现,在指标构建和数据收集的完备度、精确度和连续性方面,中欧城市在全球范围内,相对来说是做得比较好的。但双方在指标体系构建方面存在较大差异,难以开展横向比较。造成差异的主要原因如下:一是国家治理模式不同;二是发展阶段的不同;三是城市发展理念不同。虽然中欧城镇化存在着较大差异,但中欧都面临着快速城市化带来的挑战,拥有共同诉求。目前欧盟将评估与监测可持续发展情况,作为他们落实可持续发展战略的一个关键环节;中国也在加紧开展城市可持续发展的指标构建和收集工作,中欧双方之间有优势互补的空间。从城市可持续指标这个缩影来看,在新发展理念指引下,中欧可在更多具体领域寻求创新合作模式,探索广阔的合作前景。

上海市日本学会举办"日本政情发展与中日关系走向"学术研讨会

11月6日,上海市日本学会召开了"日本政情发展与中日关系走向"学术研讨会。

中国社科院日本研究所杨伯江在主旨演讲中指出,大选后岸田内阁将会把工作重心放在解决国内民生问题,尤其是如何实现分配与增长的良性循环以及应对新冠疫情方面。同时,处于中美博弈夹缝中的岸田政府的外交战略取向值得关注。中日两国应通过对话和加强合作的中长期布局,为建构契合新时代要求的两国关系积极创造条件。

学会副会长、上海师范大学苏智良教授指出,中日关系处于历史发展的重要时期,相关领域的学者、研究人员应以高度的使命感和责任感,为两国关系的建设性发展做出应有贡献。

上海国际问题研究院吴寄南研究员对此次大选所体现的日本政治生态的变化作了详细分析,认为自民党内年轻议员改革派阀政治的强烈诉求、甘利明被迫辞去干事长职务等一系列事态,将对岸田政府的政权运作及外交产生重要影响。

学会名誉会长王少普教授对日本新内阁的对华政策进行了解读,他认为如何改善民意基础,是岸田新内阁对华关系的一大课题。

同济大学蔡建国教授强调,应将中日关系置于百年未有之大变局之中进行考察,应大力开展民间外交,特别是在日华侨华人的桥梁作用应予重视。上海师范大学陈永明教授指出,理解中日关系的走势,不应被日本个别政党或政客的好恶所左右,应从本质上对两国关系进行把握。

学会副会长、上海交通大学季卫东教授指出,中日美关系呈复杂局面,在此背景下应警惕防卫过剩所带来的安全困境。

上海大学外国语学院马利中教授认为,本次大选反映了日本年轻人参政意愿不高,而作为"团块世代"的老年人往往容易被右翼政客所利用,在选举政治方面尤其突出。

《解放日报》首席编辑、上观新闻主编杨立群指出,中日关系长期以来一直都是机遇与挑战并存,岸田新内阁内外制约很多,在对华关系方面,美国从来都是一只看得见的手。如何平衡各种因素,兑现选举承诺,对岸田政府无疑是重大考验。

学会会长、复旦大学胡令远教授分析了岸田内阁与此前菅义伟内阁在执政合法性方面的差异,由此对岸田政府能否成为长期政权,以及对中日关系的影响作出评估。

学会副会长、上海对外经贸大学陈子雷教授从三个方面对本次研讨会进行了总结。

一是从本次大选结果看,日本政治生态整体保守化、右倾化趋势明显,中日关系将面临严峻考验。二是岸田新政的关键是实现所谓分配与增长的良性循环,岸田团队虽然堪称政策高手,但在经济疲软的背景下,兼顾增长和利益再分配,其挑战性不言而喻。三是RCEP 行将正式实施,这对中日经贸关系是一利好消息,要利用好这一平台,深化两国合作。

"纪念新中国恢复联合国合法席位 50 周年"学术研讨会在沪举办

11 月 9 日,"纪念新中国恢复联合国合法席位 50 周年——动荡变革期的全球治理体系与中国多边外交前瞻"学术研讨会在上海国际问题研究院举办。此次研讨会是上海市社会科学界联合会第十五届(2021)"学会学术活动月"项目之一,由上海市国际关系学会、上海国际战略问题研究会、上海国际问题研究院联合主办。来自上海国际问题研究院、上海社会科学院、华东师范大学等高校和科研机构的近三十位专家学者参会。

上海国际问题研究院院长陈东晓研究员在致辞中指出,2021 年在中国与战后国际体系的关系历程中是非常独特的年份,它是新中国恢复联合国合法席位 50 周年,加入世界贸易组织 20 周年,还是上海合作组织创办 20 周年和亚太经合组织 APEC 领导人非正式会议举办 20 周年。站在这个特殊的历史时点,研讨全球治理体系和中国多边外交的互动发展具有特殊意义。他提出当前研究应重点关注以下三个问题:一是准确认识我们身处的百年大变局的主题主线和动力机制,注重多视角、多学科的融合,形成更有学理化的阐释。二是将"全球治理体系"放在"人类世"的复合系统里加以认识,更加深入思考这一复合系统如何影响全球治理体系的演进。三是准确把握中国参与全球治理和多边外交面临的挑战和机遇。

中国首任驻非盟使团团长旷伟霖大使,围绕新中国恢复联合国合法席位的重要意义及我国多边外交的形势和方向发表主题演讲。他指出,中国恢复在联合国的合法席位是具有里程碑意义的历史事件,是新中国建立后取得的最重要的外交胜利之一。联合国在全球和平、发展方面日益发挥着不可替代的作用,这是不以任何国家的意志为转移的。中国在国际多边组织和全球治理中的作用稳步提升。我们要加强多边外交的战略谋划,提高多边外交在外交全局中的地位,为国际多边合作和全球治理作出更大的贡献。

上海市国际关系学会副会长王健研究员认为,全球治理体系与时代发展的需求之间存在的不适应、不充分和不协调问题日益突出。首先,目前全球治理体系的治理效能严重不足,无法适应全球化发展的新变化和科技革命的新挑战。其次,目前全球治理体系的治理结构极不平衡,无法充分体现国际力量对比的现实和新兴国家整体性崛起后的权益诉求。第三,目前全球治理体系的大国合作严重不足,无法协调共同应对全球性问题和全球性挑战。对于中国参与全球治理体系变革的路径选择,可以考虑从以下几个方面切入:一是应该进一步发挥全球治理体系建设者的作用,对现有体制机制加以补充完善,逐渐提升与我国经济实力地位相适应的"知识性权力"和"制度性权力"。二是应该进一步提升我国在周边区域治理机制中的作用。三是应该注重我国在全球治理体系变革中的价值引领。

同济大学可持续发展与管理研究所所长诸大建教授指出,当前全球性问题的应对存在严重的碎片化现象。联合国可持续发展目标涵盖了经济、社会、环境、治理四大板块,与中国的"五位一体"总体布局相契合,这就要求我们加大话语体系建设,尤其应学会使用联合国话语阐释中国的发展理念,在全球治理体系中提高领导力和影响力。

上海市生态经济学会副会长、上海国际问题研究院比较政治与公共政策研究所所长于宏源研究员认为,围绕全球气候治理转型而伴随的改革、协调、合作与竞争在同步发展。以联合国为中心的全球治理机制不断完善演进,以南北格局为特征的治理主体也出现了新的复杂变化,多个利益攸关方在环境治理中发挥越来越重要的作用。全球气候治理既涉及大国间的竞争合作,也涉及金融、产业等各个领域。中国是最大的发展中国家,也是世界生态环境大国。伴随着对国际环境规则的掌握、对环境外交实践的经验积累、对国际多边环境机制的参与,中国已成为世界环境外交舞台上举足轻重的力量。

上海外国语大学金砖国家研究中心执行主任汤蓓副研究员认为,当前,全球新冠疫苗的分配依然呈现严重的不平衡,国家收入水平依然是决定新冠疫苗获取能力的重要因素。疫苗生产出现瓶颈、发达国家囤积疫苗并且未能兑现双边与多边疫苗捐赠承诺是造成全球新冠疫苗分配不均的主要原因。在此背景下,中国成为国际新冠疫苗公平分配的支柱性力量,兑现了将本国生产的新冠疫苗作为国际公共产品提供的承诺。中国已经通过双边、多边机制向全球提供疫苗超过 14 亿剂,并与发展中国家开展联合生产。中国还与其他国家共同发起"一带一路"新冠疫苗合作倡议,并支持发展中国家豁免新冠疫苗知识产权的要求。

会上,上海市语文学会会长、华东师范大学国家话语生态研究中心主任胡范铸教授,复旦大学联合国与国际组织研究中心主任张贵洪,上海国际问题研究院国际战略研究所所长、上海国际战略问题研究会副会长兼秘书长吴莼思,上海国际问题研究院世界经济研究所所长助理叶玉、上海对外经贸大学法学院国际关系学系讲师崔文星等围绕全球治理体系变革的动力、话语及方向,中国多边外交的新形势及前瞻等话题交流发言。

上海市国际关系学会会长、上海国际战略问题研究会会长杨洁勉在会议总结中指出,我国的国际问题研究要在研究深度、站位高度、话语建设、实际参与等方面取得新进展。他认为,应积极思考面对气候变化、新冠肺炎疫情等人类共同挑战;大国仍然是当前全球治理体系的关键,要准确理解和把握自我和他我认识,求得最大公约数;要善于使用国际通行的话语,提升我国国际理念和主张的世界接受度;要敢于和善于提出具有前瞻性的思想和主张。他希望上海国际关系研究学者的学术研究要更进一步、思想站位要更高一步、实际参与要更多一点,努力发挥上海智慧、做出上海贡献、形成上海学派。

上海市 WTO 法研究会会员大会暨 2021 年学术年会顺利召开

11 月 13 日,上海市 WTO 法研究会会员大会暨 2021 年学术年会在上海对外经贸大学古北校区顺利召开。本次年会由上海市 WTO 法研究会主办,上海对外经贸大学法学院承办。

上海对外经贸大学党委书记殷耀教授在开幕式上致辞。他指出,上海对外经贸大学始终坚持服务国家战略,不断开拓新的研究领域。学校涌现出许多 WTO 法学专家学者,形成了具有影响力的学术成果,为进一步推动开展 WTO 法学研究、推动国家改革作出了积极贡献。作为中国唯一、全球首批的 WTO 讲席院校,学校希望通过举办大会,与各高校继续加强 WTO 法领域的合作与交流,为上海地方发展献言献策,贡献自己的力量。

全国政协常委、民建中央副主席、上海市政协副主席周汉民教授作主题报告。他指出,法治兴则国家兴,随着中国融入世界,我国涉外法治建设快速发展。2021 年是中国加入 WTO 二十周年,这 20 年是中国深化改革、全面开放的 20 年,是中国把握机遇、迎接挑战的 20 年,是中国主动担责、造福世界的 20 年。他强调,加强涉外法治建设是习近平法治思想的重要内涵,是以习近平同志为核心的中共中央全面推进依法治国战略布局的重要方面,是构建人类命运共同体和推进"一带一路"倡议有效实施的重要举措。涉外法治人才需要具有国际视野,通晓国际规则,能够参与国际法律实务,这对高校在涉外法治人才培养方面提出了更高的要求。作为中国申请"复关""入世"的全程见证者,他形容其过程艰难困苦、玉汝于成,认为中国入世极大推动了国内法治创新,为 WTO 的发展作出了重大贡献。如今,面临诸多困境的 WTO 改革同样离不开中国的坚定支持和积极参与。推动 WTO 改革,中国不仅有想法,更应当有担当、有举措。

主题报告后,围绕"与 WTO 改革有关的新问题""WTO 与涉外法治人才培养""上海自贸区发展与扩大开放法律新问题"等三个专题,来自复旦大学、上海交通大学、同济大学、上海大学、华东理工大学、上海外国语大学、华东政法大学、上海海事大学、上海社科院、上海政法学院、上海海关学院、上海对外经贸大学、上海申浩律师事务所等多个高等院校、科研院所和实务部门的专家学者作了专题发言和精彩点评。

学术年会开始前,研究会举行了会员大会,进行了换届选举。大会审议并通过了第二届理事会工作报告、监事工作报告、财务报告以及新的章程和工作制度,选举产生了研究会第三届理事和监事。在随后召开的研究会第三届理事会第一次会议上,选举产生新一届研究会领导班子:会长为胡加祥,副会长为贺小勇、马忠法、李小年、李本、陶立峰、田庭峰,秘书长为彭德雷。

上海市海峡两岸民间交流与发展研究会举行第二届海峡两岸民间论坛

11月19日,上海市海峡两岸民间交流与发展研究会举行第二届海峡两岸民间论坛。该论坛是上海市社联第十五届(2021)"学术活动月"系列活动之一,主题为"疫情下两岸民间互信"。

研究会会长高美琴在致辞中表示,虽然当前新冠肺炎疫情持续肆虐,民进党阻挠限制台湾同胞参与两岸交往,但是两岸民间交流的步伐并未因此而停止。近年来,两岸同胞克服重重困难,在经济、文化、教育、医疗卫生、学术等领域举办了一系列民间交流活动,成果丰硕。2020年,上海口岸出入境台胞3180353人次。这个数字有力表明,无论是新冠肺炎疫情,还是"台独"势力,都不能阻止两岸民间的交流往来,都不能切断两岸同胞血浓于水的骨肉亲情。

海峡两岸关系协会副会长李文辉在主旨演讲中指出,两岸是不可分割的命运共同体,加强合作交流,实现融合发展,是民心所向。维护和促进两岸民间交流的可持续发展是培养和增进两岸社会互信、文化认同的积极能量。在未来的工作中,一是要继续全面贯彻落实习近平总书记关于对台工作的重要论述,坚持"一个中国"的原则和"九二共识",以两岸同胞福祉为依归,坚持"两岸一家亲"推动同等待遇的落实落细,增进台湾同胞的获得感和满意度。二是要加强民间经贸合作,支持台企拓展内需市场,帮助台商、台企融入大陆的高质量发展,与大陆企业深化合作。三是要积极发展智库、媒体及社团的作用,作为两岸彼此增进了解的重要渠道,加强深度交流,搭建更多平台,吸引更多的两岸民众主动参与进来。

《人民政协报》"两岸经合"周刊主编高杨以视频形式发言。他以媒体人的独特视角提出,新时期的媒体人应该以积极的姿态做两岸民间互信的促进者。他认为,媒体人首先应该在提供客观、真实信息的基础上,成为推动两岸同胞增进互信的桥梁和纽带,成为两岸同胞心灵契合的促进者;要始终以理性的定力、不变的热忱,寻找两岸心灵的共鸣和契合点,增进受众对和平统一的认同感。

上海市公共关系研究院院长陈士良认为,线上的视频交流已成为疫情期间两岸民间交流的新常态。疫情的暴发和蔓延确实给两岸的直接交流带来了困难,民进党当局的阻挠导致困难的线下交流雪上加霜。但是,两岸民众是中华民族命运共同体,"两岸一家亲"的理念已经深入人心,"任何力量都阻挡不了两岸民间交流的热情"。

论坛中,两岸专家学者线上线下热烈互动,围绕"当前两岸民意对撞的本质""民间互信危机对两岸经贸社会文化交流的影响""新冠疫情对两岸民间互信的影响与疫情后的展望""增进两岸民间互信的路径思考"等议题发表了见解。

上海市俄罗斯东欧中亚学会举行 2021 年学术年会暨青年论坛

11 月 19 日"上海市俄罗斯东欧中亚学会 2021 年学术年会暨青年论坛"在华东师范大学举办,主题为"疫情下的世界地缘政治与经济格局——俄罗斯东欧中亚视角"。该论坛是上海市社联第十五届(2021)"学会学术活动月"项目之一。来自国内外高校及科研机构的五十余名专家学者与会。

学会会长、华东师范大学政治与国际关系学院副院长刘军在致辞中表示,希望学会理事与会员单位能够发扬学会一贯的优良传统,依托学会平台举办高质量的学术研讨会,构建密切的学术共同体,为俄罗斯东欧中亚学界培养更多的青年人才。

在主旨报告中,中联部原副部长周力从中美关系、中欧关系、中国同东盟的关系、中俄关系以及中国同欧亚地区的关系五个方面,对中国大国外交的重点方向作了深刻阐述。

学会副会长、上海社会科学院国际问题研究所副所长余建华研究员,学会副会长、复旦大学国际问题研究院副院长冯玉军教授,上海外国语大学中亚研究中心主任毕洪业教授,上海社会科学院国际问题研究所顾炜副研究员,上海对外经贸大学张娟副研究员,华东师范大学历史系助理研究员苟利武,上海社会科学院国际问题研究所张严峻助理研究员,上海中医药大学王硕助理研究员等围绕"中美俄互动与国际秩序演进""逆全球化、逆地区化与欧亚地区的韧性""乌克兰独立 30 年的社会转型""疫情影响下的国际移民治理""上海合作组织传统医学的合作现状及策略""金融发展对中国在欧亚地区直接投资边际的影响"等话题展开了深入研讨。

在青年论坛环节,来自沪上主要学术机构的专家学者与青年学人围绕征文主题展开深入讨论。

上海欧洲学会 2021 年年会暨学术研讨会在华东师大举行

12 月 11 日，由上海欧洲学会主办的"欧洲联盟与中欧关系的发展回顾与前瞻"——上海欧洲学会成立 30 周年大会暨 2021 年年会在华东师范大学举行。该活动为上海市社联年度重大学术活动合作项目，来自相关研究领域的专家学者和青年学子近 90 人在现场或以连线方式参加会议。

上海市社联主席王战、中国欧洲学会会长冯仲平、上海欧洲学会会长徐明棋、上海国际问题研究院院长陈东晓、华东师范大学俄罗斯研究中心主任冯绍雷、华东师范大学副校长周傲英分别致辞，表达了对上海欧洲学会成立 30 周年的祝贺。王战在致辞中肯定了上海欧洲学会做出的成绩与贡献，指出当前欧洲研究需要关注大国关系的议题，还要关注欧盟在"一带一路"中的作用，特别是进行第三方合作的可能性。周傲英指出，30 年来上海欧洲学会几代学人呕心沥血，潜心学术，为上海欧洲学会的发展壮大贡献了青春、智慧，培养了大量的人才。

上海欧洲学会前会长伍贻康、戴炳然，中国欧洲学会会长、中国社会科学院欧洲研究所所长冯仲平，上海外国语大学党委书记姜锋，上海市商务委员会总经济师罗志松就相关问题进行了主旨发言。伍贻康认为欧盟面临"大而不强"的困局，出现战略性萎缩的局面。戴炳然指出欧洲研究应该要重点关注中欧关系、中美关系在中美欧三边博弈中的作用。冯仲平认为经济上欧洲正处于第三次经济危机中且烈度大于以往，政治上碎片化的态势明显，社会层面上身份认同出现危机，一体化趋于停滞。姜锋提出从历史的角度、哲学的角度来看中欧关系，还要认识到中欧双方有广阔的相互学习空间。罗志松以大量实务数据展现了中欧经贸关系在中欧双边关系中的关键作用，提出要重视如何保护中国企业在海外的利益。

华东师范大学欧洲研究中心主任门镜教授主持了学会 2021 年年会以及关于欧洲联盟与中欧关系的学术研讨会。徐明棋会长和华东师范大学政治与国际关系学院副院长刘军教授分别致辞，学会秘书长杨海峰博士作理事会工作报告和财务报告，学会监事曹子衡博士作监事工作报告。

来自上海各高校、研究机构的专家学者围绕"欧洲联盟的发展回顾与前瞻"和"中欧关系的发展回顾与前瞻"议题展开了交流讨论。

华东理工大学欧洲研究所所长杨逢珉教授主持了主题为"踯躅不前还是螺旋上

升?——欧洲联盟的发展回顾与前瞻"的第一阶段研讨。

学会副会长、复旦大学欧洲问题研究中心主任丁纯教授在题为《欧盟产业政策:历史与现状》的发言中从欧盟产业政策的历史演变、定位成因、现状与前景三方面分析了欧盟的水平和垂直产业政策。他指出在制造业上,欧盟在全球价值链中的地位正面临被美国反超的局面。而在ICT产业上,美欧在贸易和技术委员会(TTC)等机制框架下呈现合作的态势。

华东师范大学欧洲研究中心主任助理王玏博士在题为《欧盟数字转型:动力、进程与影响》的发言中认为,欧盟数字转型的动力从短期上是增加欧洲韧性,长期是增加欧盟的战略竞争力,内部是在数字领域打破欧盟内部壁垒,外部则旨在制定标准和规则;欧盟数字转型的进程受到欧盟长期政策"指南针"的影响;在欧盟数字转型的影响方面,将会推动欧盟的一体化进程。总体上,欧盟数字转型的战略目标是在形成竞争力的同时保持自己的自主性和独立性。

上海国际问题研究院欧洲研究中心主任张迎红研究员在题为《欧盟交通运输战略的最新发展》的报告中,指出欧盟交通运输战略有促进人员、商品、服务的三大流通,减少碳排放,捍卫单一市场和鼓励高端制造业发展四个目标。同时,张迎红教授认为欧盟2050年交通运输"三零目标"的提出是以绿色交通建设、外部成本内部化、智慧交通、韧性交通为实现手段。

上海市人民政府决策咨询基地/余南平工作室首席专家余南平教授在题为《欧洲强化经济主权对全球价值链的影响分析》的报告中指出,欧洲强化经济主权的行为是其在全球市场竞争中能力弱化后的战略焦虑表现。原来的经济竞争优势将被新的技术所颠覆,传统的产业链也将被新技术解构。在数字经济价值链架构上,欧盟提出反经济胁迫的概念来和颁布贸易配额的方式来强化自身对于全球价值链的话语权。

学会副会长、同济大学政治与国际关系学院副院长、德国研究中心主任郑春荣教授在题为《德法大选及其对欧盟发展走向的影响》的报告中,认为德国新一届"红绿灯"政府的上台以及法国大选将使欧盟权力中心向法国偏移,但对中国的三重定位和危机驱动的欧盟一体化趋势不会改变。

在点评与互动环节,范军教授指出欧盟在大国博弈背景中扮演了"奇点"的角色,并强调了技术变革对于中美欧三边关系的关键作用。要重视技术、知识和训练对于培养新时代高层次人才的重要性;余建华教授认为考察欧盟需要关注欧盟的区域政策以及在区域治理问题上反映出的欧盟内部态度分化、外交失序和弱化现象;余南平教授则认为,由于技术发展问题,中国与欧盟在参与第三国市场的合作项目中更容易形成竞争关系。

上海国际问题研究院欧洲研究中心叶江研究员主持了题为"全面战略伙伴还是三重定位?——中欧关系的发展回顾与前瞻"的第二阶段研讨。

上海外国语大学欧盟研究中心主任忻华研究员在题为《美欧战略竞合关系新态势及其对中欧关系的影响》的报告中指出,美国的脱钩战略针对中国,而欧盟的战略自主则兼顾中美双方。美欧关系在技术与产业、贸易与投资和战略安全三大领域的竞合程度受现实利益的影响,欧盟在中美欧三边博弈中将选择"两边下注"的战略。

徐明棋在题为《欧元的国际货币地位与中欧货币金融合作》的报告中指出,欧洲经济一体化加速了布雷顿森林体系的崩溃。欧元是欧洲国家试图战略自主的抓手,虽然欧元的国际货币和结算功能与美元存在差距,但其第二大的地位难以撼动,中国在货币金融领域应对欧盟做出更多积极回应。

门镜在题为《应对气候变化:中欧的责任与利益》的报告中指出,中欧关于气候问题双方应负的责任认识存在分歧,欧盟在气候政策背后存在对华的政治利益考量。虽然欧盟在气候问题的技术和实践上具有优势,但存在原材料供应的替代问题,未来中欧双方在这一问题上的竞争不可避免。

上海外国语大学上海全球治理与区域国别研究院欧洲研究特色研究生班负责人胡春春副教授在题为《在德语语境下诠释中国的思考》的报告中,通过地缘政治环境和疫情两大议题,指出中国与德国乃至欧洲的交流需要文化移情,历史和思想史的视角对于欧洲认识中国具有重要意义。

上海对外经贸大学中东欧研究中心主任尚宇红研究员在题为《中国—中东欧国家经贸合作机制建立 10 周年回顾:中东欧国家产品在中国市场的绩效分析——成绩、问题与对策》的报告中指出,中国和中东欧国家在贸易获得感上存在不对等的现象,农产品作为中东欧国家标杆产品的绩效存在国家间不均衡的情况。因此,中国与中东欧国家的经贸合作应该下沉到企业层面,关注实际问题。

伍贻康在会议点评中指出,中美俄欧关系是国际关系中最关键的一组关系,中欧的合作协调和相互呼应平台需要关注欧洲本身。同时,中欧关系的趋势需要放在未来 30 年的时间内去考察。

上海市 WTO 法研究会举办"新形势下服务贸易新规则新问题"专题研讨会

12 月 17 日,以"新形势下服务贸易新规则新问题"为主题的专题研讨会在上海社会科学院举行。此次会议由上海市 WTO 法研究会、上海社会科学院应用经济研究所海上丝路研究中心共同承办。会议邀请了政府部门、业界以及经济、法律等领域的专家近 20 人共同就服务贸易发展新问题、新规则开展深入研讨,共同研究新的全球服务贸易规则对上海和中国服务贸易发展的影响、新冠肺炎疫情对服务贸易的影响、WTO 改革和自贸区(港)建设、服务贸易规则的发展趋势等议题,为国家和上海市服务贸易发展建言献策。

上海市商委服务贸易处副处长杨曜作了以"关于服务贸易和数字贸易规则趋势的若干思考"为题的发言,详细论述当前服务贸易和数字贸易规则的发展趋势,提出 RCEP 对现有规则的挑战和机遇,学者需要探讨怎样的开放体系、开放什么、如何开放等一系列问题。强调服务贸易的发展不仅对其自身有重要作用,而且对提高我国相关产业的国际竞争力也有重要意义。最后指出数字贸易规则处在一个动态调整和形成的过程中,不管是业界还是学界,都应努力为数字贸易规则的建立和完善发挥作用。

上海社会科学院世界经济研究所副所长赵蓓文的发言以"制度型开放与中国参与全球经济治理的政策实践"为主题。她指出了在当前百年未有之大变局下,全球经济治理出现四大新特征,并进一步分析了疫情后"西方模式"和"中国模式"的未来发展趋势,指出从长期来看,"西方模式"和"中国模式"将在"互动"与"合作"中并存,且呈现渐进式的发展。

主旨发言后举行了第一场专题讨论,由市 WTO 法研究会会长、上海交通大学凯原法学院胡加祥教授主持。

上海社会科学院汤蕴懿研究员以"上海新兴服务贸易发展及趋势"为主题展开,她认为产业结构引发的贸易结构变化,特别是在制造与服务的深度融合下,全球价值链与技术的发展必然会越来越多的以服务方式呈现。未来新兴服务贸易发展将呈现"以需求为导向,高附加值,高成长值,数字技术叠加"四大特点。对于上海而言,要更加关注在新兴服务贸易中的份额,同时围绕上海五个中心建设、重点产业竞争力升级,在人才、金融、知识产权和数据流动等"高端"要素上对标国际最高标准最好水平,同时提升话语权。

中国人民大学法学院教授石静霞简要提炼了 CPTPP 协定的核心服务贸易规则。她认为服务贸易规则和相关市场开放承诺是 CPTPP 协定的主要成就之一,有超过 1/3 的章节与服务贸易相关。总体上看,CPTPP 增加了服务贸易的透明度和政策确定性,缔约方的服务承诺涵盖较多贸易伙伴在更多服务领域的承诺。同时,CPTPP 包含的新规则也增强了服务的市场准入。她重点解析了第 10 章的跨境服务贸易规则,并结合上海和海南制定的跨境服务贸易负面清单进行了分析,指出对标国际经贸的一个重要环节是通过制订自主自由化的国内清单,为我国采用负面清单承诺模式的国际协定谈判积累开放实践和经验总结。为此,应改变国内清单和国际清单两张皮的情况,这需要在制订国内清单时对所有涉及服务贸易的措施进行全面深入的梳理,并对照所涉国际义务、措施的具体体现、适用层级等内容进行精细化列表。最后,她提及 CPTPP 第 14 章电子商务章节的关键义务,包括通过电子方式进行的跨境信息传输和禁止要求计算设施本地化,以及我国未来在加入谈判中需注意的问题。

上海商务发展研究中心的张娟副主任以"自贸港建设与服务贸易负面清单"为题作了主旨发言。海南跨境服贸负面清单是顺应服务自由化趋势,对标高标准国际协定的一项制度型开放安排。与市场准入、外商投资准入两张负面清单不同,海南跨境服贸负面清单列出了境外服务提供者通过跨境交付、境外消费、自然人移动三种模式的特别管理措施,并注重与其他法律法规的衔接,体现了负面清单管理制度的开放、透明、可预见性原则。

上海对外经贸大学法学院宋锡祥教授围绕"欧式自贸协定在服务贸易领域的新模式与特色探究及其启示"进行报告。在负面清单、市场准入、跨境自然人流动等方面宋锡祥详细论述了"欧式自贸协定"在服务贸易领域的新模式和特点。最后通过总结欧式自贸协定的经验和我国有关申请加入 TISA 谈判的经历,对我国建立和完善自贸协定规则提出了有益启示。

第二场专题讨论由市 WTO 法研究会名誉会长、复旦大学院法学院张乃根教授主持。

上海海关学院《海关与经贸研究》赵世璐编辑在线上作了题为"海关监管与服务贸易发展"的报告,指出海关业务及监管对服务贸易长远发展存在深刻影响。一方面,从服务贸易发展与海关监管出发,详细论述服务经济环境下,需要怎样的海关监管这一问题。并以"保税维修"为例展开论述海关监管与服务贸易发展。另一方面,从数字贸易发展与海关监管出发,详细论述了贸易方式和贸易对象逐渐数字化进而衍生出的数字贸易测度与统计问题、数字贸易的税收征管问题。最后对数字技术对海关法典化的影响做了展望。张乃根对赵世璐的报告进行了精彩点评,充分肯定了研究课题的重要性。

上海海事大学法学院沈秋明教授结合自身研究方向,以"自贸港建设框架下我国海运服务开放新趋势"为题作了汇报。重点指出沿海捎带可以通过业务把"蛋糕做大",优化外籍船公司的竞争,助力环境"双碳",为临港新片区发展开启好头。他指出沿海捎带对货物吞吐量、集装箱吞吐量这样的"硬实力"和规则制定,争端解决这样的"软实力"存在的新冲击是未来值得思考和关注的问题。张乃根点评是"身在临港讲临港",研究问题非常清晰。

上海政法学院教授殷敏指出,传统国际贸易法主要包含多边贸易体制规则、区域贸易协定和调整平等主体当事人之间的国际贸易私法规则。数字贸易的发展对传统国际贸易公法和国际贸易私法带来巨大冲击。对于数字贸易的观点,美国坚持数据跨境自由流动,认为数字产品非歧视,掌握最先进的源代码,攫取最大利益。欧盟坚持个人隐私保护,坚持"文化例外"。在中国数字贸易课题仍较为前沿,尚需深入探讨。传统国际贸易私法也难以适应数字技术的渗透。数字贸易不单单是数字产品的贸易,更是全部贸易环节的数字化。以实体货物贸易为主的传统国际贸易私法难以适应未来的发展趋势,将面临巨大挑战,比如买卖环节智能合约代替电子合同及纸面合同,数字产品的运输对传统国际贸易法的货物审核提出了挑战、数字贸易过程中可能出现的各类风险,比如黑客攻击、数据丢失,网络故障等对传统保险法的挑战、数字货币支付对传统国际贸易中的汇付、托收、信用证、国际保理等支付方式产生挑战。

围绕"从服务贸易的角度看免税购物经济发展",市 WTO 法研究会副会长、上海社会科学院应用经济研究所李小年研究员分享了近期的决策咨询研究成果。李小年指出,后疫情时代免税经济作为旅游零售的重要分支,对国内大循环有重要的消费支撑作用,对国产品牌走向国际也有重要意义。同时,免税经济不仅能带动服务贸易发展还能带动货物贸易增长。免税业是国际竞争非常激烈的行业,应进一步对内对外双向开放。

上海市国际关系学会等联合主办第十三届"金仲华国研杯"征文颁奖研讨会

12月19日,第十三届"金仲华国研杯"征文颁奖研讨会在上海国际问题研究院举行。会议由上海市国际关系学会、上海国际问题研究院、桐乡市人民政府和文汇报社联合主办,旨在通过开展系列学术活动,弘扬金仲华先生的治学精神、勉励国际关系领域的青年学者。本次研讨会被列入上海市社联2021年度学会重大学术活动合作项目。

上海市国际关系学会会长、上海国际问题研究院学术委员会主任杨洁勉,桐乡市人民政府副市长徐剑东,《文汇报》国际部主任宋琤分别致辞并为获奖者颁奖。上海国研院院长助理叶青主持开幕式。学会副会长、复旦大学国际关系与公共事务学院院长苏长和教授作主旨演讲。

杨洁勉聚焦相对"小众"的国际关系和绝对"大众"的媒体之间的互学互通,他认为新中国国际问题和国际关系研究的开拓者和建设者是在中国共产党领导和指导下成长起来的,同时也为党和国家事业作出重要贡献。改革开放以来,中国的国际关系学界和新闻界相互学习和共同进步。新闻记者的特点是快、多、新,国际关系学者的特点是慢、少、深,两者结合后既为中央领导服务,也为广大人民群众服务,而国际关系学者在"两个服务"中也加强了专业建设和自身的影响力。他希望:"中国的学界和媒体要在新形势下的互动中争取新的突破,乃至质的飞跃。小众的国际关系研究要在与大众媒体的互动中不断提升中国特色国际关系的理论和学科建设;要借助大众的媒体达到传播研究成果和正面引领舆论的目的;要在与大众的融媒体的互学互通的新进程中,大力引进高新科技、社会进步思潮、经济高质量发展理念等新元素和新方向,为建构新型国际关系和人类命运共同体作出应有的贡献。"

徐剑东表示金仲华先生是桐乡人,21岁的时候到了上海工作,桐乡和上海有很深的渊源关系,也深切感受到这些有识之士到了上海这个大舞台展现了大的作为。在当前百年未有之大变局的背景下,金钟华国研杯一方面是对金仲华先生的纪念,同时也超出了纪念层面的意义,必然在以后的假以时日更能体现这项活动的价值。

宋琤从国际新闻的实践角度出发对新一代国际关系研究的学者提出建议,她认为公共议题改变正全球关系的格局,而多数专家学者还是以传统学科为主,希望能够鼓励更多学科的本科生来学习国际关系这个领域,从各自的专业领域解读国际政治。希望国际关系学者可以关注到媒体关注不到的地方,把这种新闻上相对盲点或者冷僻的地方能写出来，把理论转化为大众能接受的语言，希望青年学者提高外宣能力，成为多语言和专业的复合型人。

苏长和以《内外关系叙事模式与中国大国外交的叙事特点》为题作主旨演讲，他认为政治外交叙事模式影响到国际关系史、国际关系和外交理论、外交语言，古今中外内外关系叙事模式可以分为八大类，并逐一具体分析。从当下的现实来看，他认为大国外交应该有一套比较普遍主义的叙事，普遍主义叙事不是把自己的特殊性变为普遍性强加于世界，而是将自身与外部世界之间更多共性的元素抽象出来，寻求世界公约数。例如用"共同价值"代替"普世价值"，就是一种新普遍主义叙事。当前中国外交思想中的话语和叙事，既有延续我国外交思想理论传统叙事的内容，也有全新的发展，对世界外交有一定的启发。

随后举行了第十三届"金仲华国研杯"青年学者论坛暨第二十五届上海市国际关系学会青年学者论坛。来自复旦大学、上海外国语大学、华东师范大学、上海对外经贸大学、国防科技大学、南开大学、南京大学、外交学院、中国人民大学、中共上海市委党校等多个高校和研究机构的数十位青年学者围绕"后疫情时代的全球治理""中国外交的使命与担当"和"数字时代的大国博弈"等议题展开讨论。

民办社科机构

上海党建文化研究中心举办"基层治理体系与治理能力现代化建设"研讨会

近日,上海党建文化研究中心举办"基层治理体系与治理能力现代化建设"研讨会。会议邀请上海市人大法工委原副主任施凯,上海市民政局社建处处长竺亚,全国人大代表、萍聚工作室理事长朱国萍,上海市社区发展研究会会长徐中振,上海大学社会学院院长黄晓春,长宁区天山街道党工委副书记刘于朋,徐汇区漕河泾街道党工委副书记潘淑敏,上海党建文化研究中心原主任张克文、研究员张虎祥、黄佳敏等社会治理方面的研究专家和基层干部出席会议并参与研讨。会议由中心主任王瑞红主持。

刘于朋和潘淑敏分别从实践角度谈了目前基层治理中面临的一些普遍问题:基层治理中还广泛地存在"路径依赖",行政手段多,治理方法少,治理理念有待全过程落地;"上面千根锤,下面一根钉",一方面基层干部任务重压力大,一方面时代的发展又对他们提出专业化、智能化的新要求;此外,目前居民参与率较低,居民区共同体意识还需进一步增强。这些问题都亟待通过改革和创新来破解。

施凯认为,上述问题的主要原因在于:一是整个城市基层社会管理和服务,市场化程度比较低,行业价格形成机制很乱,缺乏公平竞争,所以产生很多问题;二是特大型城市的行政管理怎么走专业化道路,没有形成统一认识,管理重心下移是对的,但不能混淆了专业管理和综合管理的特点;三是各方面制度很多,党建定党建制度,服务定服务制度,但制度之间衔接上存在不少问题。

"小巷总理"朱国萍指出,要实现社区治理现代化,首先必须深怀"真感情"。做群众工作就是要做"人心"的工作,现代化如果没真感情,在社区等于零。其次,社区治理现代化,不能忘了"土办法"。听到"现代化",就容易想到一些"高大上"的路径和方法。但长期积累的"土办法"千万不能丢,遇到一些棘手问题,可以成为解决问题的"法宝"。第三,治理现代化要善用"新武器"。从数字化到智能化,高科技"新式武器",提高了工作效能。社区治理中,"土办法"也要跟"新武器"相结合,发挥"1+1>2"的效果,这是新时代社区工作者必备的能力。

黄晓春重点聚焦了组织工作科学化的问题。他强调党建是一门科学,要把人类社会一切管理社会科学和组织科学集合起来,党建才能发挥作用。党建引领有一个最强大的力量,那就是发挥网络优势,形成资源和需求的整合互补,党建才能引领到实处。

竺亚认为,治理现代化背后是精细化,精细化则意味着有大量的行政事项要做。社会没有办法承接政府职能,政府只能交给居委会承担。治理的一个重要因素是多元主体,这些年社区平台搭了不少,但是如果看不到多元主体了,当主体感觉没有话语权时,就会慢慢淡化。

"城市更新与上市公司高质量发展"论坛在沪举行

　　10月28日，"城市更新与上市公司高质量发展"论坛在上海科学会堂举行。此次论坛作为上海市社联第十五届(2021)"学会学术活动月"的主题活动，由上海易居房地产研究院联合上海房产经济学会、上海社会科学院市值管理研究中心、上海楼宇科技研究会等联合主办。来自上海市学界、业界、协会及媒体约近百名代表汇聚一堂，共享这场思想盛宴。

　　本次论坛从研判当前城市更新的现状与趋势入手，结合上市公司运营质量与市值管理的分析，来深入探讨如何提升上市公司质量，从而有效推进城市更新，并进一步促进产业的健康发展。

　　上海易居房地产研究院院长、华东师范大学终身教授张永岳认为，当前城市更新已成为我国十四五规划的重要战略方向，也是上海建设具有全球影响力的国际大都市的重要路径。在加快发展城市更新的背景下，上市公司应认清形势、抓住机遇、积极参与城市更新，而城市更新的加快发展也需要作为市场主体的企业，特别是上市公司的参与。与此同时，上市公司是我国企业的骨干力量，上市公司高质量发展对我们国家经济社会发展具有重大意义。唯有如此，上市公司才能成为我国经济的"压舱石"和"定盘星"，进而促进产业和经济的健康发展。

　　上海社会科学院研究生院院长、上海社科院市值管理研究中心主任朱平芳表示，城市更新作为"十四五"重点战略方向具有巨大的市场空间，将有助于上市房企价值的提升，许多问题值得探讨。而作为上海社科院市值管理研究中心，近年来一直致力于市值与内在价值如何协同的定性与定量研究，希望对上市公司客观、科学看待市值，实现高质量发展有所帮助。

　　上海楼宇科技研究会会长戴晓波在题为"上海城市更新发展与未来展望"演讲中谈到，两轮上海城市规划的侧重点已由增量大规模发展主导转向存量高质量发展主导，上海经历了从增量时代到存量时代的转型。他以楼宇新经济为切入点，提出区域整体开发已成为上海城市更新的大方向和主流趋势，成为通过区域更新实现"转型发展、功能提升、特色彰显、形态现代"的重要手段，也是推进上海发展目标实现，城市中重要片区整体功能提升的重要路径。

　　上海城投控股科教信息中心副主任陈锋以位于老城厢西北角的露香园项目为例阐述上海城投控股在城市更新方面的探索和实践。他认为，城市更新是一个长周期的重大任务，需要靠时间去打磨。成规模的旧区改造住宅项目并没有任何先例可借鉴，开发团队充分挖掘地区历史人文，提炼区域城市风貌特征，形成了一套方法论：对建筑遗产"留原貌、塑功能"，对城市风貌"留肌理、保特征"，实现了传承历史文脉、打造品质生活、提升区域能级的城市更新目标。

上海易居房地产研究院院长助理崔霁在主题演讲中表示，当前房地产行业正在面临深度调整期，金融政策、土地政策、销售政策空前严厉，行业发展矛盾加速暴露，给行业前行带来巨大压力。虽然当前行业面临重重困难，但国民经济的发展仍然离不开房地产行业，行业仍然要持续不断地前行，并要高质量健康发展，而推动行业健康发展，企业是关键。特别是具有标志性作用的上市房企是重中之重。当前上市房企的销售额已经超过全国商品房销售额的半壁江山，因此以上市房企运营质量提升为抓手，作为行业高质量发展的突破口，正当其时。她指出，本课题通过六大维度来评价上市房企运营质量，包含运营模式、投资拓展、规模销售、经营效率、风险控制、市值管理。

恺英网络股份有限公司副总经理、上海社会科学院市值管理研究中心特约研究员骞军法认为上市公司的高质量发展需要参考两个维度：一是自身的治理问题，该维度可以衡量上市公司的优良程度；二是经营业绩，这是影响公司持续性发展的重要指标。纵观目前科创板上市的企业，部分公司的业绩表现优异，但企业自身的内控和治理远没有达到上市的标准。实现上市企业高质量发展的目标任重而道远。

上海博人金融信息服务有限公司总经理、上海社科院市值管理研究中心特约研究员宋光辉认为通过债券市场可以透视上市企业的优良状况。中国债券市场给予房地产企业加大杠杆的工具，可以让企业维持高杠杆的运作模式。但目前房地产总量已无法支撑房企疯狂生长，债券市场的不稳定性也难以防御金融危机的冲击；此外在公司治理层面缺少对债权人的监管。因此从发债的角度看，进一步完善债券市场规则是规范行业有效发展的重要路径。

上海社会科学院市值管理研究中心执行主任、上海融客投资管理有限公司董事长毛勇春以"上市公司必须正确认识市值及市值管理"为题，深入浅出的对市值与市值管理进行了逻辑分析，进一步明确市值管理是管理学名词，而不是一次市场运作行为。市值与内在价值的溢价协同、好公司与好股票的结合是市值管理的任务与正道。市值规划与动态检测，是开展市值管理实践及正确运用资本市场工具的必要前提。公司登陆资本市场，市值与市值管理会形影不离，需要找到影响公司市值的核心要素与变量，主动加以管理，相信简单与常识的力量，辅以正确的认识与方法，才能实现上市公司高质量发展。

会议还发布了上海易居房地产研究院与上海社会科学院市值管理研究中心共同汇编的成果《市值管理——基于产业与企业的视角》一书，该书着眼于市值对企业发展的作用，从行业与企业的视角入手，系统总结以往的研究成果并挑选案例详细分析，以期对市值管理理论与实践有所推动，对行业与企业健康发展有所促进。

上海环太国际战略研究中心举办"百年变局下的台湾问题"研讨会

11月13日,上海环太国际战略研究中心举办"百年变局下的台湾问题"研讨会。本次会议是上海市社联第十五届(2021)"学会学术活动月"活动项目之一。与会学者围绕中国共产党第十九届中央委员会第六次全体会议公报、台海局势与岛内现状、美日对台湾问题的干涉、对台工作对策建议等内容展开深入研讨。

华东师范大学区域研究所所长、国台办海研中心特邀研究员仇长根认为,中央在解决台湾问题上,坚持"和平统一、一国两制"的基本方针,保持了"战略定力"和"战略耐力";从台湾历史和现实出发,坚持"一个中国原则和九二共识",实事求是,"聚同化异""追求统一";两岸同属一个中国,台湾是中国领土不可分割的一部分,蔡英文的"互不隶属"完全是两国论;坚决打击和遏制岛内"台独"分裂势力,终身追责,决不手软;对美等外部势力变本加厉插手台湾问题,中国针锋相对,敢于"亮剑",显示出坚强实力与厚实底气。

上海市台湾研究会会长、上海国际问题研究院副院长严安林研究员认为,当前两岸关系正在出现转折,美国台海政策由"和平解决"与"和平统一"转向反对统一、甚至阻挠统一,我们对台政策由反"独"为主发展到"促统"优先、兼有反"独"的转折。他指出,应全面与辩证地看待当前和未来两岸关系。目前两岸关系发展和国家统一的实际进程,属于国家统一前的"战略相持阶段"。

上海环太国际战略中心副理事长、同济大学国际与公共事务研究院夏立平教授以"拜登政府对台海政策的特点和趋势"为题作了发言。他指出,拜登政府基本继承了特朗普政府时期的美台军事关系,在台湾问题上不断试探大陆底线,打擦边球,提升美台政治关系,动作频频,对两岸关系发展与和平统一提出严峻挑战。

上海国际问题研究院中日关系研究中心秘书长蔡亮研究员从近期日本对台政策特征角度做了发言。他认为,近期日本在战略层面上全面倒向美国,将日本"印太构想"与美国"印太战略"全面对接,在"美主日从"的既定框架下,积极配合美国的对华政策布局,不断在台湾问题上干涉中国内政,借台湾问题对中国"发难",不惜动摇中日关系的政治基础。中国应注重"战略韧性＋政策弹性"相结合,以"两手对两手"的方式推行对日政策,一方面在事关核心利益方面,应亮明红线,对日进行口头或行动上的警告,同时也应注重利用现有对话平台,管控各种危机,防止事态升级。

上海东亚研究所副所长王海良研究员认为,大陆基于和平统一、"一国两制"基本方略而保持的温和与耐心,并未换来台湾社会的真诚回报,致使渐进和平统一的可能性不断流失;民进党坚决拒绝一中原则和"九二共识",极力推动"台独",加剧台海紧张局势,使外部环境日益恶化。

上海公共关系研究院副院长李秘研究员在发言中认为,台海局势总体可控,发生军事冲突的可能性不高,主要是因为拜登政府无法在台湾问题上立即与我摊牌,台湾民众的"避险"意识开始形成。同时台海局势短期内难以缓和,"紧张严峻"将成为常态。主要表现在:美国将继续干涉台湾问题;两岸"统""独"对立加剧,矛盾日益尖锐化。未来对台工作的主要挑战表现为:"台独"形态发生重要变化,制定红线难度增大;两岸数字化转型扩大了两岸差异,鸿沟增加。

上海环太国际战略研究中心副理事长王南森研究员认为,基于台湾社会的现状和美国等势力介入的不断加深,解决台湾问题应该有紧迫感和危机意识。

上海环太国际战略研究中心理事长郭隆隆研究员指出,从岛内民意看,"台独"仍是少数,因此争取更多民意,尤其是吸引年青一代意义重大,争取和平统一仍应作为首选;在反"独"和反外来干涉两方面,以反"独"为重,内因决定外因。他同时建议对《反分裂国家法》有关"红线"条款适当细化。

上海长三角商业创新研究院举行长三角"十四五"医药创新发展论坛

12月8日,由上海长三角商业创新研究院、中国科学院上海药物研究所主办的长三角"十四五"医药创新发展论坛在上海召开。会议以"创新生态 耕享未来"为主题,因防疫需要采取线上线下结合的形式,相关部门的领导、专家、学者聚焦生物医药创新,共商医药产业高质量发展大计,共促长三角医药创新发展。

研究院院长、复旦大学管理学院院长陆雄文教授致辞时表示,当下新一轮科技革命扑面而来,这次科技革命最重要的特征在于,科技研发过程中各领域科技之间相互交融、相互支持,形成的聚合效应非常显著。各个产业和技术不断的交叉、融合以后形成巨大的迸发力,生物医药企业应该珍惜并抓住这一轮科技革命的难得机会,迎难而上、主动出击,为推动生物医药产业成为国家发展战略的重要组成部分与中国高端制造走向全球贡献力量。

中国科学院上海药物研究所所长李佳表示,助力中国医药产业跨越发展和赶超国际,积极参与医药产业国际竞争,积极探索医药新发展格局等是行业同仁的共同初心和使命担当。

上海市第一人民医院副院长孙晓东发言表示,随着人工智能、细胞治疗、基因治疗以及包括 mRNA 为代表的其他新治疗技术在生物医药产业和医学领域的崛起,传统的医药行业正在发生了颠覆性的改变,生物医药的研发与医生、医学科学家、医疗机构的关系也越来越密切。医疗机构在医药创新中需要扮演什么角色、承担什么责任,如何加强临床研究能力、如何提升临床试验能力、如何鼓励医务人员以患者为中心参与技术创新与成果转化等,第一人民医院一直在努力实践和探索,力争形成一批标志性原创成果,使上海成为国际领先的新药物、新设备、新器械创制的策源地。

国药科大学副校长陆涛发言表示,中国药科大学将基于以药学为特色,充分发挥在基础研究、政策研究和人才培养等方面的科研和教育优势,紧握"政策创新、技术创新、人才发展"这三个抓手,全面支持长三角医药创新发展的各项工作开展。

中国科学院院士陈凯先指出,我国医药产业目前的快速发展和突出成就得益于创新生态,长三角"十四五"医药创新发展的关键词是"一体化与高质量",工作的开展理应紧扣该核心要求以保障创新和促进创新;医药产业良性发展有三高(高投入、高风险、高回报),希望与同行企业们一起积极推动长三角医药产业一体化高质量发展、推动长三角成为中国医药产业跨越发展、赶超国际的改革试验田和创新策源地的目标早日实现。

江苏恒瑞医药股份有限公司董事长孙飘扬认为,对标国际上生物医药产业集群竞争力的四个关键特征——龙头企业、创新实力、协同布局和产业生态等,长三角与世界顶尖水平,还存在不小的差距。因此对中国生物医药企业来说,提高产业自主创新能力,重点解决掣肘产业发展的重大技术问题,加速实现技术突破,仍然是生物医药产业的当务之急。

学术期刊

XUE SHU QI KAN

《探索与争鸣》举办"工业文明演进中的媒体、性别与文学"专题论坛

  1月6日,由《探索与争鸣》举办的优秀青年学人年度论坛之专题九"工业文明演进中的媒体、性别与文学"在线上举行。来自中国社会科学院、中国艺术研究院、南开大学、中山大学、中国海洋大学、华南师范大学、上海师范大学等高校与科研机构的二十多位专家学者齐聚云端,围绕"工业文明演进中的媒体、性别与文学"这一主题进行深入交流研讨。此次论坛由《探索与争鸣》主办,中国海洋大学文学与新闻传播学院和中国海洋大学古代文学与传统文化研究团队承办,中国海洋大学彭敏哲副教授与《探索与争鸣》屠毅力编辑共同召集,近200位学人参与线上互动。

  论坛伊始,中国海洋大学文学与新闻传播学院院长修斌发表致辞,指出今天所谈论的议题内容纵横百年、跨越古今,紧扣时代命题,引领时代潮流。主题发言环节中,东南大学人文学院副院长乔光辉教授作了题为《文学图像学研究之反思》的报告,分享明清小说戏曲图像学研究领域的思考、未来研究趋势与研究意义等重要问题。杭州师范大学人文学院教授单小曦的发言题目为《作为智媒生产的人工智能文艺》,其报告分别从人工智能文艺,人类文化到超人类文化,再现(表现)论、文本论、接受论到媒介论,工具、主体创造到智媒生产,人工智能文艺对人类文艺的僭越五个方面进行论述。

  论坛共设为四个单元,分别以"性别与文学""新媒介与图像""人工智能与数字人文""影像与叙事"为主题。第一单元"性别与文学"主题讨论中,南开大学文学院刘堃副教授重点分析了五四女作家"反家庭叙事"的三层次,并阐释了"反家庭叙事"的思想遗产。中国社会科学院马勤勤副研究员聚焦于包天笑和周瘦鹃的两篇同名译作《女小说家》,探讨"鸳鸯蝴蝶派"翻译小说的文化研究与翻译研究上的双重价值。中山大学中文系林峥副教授以南城游艺园为个案,揭示民国北京城南的市民消费文化,思考清末民初以来的通俗文学与娱乐空间、新闻出版、市民阶层以及新旧文化的关系。上海师范大学人文学院何明敏副教授将目光投注到20世纪30年代电影院的恋爱风景,分析电影院恋爱现象及其相关舆论,如何推进现代婚恋观的形成与传播。华南师范大学文学院刘潇雨研究员以20世纪20年代末期至20世纪30年代初期盛行的革命文学为研究对象,考察其隐在的一种小说叙述结构——制造(倾心左翼革命的)"女读者",尝试以小说诗学分析勾连外部的阅读史研究,互证讨论对革命文学的历史位置的再理解。中国海洋大学文学与新闻传播学院黄湘金教授、中国海洋大学文学与新闻传播学院马春花教授对上述发言作了学术总结。

第二单元"新媒介与图像"主题讨论中,中国社会科学院潘静如助理研究员考察冼玉清《旧京春色图卷》的题跋生成史,还原冼玉清倚重名流题跋刻意制造"艺术"乃至艺术史事件,探索冒广生等光宣文人在近代政治、城市、社会变迁过程之中的心灵史。深圳大学饶宗颐文化研究院陈雅新助理教授以拉罗谢尔艺术与历史博物馆所藏 13 幅戏曲题材外销画为研究对象,探讨了古代戏曲舟船表演,以及剧本的舞台性、戏曲表演"虚拟性"的衍变、戏曲与其包含的民间文艺的祭祀性等相关问题。中国海洋大学文学与新闻传播学院彭敏哲副教授藉由法国、英国、意大利的画报等一批新材料,探索西方画报中所表现的女性形象,以期为近代女性与图像研究提供新的可能。中国艺术研究院彭志助理研究员聚焦《时代漫画》,将其放置在古与今、内与外、身与心的三重视域下予以观照,从都会图景与画笔救国两个角度分析其直言与隐义。中国海洋大学文学与新闻传播学院程诺博士选取七本讲述亚裔移民故事的当代西方图画书,从移民图画书简史、基本故事类型、图像叙事技巧及效果、深层"图式"及意识形态、教育价值及阅读魅力等五个方面予以考察。首都师范大学副教授秦方、北京市社科院汪艳菊、《探索与争鸣》编辑部屠毅力三位学者作总结阐述。

第三单元"人工智能与数字人文"主题讨论中,华东师范大学城市发展研究院罗峰助理研究员着眼于"工业党",指出他们有望成为新时代公共知识分子群体中的重要组成部分。玉林师范学院文学与传媒学院讲师周于飞回顾了中国的数字人文发展历史,重点介绍了"唐宋文学编年地图平台"和"浙江大学学术地图发布平台"两个数据库。中山大学博雅学院讲师陈慧反思大数据时代 AI 作诗,认为仍有必要借鉴古典诗学理论中调和无限与有限的人文精神。《探索与争鸣》编辑部屠毅力对以上三位学者的发言作了学术总结。

第四单元"影像与叙事"主题讨论中,重庆文理学院窦新光博士考证了凡尔纳小说《铁世界》(1879)从西方传入东亚的转译过程,着重分析了其在 19 世纪末 20 世纪初中日韩三国的接受差异及原因。中国政法大学人文学院讲师高翔宇以民国知名女影星王人美为中心,讨论了民国女影星银幕内外的歌舞、演艺与健美。重庆文理学院讲师平瑶选取《小偷家族》《寄生虫》《无名之辈》三部东亚电影,展现"东亚关注"的多元与联通。中国艺术研究院李静助理研究员从 B 站上的弹幕版"四大名著"出发探讨互联网世代的新文学生活。河北师范大学李建周教授、中国劳动关系学院王翠艳教授对以上四位学者的发言作了学术总结。

本次论坛紧扣两条明晰的线索展开:一条是纵向的时间线,从明清到近现代再到当下的粗线条的历史演进脉络;另一条则是横向的多个专业领域的跨学科互相呈现。主题"工业文明演进中的媒体、性别与文学"把两条线索之间的纵横交织、演进发展清晰地呈现出来。论坛以跨时代、跨国界、跨媒介、跨学科的多视角讨论,凸显了当代青年学人对历史、文化、社会的思考,通过多学科交叉研究,碰撞出思想之火花。

《探索与争鸣》举办"数字历史如何成为可能：理论、路径与实践"专题论坛

1月10日，《探索与争鸣》优秀青年学人年度论坛专题十"数字历史如何成为可能：理论、路径与实践"在上海师范大学光启国际学者中心举行。会议由《探索与争鸣》编辑部主办，上海师范大学数字人文研究中心承办。来自南京大学、四川大学、云南大学、华东师范大学、上海交通大学、上海社会科学院、上海外国语大学、上海师范大学等高校的学者通过线上和线下相结合的方式展开了热烈的学术讨论。

会议开幕式由召集人、上海师范大学蒋杰副教授主持。数字人文的研究，既与国家重大战略的对接，也是对教育部提倡"新文科"的探索。此外，数字人文研究可以大大拓宽研究者现有的视野与界限，同时也是真正落实学科交叉的突破点。会议承办方代表、上海师范大学人文学院院长、数字人文研究中心主任查清华教授向与会专家介绍了上海师范大学数字人文研究中心的基本情况，他指出，此次会议是上海师范大学数字人文中心成立以来在数字人文研究领域科研工作的初步探索，并希望在未来能够取得更大的突破。

会议分为小组讨论和圆桌会议两个环节。小组讨论共设置三个议题，即"理论探索""空间与历史""文本与历史"。会议第一单元以"理论探索"为主题。南京大学历史学院王涛教授首先进行题为《历史书写的数字化转向》的报告，剖析了数字化延展研究对象、改进研究方法和转变思想观念的现状，强调数字人文不仅是学术范式的转变，也是历史知识生产的转型，历史学家应该跳出舒适区，去学习新技术，历史学的发展由此才具有更光明的未来。随后，南京大学历史学院梁晨教授则聚焦数字史学研究，分别以"从历史资料到微观数据、从数据集合到中观研究、从'中观'求实到宏观'求是'"三个过程，展开自己对数字史学方法论的理解，并且以其长期参与研究的"民国大学量化数据库"等为例，指出数字人文研究中的困境、不足与突破。最后，上海交通大学人文学院赵思渊副教授侧重讨论数字人文的发展方向和方法论价值，认为数字人文在国内学界主要是以嵌入学科的方式发展，一方面作为研究方法，推动了文学、历史学、传播学等既有学科中的相关议题，另一方面则通常表现为跨学科和跨机构人员合作。他呼吁高校广泛开设数字人文相关课程，推进学科交叉融合。

会议第二单元以"空间与历史"为主题。四川大学中国西部边疆安全与发展协同创新中心霍仁龙副研究员借助数字技术支持，重建了汉晋至明清时期4个时间断面的南方丝绸之路交通路线网络体系，并量化分析了海拔高度和坡度等自然因素对古代交通路线走

向的影响，深化了对于历史时期中国西南边疆各区域之间，以及中国与东南亚、南亚等地区之间经济贸易发展和文化交流合作的认识。上海社会科学院经济研究所余开亮助理研究员则借助数字人文方法，实证研究清代长江中下游地区的市场整合及地区分工模式的演变历程，对"斯密型增长"模式的发展阶段进行辨析，并以此考察"大分流"论和"内卷化"论之争。华东师范大学董建波副教授立足近代地权配置的相关讨论，基于 1944 年浙江新登县户口清册资料，分析附寄人口与农家生计关系，并得出结论：作为一种社会保障功能的"制度性"安排，附居和寄居是地权配置机制之外另一个维持地方社会结构稳定的机制。

会议第三单元以"文本与历史"为主题。上海外国语大学欧阳剑研究员分享自己在古籍整理与数字人文领域研究的最新成果，指出数字人文研究理念的出现，促进了传统古籍文献开发及应用思路的转变，并对数字人文视野下古籍开发实践过程中问题与挑战进行了思考。上海师范大学都市文化研究中心朱军副教授则从 AI 诗歌的文本创作出发，深入浅出地剖解情感机器内在的创作逻辑，阐明现象学对"诗性之思"的求索正在成为人工智能的重要发展方向。通过进一步开启生物与日常世界打交道时的行为方式研究，人工智能在可能的情境中直接把握意义，不断探索、熟悉、改进与世界交往的方式，打开算法时代情感与文学的拓展路径，以此反身促进对人类"知情意"的重新理解。上海师范大学数字人文研究中心蒋杰副教授利用数字人文的方法，对中国国民党军事将领群体展开研究，并希望由此检测检验数字人文的理念与方法在中国近代史研究中的有效性和局限性。

圆桌会议环节，与会学者纷纷参与讨论。通过此次会议的研讨，与会学者对于数字人文和新文科建设在下一阶段的发展形成了一系列共识：首先，教学层面，高校科研院所必须加强对于数字人文课程的建设和培育；其次，学科建设层面，探索出一条跨学科合作的新路，建立起便捷有效的合作机制；再次，理论研究层面，进一步强化学科融合，以学科研究为引领，以数字技术为驱动，真正做到"文理结合"；最后，文本资料的数字化和数据化中知识产权保护问题的解决尤需关注。

当前，随着互联网建设的不断推进、个人数字终端的大量普及以及数字资源的不断丰富，"数字人文"的理念与方法越发受到学界的关注。本次研讨会围绕数字人文研究中的理论跃迁、方法应用等方面进行了初步探讨，为当下学术界审思新文科建设提供了现实思考。《探索与争鸣》首届"优秀青年学人年度论坛"自 2020 年 11 月 30 日启动，共包含不同学科专业的十场分论坛，持续一个多月，受到学界广泛关注。"数字历史如何成为可能：理论、路径与实践"专题论坛的成功举办，也为这一系列论坛画上了圆满句号。

《探索与争鸣》举办"都市文化与文学"国际学术研讨会

1月16日，由上海师范大学上海市高水平地方高校创新团队"都市文化与文学"主办，《探索与争鸣》与《上海师范大学学报（哲社版）》协办的首届"都市文化与文学"国际学术研讨会在上海师范大学光启国际学者中心召开。来自美国纽约城市大学、三一学院和上海师范大学、南京大学、南开大学、复旦大学、暨南大学、上海财经大学等国内外高校的200多名专家学者通过线上和线下相结合的方式展开学术讨论。作为"都市文化与文学"系列学术研讨会的第一场，本场会议以"都市研究前沿：理论与方法"为主题，力求从理论层面就都市研究展开反思，探寻新的研究空间。

主旨演讲环节，与会专家学者围绕主题各抒己见、视角独特。美国纽约城市大学莎蓉·佐金教授作了题为"Globalization without Global Cities? Reflections from New York"的发言。她阐明地方文化的觉醒助推小型城市跻身全球化竞争中，为全球化注入活力，但疫情冲击下纽约为代表的全球城市是否会永久失去其竞争力和吸引力，发人深省。美国三一学院城市与全球研究中心首任主任陈向明教授以"Theorizing from China's Small Global Cities"为题作了报告。他承接佐金教授所提出的地方商街生态系统的概念，认为需要从小的商业空间转向研究小型的小规模的全球城市。上海财经大学人文学院陈忠教授以《城市让生活更美好，疫情让城市更如何——一种空间哲学的视角》为题发言，分别从现状、机理、本质和应对四个方面来分析疫情对城市的影响。南京大学胡大平教授做了以《都市研究的实用主义方法刍议》为题的发言，他从实用主义入手，从方法论的角度来考察都市研究问题，呼吁都市研究中的实用主义，强调空间作为一种整体经验，并借由整体经验与社会研究的想象力来实地探查作为整体的都市空间，建构人与环境、人与自然的关系。南开大学周志强教授的报告《都市与声音乌托邦——城市新民谣的都市想象》则以声音为视角探查了城市美学。他认为我们正在步入的独居社会，也催生着一种表达特异性的孤独美学，而都市新民谣则成为打破无差别化追求特异性诉求的重要载体。

随后，与会专家学者分别就"空间政治、地方经验与城市文化记忆""诗性江南、市民文化与都市现代性"和"跨媒介视域中的城市想象"三个角度展开主题发言和热烈讨论，提出独到观点。

第一组发言主题为"空间政治、地方经验与城市文化记忆"。暨南大学曾一果教授从历史背景、文化认同、身份转变、再造香港这四个角度展开论述，分别探讨了香港本土文化兴起与影视流行文化的繁荣、"港片"等流行文化和普及媒介如何寄托本土情怀、"港片"的衰落与香港本土文化身份认同的转变、新区域主义视角下的粤港澳电影文化想象等。浙江师范大学俞敏华教授则聚焦城市建设及文学叙事中的古街，提出通过城市文学中的历史与文脉叙事，彰显古街各具特色的生命力，并藉由书写真正的城市文化经验，解决古街千城一面的相似性问题。复旦大学汤筠冰副教授探讨城市公共空间视觉传播的问题，认为在地域空间和流动空间的相互交织中，城市公共空间的视觉形象在权力作用下进行着重构，无形中促生了公共空间的"信息茧房"，亟需打破地域文化与"信息茧房"的禁锢，以更加开放的融合姿态面向全球化的话语体系。杭州师范大学杨向荣教授则探讨了城市生活节奏的问题。通过对木心《从前慢》的细读，反思了当下竞速时代的生存情境，提出走向"慢速美学"或"慢现代性"的诗意生存路径。上海师范大学朱军副教授从空间理论视角讨论"地方终结"问题，阐明全球时代地方感的重塑深刻影响了人类的美学经验，当下需要抛弃对"地方"偏执的理解并保留对特殊性和独特性美学的欣赏，重建一种"全球地方感"。

第二组发言主题为"诗性江南、市民文化与都市现代性"。中国文艺评论家协会理事、《文汇报》高级编辑王雪瑛从张炜、贾平凹的长篇小说和影视剧中"她叙事"风潮来分析都市女性的成长与精神独立，指出女性的成长过程也可作为衡量社会文明进步和城市文明发展的尺度之一。苏州大学张蕾教授立足人物群体，结合现代城市化背景分析指出，通俗文学中的市民群体凭借群体本身的社群基础开始同化个体，形成了城市的"均质化效应"，这一个体人物的退场亦可窥见于通俗小说人物群体的叙写中。苏州科技大学李斌教授同样关注于通俗小说，借助对鸳鸯蝴蝶派周瘦鹃的苏州与上海书写，探究一个作家与双城的关系，评释周瘦鹃的"跨城"不但影响了他的文学创作，而且与一种当代苏州文化的建构有直接关系，书写了这座"率先现代化"之城的精神底色。

第三组发言主题为"跨媒介视域中的城市想象"。上海大学张永禄教授关注城市治理，通过剖析电影《寄生虫》中韩国社会膨胀的都市底层欲望和泛滥的人性邪恶，认为基于公平合理的现代城市治理模式与实践机制是解决当代都市悲剧的最佳路径。暨南大学吕薇副教授侧重电影与城市文化的关系探究，阐明艺术事件为我们提供了跨媒样本和中介视角，以及新型的观演关系，并在动态发展中预示当代文化潜行的诸多可能。上海师范大学何明敏副教授着重考察早期上海电影院与城市公共生活现代转型的关系问题，阐明电影院作为上海市民的日常休闲场所，是推进公共生活现代化转型的重要实践空间。苏州科技大学艾志杰老师通过电影分析了中国的城市变化，认为随着城市化进程的加快，移民在中国大陆城乡之间的流动日益频繁，城市移民电影逐渐成为城市电影的重要亚类型之一，凸显一种悲悯、压抑的底层叙事风格。上海外国语大学高凯老师则通过电影探析视觉影像与城市空间的关系，阐明城市化进程中，城市边缘愈益受到挑战和重新界定，并被置换为新城与旧城的对立，体现为电影中底层边缘人物的刻画。上海师范大学王贺副教授从"数字人文"的视角剖解近年来的城市研究，通过对若干小说文本的解读以及量化统计、地理信息系统等数字技术与方法的运用，探索"数字人文"与 20 世纪 30 年代上海现代主义乃至都市文学、历史研究结合的可能。

会议最后，上海师范大学社科处处长、"都市文学与文化"创新团队负责人董丽敏进行总结。她认为与会学者的发言具有主题敏锐、问题意识鲜明、主题跨学科性的特点，并围绕"城市研究如何打开""人文城市研究如何成为可能"提出方向性思考。

本次会议关于都市研究前沿理论与方法的探讨，展现了学界对全球化中地方文化觉醒、城市化中城市界限以及城市空间、市民文化、都市现代化转型、数字人文等问题的关注与深入思考，碰撞出大量思想的火花，推进了相关主题的深入研究，有助于进一步拓展城市研究的思维广度和理论深度，为妥善解决城市现代化转型中的诸多问题提供参照。

"上海市哲学学科'十四五'期间发展前景展望"专题研讨会在沪召开

　　3月14日,"上海市哲学学科'十四五'期间发展前景展望"专题研讨会在上海社科院顺昌路院区哲学所会议室召开,此次大会由《学术月刊》杂志社和上海社会科学院哲学研究所联合主办,中国的哲学话语体系建构研究基地和上海市哲学学会协办。来自上海哲学界的十余家代表单位,近30位学者聚集一堂,总结"十三五",展望"十四五",共谋哲学学科发展大计。会议分单位代表发言和专家交流讨论两阶段,分别由上海社科院哲学所所长方松华研究员、《学术月刊》总编姜佑福研究员主持。

　　上海市哲学学会会长吴晓明教授在主旨发言中指出,构建中国特色社会主义哲学社会科学,是我们面临的一项重要任务,今天各单位根据自身情况总结上海哲学"十三五"发展概况,并对"十四五"的愿景进行展望。希望这一愿景能够体现上海的优势和特点,而且能够在一些重要的方面形成合力。

　　复旦大学哲学学院孙向晨院长在发言中说,复旦大学哲学学院哲学学科相对比较齐全,过去五年引进了很多人才,以马、中、西为支柱,在原有系科基础上,适时成立了科学哲学与逻辑学系、艺术哲学系等;在上海这一学术高地,做事情应有前瞻性、全局观,也定会形成辐射力,影响到国内或者整个学科的动态发展;随着社会发展和变迁,哲学研究的范式需要转换,新时代的哲学发展,不能再拘泥于二级学科,要立足于哲学本身,应对时代问题。

　　华东师范大学哲学系主任刘梁剑在发言中说,华东师大哲学的发展,学科虽然也比较全,但存在一个发展不平衡的问题;上海哲学学科的发展应注意三点:第一是发挥引领作用,第二是注重国际化,第三是注意本土化;哲学研究的创新要逐渐实现从哲学史研究到哲学本身研究的转换,考虑以问题为导向来设计学科的发展方向。

　　同济大学人文学院院长刘日明教授在发言中重点介绍了同济哲学系的发展概况,他说,同济大学哲学系从恢复之初,就打破了哲学二级学科的设置,按照中哲、外哲、艺术哲学等三个模块,成立了20多个研究所,以"精品文科,同济特色,学科交叉"为宗旨,取得了不错的成绩;未来五年,计划在内涵建设上下功夫,继续加强德国哲学和艺术哲学的发展,把中、西、马等全面布局起来。

　　上海师范大学哲学系主任张自慧教授介绍了上海师大哲学系的历史和"十三五"期间学科发展情况,特别是重点介绍了哲学系的三个特色优势学科:一是宗教学,文献研究和东方学研究,二是中哲领衔中西比较哲学研究,三是伦理学,教育伦理学尤其特出;"十四五"期间,计划出版十本教材,继续发挥哲学引领作用,把哲学从大学向社会尤其是中学生辐射,在将哲学二级学科各自做强的基础上实现新的结合,更好地面对社会现实问题。

上海财经大学人文学院院长陈忠教授认为,随着时代的变迁,出现了新的哲学样态和话语方式。上海哲学学科发展要有国际视野,起引领作用。在学术话语、宣传话语和智库话语有机结合的基础上,应更注重学术话语。在陈忠教授看来,哲学人文熏陶,对于财大的整体发展至关重要,哲学人文学科以基础的方式决定了财大的高度,同样上海的哲学发展也决定了上海的高度。

上海大学社会科学院王天恩教授认为,哲学学科发展应注重交叉与综合,信息科技的发展已经促使哲学发展必须一体化的时代,这个一体化就跟古希腊非常相似,只不过古希腊的一体化是原初的总的知识体系,现在是在学科分化的基础上,更高层次上的一体化。关于上海哲学发展,在王天恩教授看来,分化二级学科的时代应该结束了,而且哲学应该讲中文,促进哲学的时代化、国际化,实现中华民族在思想和学术上的崛起。

上海大学哲学系主任尹岩教授重点谈了上海大学哲学学科的发展。她说,上大哲学系如何定位,如何处理与马院的关系,是面临的问题。哲学系原来有 25 人,现在人员在减少;在学术发展上,坚持走特色发展的道路,首先是以价值哲学研究为特色,成立了价值与哲学研究中心,努力打造全国价值哲学研究重镇;其次是近几年以智能哲学为抓手,申请到了两个相关国家重大项目。另外,学校没有限制哲学系的编制,自由宽松的氛围是上大哲学获得更大发展的良好条件。

华东理工大学马克思主义学院副院长徐国明教授认为,哲学的优势如果发挥出来,对增强价值判断、提升思维能力、凝练精神品格和培育人文素养等都有非常重要的作用;哲学研究不是自娱自乐,要围绕国家重大的理论和现实实践问题展开,同时,哲学也要创造条件服务社会;在人才培养上,既要重视哲学专业人才,又要重视非哲学专业人才的培养。徐国民教授还谈了学术评价、管理体制和运行机制等方面对华东理工大学哲学学科发展的限制等问题。

上海市委党校哲学教研部张春美教授介绍了上海市委党校哲学部的概况,总体来讲哲学部很有危机感,一方面,马克思主义学院发展势头强劲,如何协调与马院的关系,涉及教学和相关研究资源的投入等非常现实问题,另一方面,存在一个哲学学科本身怎么跟上时代步伐的问题。习近平总书记对于当下的定位,一是世界百年未有之大变局,一是中华民族复兴的战略全局,根据"两个大局",党校哲学学科发展应聚焦三大问题:信仰问题、经典原著问题(包括资本论、异化概念、社会发展阶段的论述等等)和中国特色社会主义的哲学根基问题。

国防大学政治学院马克思主义理论系系主任姜延军教授,分享了国防大学 2017 年军改后哲学学科发展情况。他说,哲学学科点具体由哲学与军事思维教研室承建,下设五个方向:中国马克思主义哲学、国外马克思主义哲学、军事哲学和军事文化、马克思主义哲学方法论以及意识形态理论与实践,其中军事哲学和军事文化是部队院校的职责任务和也是他们哲学学科的研究特色。关于"十四五"上海哲学学科的发展,姜延军教授认为需要处理好两个关系,一是任务倒逼和主动作为的关系;一是规划和落实的关系,同时建议在教学资源交互利用、教师交流访学、研究生学术联谊等方面加大上海哲学界合作共建的力度。

上海社科院哲学所方松华所长介绍了哲学所发展的历史和现实概况。他说,哲学不仅是大学的灵魂,也是高端智库的大脑。哲学所有着六十余年的历史,学术传统深厚,上海社科院是国家首批高端智库,哲学发展坚持"学科与智库双轮驱动",另外,哲学所还拥有《哲学分析》这本专业性杂志,是一个很好的学术交流平台。目前,哲学所虽有五个二级学科,但并不为二级学科所限,"十三五"时期的主要研究方向为马克思的空间理论、经济伦理学和科技哲学,出了一批研究成果;"十四五"将主要借助于"新一轮创新工程",在四个研究方向上用心和着力:一是中西哲学比较研究,二是科技哲学研究,三是马克思主义与当代中国问题研究,四是中国传统经典研究。

在交流讨论阶段,哲学学会副会长李家珉教授、复旦大学林晖教授、华东师范大学陈立新教授、上海市委党校王强教授也就哲学学科建设、哲学人才建设和培养以及哲学如何服务社会等方面分享了观点和看法。

最后,上海市哲学学会会长吴晓明教授做总结发言,从深化基础理论研究、谋划学科领域的拓展以及优化哲学教学等方面对会议内容进行了概括和提炼。他说,因应时代发展的形势,也因应上海特定的地区,未来哲学学科的发展至少应该包括应用伦理学、艺术哲学、科技哲学(人工智能)和哲学方法论等重点方向,上海市哲学学会可以酝酿下设相应的二级学会或专委会,凝聚上海相关人才,开展研究活动,为繁荣中国特色的哲学社会科学做出贡献。

《探索与争鸣》举办"儿童权利·家庭焦虑·国家职分——儿童教育发展中的痛点、难点与热点"学术研讨会

3月23日,由《探索与争鸣》编辑部、上海社会科学院社会学研究所联合主办的"儿童权利·家庭焦虑·国家职分——聚焦儿童教育发展中的痛点、难点与热点"学术研讨会在上海社会科学院召开。来自北京大学、北京师范大学、中国农业大学、中国社会科学院大学、国家发展改革委宏观经济研究院、华东师范大学、上海政法学院、上海社会科学院、上海市青少年研究中心、上海市第十中学等高校和科研院所的 20 多位国内儿童研究领域知名专家学者参加了本次研讨会。学者们聚焦"未成年人权利保护的新格局""国家的孩子:儿童监护的新定位与新起点""家庭教育不能承受之重及其内卷化""学校教育社会化和市场化中的误区""困境儿童的保护:新时代儿童福利的发展战略"等议题,进行了深入交流与探讨。

会议开幕式上,上海市社会科学界联合会党组成员、二级巡视员陈麟辉研究员,上海社会科学院社会学研究所所长李骏研究员分别致辞。陈麟辉研究员指出,《未成年人保护法》和《预防未成年人犯罪法》等法律的修订,顺应了社会发展和时代的需要。但法律的完善仅仅是开篇,在大数据时代,解决儿童教育中的痛点、难点和热点,需要家庭、社会、国家等多方的综合发力。李骏研究员指出,来自北京、上海等一线城市的专家学者,汇聚于此着力探讨当代儿童问题、教育发展问题,呈现跨学科、跨界融合的特点,隐含问题导向的鲜明特征,希望藉此为我国的儿童权益保护建言献策。

新阶段,我国坚持儿童教育优先发展战略,儿童教育发展面临着较大发展机遇与挑战。上海社会科学院社会学研究所、上海儿童发展研究中心主任、上海家庭教育研究中心主任杨雄研究员结合广泛社会调查,总结当前家校合作呈现的新特征,表征目前家庭教育模式趋于理性的态势,阐明"鸡娃"现象隐喻的"神童"情结以及每个家庭对未来社会所需要人才趋势的判断,即方向比努力更重要。中国社会科学院大学副校长林维教授就《未成年人保护法》和《预防未成年人犯罪法》中涉及的专门教育问题发表见解,如职业教育和基本知识教育如何平衡、专门教育如何去标签化等,强调在有关专门教育的法律实施中,必须进行精细化的制度设计。北京大学卫生政策与管理系刘继同教授从社会福利的角度,回答了儿童发展中的两大根本问题,即儿童问题缘何成为社会关注的焦点,以及如何推进中国特色的现代儿童福利制度建设。他认为,教育焦虑是当前社会面临的结构性、系统性

的问题。

　　儿童教育发展与社会结构休戚相关,儿童教育发展的内涵随社会变迁不断深化和拓展。上海社会科学院社会学研究所副所长程福财研究员发现,地位焦虑的升级、儿童城市空间的压缩以及面向未来的儿童观等因素综合作用,促使"童年"的社会意涵发生变迁,童年的样式发生变化,童年被高度结构化。国家发展改革委宏观经济研究院顾严研究员主张,当前教育发展的矛盾,已经由教育的总量问题向结构性矛盾转化,家长教育焦虑凸显的是政策的导向,是结构性的矛盾。中国农业大学人文与发展学院熊春文教授重点关注流动儿童,试图从文化社会学角度讨论这一群体文化背后的教育制度结构问题。城乡二元制结构和相关制度落实区域差异等因素,构成"义气文化"孕育生成的客体环境,并影响流动儿童的行为、生活质量和成长状态。

　　儿童教育发展具有自身的客观规律,家庭、学校、社会应遵循儿童的发展规律进行科学教育。华东师范大学教育学部主任、中国教育学会副会长袁振国教授强调,保护儿童权利、促进孩子健康成长最关键的一点是尊重儿童心理、生理成长的规律。北京师范大学国际与比较教育研究院副院长滕珺教授提出避免以儿童为中心走向极端,需要转变"儿童中心"命题为"儿童立场"命题,不仅要理解儿童和尊重儿童,更要促进儿童发展。北京师范大学儿童家庭教育研究中心主任边玉芳教授,从儿童发展的视角回答了"我们怎样培养一个真正健康幸福的孩子"这一问题,最为重要的是厘清家庭和学校的职责,认清家庭教育的本质。

　　国家在儿童教育发展中发挥着主导性作用,我国儿童教育事业在共建共治共享中实现全面发展。上海政法学院张善根副教授就儿童监护问题提出新视角——家国共治,阐明儿童监护家国共治模式的方向,亦即建立一个平权化的父母和子女之间平等化关系。华东师范大学教育高等研究院唐晓菁讲师就化解家长教育焦虑问题提出见解,着力深化教育供给侧结构性改革,以提升教育资源均等化、缓解家长教育的负担和压力。上海市第十中学朱莲萍副校长结合工作实际,着重介绍了基层学校在青少年心理健康及危机干预上的具体工作。

　　儿童是国家的未来、民族的希望,儿童的健康成长与恰切教育,关系着家庭的幸福、国家的进步。此次研讨会围绕当前儿童教育发展中的痛点、难点与热点,关涉"鸡娃"、教育焦虑等社会现象,涵盖儿童教育发展的机遇与挑战、结构性问题以及未来发展方向等问题,希冀破解育儿焦虑的难题,探寻"家国共育"的结构化方案,找回"属于儿童"的童年,为促进儿童教育事业全面发展提供多种视角和全新解决方案。部分会议发言刊发于《探索与争鸣》2021 年第 5 期"圆桌会议"栏目,主题为《找回童年——破解"育儿焦虑"难题》。

《学术月刊》总编辑姜佑福入选 2020 年上海领军人才

上海市委组织部和市人社局组织的 2020 年上海领军人才选拔结果揭晓,《学术月刊》总编辑姜佑福入选 2020 年上海领军人才培养计划。

姜佑福,上海市社联《学术月刊》总编辑,上海市习近平新时代中国特色社会主义思想研究中心特聘研究员,市委讲师团宣讲团成员。主要研究方向是马克思主义哲学和当代中国马克思主义,先后主持国家社科基金课题及上海市哲社规划课题多项,独立出版专著 2 部,在国内重要刊物发表学术论文 20 余篇。2017 年获得上海市马克思主义理论学科"中青年拔尖人才"称号。

姜佑福自 2017 年底负责《学术月刊》出版管理工作以来,主动谋划期刊发展方向,积极探索期刊发展路径,带领《学术月刊》编辑部团队,以完善学科布局推进期刊综合发展,以学科论坛带动刊物板块建设,推动《学术月刊》持续创新发展,在中国人民大学"复印报刊资料转载指数排名"中,保持了自 2006 年以来连续 15 年位列"人文社科综合性期刊"全文转载量第一,学术影响力和社会影响力名列全国同类期刊前茅。

上海社科界举办"学习贯彻习近平总书记给《文史哲》编辑部全体编辑人员回信精神"座谈会

　　5月9日,中共中央总书记、国家主席、中央军委主席习近平给《文史哲》编辑部全体编辑人员回信,对办好哲学社会科学期刊提出殷切期望。5月19日,由上海市社联主办,市出版协会、市期刊协会和《学术月刊》杂志社联合承办的"深入学习总书记回信精神,推动新时代中国学术高质量发展"专家座谈会在上海举行。市社联党组书记、专职副主席权衡,市委宣传部传媒监管处处长陈琳琳,市出版协会理事长胡国强,市期刊协会会长王兴康出席座谈会并致辞。会议由上海市社联党组成员、二级巡视员陈麟辉主持。来自本市重点出版单位、代表性社科学术期刊以及社科学术理论界的专家学者40余人参加座谈。

　　权衡指出,习近平总书记的回信充满了对哲学社会科学和社科学术期刊的殷切期望,也为新时代加快构建中国特色哲学社会科学和高质量学术期刊发展提出了新方向和新要求。社科理论界和社科学术期刊要讲好中国故事,让世界更好地认识中国,增强中国的软实力。广大哲学社会科学工作者应当深刻学习领会习近平总书记的回信精神,要按照总书记说的那样,从历史和现实、理论和实际相结合的角度,不断推动理论和学术创新;要积极回应时代问题,尤其是要加强本土化的理论和学术建构,推动中华优秀传统文化的创造性转化和创新性发展,深入理解中华文明。社科理论界专家学者和社科学术期刊要坚守初心,引领创新,更好地坚持中国道路、弘扬中国精神、凝聚中国力量。

　　陈琳琳认为,习近平总书记的回信高瞻远瞩、情真意切、催人奋进,充分体现了总书记对哲学社会科学工作的高度重视以及对社科工作的殷切希望,这是面向整个哲学社会科学界发出的总动员令。习近平总书记在回信的最后明确指示:"希望你们再接再厉,把刊物办得更好。"这不仅仅是对《文史哲》一本刊物的要求和希望,也是对全国所有社科期刊的要求和希望。上海作为中国出版界的重镇,更应该书写出一份让人满意的答卷。

　　胡国强回顾了上海出版界的历史,认为上海出版界在推动新中国哲学社会科学繁荣发展的过程中发挥了不可替代的作用。习近平总书记给《文史哲》编辑部全体编辑人员的回信,高度肯定了社科学术期刊在弘扬中华文明、繁荣学术研究方面发挥的重要作用,给出版工作者,尤其是社科学术期刊工作者极大鼓舞,为做好新时代出版工作,办好社科学术期刊提供了重要指引和根本遵循。

　　王兴康表示,上海是一座具有光荣革命历史传统的城市,早期的很多红色期刊就诞生在上海,如《新青年》《共产党》等,这些刊物为马克思主义真理的传播和中国共产党的组织建设发挥了重要的作用。在之后的各个历史时期,上海的期刊始终紧扣时代脉搏,围绕党和政府的中心工作,服务大局、团结人民、传播文化、推动创新,为社会主义革命和建设作出了重大的贡献。在新时代新起点,上海期刊人应当谦虚谨慎、戒骄戒躁,对照习近平总书记的指示精神,认清方向、找准差距、抓好落实、追求实效,实实在在地推进上海期刊的高质量发展,争取更上新台阶。

专家交流研讨环节,来自本市出版界、期刊界和学术理论界的专家学者交流发言。

上海人民出版社社长王为松指出,习近平总书记的回信特别提出要深入理解中华文明、促进中外学术交流。上海人民出版社将深入学习贯彻习近平总书记的回信精神,通过出版策划,不仅让中国人也让外国人,不仅让学术界也让普通民众尤其是年轻人,深入了解中华文明、了解中国历史,激活跨越时空、跨越国度、富有永恒魅力和具有当代价值的文化精神。上海教育出版社社长缪宏才认为,习近平总书记的回信对出版界具有重要的指引性作用,理论界和学术界负责讲好中国故事,而出版界需要传播好中国故事,增强做中国人的骨气和底气,让世界更好认识中国、了解中国。上海财经大学出版社社长金福林认为,给《文史哲》编辑部全体编辑人员的回信,表明了习近平总书记对新时代中国哲学社会科学繁荣与发展的充分肯定,高品质的学术期刊和学术出版,应当对照习近平总书记的回信精神认真抓好期刊阵地的政治建设、学术规范建设、体制机制建设和人才队伍建设。

《东方法学》主编施伟东谈到,习近平总书记给《文史哲》编辑部全体编辑人员的回信,充分肯定了人文社科学术期刊在弘扬中华文明、繁荣学术研究等方面做出的重大贡献,高品质的学术期刊应该严格遵照总书记的回信精神,团结广大哲学社会科学工作者,共同担负起从历史和现实、理论和实践相结合的角度深入阐述如何更好坚持中国道路、弘扬中国精神、凝聚中国力量的时代重大课题。上海大学期刊社社长秦钠认为,习近平总书记的回信给所有的中国期刊指明了前进方向。期刊是学术繁荣和发展的主阵地,学术期刊应当主动担负起时代的使命,勇于书写新时代、讴歌新时代,勇于回答时代的课题,为助力中华民族的伟大复兴贡献力量。《新闻大学》主编张涛甫认为,应当将百年党史、习近平总书记"5·17"重要讲话以及给《文史哲》编辑部全体编辑人员的回信精神结合起来深入学习领会。当下中国正在经历着中华民族历史上最为广泛和深刻的变革,也在进行着人类历史上最为宏大和独特的实践创新。这种前无古人的实践必将给理论的学术繁荣提供强大动力和广阔空间,期刊界应该争做议题的设置者,立时代之潮头,发思想之先声。上海师范大学期刊社社长何云峰认为,习近平总书记在回信中号召中国的社会科学研究要为"增强做中国人的骨气和底气"而努力工作,感人至深、催人奋进。中国的学术期刊不应当满足于一般意义上的知识传播,而要为人类知识的创新和增长作出自己独特的贡献。《华东师范大学学报(哲学社会科学版)》常务副主编付长珍提出,习近平总书记在回信中特别强调引领创新、让世界了解中国、让中国人增强骨气和底气,社科学术期刊应当把推动中国学术自身的创新发展和参与世界性的百家争鸣作为落实习近平总书记回信精神的重点。上海的社科学术期刊更应该结合上海这座一直被作为改革开放前沿阵地的超大型城市的发展经验,回应时代问题,从多学科的视角来分析和阐释中国经验、中国道路、中国智慧。《社会》执行主编肖瑛紧扣习近平总书记回信中提出的"促进中外学术交流",重点介绍了

《社会》英文刊的办刊经验，强调其办刊之初便不是简单迎合西方读者的口味和要求，而是努力把立足于中国实际的经验研究和社会历史研究中最优秀的成果传递给西方学界和西方读者，让他们有机会真正深入了解中国。《探索与争鸣》主编叶祝弟认为，习近平总书记给《文史哲》编辑部全体编辑人员的回信，为如何高质量办好哲学社会科学学术期刊指明了方向、划定了标准，增强了社科学术期刊人的自信。中国的社科学术期刊要以总书记的回信为根本遵循，做到聚焦中国问题，创新和增强思想供给，以中国为方法，以人类为旨归，对中国学术和世界文明的繁荣进步作出贡献。

华东师范大学政治学系主任吴冠军认为，习近平总书记的回信立意深远，凸显了哲学社会科学研究工作的重大意义，回信中谈到"增强做中国人的骨气和底气"，谈到"促进中外学术交流"，具有深切的家国情怀和人类情怀，具有一种胸怀天下的文明意识。作为这样一个伟大时代的学者，我们需要在学术研究上打通中外话语的壁垒，拿出高质量的、能够贡献于人类社会的研究成果，帮助我们的刊物和学术出版进一步国际化，尤其是应当使上海成为国际学术创新、学术交流、学术传播的真正的前沿阵地。上海社会科学院杜文俊结合对习近平总书记给《文史哲》编辑部全体编辑人员的回信精神的学习，重点介绍了上海社科院扶持中青年科研人员成长和加强学术期刊阵地建设的情况，认为社科学术期刊需要将注意力更多地向青年学者倾斜，实现"以刊育人、以人培刊"的良好循环，更好地做到总书记所期待的"支持优秀学术人才成长"。

《学术月刊》编辑部在中国政法大学召开组稿座谈会

　　5月22日,"因应国家治理现代化的法学研究暨《学术月刊》组稿座谈会"在中国政法大学召开。会议由中国政法大学法治政府研究院院长赵鹏教授主持,中国政法大学校长马怀德教授致辞并作会议总结讲话,《学术月刊》总编辑姜佑福致辞并发表答谢感言。中国政法大学民商经济法学院院长于飞教授、中国法学会环境资源法学研究会副会长于文轩教授、中国政法大学民商经济法学院王灿发教授、中国政法大学法律史学研究院副院长王银宏副教授、中国政法大学刑事司法学院副院长王志远教授、中国政法大学国际法学院副院长朱利江教授、中国政法大学比较法学院副院长刘承韪教授、中国法学会商法学研究会秘书长李建伟教授、中国政法大学法治政府研究院杨伟东教授、中国政法大学国家法律援助研究院院长吴宏耀教授、中国政法大学刑事司法学院院长汪海燕教授、中国政法大学科研处处长栗峥教授、中国政法大学法学院喻中教授、中国政法大学法学院院长焦洪昌教授、中国政法大学法学院副院长雷磊教授、中国政法大学发展规划与学科建设处处长霍政欣教授、中国政法大学法治政府研究院林华副教授等专家学者出席座谈会。

　　马怀德校长在致辞和总结讲话中表达了对《学术月刊》编辑部及与会专家的感谢,认为这是一次期刊和学者之间高质量的互动与交流,希望《学术月刊》在法学领域拓展和深耕时仍然坚持自己注重思想和人文的风格传统,同时也希望中国政法大学的专家们以符合刊物定位的优秀成果积极支持《学术月刊》。

　　与会专家结合各自的研究专长就"因应国家治理现代化的法学研究"这一会议主题展开了深入的讨论与交流,并就《学术月刊》如何定位自己的法学栏目风格和特色、如何立足学术前沿领域进行选题和组稿策划、如何培养自己的学科优势和作者群落等问题贡献了许多真知灼见。

　　姜佑福总编辑在致辞和会议感言中,简要介绍了《学术月刊》自 2018 年 7 月以来正式设立独立法学栏目的过程与初衷、现状与理想,对中国政法大学马怀德校长和与会专家学者表达了深切的谢意,同时期待大家以精品力作支持《学术月刊》法学栏目的发展。

《学术月刊》杂志社荣获上海市三八红旗集体称号

　　上海市妇女联合会、上海市人力资源和社会保障局决定授予上海市社会科学界联合会《学术月刊》杂志社"2019—2020年度上海市三八红旗集体"荣誉称号。

　　《学术月刊》杂志社下辖《学术月刊》和《探索与争鸣》两本综合性人文社科学术期刊，分别是上海市社联在新中国成立后和改革开放后精心培育的重要期刊品牌。两刊获得了多项国家级和地方性荣誉，如"中国出版政府奖期刊奖提名奖""华东地区优秀期刊""全国百强报刊""华东地区优秀栏目"，国家社科基金资助考核"优秀"等。长期以来，两刊形成了错位发展和优势互补的良性循环格局，稳定入选"南大核心（CSSCI）""北大核心"等全国重要期刊评价体系，且排名靠前，在《新华文摘》《人大复印资料》等全国重要二次文献传播平台均有出色的表现，具有强大的学术影响力、社会影响力和决策影响力。

　　杂志社现有女性工作人员9人，占总职工人数（17人）的52.9%。其中，从业13年以上的资深编辑编务人员6人，高级职称3人，中级职称4人，博士学位3人，硕士学位4人。她们业务精湛，业绩突出；无私奉献，任劳任怨；建言献策，服务大局。她们工作作风认真踏实，具有极强的责任心、事业心、奉献心，为杂志社长期发展和两刊各项荣誉成就的获得，做出了举足轻重的贡献，充分体现了新时代上海知识女性充满激情、富于创造和勇于担当的精神风貌。

《探索与争鸣》举办"非虚构写作与中国问题——文学与社会学跨学科对话"

　　5月23日,《探索与争鸣》与《清华社会学评论》共同组织了以"非虚构写作与非虚构中国——文学与社会学对话"主题论坛。本次论坛系"非虚构写作与非虚构中国"系列论坛首场活动。来自清华大学、华东师范大学、南京大学、南京师范大学、中国人民大学、杭州师范大学、江西师范大学、牛津大学、中国社会科学院社会发展战略研究院等国内外高校和研究机构的多名专家学者,聚焦"非虚构写作的概念、方法与边界""非虚构写作与真实的关系""非虚构写作的时代思想性""非虚构写作与情感的关联""非虚构写作与记忆书写"等五个议题进行重点讨论。

　　杭州师范大学人文学院洪治纲教授把非虚构写作定义为一种写作姿态和叙述策略,用原叙事的方法介入性写作,是要建构一种创作主体所认为的真实的社会或者历史问题的一种表达策略。南京师范大学文学院何平教授认为,讨论中国非虚构为什么要强调中国问题,跟2010年《人民文学》提出非虚构写作是有直接关系的。非虚构写作与非虚构文学的概念是有区别的,非虚构文学在今天是必须跟报告文学切割的,这个切割并不是对立,就是每个人承担每个人的功能。

　　中国人民大学文学院梁鸿教授从写作《中国在梁庄》的思考出发,与纽约客标准化的非虚构写作相比较。作为写作者,应该不断依照自己的写作和写作对象之间的关系来建构文本,到底这个文本是什么概念,需要大家界定,而不是要按照非虚构标准来写作。梁鸿教授从写作《中国在梁庄》出发进一步探讨了非虚构写作的时代思想,就文学本身而言,非虚构写作激活了文学内部的某种自我禁锢,打破了各个学科的边界,是一个开放的、富于活力的写作形态。何平教授回应了梁鸿教授,指出讨论时代思想性对于文学平权特别重要,就是庶民能不能分享文学,非虚构写作实现了写作上的平权。梁庄能够进入公共视野变成公共议题,展现了非虚构的力量,它是向社会敞开的写作。

　　华东师范大学中文系项静副教授指出,对非虚构写作来讲,问题性是很重要的。非虚构写作还是有一定技术性的,写作的技术、叙事性是为了更高地抵达真实,不仅仅是纯粹的写作技术。清华大学社会学系杜月副教授认为,非虚构写作是一个从主体性出发的写作。做研究或者写作的时候涉及的问题是一个主体对另外一个主体的理解,它的条件是什么,这种条件是不是也会得到讨论,还是我们可以不去讨论这两个问题就进行写作。江西师范大学文学院王磊光讲师认为"非虚构"这个名称的产生本身就带有直觉主义的特征,"非虚构"概念的魅力可能恰恰在于它的含混性,有无限的探索空间。他还从现实文化的压迫感切入非虚构写作来进行探讨,提出了讨论非虚构写作与情感关联的问题,往往面临非虚构与虚构转换的情感变化,由此提出两种文学观念:一种很自我的个人主义的文学观念;一种以对象他者为中心的文学观念。清华大学社会学系严飞副教授从两方面讨论了非虚构写作的定义:一是非虚构写作写什么? 二是非虚构写作的写作者到底是谁在进行写作? 第一类写作者是新闻记者出身,第二类是庶人写作,第三类写作者是专业学者,在非虚构写作过程中加入研究反思,特别是研究方法的反思和讨论。其中,学者视角的反思是一种崭新的呈现。严飞副教授谈到非虚构写作与真实的两个问题:一是当"我"在或者"我们"在现场的时候就一定可以真实地记录吗? 二是在现场的记录就一定是有代表性的吗? 从社会学角度来说,他认为应该在写作过程中,在生命真实的故事当中挖掘背后的公共性,从更高的公共性的层面解剖背后社会时代性的结构性动因。

南京大学新闻传播学院周海燕教授认为非虚构写作是一种具有主体色彩的基于事实的写作,它最大的价值在于:一是区别于新闻真实、历史真实、法律真实所强调的去主体色彩的客观性。二是区别于虚构的文学,它是基于事实的。它非常重要的价值在于重建和共享现实意义的方式。一是通过私人写作,让自己个体的感知和经验感受被看见;二是通过讲述,让"我"和其他更多人形成共鸣和连接。周海燕教授还分享了口述历史建构的三重性。社会学的非虚构写作特别喜欢看到个体在大时代下的悲欢离合,个体经历怎么折射大时代的结构性动因,但是另一面反而是只见大历史,看不见小故事和个体爱恨情愁的差异性,这点来讲值得我们在记忆领域里进行反思。

中国社科院社会发展战略研究院田丰研究员谈到,社会学想做非虚构写作,面临最大的困境是真正找到社会问题之后,对它进行改造的力量不是来自社会学学科,而是来自整个社会。究竟怎么客观、准确、真实地表达我所观察到的东西,值得反思。他认为社会学在非虚构写作还原真实性方面需要做到四点:一是要还原现场;二是社会学更多要回到事实中;三是拓展社会学本身的逻辑;四是要警惕批判性的思维。

牛津大学社会人类学项飙教授认为,在公共科学中情感应该分析化处理。情感是社会生活的一部分,是人的经验很重要的一部分。情感本身就是素材,是需要分析的,日常生活里的情感肯定是有各种原因的,是可叙述的。但是学者要走得更远一点,不仅是叙述当时的情况,还要对方式本身作出分析,要对为什么在某一个场景下这个事情会让你产生那种情感进行分析。

论坛最后,项飙教授回应了相关学者的观点,进一步提出建构非虚构写作的具体方法,指出我们需要集体实践的引导和推进。本次论坛相关成果刊发于《探索与争鸣》2021 年第 8 期。

《探索与争鸣》举办"重访中国近现代都市文学与文化" 国际学术研讨会

6月26—27日,由上海市高校创新团队"都市文化与文学"、上海市高峰学科"中国语言文学"主办,由《复旦学报(社会科学版)》《上海师范大学学报(哲学社会科学版)》《探索与争鸣》协办的"重访中国近现代都市文学与文化"国际学术研讨会暨首届"都市文化与文学"研讨会第二场专题会议在上海师范大学成功举办。来自北京大学、复旦大学、南京大学、香港中文大学、香港科技大学、美国迈阿密大学、美国伊利诺伊大学香槟分校、日本首都大学、葡萄牙科英布拉大学等国内外高校的近百位资深专家和中青年学者,围绕着都市与空间、媒介、视景、声景、嗅景、地方文化、数字资源等诸多议题,通过线上线下会议结合的方式进行了广泛而深入的研讨。

会议开场后,来自澳门大学历史系的王笛教授和中国台湾的彭小妍研究员分别发表了主旨演讲。王笛教授的主讲题目为"都市文学与都市历史——关于真实性的讨论",着重讨论了都市文学与都市历史的关系,并从"历史的真实性""文学是有真实性的吗?""都市文学与都市历史"三个方面进行了深入探讨。彭小妍教授的题目为"何谓跨文化?——他者与自我的吊诡",从混杂交融的跨文化现象词语入手,对跨文化概念进行了深入的剖析,继而着重探讨庄子《齐物论》中吊诡的含义。

随后,大会围绕着"都市与空间""都市与媒介""视景、音景、嗅景""文本的旅行""都市的另面/危机?"五个主题展开了分组讨论。

第一组主题为"都市与空间",由《探索与争鸣》主编叶祝弟编审主持。首先,香港公开大学梁慕灵副教授报告了论文《行走的修辞学——论韩邦庆〈海上花列传〉和侯孝贤〈海上花〉的时间和空间流动》,从社会学有关空间、时间和流动性的概念入手,重新梳理了《海上花》与《海上花列传》两个文本之间的流动性变化和各种历史含义。随后,上海师范大学的董丽敏教授对此篇论文进行了讨论。接着,四川师范大学刘永丽副教授发表以《海派文学中的百货公司空间叙事》为题的报告,由中国艺术研究院李松睿副研究员对其进行评议。

第二组主题是"都市与媒介",由上海师范学院大学刘畅副教授主持。台湾"中央"大学蒋瑜娟老师发表《陶写性灵·侮圣渎经——从晚清上海〈春江花月报〉看小报的弄潮文艺》,复旦大学周雨斐老师发表《寅半生的游戏文章观与近代都市传媒风尚》,首都师范大学何旻老师发表《京沪间的媒介位移与再造的新文学:以鲁迅〈呐喊〉出版始末为中心》,三文分别由复旦大学李楠教授、上海师范大学刘永文教授、乐山师范学院廖久明教授进行评议。

第三组主题为"视景、音景、嗅景"，华中科技大学林翠云老师从嗅觉与都市文学的角度报告了《上海嗅景：气味与地方感塑造》一文；中国艺术研究院、中国文化研究所彭志老师则以《都会图景与画笔救国：〈时代漫画〉中的直言与隐义》为题，从视觉与都市文学的角度入手报告其研究成果。报告分别由吉林大学张涛副教授、北京师范大学—香港浸会大学国际联合学院徐曦副教授、上海大学石娟教授进行评议。

第四组主题是"文本的旅行"，由上海师范大学王小平副教授主持。美国伊利诺伊大学香槟分校王羽老师发表了题为"Renewed Urban Vitality in a New China A Trip through China's Touring Exhibition and Media Commentary in the United States"的论文，香港科技大学刘阳河老师以《"摩登红楼"：〈红楼梦〉在民国都市的滑稽改写与再生》为题报告了自己的研究。上海交通大学王宇平副教授、复旦大学罗书华教授对以上两篇论文分别予以评议。

第五组主题是"都市的另面/危机"，由复旦大学中文系李楠教授主持。南京大学徐璐老师发表了题为《都市现代性视阈下的革命主体及其危机——以左翼文学的工人叙事为中心》的论文，陕西师范大学李跃力教授对其进行评议；葡萄牙科英布拉大学周森教授的论文《佩索阿·戴望舒·现代文学与都市文化》则探讨了佩索拉的写作与里斯本城市写作的关系，由上海师范大学王小平副教授对其进行评议。

6月27日，华东师范大学中文系陈子善教授、上海师范大学人文学院杨剑龙教授相继发表主旨演讲。陈子善教授的讲题为《从近现代都市文学与文化研究的史料问题谈起》，杨剑龙教授则从都市文学的整体观出发进行讨论，主题为《中国都市文学与都市文学研究》。

其后，分组讨论继续展开。第六组主题是"海派文学再解读"，由上海师范大学何明敏副教授主持。复旦大学杨新宇副教授《书写都市：未竟缺席的海派诗歌》与华南师范大学咸立强教授《论创造社与海派》的报告，都是从诗歌与都市文学的角度切入，评议人分别为北京大学姜涛副教授和华东政法大学朱宏伟老师。此后，香港中文大学彭依伊老师与浙江工业大学左怀建教授进行了报告，复旦大学张业松教授就彭依伊的《论张爱玲〈半生缘〉的上海书写》，浙江省社科院郑绩研究员就左怀建的《中产趣味、都市空间与情爱书写——论令狐彗的小说创作》分别予以评议。

第七组主题是"近现代北方都市文学与文化"，由《探索与争鸣》屠毅力编辑主持。东北师范大学蔡译萱老师发表《伪满都市文学与欧美文学技巧的借鉴——以爵青为例》，日本首都大学大久保明男教授对此文进行了讨论，指出高屋建瓴的宏观叙事要和从细节入手的微观叙事更好地结合。中国海洋大学李莹博士发表《青岛书写与洪深创作的大众化转向》，山东大学国家玮副教授则从20世纪30年代电影工业的角度，提出了自己的理解和期待。

第八组主题是"近现代西南都市文学与文化"，由上海师范大学冷嘉副教授主持。四川师范大学王雪梅副教授的《同乡组织对近代都市文化建构的影响：从近代上海到陪都重庆》探讨城市文化发展的另类轨迹，上海师范大学蒋杰副教授对此篇论文进行评议。成都锦城学院(四川大学锦城学院)谢天开教授则发表了《成都竹枝词的复兴与成都城市空间及文化的嬗递》,上海外国语大学郑瑜女士对该文做出评议。该组最后一位发言人为西南大学张武军教授,其论文《地方北碚与"有声"的中国文艺》由清华大学王东杰教授进行讨论。

第九组主题是"新的宏大叙事与国际学术动向",由复旦大学中文系讲师王静主持。厦门大学徐勇教授发表了《"去文化化"视域中的城市文学及其理论问题》,同济大学王琼老师对此文做出了评议,也提出了自己的疑惑。上海师范大学陈昉昊老师的论文《地方性、文本现代性与"情":近五年海外现代中国都市文学与文化研究的三个路径》,引发了评议人南京艺术学院张德强副教授关于海外汉学研究的讨论。

会议闭幕式由上海师范大学黄轶教授主持,上海市高校创新团队"都市文化与文学"负责人董丽敏教授进行会议总结。本次会议不仅推动了中国近现代都市文学与文化研究向纵深发展,也极大地开拓了与会者的学术视野以及对各自研究领域和国内外最新研究状况的理解和把握。会议部分成果陆续在《探索与争鸣》上呈现。

《学术月刊》编辑部"法治视野下的国家、政府与社会"学术工作坊在重庆召开

7月10日，"法治视野下的国家、政府与社会"学术工作坊在重庆召开。会议由《学术月刊》杂志社、西南政法大学期刊社《现代法学》编辑部和《法律和政治科学》联合主办，西南政法大学行政法学院承办。来自《学术月刊》《高等学校文科学术文摘》、中国人民大学书报资料中心、《思想战线》《现代法学》等学术刊物的专家和来自上海交通大学、华东政法大学、中国人民大学、云南大学、吉林大学、厦门大学、中南财经政法大学、湖南大学、中共上海市委党校、河南大学、中央民族大学、西华大学、上海财经大学、西北政法大学、云南警官学院、山东大学、浙江大学、四川大学、兰州大学、重庆大学、北京大学、西南政法大学等高校、科研院所的60余位学者参加了此次会议。

开幕式由西南政法大学科研处处长、期刊社社长周尚君教授主持，西南政法大学党委常委、副校长唐力，《学术月刊》总编辑姜佑福致辞。

论题一："国家治理的技术维度与价值维度"

第一环节由《高等学校文科学术文摘》常务副主任沈丽飞担任主持人，《现代法学》主编赵万一、西南政法大学周尚君教授、陆幸福教授参与会谈。与会人员对相关问题做了深入讨论。中国人民大学侯猛教授作《党领导立法的制度格局——以全国人民代表大会为研究中心》的报告，关注社会主义法律体系宣告形成之后的研究和组织学的研究两个切面，同时考虑到党管立法研究与党管政法研究的不同，对党领导立法的制度格局进行考察。上海交通大学程金华教授作《法治国家、政府和社会建设的"一体性"》的报告，认为应当分别从宏观、中观和微观层面去理解法治国家、法治政府和法治社会建设的"一体化"，以及法治社会在整个法治国家建设中的"基础"作用。中国人民大学书报资料中心副编审王春磊作《透过标准的治理：信息化时代的资本、技术与法治》的报告，认为法学不能只关注技术，应当透过技术关注背后的资本，技术资本主义对法治造成了全方位冲击，在治理的路径选择上可以对标准进行一个制度性赋能，以资本治理为本重构价值标准。西南政法大学谭清值博士作《政府价值治理合法性：证成与实现》的报告，讨论了当前宪法法律上的核心价值观条款为政府价值治理供给合法性的问题。

论题二："中国共产党依规治党的历史逻辑、理论逻辑与实践逻辑"

第二场论题由华东政法大学于明教授主持,中共上海市委党校汪仲启副教授、河南大学贾永健副教授参与会谈。西南政法大学朱林方博士作《党章变迁的内在逻辑:1921—2021》的报告,从党章变迁的社会主义逻辑、民族主义逻辑与发展主义逻辑三条线索梳理党章百年变迁的内在逻辑。厦门大学魏磊杰副教授作《党内治理法治化的程度与限度》的报告,在论述了党内治理法治化的基础和必要性。中央民族大学助理教授邵六益作《政法体制的政治历史解读》的报告,从 20 世纪中国革命与国家建设的背景出发,为政法体制的形成提供一种融贯的解释进路——将政法实践置于中国现代化与国家转型之中,并且为政法体制的内在结构提供一种融贯的解读。

论题三："法治国家、法治政府、法治社会一体建设"

该环节由西南政法大学张瑞博士主持,《现代法学》副主编董彦斌、西南政法大学刘志伟副教授、西北政法大学许聪博士参与会谈。上海财经大学王宇欢博士作《地方人大改革试验授权的法治路径》的报告,从地方人大运用"决定"方式授权的合法性争议入手,指出"决定"仍然包含着合法性的契机,在摒弃形式上的合法性争论的基础之上,应通过充实决定程序和实质性内容来促进决定的正当性。中南财经政法大学刘杨副教授作题为《国家认证能力的实践困境与法治建构——从社区"万能章"问题切入》的报告,以社区"万能章"问题为经验切口,对国家认证的基层实践进行分析和探讨,指出行政审批体制的不足之处,反映出政府职能和运行的部分短板,在此基础上对法治政府建设的基础性环节形成反思和改进。西南政法大学梁西圣博士作《当代中国法治逻辑的转换:从宏大叙事到微观细描》的报告,认为法治的中宏观叙事只是法治的过程和环节之一,仅有这个过程和环节是不行的,应当转向微观细描,助力法治建设"自上而下"与"自下而上"的琴瑟和鸣,实现政治逻辑、经济逻辑和法治逻辑的良性互动。西南政法大学梁洪霞副教授作《关于备案审查结果溯及力制度的几个基础问题——与王锴、孙波教授商榷》的报告,以是谁有溯及力、对谁有溯及力、溯及力的后果是什么以及如何判断一个案件是否溯及这四个问题进行讨论,认为我国应充分考虑法治的长远目标与阶段性目标的辩证关系,构建"以不溯及既往为原则,渐进式的溯及既往为例外"的溯及力模式。

论题四："治理理论的发展脉络与治理实践的演进逻辑"

该环节由西南政法大学张瑞博士作为主持人,云南大学张剑源教授、中南财经政法大学于龙刚副教授、四川大学张潋瀚博士参与会谈。吉林大学社会学系刘威教授作《加码还是解码?——后疫情时期"码治理"何去何从》的报告,以一种技术—社会史的角度分析"码治理"的实践经验,对其未来走向进行了深度反思。山东大学崔寒玉博士作《国家权力配置原则的宪法动力学解释》的报告,探究了既有解释方法在阐释民主集中制原则上的不足,引入"宪法动力学"的解释方法来补足当前对民主集中制原则的规范释义,在此基础上探究民主集中制与国家治理体系现代化之间的关联,以及该原则在国家治理中的运作逻辑。重庆大学博士生晁群作《"执法"与"政教"之间:基层治安实践中的政治理性——以公安派出所的日常工作为中心》报告，以基层公安派出所的日常工作为对象，通过探讨基层警察如何处理纠纷，分析基层的行政组织及其成员使用的政治话语与行动策略，从而理解他们在基层治理中引导行动和塑造主体的"政治理性"。云南大学张剑源教授作《迈向法治化：公共卫生治理转型与路径选择》的报告，对我国公共卫生治理法治化的形成和发展过程进行讨论。除了吸收世界各国的先进经验，积极参与全球卫生治理外，我国在公共卫生治理法治化进程中实际上也不断创造着自己的经验。

《探索与争鸣》编辑出版《学术中的中国——庆祝中国共产党成立 100 周年》专刊

　　2021 年正值中国共产党成立 100 周年的重大时间节点。《探索与争鸣》编辑部自 2021 年年初起,经过近半年的精心策划、组织和编辑,于 2021 年第 6 期编辑出版《学术中的中国——庆祝中国共产党成立 100 周年》专刊,以内容丰富、装帧精美的学术专刊庆祝党的百年华诞。

　　《学术中的中国——庆祝中国共产党成立 100 周年专刊》以习近平总书记在哲学社会科学工作座谈会上的讲话中所提出的"学术中的中国"为思想指导,以时代为经,以学术为纬,分觉醒年代、革命年代、建设年代、改革年代和新时代五个阶段,撷取百年中国学术史的关键时刻、关键事件和关键人物,紧扣各个时代最主要的学术思潮和学术论争,勾勒出一幅中国共产党领导下的哲学社会科学事业蓬勃发展、欣欣向荣的壮丽画卷,被誉为一本缩小版的百年中国学术简史。在建党百年这一重要时间节点,《探索与争鸣》编辑部推出这本专刊献给党的百年华诞,力图承担新时代学术期刊应有的担当与使命,也是期刊人对党的出版事业和期刊事业的历史自觉,是历史使命和初心的情怀表达。《学术中的中国》力图从学术与政治、学术与时代关系等多个维度,展现和论证党领导下的百年学术史是马克思主义不断中国化的历史,是学术与时代紧密结合、"书生报国,始终如一"的历史,是学术、学人、学科联动,薪火相传、生生不息的历史。

　　专刊推出后反响热烈,获得各界高度评价。中共党史学会副会长、原中共中央党史研究室副主任李忠杰,中国社会科学院原副院长张江,中国期刊协会副会长李军,中国人民大学书报资料中心总编辑高自龙,全国高校文科学报研究会理事长、《北京大学学报(哲社版)》常务副主编刘曙光,中国社会科学杂志社副总编辑李红岩等出席专刊发布会,并对专刊给予了高度评价。专刊发布也受到了多家重要理论和学术媒体的关注。人民日报客户端、光明日报客户端、中新网、上观新闻、澎湃新闻、《解放日报》《文汇报》《中国社会科学报》《中国新闻出版广电报》等媒体对专刊进行了报道。9 月 14 日,专刊亮相第二十八届北京国际图书博览会(BIBF)中的"2021BIBF 精品期刊展",入选中国共产党建党 100 周年主题宣传精品期刊以及首届"方正电子"杯中国期刊设计艺术周入展期刊。

　　《学术中的中国——庆祝中国共产党成立 100 周年》专刊,是继《人工智能与未来社会》"五四·青年""抗疫与国家治理现代化》专刊后,《探索与争鸣》编辑部策划编辑的又一本专刊,也是近年来编辑部试图打破学科藩篱,践行当下性、公共性、跨学科、思想性办刊特色的重要尝试。《探索与争鸣》抓住建党百年这一时间节点,坚持以习近平新时代中国特色社会主义思想为指导,集结了一批有创见、高水平的哲学社会科学理论成果,通过专刊形式予以呈现,并结合系列学术活动,促进了办刊质量与社会影响力双提升。

《学术月刊》编辑部第九届边疆中国论坛在兰州大学举办

7月27日上午,由上海市社会科学界联合会《学术月刊》杂志社与兰州大学历史文化学院联合主办的第九届边疆中国论坛在兰州大学开幕。来自中国历史研究院、北京大学等研究机构及高校的40多位学者参会,会议以"线上+线下"相结合的方式举行,因疫情、台风、洪水等原因不能到场专家的改为线上发言。

边疆中国论坛,由上海市社会科学界联合会《学术月刊》杂志社发起并作为第一主办单位,以从事边疆史研究的有关学者为核心,联合社会学、民族学、人类学、国际关系等相关学科研究者,坚持学科交叉、古今贯通,首届论坛于2013年在上海举办。第九届边疆中国论坛以"环境资源·族群社会·历史演进"为主题,由兰州大学历史文化学院干旱区水利史研究团队具体承办。兰州大学具有从事中国边疆问题研究的悠久传统,在历史学、民族学、国际关系学等学科框架下皆曾取得重要成果。

《学术月刊》杂志社周奇编辑表示,研究中国边疆历史的来龙去脉、解释族群到民族的演变轨迹是举办边疆中国论坛的重要初衷;理解统一中国不断演进的历史脉络、呈现中华民族共同体形成发展的强大凝聚力来源,这一宗旨在历届边疆中国论坛中一以贯之。本次论坛增加了"环境资源"这一主题,则是意识到资源开发与环境变迁在边疆历史现实中的特殊重要地位,理应得到边疆研究者的更多重视。探讨边疆学有关理论是论坛的重要方向,围绕不同边疆区域具体问题的研究是历届论坛中各类论文的主体,本届论坛亦不例外,大抵围绕东北及海疆、西南、西北三个区域展开,也讨论域外要素对西北边疆借鉴与影响作用。

在圆桌会议讨论时间。诸位学者围绕边疆族群观念的形成演化、边疆研究中学术与现实的关系、筑牢中华民族共同体意识等问题展开热烈讨论。最后,上海市社会科学界联合会党组成员陈麟辉研究员对各位学者表示感谢,对《学术月刊》杂志在支持推动中国边疆问题研究方面的努力表示充分肯定,祝愿边疆中国论坛越办越好。本届论坛承办方代表、兰州大学历史文化学院干旱区水利史研究团队负责人张景平研究员在答谢辞中表示:感谢边疆中国论坛给予不同学科学术同仁一个开展前沿讨论的舞台;"边疆"既是学术研究的对象,也是学术研究的范式,在诸多研究领域中均有回响。

《探索与争鸣》编辑部举办"《学术中的中国——庆祝中国共产党成立 100 周年》专刊暨《探索与争鸣》第四届（2020）青年理论创新征文成果发布会"

8 月 2 日,《学术中的中国——庆祝中国共产党成立 100 周年》专刊暨《探索与争鸣》第四届（2020）青年理论创新征文成果发布会在上海社会科学会堂举行。原中共中央党史研究室副主任李忠杰,中国社会科学院原副院长张江,中国期刊协会副会长李军,中共上海市委宣传部副部长、上海市新闻出版局局长徐炯,上海市社联党组书记、专职副主席权衡等出席会议并作致辞和重要发言。市社联党组成员、专职副主席任小文主持开幕式、揭幕和颁发成果证书仪式。

市社联党组书记、专职副主席权衡表示,《学术中的中国——庆祝中国共产党成立 100 周年》专刊具有重要意义,彰显了年轻编辑团队的开拓精神和理论敏锐,是上海社联庆祝中国共产党成立 100 周年、推动哲学社会科学事业发展的重要举措之一,在庆祝建党百年的学术画卷上,必将留下生动的一笔。第四届青年理论创新征文以"技术创新与文明重构:新问题与新挑战"为主题,引导了青年学人围绕技术创新在当代社会引发的新现象、新需求、新问题,做深度、前瞻、独立的学理研究,也很好地把刊物特色和支持学术人才结合在一起,实现刊物发展和学人成长相互促进。希望《探索与争鸣》再接再厉,认真学习贯彻习近平总书记相关重要讲话精神,进一步提高政治站位,确保期刊的政治方向和出版导向正确;进一步树立精品意识,不断推动期刊高质量发展,助力构建中国特色哲学社会科学,持续推进刊物与优秀学术人才共成长。

中国期刊协会副会长李军认为,在庆贺建党百年这一重要时间节点,《探索与争鸣》推出《学术中的中国——庆祝中国共产党成立 100 周年》专刊献给党的百年华诞,既体现了新时代学术期刊的担当与使命,也反映了期刊人对党的期刊事业的自觉自为,更展示了学术媒体人的初心情怀表达。专刊刊首语中"尽书生报国之志,百年如一",是一个报刊人、出版人的精神映照、思想共鸣!党的百年历史告诉我们,党的理论建立和发展,与马克思主义在中国传播密不可分,党的理论是在风云激荡的形势变化中,不断丰富、不断成熟、不断发展。当前,我国哲学社会科学任务更加繁重,哲学社会科学期刊使命在肩、责任重大,迫切需要哲学社会科学工作者更好发挥思想引领和理论建设作用,迫切需要哲学社会科学出版工作者坚定履行"举旗帜、聚民心、育新人、兴文化、展形象"使命任务。坚定政治方向、坚持正确导向,加强内容建设、壮大主流舆论,推动理论原创、繁荣学术发展,创新话语方式、扩大对外交流，拓宽传播渠道、深化知识服务，加强人才培养、夯实发展基础，深度融合发展、全面引领创新。

中共上海市委宣传部副部长、上海市新闻出版局局长徐炯表示，学习贯彻习近平总书记"七一"重要讲话精神，是当前和今后一个时期的重大政治任务和头等大事，上海社科界在这方面负有特殊的职责。上海学术期刊出版单位要以习近平总书记"七一"重要讲话精神为指引，努力实现高质量发展，高扬思想旗帜，突出问题意识，回应时代关切，应对现实问题，坚守学术本位，运用学术话语，尊重学术发展规律，推动理论创新和学术建构。新时代上海的学术期刊实现高质量发展，要做强码头、激活源头、勇立潮头。上海的社科理论界、出版界和学术期刊界要从增强上海城市软实力新高度、新站位，认识和推动这件事情。《学术中的中国——庆祝中国共产党成立 100 周年》专刊的出版，充分体现了回望百年、薪火相传的学术传承。《探索与争鸣》第四届青年理论创新征文成果的发布，更显示出《探索与争鸣》是给全国哲学社会科学的青年学者提供了一个学术研究成果发表的平台。

在发布仪式上，中共上海市委宣传部副部长、上海市新闻出版局局长徐炯和上海市社联党组书记、专职副主席权衡共同为《学术中的中国——庆祝中国共产党成立 100 周年》专刊和配套的《陈望道与〈共产党宣言〉》藏书票、《学术中的中国》印章揭幕。

随后，《探索与争鸣》编辑部作《学术中的中国——庆祝中国共产党成立 100 周年》专刊编辑情况及第四届（2020）青年理论创新征文情况报告。

报告指出，《学术中的中国——庆祝中国共产党成立 100 周年》专刊主要围绕一条主线即中国共产党领导下的百年学术简史展开。专刊以时代为经，以学术为纬，分觉醒年代、革命年代、建设年代、改革年代和新时代五个阶段，紧密围绕各个时代关切的问题，着力勾勒出一幅中国共产党领导下的哲学社会科学事业的发展图谱。

报告显示，《探索与争鸣》编辑部从缘起、过程、思路、特色四个方面进行专刊策划。2021 年适逢中国共产党成立 100 周年，《探索与争鸣》作为一本以思想温暖学术、学术关怀现实为主要特色的学术期刊，努力以简洁、大气而生动的方式呈现中国共产党领导下百年学术事业发展成就。专刊体现了一条主线、两个层面、三个维度：一条主线是中国共产党领导下的百年学术简史；两个层面是做到"学术中的中国"与"中国中的学术"相辅相成；三个维度是马克思主义中国化并深刻影响中国学术的历史，中国学人"尽书生报国之志"的历史以及学术学人学科联动的生命史、心灵史。

报告对《探索与争鸣》第四届青年理论创新征文进行了全面分析。征文活动体现出如下特征：一是论文写在祖国大地上，人与时代成为学术研究终极关怀；二是跨学科趋势明显，积极践行中国学术话语体系创新；三是学术"内卷化"问题亟待解决，学术生态有待进一步改善。

随后，华东师范大学中文系教授、教育部长江学者青年学者王峰代表征文活动评委发言。南京大学学衡研究院助理研究员于京东代表入选作者发言。王峰表示，中国学术需要青年，青年研究者一代更比一代强，中国学术才有希望。作为一家具有学术深度又关注理论前沿的杂志，《探索与争鸣》近年来一直助力青年学人成长。这次征文评选体现出青年学人勇敢无畏的精神，希望青年学人沿着自己的学术兴趣，形成自己的学术风格，成长为优秀学者，同时将自己的研究不断推广和深化，使中国学术在世界学术的版图中占据重要位置。于京东认为，《探索与争鸣》支持青年学人的一系列计划，为青年学人的健康成长提供了学术支撑。第四届青年理论创新征文"技术与文明"这一议题紧扣时代脉搏，因为技术进步是当下百年未有之大变局的一大特征。新技术的出现已经超越了简单的知识生产，带来全新的文明形态。我们可以从技术的历史去探讨人的历史，探讨技术与人的历史。

在征文成果发布环节，上海师范大学副校长陈恒教授、上海市出版协会会长胡国强、上海市期刊协会会长王兴康、上海人民出版社党委书记王为松、华东师范大学哲学系赵修义教授、解放日报社党委副书记周智强、南京大学政府管理学院院长孔繁斌教授、南京大学学衡研究院副院长李恭忠教授、南京大学政府管理学院政治学系主任王海洲教授为获奖者颁奖。

《探索与争鸣》举办"躺平主义多维分析学术研讨会"

　　继"佛系""内卷"之后,"躺平"成为网络年度热词。"躺平"不妨看作是年轻人以自嘲来抵御生活压力和调试心态的一种方式,但其所折射的阶层固化、社会流动不畅等问题则必须引起高度重视,需要全社会形成合力,拿出对策。为研讨上述问题,8月2日,由复旦大学哲学学院、《探索与争鸣》编辑部、《广州大学学报》、"复杂现代性与中国发展之道"课题组主办的"躺平主义多维分析学术研讨会"在复旦大学召开。来自复旦大学、华东师范大学、南京大学、苏州大学等高校的专家学者围绕"躺平主义脉络论分析""躺平主义整体论分析""躺平主义情调与意识形态分析"等议题进行交流研讨。

　　研讨会上半场,华东师范大学许纪霖教授首先发言。他认为最典型的躺平是属于90后一代的特殊现象,是"后浪"文化的一种表现。他从世代更替的角度,来考察作为90后一代典型形态的躺平现象。当下的躺平者有三种不同的形态:虚假的躺平主义者、积极的躺平主义者与消极的躺平主义者。大多数躺平者只是"身躺心不平"的消极的躺平主义者,社会应当积极行动,让更多的躺平者重拾信心,重新看到希望。

　　复旦大学熊易寒教授用社会学的分析模式,对于躺平背后的阶层问题、社会流动问题等进行了论述。"躺平""内卷"跟社会结构的变化相关,从一个扁平社会到一个精细分层社会,社会阶梯变得越来越长,这种社会不平等会加剧人们的竞争性,带来焦虑心理,最后导致形成阶层间的分化。

　　华东师范大学朱国华教授将躺平定义为一种心境状态,它意味着甘居下游、对失败的承认和对通行社会游戏规则的放弃。躺平的声音交织着历史的投影、人性的奥秘和现实的挫败,应该采取措施来改善躺平主义借以滋生的社会条件。

　　上海财经大学陈忠教授指出,就表面来看,躺平是一种偏消极的社会情绪。不妨给它做一个相对的历史定位,把握历史的脉络和未来。我们应该努力发现真正代表时代精神的概念,顺势而为。

　　复旦大学哲学学院院长孙向晨教授提出,躺平是部分年轻人对于社会现象背后结构的一种不满的表达。面对这样一个结构,它可能走向自身的调整,也可能形成某种对结构的冲击。

　　复旦大学郁喆隽副教授认为,从整体论的思路来看,躺平是一个社会现象,它不能被还原为一个个人心理动机的产物,也不是个人选择的叠加,而是社会整体的一种阵痛,或者说是某特殊时段社会失范的一种外在表达。躺平不可能呈现为一种齐一的内在主义或者理论,而更多是互联网上的表达符号;它也不是一种明晰的生存策略,甚至也不可能转化为一种统一的生活方式。

复旦大学汪行福教授以"作为合成症候的躺平现象分析"为题,指出躺平是复杂的意义场,包含着不同的诉求和含义:首先,躺平意味着闲暇和自由时间,这也是人类生活的基本要求;其次,躺平主义部分地表达了人们对工业化社会的生产主义、消费主义的不满,表达了调整人与自然、人与他人以及人与自身关系的积极愿望;最后,躺平反映了当前社会亟待解决的突出问题。

会议下半场,复旦大学王金林教授围绕躺平主义是否具有正当性、抵抗性乃至主体性展开讨论。他指出,躺平不具有真正意义上的正当性;躺平主义实质上只是一种边缘性的生存方式,不仅不具有抵抗性,而且难逃寄生性与依附性;个体在躺平状态中并未自我充实,而是把自我虚无化。

复旦大学张怡微副教授以"文学视角下'被贬义的身体'的多元考察——浅谈'躺平'、'内卷'、'废、垮、剩'及其他"为题,在百年视角下聚焦身体,考察了身体对国家、个体家庭的博弈如何呈现,废柴、死宅包括剩女,其实都属于这种对于身体的贬低。退出内卷、呼喊躺平即正义带有了亚文化的特征,被贬义的身体就在族群内部呈现出更强的社会性意义,具有非常历史时段的深意。

南京大学成伯清教授认为"前行即正义",对于"躺平"进行了反思。成伯清教授呼吁我们应该多在生产组织和分配领域关注青年的状态,借助调节性理想赋予奋斗的个体以价值和意义。在这种理想的引领下,前行即正义,而躺平则不是。

山东师范大学张丽军教授以"从佛系到躺平:新世纪'潘晓问题'的现实表达与多维阐释"为题,指出从佛系走向博弈,从躺平走向站立,我们需要的是新时代的新青年,是顶天立地的新青年,是从五四走来的新青年。今天的青年依然要从民族文化中汲取营养,寻找突围的道路。

苏州大学马中红教授认为,今天的社会加速已经成为一种不再需要外在驱动力的自我推动系统,人与社会已经形成了双重循环加速系统,改变了人与社会、时间、空间以及自然的关系。在加速的压迫下,躺平只是一种极其无力的抵御。

广州大学吕鹤颖讲师指出,刻意减速的躺平并不能为青年代际提供有效的对抗时间加速的思路。躺平青年只是个别青年代际的自我摹写,社会中更多的是"勇敢牛牛不怕困难"所引发的破圈与共鸣。

《广州大学学报》主编陶东风教授指出,当前网络热词研究普遍存在内涵不清晰、分析抽象化等问题,研究"躺平"等网络流行语及其传达的重要信息,躺平作为一种社会/集体心理现象流行于今天,正说明它并非全人类的普遍心理现象,也不是在中国的任一历史时期都可能流行的集体情绪,而是特定时期带有时代特色的情感结构,必须纳入深入的社会分析尤其是制度分析才能抓住要害。

本次研讨会围绕"躺平"的不同形态、心境状态与现实基础、所包含的诉求和群体情绪、可采取的相关措施等问题进行深入研讨,希冀通过对躺平现象的理论反思,洞察中国社会心态的最新变化,提出应对之道。会议主要成果刊发于《探索与争鸣》2021 年第 12 期,主题为《"躺平":回应姿态、社会心态与生存样态》。

《探索与争鸣》举办"缩小三大差距:高质量发展与共同富裕"圆桌会议

　　9月15日,《探索与争鸣》编辑部、中国社会科学院—上海市人民政府上海研究院与上海市人民政府决策咨询研究基地袁志刚工作室共同合作,召开"缩小三大差距:高质量发展与共同富裕"圆桌会议。会上,专家学者围绕"如何在做大蛋糕的同时进一步地分好蛋糕"这一主题,从"共同富裕目标实现的三部曲",即如何促进"橄榄型社会"的形成、如何推进城乡一体化发展、如何解决区域均衡发展,展开了深入的学术交流。

　　上海市社联党组成员、二级巡视员陈麟辉研究员,中国社会科学院科研局副局长、中国社会科学院—上海市人民政府上海研究院常务副院长赵克斌,复旦大学经济学院教授、教育部长江学者特聘教授袁志刚在开幕式分别致辞。

　　在六个主题研讨环节,与会专家学者以高质量发展与共同富裕为核心命题进行了内容丰富的讨论。从如何缩小收入差距、城乡差距与区域差距、共同富裕与三次分配、共同富裕与公共产品均等化、阶层差异与橄榄型社会、共同富裕与数字经济等角度,讨论了共同富裕的深刻内涵以及如何深入推进共同富裕建设。

　　全国人大常委、全国人大社会建设委员会副主任、中国社会科学院学部委员、中国社会科学院—上海市人民政府上海研究院院长李培林教授,将共同富裕总结为三个"不是"和三个"是",对"共同富裕"这一概念作了清晰的阐释。第一,共同富裕不是我国历史上"均贫富"的口号。第二,共同富裕不是返回我国改革开放前所存在的平均主义,而是建立在有利于发展生产力,有利于提高资源配置效率和劳动生产率,有利于调动广大人民群众的生产积极性和创造性的基础之上。第三,共同富裕也不是一种空想的理想状态,在社会分工不断深化的条件下,共同富裕将是有差别的"共同富裕"。针对共同富裕的三个"是",首先,共同富裕是中国特色社会主义的本质要求,是改革开放以来我国经济社会发展一直追求的目标。其次,共同富裕是中国式现代化的重要特征,是需要我们付出极大努力不断扎实推进才能实现的目标。最后,共同富裕是我国高质量发展的重要内容。

　　浙江工商大学校长郁建兴教授从共同富裕的理论内涵与实践路径进行了阐释。首先,关于共同富裕理论内涵的理解,不能停留于乌托邦,而需从现代公共政策来看待。发展性、共享性和可持续性是共同富裕的三大特征,其中共享性必须满足正义的原则。通过补偿和矫正制度性因素导致的不平等,让全体人民有机会、有能力均等地参与高质量经济社会发展,并共享经济社会发展的成果。关于共同富裕的实践路径,制度设计需要满足激

励相容与制度匹配这两大原则。具体而言,需要充分发挥市场机制,牢牢抓住经济发展之
根本;充分发挥行政机制,紧紧围绕统筹协调之关键;充分发挥社会机制,激发共同富裕的
内生动力;充分发挥文化机制,同步推进物质富裕与精神富足;充分发挥数字治理机制,成
为共同富裕新的支点;构建多维评价指标体系,使之成为共同富裕的测量仪。

上海交通大学安泰经济与管理学院黄少卿教授围绕"全民基本收入"(UBI),讨论了
UBI对实现共同富裕可能带来的启发。黄少卿教授指出 UBI 和传统政府转移支付项目
的不同点,主要包括三方面:(1)UBI 针对的是全民,且对受益者没有任何标准要求;
(2)UBI 不是事后的,且通常是现金形式;(3)对于有工作能力的人而言,UBI 与受益者是
否工作或是否返回工作没有任何关系。这些区分使得 UBI 相比传统社会保障有明显
优势。

清华大学社会学系李强教授讨论了"怎样理解与实践共同富裕"的话题。在未来共同
富裕的高水平时期,中等收入群体要占到全体居民家庭的 80% 以上,形成橄榄型社会分
配结构,我国目前与此水平还有不少差距。因此,扩大中等收入群体至关重要。针对如何
实现共同富裕,他提出了三个基础条件。第一是强大的经济基础,强调我国的共同富裕是
在社会财富有巨大发展基础上的共同富裕。第二是制度保障,实现共同富裕必须要完善
相应的收入分配制度、三次分配制度和社会保障社会福利制度。第三是理想信念基础,共
同富裕是建立在全民族理想信念基础之上的,本质上是一种很高道德基础上的理想信仰,
是"老吾老以及人之老,幼吾幼以及人之幼"的理念追求。

北京大学经济学院夏庆杰教授以改革开放以来中国是如何富裕的为切入点,从集体
主义与开放社会等角度深入探讨了富裕起来的原因以及如何进一步富裕。首先从历史脉
络梳理的角度看待中华民族集体主义的由来,接着从儒家文化的发展角度来理解共同富
裕这一概念的发展。隋唐时期建立起来的科举制度成功实现了社会流动,使得社会经营
有序、人才不断地进入国家体系。改革开放以来"开放"一词的含义得到了更大程度上的
丰富,无论是教育权的开放、医疗保障制度以及土地所有制度的发展,还是对外开放与世
界接轨等开放社会的建设与发展,都成为中国发展的强大动力。因此开放社会是我们摆
脱贫困与实现发展的重要原因。

上海大学社会学院张海东教授从结构分析的角度出发,探讨如何促进共同富裕。在
我国贫富差距呈现出多维二元结构性特征,最早是城乡二元结构,然后是区域结构以及体
制内外二元结构等。在这种多维二元结构下,以往的制度安排在利益分配上具有明显的
倾向性特点。他基于社会学已有的研究从两个方面分析了这种结构在一定程度上导致贫
富差距扩大的机制。一是行政化资源分配机制,二是市场化资源分配机制。要实现共同
富裕的远景目标,必须推进深层次的结构性改革,破除多维二元结构。

复旦大学六次产业研究院王小林教授讨论的题目是"实现共同富裕的东西部协作机
制"。东西部协作是推动区域协调发展、协同发展、共同发展的大战略,是实现共同富裕目
标的大举措,已经有 25 年的经验积累。自 1996 年起至今,我国已形成了东西部协作的政
治制度和经济制度,具体包括推动东西部扶贫协作的中央和地方关系,以及地方政府之间
协作的政治制度,"援助+投资+贸易"的经济协作体系,以及东西部间的横向财政转移支

付制度。未来面向共同富裕的目标,东西部协作所面临的挑战主要有三个:一是援助如何有效向合作共赢转型;二是怎样发挥东西部的两个比较优势;三是如何树立一种"企业共同富裕价值投资观"。

浙江大学社会治理研究院沈永东教授以区域协调发展为例,深入剖析了社会组织推动共同富裕的体制机制。传统公共管理以政府为核心,由政府来全权统筹和开展公共事务的开展。改革开放以来,市场机制被重新带入我国公共管理变革和制度安排,新公共治理则更多地强调由公民与社会组织等社会力量合作供给公共事务,由此将社会机制带入公共管理,实现了政府单一主体管理向多元主体共治的发展转型。根据社会组织与不同治理主体(政府、企业、社会组织等)之间的关系,可将社会组织推进区域协调发展的协同机制分为社会组织与政府跨部门合作的合法性机制,社会组织与企业跨部门合作的市场撬动机制,社会组织与政府、企业跨部门合作的网络机制等三种类型。从制度设计、协作平台搭建、培育发展社会组织等多方面,构建社会组织推进区域协调发展的政策支撑体系。

浙江大学社会治理研究院李实教授以"缩小收入差距,实现共同富裕"为题,从为什么要推进共同富裕、实现共同富裕的主要挑战、如何完善收入分配的基础性制度这三个方面进行分析。共同富裕作为一个长期的发展目标,需要解决包括收入差距与区域差异在内的一系列发展不平衡问题,收入差距过大的问题是首要问题。共同富裕面临的挑战取决于对共同富裕的标准的认定,在消除绝对贫困之后更应该关注相对贫困问题,在收入差距之外还应该关注工资差距与财产差距。

南京大学商学院刘志彪教授从产业经济学的视角出发,重点分析了收入分配问题。中国的收入分配问题在很大程度上与长期实施的赶超战略有关。其基本逻辑是在资源匮缺的条件下,为了赶超西方发达国家而采取增长赶超战略,必须采取牺牲局部、突出重点的非均衡倾斜措施,试图通过某些关联性强的产业发展,带动整个经济增长。由此必然极大地影响国民收入分配。增长速度赶超型的产业政策由于长期偏好数量增长,相对忽视了中小企业,而且偏好生产领域的投资,财政支出更多地向发展型财政倾斜,公共性财政支出比重较低。要实现共同富裕,需要纠正速度追赶型产业政策,促进其向质量效率赶超型产业政策转型。

华东师范大学经管学部葛劲峰助理教授重点关注数字经济的发展与共同富裕的关系。数字经济发展对收入分配的影响主要体现在三个方面:首先是要素的相对价格的变化,尤其是"技能溢价";其次是岗位的极化,很多岗位会因自动化与人工智能技术的发展而消失,即技术替代人的问题;最后是零工经济的问题,数字平台经济发展过程中,出现了一种新的劳工关系,就是零工经济。三大变化在某种程度上倾向扩大而不是降低收入差距,因此,如何在数字经济社会促进共同富裕是中国未来的一大挑战。从经济学上说,"技能溢价"体现了科技和教育的赛跑,数字科技进步提高了对高技能劳动者的需求,扩大收入差距;教育则增加高技能劳动者的供给,降低收入差距。数字经济下实现共同富裕的核心在于,提供足够的高技能劳动者,在初次分配中就通过缩减"技能溢价"解决分配问题;其次,技能极化问题的解决同样离不开教育,技术替代了旧有劳动者但也创造了新的岗位,而教育能够使劳动者更好地适应新的岗位;最后,零工经济无法提供稳定的劳动雇佣关系与良好的职业发展路径,需要全新的制度建设来促进劳动保护与社会保障。

复旦大学经济学院袁志刚教授主要从实现充分就业到实现高质量就业的维度,深入探讨如何通过公共产品的均等化来推进共同富裕的建设。收入差距扩大是当今世界人类面临的共同挑战,其中既有市场经济的激励机制、全球化下产业链分布、垄断性权力带来掠夺性收入等全球共性化因素,也有不同的政治制度、税收制度、财政支出安排等各国个性化因素。在现阶段,分好"蛋糕"的前提还是要继续做大"蛋糕",而做大"蛋糕"本质上是坚持走劳动生产率提高的道路,需要将中国经济做大"蛋糕"的基础建立在实现充分就业与高质量就业之上。不仅要在经济增长中实现充分就业,而且要在经济结构转型中实现高质量就业,其中的关键在于公共产品的均等化。公共产品均等化是二次分配的核心内容,也是社会主义市场经济的重要标志。同时,城市化与区域一体化是中国经济增长、做大"蛋糕"的又一次红利。

中山大学社会学与人类学院蔡禾教授从最低工资标准出发探讨了兜底的底线公平问题。"兜底"体现了民生保障的底线公平价值。兜底涉及市场、政府与社会,初次分配的兜底表现在政府为市场制定的最低工资标准,二次分配的兜底表现在政府主导的民生公共产品供给,三次分配对助力兜底有重要作用,但三次分配的自愿性决定了它不可能成为强制性、统一性的兜底制度安排。这些年来,我国各城市最低工资标准的绝对值有所增长,但最低工资占职工平均工资的比例却持续下降,这意味着贫富差别在不断扩大。兜底是要兜住一个社会实现人的生存与发展基本需求的底,兜底的底线标准不是纯粹物理或生物的,而是随着社会文明发展尺度变化的。兜底的底线水平与经济发展和财政可持续能力相关,也与公平正义的价值相关。现阶段贫富差别的扩大受到知识经济时代财富分配特征、产业链所处位置以及工人集体谈判能力等因素的制约,这更需要政府在兜底中发挥更大的作用。

复旦大学马克思主义研究院陈琳副教授从社会思潮、分析哲学、社会科学等角度回顾了围绕共同富裕与发展问题的研究,认为从学术研究的角度看,在高质量发展中促进共同富裕,需要在马克思主义的指导下,推动哲学社会科学不同领域的融合研究。当代中国具有社会主义的制度优势,也具有马克思主义中国化的方法论指导,这为我们解决这一世界性历史难题提供了基础。

上海大学李友梅教授以"全体人民共同富裕与人民共同体"为题,从宏观视域和多学科视角对于中国式共同富裕进行了诠释。共同富裕是中国共产党的历史初心,党与人民在推进共同富裕的现代化道路上,结成了命运相依的人民共同体。人民共同体彰显了党的领导与人民利益的高度统一,既构成了实现共同富裕的结构保障,又是共同富裕的必然结果。这种于共同富裕进程中孕育人民共同体的实践逻辑体现出,全体人民共同富裕绝不只是经济增长的要求,更关乎人的全面发展和社会全面进步,因而关系中国特色社会主义制度优越性、关系人民根本利益和执政党的政治基础。

华东师范大学哲学系赵修义教授结合特定历史情境,提出了对"共同富裕"这一概念的理解。共同富裕不是一个新的概念,而是随着时代发展和社会进步不断发展完善的,在现阶段其内在含义已经发生了深刻变化。研究共同富裕需要深刻了解中国社会现状,要立足于中国社会的现实,并在理论上作出清晰易懂的概括。对于舆论强调慈善是现阶段实现共同富裕的方法,需要谨慎而辩证地看待。

浙江大学文科领军人才刘涛教授从西方福利国家中产阶层版图变迁的视角,对共同富裕进行诠释。共同富裕是一个政治概念,与之相近的学术概念是西方福利国家。尽管多数西方福利国家在 1990 至 2010 年整体财富水平在上升,但是中产阶层规模出现了缩减,低收入群体和高收入群体扩张。收入极化带来了社会极化与政治极化,引发意识形态极化和民粹主义的忧虑。吸取这些国家的教训,我国推动共同富裕必须要建设强流动性社会。我们要做的不是单纯拔高现有的社会福利待遇,而是深化改革,不断破除阻碍社会流动、隔绝上升通道的制度约束和障碍,实现社会阶层持续向上的流动。

清华大学社会科学学院社会学系何晓斌副教授以县域城市的共同富裕和实证探索为题,从县域基层治理的角度提出了推进共同富裕的途径。中国实现共同富裕,需要最终落实到县域的共同富裕上。以县域为落脚点展开共同富裕,首先可以推动工业化、市场化、城镇化、信息化基础上的县域经济发展,以及推动基于互联网的新经济新产业发展,而返乡创业人员农民工和大学生这两大群体是乡村振兴和共同富裕的领头雁;其次需要推动农村土地制度等相关改革,推广包括轮岗制度在内的各种人才下乡的制度措施;最后要大力发展县域高等教育,增加县域的公共产品供给,发挥第三次分配的作用,推动县域经济和社会高质量发展。

改革开放 40 余年以来,我国不仅在经济建设上取得了举世瞩目的成绩,而且在脱贫攻坚这一世界性难题上取得了胜利。与此同时,当前我国尚处于社会主义初级阶段,收入差距、城乡差距以及区域差距这"三大差距"决定了我国实现共同富裕目标的长期性和艰巨性。明确共同富裕的要点,锁定共同富裕的重点,打通共同富裕的堵点,是当务之急。因此,在中国共产党成立 100 周年与"十四五"建设开局之年这一具有重要历史意义的时间点上举办此次会议,可谓适逢其时。会议部分成果刊发于《探索与争鸣》2021 年第 11 期"圆桌会议"栏目,主题为《要点、重点与堵点:从脱贫攻坚到共同富裕》。

《探索与争鸣》举办"非虚构写作与中国记忆—— 文学与历史学跨学科对话"

    9月25日,《探索与争鸣》编辑部与杭州师范大学人文学院共同举办"非虚构写作与中国记忆——文学与历史学跨学科对话"论坛。这是"非虚构写作与非虚构中国"系列论坛的第二场活动。来自杭州师范大学、中国人民大学、复旦大学、浙江大学、南京大学、华东师范大学、南方科技大学、中国社科院等高校和研究机构的多名专家学者,聚焦非虚构写作的话语与意义、历史与叙事、记忆与真实等维度,展开交流研讨。

    会议第一场由杭州师范大学斯炎伟教授主持,主题为"非虚构写作的跨界特征"。南京大学孙江教授首先发言,题目为"非虚构写作的二义性"。他从历史哲学的角度,对非虚构的缘起进行分析,认为非虚构写作是与如何应对后现代的挑战有关的,对此他称之为对抗"虚吾主义"的产物。非虚构写作重视叙述者在重构事件中的作用,这恰是历史学可借鉴的;而虚构作为方法所彰显的修辞和至高真理,也在提示历史学切不可忘记书写的初衷。

    福建社会科学院南帆研究员发言题为"虚构与非虚构关系的再思考",从文体和话语的角度,对虚构和非虚构的关系进行思考,他认为文体是有规约的,力量是有暗示性的,并提出了历史话语的种种复杂性,历史话语虽不等于真实,但是很多时候我们需要这种貌似真实的叙述。

    广州大学陶东风教授以"从主观真实、有条件的客观性到现实——关于见证文学的真实性与非虚构性的思考"为题,他由"大屠杀"的分析和书写来谈这个话题,关于大屠杀的非虚构书写在西方一般叫作见证文学,他引入有代表性、经典性的相关文本来解读见证文学的真实性与非虚构性的问题。

    杭州师范大学郭洪雷教授发言题目为"看取历史的距离及其他——非虚构历史叙事的三个问题"。他联系当下的一些文学现象、社会实践,呼吁除了文学和历史的角度,我们可以多倾听一些哲学的建议。

    南京大学韩伟华副教授发言题为"非虚构写作的跨界特征——以斯塔尔夫人的跨界写作为例",认为虚构与非虚构之间的关系是很模糊的。在某种意义上,斯塔尔夫人就是在近代转折点的时候,用自己独特的写作和生命历程来体现出跨界写作的特性。

    会议第二场主题为"非虚构写作与历史叙事",由《探索与争鸣》主编叶祝弟主持。

    中国人民大学梁鸿教授发言题为"非虚构写作的历史视野"。发言谈到了作者的权力问题——谁在叙述,这其实是非虚构写作中的一个核心问题。她以《叫魂》分析孔飞力是怎样来呈现清朝的内部社会制度的,以及一个历史学家是怎样得出结论的。写作者拥有权力,要谨慎运用权力,要找到历史叙述的逻辑,而不是简单地去作一个判断。非虚构写作的一个重要意义不在于我们真的揭示了所谓的客观真实,客观真实是无限深远的,而在于考察我们的情感真实是怎样被塑造出来的,这可能更具有现实性。

复旦大学姚大力教授的发言题为"非虚拟纪事中的虚拟:历史学角度的感想"。他从几部有关成吉思汗的非虚构和虚构的文学类作品谈起,论述了非虚构创作与其他非虚构写作的区别,提出在两条"不可以做什么"的刚性界限之间,非虚构创作到底可以从事什么样的"创作"? 这种创作到底有多大的空间? 这样的文学探索正是非虚构与文学之间的张力能产生无限神秘性和吸引力的原因所在。

浙江大学孙竞昊教授以"'虚构'与'非虚构':叙事史学的张力与纠结"为题,指出历史作品中写实的逼真与文学的浪漫,并非简单的虚构与非虚构的二元对立。文学与史学的分野不在于虚构与非虚构。叙事体裁中文学艺术品格的运用,有虚构性,也有非虚构成分。历史的真实性不会因虚构的使用而消散,而叙事史学通过虚构与非虚构的使用不断延展其张力,致力于社会进步。

华东师范大学孟钟捷教授的发言题为"关于史学著作非虚构性方面的思考"。他指出,关于"非虚构性"的讨论有助于史学做进一步的学科反思。首先,虚构性、非虚构性和真实性的关系,事实上是存在变化的。其次,个体取向与整体取向之间的关系值得关注。最后,他围绕史学叙事的承继与传播等问题,提出历史科学的新生代承担者自然也应提高在大众中传播史学认知的实践能力。

中国社会科学院陈福民研究员的研讨题为"历史叙事与非虚构的真实性问题"。他认为非虚构文学之所以在今天这样引人关注,有很多人愿意去身体力行地实践,背后的原因可能是它本身就具有某种症候性。它其实在另外一个层面表征了我们的虚构文学可能出了问题,在这个意义上,非虚构文学可能是一个方向。今天的历史学家如果为我们的非虚构写作中出现的某些突破真实边界的倾向进行辩护,似乎也情有可原。如何追究、限定和讨论非虚构写作中的真实性边界,肯定是见仁见智的问题。

会议第三场主题为"非虚构写作中的中国记忆",由《探索与争鸣》编辑屠毅力主持。

中国作协书记处书记吴义勤教授认为,非虚构写作首先不是一个文体概念,当然它提出的背景可能是针对文体的,主要来自文学界的三重不满。非虚构写作实际上也鼓励一种跨界的表达,不能仅从文体的角度去思考非虚构,一旦把非虚构作为一种文体,它的意义也就被弱化了。在理解上保持相对性和弹性,或许可以敞开更多有关文学和精神的难题。

中国人民大学杨庆祥教授认为非虚构写作更多是提供一种方法论意义上的启示。既然非虚构不是一种文体,它只是一种方法论,或者甚至只是一种观察视角或者认知世界的可能性,那么就涉及非虚构和虚构的关系。

南方科技大学王晓葵教授以"事件的真实与记忆的表象"为题。他指出中国记忆是一个公共记忆,不是一个个体的生命体验的记忆,所以它应该在公共空间被呈现、被表象,它在成为我们集体记忆的一部分。其次,关于事实与意义的生产问题,任何经验性事实的意义在呈现的时候,往往是一个多重意义的选择性表达。

杭州师范大学徐兆正讲师以《温故一九四二》为例,探讨非虚构写作的一些叙事特征及其如何呈现"中国记忆"的问题。他认为非虚构小说只是新历史主义在文学领域的一个通俗版本。如《温故一九四二》这篇"非虚构小说"的叙事特色,可归结为三点:时空体叙事;历史素材的反差呈现;强烈的批判色彩。针对建构一种多层次的"中国记忆",《温故一九四二》提供了类似的启示,那就是历史不单由权力主体构成,其中也应当容纳着世俗主体的日常。

在圆桌对话环节,与会专家学者围绕本次主题进行了热烈讨论,纷纷提出独到观点。华东师范大学李孝迁教授认为不管是文学还是史学,不管是文体还是方法,都不宜太强调非虚构这个写作形式,而是要对史料与历史文本保持一种警觉。一个有生命力的历史作品必然是由虚入实的,历史学同文学一样,两者是殊途同归,都是想增进对人性的理解。姚大力教授认为非虚构文学的意义在于当主流的文学创作被格式化的时候,一定会有另外一种表达方法来补充这个格式化,来承担前者没有能够担当起来的这个功能。洪治纲教授认为文学以一种非虚构的方式介入社会,呈现了被主流意识话语屏蔽的真实。非虚构写作也在不断地介入历史,我们如何去回应虚构和非虚构的界限,需要我们思考。南京师范大学何平教授认为非虚构写作有一个出场的背景,应该是把各种各样的声音建构一种实践性和对话性的产物。

中国的非虚构写作力图以行动介入生活,以写作介入时代,回应时代的需求,展现出宝贵的探索精神和广阔前景,也面临着艰巨的任务。探寻时代大潮中的浪花,既需要真诚执着的态度,也需要广泛结合各方面的智慧,这是不同学科共同面对的课题,也是此次会议的意义所在。本次会议主要成果刊发于《探索与争鸣》2021年第4期。

刊业中心两位同志分获"上海出版人奖"和"上海出版新人奖"

上海市委宣传部和市人社局组织公布了 2021 年"上海出版人奖"和"上海出版新人奖"评选结果,《探索与争鸣》主编叶祝弟获 2021 年"上海出版人奖",《学术月刊》副总编盛丹艳获 2021 年"上海出版新人奖"。

叶祝弟,《探索与争鸣》杂志主编、编审。作为国家社科基金资助期刊最年轻的主编之一,他带领一支"80 后""90 后"编辑团队,锐意进取,守正创新,以"思想温暖学术、学术关怀现实"为宗旨,以跨学科研究为基点,以专题策划为抓手,拓展了期刊、论坛、新媒体、丛书、青年五位一体的综合性学术期刊新思路,刊物学术影响力和社会影响力与日俱增。在国家社科基金资助期刊考核中,蝉联优秀;2019 年,被评为"世界学术期刊影响力指数 Q1 区期刊";2018—2020 年,蝉联人大复印资料转载指数全国社科院、社科联学术期刊第三名。

叶祝弟和其团队始终坚持与时代同行,积极介入思想现场和学术争鸣,善于团结学界为解决时代难题提供理论方略。编辑部率先策划和组织了"重识中国与世界""人工智能与未来社会""中国社会心态研究"等系列专题讨论,形成了系列具有重要影响力的决策参考成果。2020 年 4 月推出的"抗疫与国家治理现代化"专刊,为时代留下了一份珍贵的"学术抗疫记录";2021 年 6 月推出的《学术中的中国》专刊,以简洁而生动的笔触勾勒了中国共产党领导下的百年学术图谱,该专刊入选"中国主题精品期刊"。近年来,编辑部以各种形式扶持青年学人,推出"青年学人支持系列计划",举办全国青年理论创新奖,近百位青年学人获奖,多名青年学人入选国家级重大人才工程。此外,"探索与争鸣杂志"微信公众号总阅读量超过 1400 万人次,被公认为最有影响力的学术期刊微信公号之一。

叶祝弟先后获得国家新闻出版广电总局嘉奖(2013)、华东地区优秀主编(2018)。

盛丹艳,《学术月刊》杂志副总编辑、副编审。她多年深耕《学术月刊》哲学栏目,坚持以学术精品力作打造品牌栏目,注重栏目学术积累,着力推出具有引领性、创见性、前沿性的学术力作,所编发的论文曾荣获高等学校科学研究优秀成果奖(人文社会科学),多篇获全国各省市哲学社会科学优秀成果奖。

盛丹艳在选题策划上注重推进基础性哲学理论问题和学科前沿课题的研讨,关注哲学学科发展的深层次问题。组织刊发"现时代的中国哲学:担当与使命""后合法性时代的中国哲学学科""诠释学与当代中国哲学学术"等多组专题和笔谈,并较早关注到国内哲学界提出的"汉语哲学"新概念及其蕴含的重要理论意义,组织刊发"汉语哲学:可传达性及其限度"专题和相关论文,促进对中国哲学主体性等重要问题的关注与探讨,引起学界关注。多篇文章被《新华文摘》《中国社会科学文摘》《高等学校文科学术文摘》和"人大报刊复印资料"等二次文献传播平台转载和转摘,产生了很好的社会反响。此外,整个哲学栏目在"人大报刊复印资料"哲学学科转载量排名中连续多年名列前茅,在全国人文社科综合性学术期刊中一直位列前三,数次位列第一,在全国哲学界具有重要的学术影响力。

盛丹艳还注重研究人文社科学术期刊办刊规律,发表相关研究成果,其撰写的《当代中国人文社科学术期刊融合发展的困境与出路》获 2019 年华东地区期刊出版研究论文一等奖。

《探索与争鸣》举办"文学与公共生活:第五期上海—南京双城文学工作坊"

　　10月16日,由《探索与争鸣》编辑部与复旦大学中文系联合主办的第五期"上海—南京双城文学工作坊"在复旦大学举行,主题为"文学与公共生活"。会议由南京师范大学文学院何平教授、复旦大学中文系金理教授、《探索与争鸣》主编叶祝弟联合召集。

　　参与本次会议的有《花城》特邀主编朱燕玲,作家路内、郭爽、杜梨、双翅目、三三,作家兼学者黄灯,诗人陈年喜,剧作家温方伊,批评家兼学者、《扬子江文学评论》副主编何同彬,巴金故居常务副馆长周立民,《思南文学选刊》副主编黄德海,《思南文学选刊》副主编方岩,《上海文化》副主编张定浩,《上海文化》编辑木叶,华东师范大学中文系教授黄平,江苏省作家协会创研室副主任韩松刚,上海大学文学院教授张永禄,清华大学社会学副教授严飞,华东师范大学中文系副教授项静,上海师范大学中文系副教授朱军,复旦大学中文系青年研究员康凌,南京大学文学院特任副研究员李倩冉,上海大学文学院讲师汪雨萌,《探索与争鸣》编辑屠毅力,以及"真实故事计划"创始人雷磊,腾讯科技有限公司游戏策划李汉符等。拥有写作、研究、出版等众多不同身份背景的与会者,围绕文学与公共生活的议题进行深入研讨。华东师范大学中文系教授黄平、《扬子江文学评论》副主编何同彬、华东师范大学中文系副教授项静为工作坊主持。

　　《大地上的亲人:一个农村儿媳眼中的乡村图景》《我的二本学生》作者、学者黄灯认为,个人经验是可以和公共经验对接的,关键在于个人是否可以代表一类群体。70后从小见证了各种中国变革,个人经历和时代是同步的,所以社会上的每一个进程都会在他们这代个体身上打下深深的烙印。

　　在陈年喜的理解里,"文学与公共生活"中的"公共生活"不应该是热点生活。中国之所以成为诗歌的国度,是因为普通人是通过诗歌去认识历史,认识时代,认识世道人心的。在诗歌之外,陈年喜还创作非虚构作品,他的非虚构写的就是自己经历过的、见证过的、思考过的生活。

　　曾在《南方周末》等媒体从事特稿写作的雷磊深以为然。2016年,他正式创立了非虚构自媒体平台"真实故事计划"。希望推动非虚构的大众化——更多人写,更多人读。同时,他希望提供一个被现有严肃文学忽略的渠道和平台,帮助更多普通的写作者一直写下去。

　　《思南文学选刊》副主编黄德海则提出:"文学还是不要过多地干预公共生活。"文学固然与公共生活有关,但有关的必须是自己感受最深的那部分,它其实拓展了公共生活的某一点,而不是刻意与公共生活建立同谋或者过于友好的关系。

在写小说之前做了十余年媒体人的郭爽则认为:新闻写作也算是一种非虚构。文学不是一个需要仰视,也不是一个需要拯救的东西,它就存在于很多的日常角落里,是每个人很平常的一种存在。

《穿透:像社会学家一样思考》作者、清华大学社会学系副教授严飞认为社会学家首先应该是一个讲好故事的人。说故事的人的职责,是创造更多的空间,让不可见的事实真相变为可见的,同时在不可理解的背后,不断地挖掘理解的可能性。

工作坊召集人、复旦大学中文系教授金理则借鉴阿伦特"公共生活就是城邦"的说法,将公共生活看作窗外的世界:窗户好像暗示着一种眺望,窗内的私人领域的文学与窗外更广大的世界构成一种什么样的关系,则是我们今天值得去展开的话题。

在《上海文化》副主编张定浩看来,公共生活并不代表公众生活或大众生活,所谓的公共生活很重要的一部分是由广场构成的,而不是单单由许多普通人的故事构成的。做文学的人,要做的事是让自己成为公共生活的一部分,而不是去想象一种站在我们对立面的公共生活。

江苏省作家协会创研室副主任韩松刚提出:现在所谓的公共生活很多是"伪公共生活",或者说是"被异化的公共生活"。非虚构写作就有一种强烈的公共意识,但这是一种"片面"的公共性,因为它面对的往往是一种个体被压制、价值被抛弃、秩序被损坏的生活样态,但那并不能代表真正的公共生活。

《上海文化》编辑木叶认为,真正的公共生活其实是无处不在的,它是这个世界的超级链接,和无数的人、事、物无限勾连,不要迎合也无法躲避。每个人都自然而然地携带着一人份的公共生活,而一个书写者的才华就在于为之赋形。这个赋形的过程也是发现自身的过程——首先是发现自身的局限,包括发现自身的"不敢",以及"不能"。

在巴金故居常务副馆长周立民看来,公共生活里的文学形象或者说公众对文学的期待十分重要,"冒犯"则是其中一个要素。最有活力的文学,往往都是冒犯的文学。冒犯一是对文学自我的冒犯,一是对公共生活的冒犯。若从"正典文学"的角度去谈,当下的文学已缺乏某种冒犯。

《思南文学选刊》副主编方岩认为,谈论"文学与公共生活",意味着文学的公共性在当下处于某种缺失状态中。公共性本是自然属性、今天的文学缺乏公共性,不是外部环境造成的,而与文学内部环境有关。

工作坊召集人、南京师范大学文学院教授何平认为,从 20 世纪 90 年代开始,五四新文学谱系的文学越来越疏离公共生活,尤其 21 世纪以来,再难出现 20 世纪 80 年代那么多现象级的文学作品。今天的文学表面上拓展了边界,但是以流量为中心的泛文学写作也在稀释五四新文学的传统。如何重建多层次、多向度的文学和公共生活的对话性,值得我们更多的思考。

上海师范大学中文系副教授朱军指出:中国人的公共生活是以个人成长的情感纽带为中心向外拓展的,因此,中国人介入公共生活方式不在虚无缥缈的理性宣讲,也不是直接简单的政治性介入,而是从情感本体出发的一种感化和温暖,本质上是一种润物细无声的方式。

上海大学文学院教授张永禄则从创意写作的角度来谈。创意写作的一个基本理论就是人人都能够成为作家,这一理念正是通过文学的方式,让更多的大众能够参与公共生活。那么他们就是在文学的公共生活之中,他们正在创造文学的公共生活,正在创造文学的世界。

《探索与争鸣》编辑屠毅力博士对会议进行总结。文学的公共性是一个流动的话题,这种流动性不仅在于纵深性的历史向度,也在于现场的每个人之间。同时,在新媒体时代,文学批评应在一定程度出离过往印刷文化下文本中心主义的一些成规,而将文本的整个传播过程,读者、作者共同构建文本的机制等纳入考察范围。

《探索与争鸣》举办"小说观念与学者小说创作高峰论坛"

　　10 月 16 日，由上海市高校创新团队"都市文化与文学"、上海市高峰学科"中国语言文学"主办，《探索与争鸣》协办的首届"都市文化与文学"国际学术研讨会第三场专题会议暨"小说观念与学者小说创作高峰论坛"在上海师范大学举行。来自复旦大学、上海师范大学、华东师范大学、上海大学、同济大学、上海外国语大学、华中师范大学、西北师范大学、苏州大学、深圳大学、南昌大学、浙江传媒学院、香港浸会大学、美国耶鲁大学等海内外专业学者与小说家，以及来自《探索与争鸣》《文汇报》《解放日报》的编辑等，围绕"学者小说探索的新路与困境"等议题，展开了深入广泛的研讨。

　　会议开幕式由上海师范大学杨剑龙教授主持，上海师范大学人文学院院长查清华，中国作协书记处书记、中国小说学会会长吴义勤，陕西师范大学教授、高等研究院院长李继凯，海外华文文学著名作家周励致辞。杨剑龙教授表示，学者加入小说创作已成为当代文坛的一种文学现象，可以分析探究不同的小说观念与学者小说创作之间的关联，深入探讨学者小说创作的长与短，评说学者小说创作的特质及其在当代文学发展中的成就与贡献。查清华院长介绍了都市文化研究中心与"都市文化与文学"创新团队取得的丰硕成果。吴义勤书记在致辞中表示，许多学者涉足小说创作成果颇丰，已经成为当代小说创作的风景线，文学研究与文学创作的壁垒被再次打破，能够给予我们新的启示。李继凯教授认为，这次会议以实际的行动为学者、小说家创造了独特的创作"群"，会使"学者小说"得以彰显，各位学者要经过酝酿和积累不断地促进学者小说的文化磨合。周励详细介绍了她的作品《亲吻世界》，表示文学是黑暗隧道中最后的那点光亮，她的创作就是要把它抓在手、捧在胸。

　　大会发言由苏州大学汤哲声教授主持，华东师范大学殷国明教授评议。华中师范大学晓苏教授提出，好的小说兼具意义与意思，学者小说要克服叙事的缺陷，将传统与现代统一，将内容与形式统一，将艺术与情感统一，从而创作出令人回味无穷的作品。美国耶鲁大学苏炜教授阐释了他写作的"后知青三部曲"的后知青叙事背后的"大"主题，认为好的作品在未来具有绕不过去的特质，背后一定要有宇宙本体、人性本体的机制。苏州大学教授、小说家房伟认为 20 世纪 90 年代之后出现了雅俗互动的新的动向，对纯文学的书写方式有很大的刺激。他的长篇小说《血色莫扎特》，将雅文化的思想性与通俗性结合，进行了一种新的尝试。深圳大学教授、小说家南翔指出学者应将思考与观察体验结合起来，不应该放弃自己对于生活的观察和体验,而应不断地探索"新"主题的表达。香港浸会大学副教授、小说家葛亮从小津安二郎、小川三夫两位日本作家入手,表述小说对于"物"的描写的感悟。华东师范大学教授殷国明对如上发言进行了评点。他认为这个时代呼唤"大"的文学英雄,呼唤精神界的"战士",告别媚俗的时代,进而呼唤小说英雄的出现。同时他还指出,当今世界趋于封闭,小说最大的魅力就是让大家阅读体悟、欢聚一堂。

上午的圆桌会议由华中师范大学教授、小说家晓苏主持,由上海师范大学刘忠教授进行评议。苏州大学汤哲声教授提出中国当代文学呼唤学者通俗小说,学术精英小说的圈子越来越小,当下的创作必须面对社会、面对读者。文学报社原社长、总编陈歆耕认为学者小说暴露的问题是将太多的思考放入了作品中,用概念代替了原本的故事性,小说需要回到应有的位置。复旦大学栾梅健教授认为学者的创作意识不能刻意追求雅俗共赏,应有精神的高度,学者小说要分众化、小众化。上海大学郝雨教授提出通俗文学可以从精英文学中吸取完整的结构、融入个体生命,将通俗的传统文化与人的文学融合在一起从而完成人的构建,并认为通俗文学也有可借鉴性,如故事性、虚拟的表达方式等。文汇报高级编辑王雪瑛从"创作时代与自我追寻"的角度探讨了学者小说创作,学者小说作家从事创作已经带来了一种文本阅读后的一个回想,是对当代小说的一个创作的思索追问,是在探索当代小说艺术新的可能性。上海师范大学朱军副教授指出"忧郁"是一个现代性的词汇,忧郁代表着一种知识分子特有的神圣的灵魂病,代表着一种主题性的内在投射,是本体论意义上的一种解释。上海师范大学刘忠教授进行评议,认为参与讨论的学者从学者小说的本体、学者小说的风格、接受度这三个方面展开,在热烈中有冷静思考。

下午的圆桌会议由同济大学教授、小说家张生主持,由复旦大学栾梅健教授和西北师范大学教授、小说家徐兆寿进行评议。上海大学教授、小说家葛红兵从以往存在的三种话语视角的互相冲突关系,谈到文学的本质问题,并探讨"故事"与"事件"之间的关系。同济大学教授、小说家张生以自己的小说集《乘灰狗旅行》为出发点,探讨"美国神话"与"美国梦"的破碎。"作家访问的不是世界,而是访问自己",访问世界的过程就是访问自己精神世界的过程。复旦大学教授、小说家王宏图认为学者小说的提出源于现今小说遇到瓶颈期以及对文学精品的渴望。观念性和技巧性强的小说可能缺少一定的观赏性和阅读性,因此在小说创作实践的时候,在原本的小说叙述方式上进行一定拓宽是可行的,但并不建议完全颠覆古老的固有的叙述方式。西北师范大学教授、小说家徐兆寿提出学术与作家、学者与作者、人与世界的三对关系,主张应该回到古老的学科合一的状态,重新思考文学应该怎么办。浙江传媒学院教授、小说家刘业伟以"启蒙""创意""媒介"为核心关键词,认为从"五四"至今关于小说革命的问题实际是小说的雅俗之变的反复,文学的发展伴随着表达方式的变化,但文学的创意是不变的。复旦大学栾梅健教授对该组发言评议,认为学者进行创作的体会对当代小说的创作有所启发,学者能够将自己的生活和学术经验上升到文学层面的创作经验。上海师范大学教授、小说家杨剑龙主张讲述有意思的故事。南昌大学教授、小说家袁萍以《我的大学写作》为话题,从美国电影中涵盖性别冲突、种族冲突、情感冲突,指出小说创作同样需要生活的广阔性、情感的复杂性,学者小说的丰富多样性应该是被允许的。同济大学教授、小说家万燕指出学者的文学创作会利用小细节和大符号对小说故事进行建构,学者小说需要关注学养、智商和道德问题。西北师范大学教授、小说家徐兆寿评议了以上的发言,他认为写作和人生必须有意思,女性作家创作的"小众性"和"单数性"有存在的必要性。

南昌大学李洪华教授以《社会转型时期的学者小说》为题作主题发言,指出学者小说拥有久远传统,也存在着明显问题,而伴随着学者小说的大量出现,学者小说研究也会蓬勃发展。上海师范大学刘畅副教授认为学者小说与非学者小说的区别在于学者小说的作者是某领域的研究专家,贯穿作品中的是知识分子对于自我、历史和精神的反思及问题意识。复旦大学博士后战玉冰认为学者小说的概念存在着模糊性,并从小说创作身份、小说题材等角度对学者小说进行解读。在评议环节,上海师范大学黄轶教授认为,在学理层面对于学者小说概念下定义是必要的,学者小说是一种现象,是值得研究的问题,学者小说也会因为新的冲击碰撞而焕发新的生机活力。

与会者在自由讨论环节发言踊跃,文学博士、小说家唐墨以作家的身份表达了自己对写作的纯真热爱,她在写作中感受到了理想主义的情怀、丰富了视野并坚定了自我生命的独立立场。王雪瑛对上午的发言进行补充,阐述了作者在小说创作中的自我,以及小说文本中的个体等相关问题,为与会者提供了一种关于学者小说的新的理解方式。王宏图教授和葛红兵教授也发言表达了关于学者与小说创作二者之间的复杂关系。最后,杨剑龙教授向与会者提出了一个新的问题:不管是学者小说,还是作家小说,今天到底如何叙事?

闭幕式上,上海大学教授郝雨作总结发言。他指出,学者小说拥有合法身份必须进行在学术层面实现概念的界定,除创作主体之外的其他视角都应被关注。在对学者小说下定义的基础上,发觉学者小说的特征,形成概念体系,文学创作应该拥有不同的类型,但是必须有所规范,研究才能真正得到基本认可。

上海市社联党组领导召开专题座谈会调研《学术月刊》《探索与争鸣》两家编辑部工作

11月下旬，上海市社联党组领导召开专题座谈会调研《学术月刊》《探索与争鸣》两家编辑部工作，王为松、陈麟辉出席。

《学术月刊》杂志总编姜佑福汇报了编辑部的总体工作以及2022年纪念创刊65周年系列学术研讨活动的筹备情况。近年来，《学术月刊》秉承"扎根学术、守护思想、深入时代"的办刊理念，在保持转载、引用等客观评价数据高位运行的基础上，积极拓展学科布局，从传统以文史哲经四大学科为主转向马克思主义理论和文史哲政经法社等人文社科主干学科全覆盖，同时着力提升编辑队伍的政治和业务水平，在学界和刊界取得较好反响，2021年荣获中国出版政府奖期刊奖。各学科责任编辑积极交流发言，畅谈学科栏目和期刊发展的近期规划。

《探索与争鸣》编辑部主编叶祝弟详细汇报了2014年以来的工作情况。多年来，《探索与争鸣》杂志形成了集期刊、智库、论坛、新媒体、丛书与青年学人扶持计划于一体的现代学术媒体多元发展新格局的办刊架构，制定了聚焦五大文明领域、围绕八点方略打造"有学术的思想"的办刊路径。他还就编辑部的发展瓶颈与未来设想进行了汇报。

王为松对两家编辑部的工作及取得的成绩给予充分肯定，他表示，编辑部全体人员要牢固树立大局意识和阵地意识，要将刊物的发展与我国哲学社会科学事业的发展紧密结合起来。他对两本刊物未来的发展提出四点希望，一是选题要回应时代重大问题，努力推进学术繁荣与发展，同时要考虑议题的传播性；二是在数字化大潮下，要积极思考传统纸质期刊发行的转型升级，通过微信公众号等新媒体建设，进一步扩大期刊的社会影响力；三是积极支持青年学人，凝聚一批有学术潜力的青年学者，同时鼓励编辑练好内功，在各种学术论坛上发出自己的声音；四是编辑部内部继续保持团队合作意识，外部积极谋求与各领域专业机构的合作，做强论坛等衍生品牌。

《学术月刊》《探索与争鸣》编辑表示，将积极对标市社联党组的要求，主动作为、查找差距、认真落实、团结一心，力争办刊工作再上一个新台阶。

《学术月刊》编辑部"多元文明与中华民族"跨学科学术研讨会在上海召开

12月4日—5日,上海市社联《学术月刊》杂志社联合复旦大学历史系举办的"多元文明与中华民族"跨学科学术研讨会于上海举行。通过线上线下相结合的方式与来自全国各高校的历史学、考古学、人类学和民族学等学科中青年学者济济一堂,与会者从各自研究领域出发研讨多元文明与中华民族形成的关系,重点探讨3—9世纪中古中国各民族的文明交流与融合。市社联党组成员陈麟辉研究员和复旦大学历史系分党委书记刘金华分别到会祝贺。

大会分主题报告和小组研讨。来自蒙古师范大学民族学人类学学院的纳日碧力戈教授、复旦大学历史系韩昇教授、复旦大学史地所张晓虹教授、上海大学历史系徐坚教授分别作大会主旨发言,从不同学科的视角切入多元一体的中华文明的发展进路。

中华早期国家、多元文明的交流与融合是本次会议所展示的一个重要方面,中古中国是民族交流与融合的重要时期,本次会议的讨论比较侧重在这两个民族大交融时期。本次会议为跨学科研究的学术会议,有多学科的专家学者参与乃至文理交叉,他们以问题为导向,运用多种技术和收到解决历史问题。特别是运用科技考古手段考察中华文明的生态环境、物质和族群起源的历史。科技考古与跨学科合作的研究是分子生物学技术引人历史研究。借助考古资料、墓葬遗骸的体质人类学、DNA分析,为研究古代民族提供了新的路径。这些学术研究和梳理,丰富了3世纪到9世纪民族研究的问题域。在促进学术交流的同时,更深入发掘了"多元一体"民族观的历史依据,为铸牢中华民族共同体意识提供了学术支撑。

《探索与争鸣》编辑部召开 2022 年选题务虚会

　　12 月 13 日,《探索与争鸣》编辑部召开 2022 年选题务虚会。上海市社联领导王为松、陈麟辉出席,华东师范大学教授赵修义、复旦大学教授李宏图作为特邀嘉宾线上点评。会议由陈麟辉主持。

　　会上,《探索与争鸣》主编叶祝弟首先代表编辑部汇报了 2021 年办刊情况,过去的一年,在市社联党组领导下,在社会各界大力支持下,编辑部全体编辑始终坚持服务国家和时代大局、坚持做有学术的思想的办刊定位,努力在学术影响力、决策影响力和社会影响力方面取得新的突破。2022 年,编辑部将继续守牢政治底线、把握政治方向,集专家智慧、发时代先声,优化学术生态、推动学术争鸣。各学科编辑也结合期刊风格与学科特点,畅谈新一年各自专业领域的选题方向与发展设想。

　　王为松充分肯定了编辑部取得的成绩,并对刊物新一年的工作提出三点要求:一是强化意识形态责任制,始终坚持正确的舆论导向,深入开展习近平中国特色社会主义思想的学理化研究和阐释工作;二是坚持走特色化之路,坚持"思想温暖学术,学术关怀现实"的办刊定位,始终聚焦时代问题,回应时代关切,团结更多学人把论文写在祖国大地上;三是大力支持青年学人,继续落实好优秀青年学人支持计划,服务和引导青年学人走出书斋、走出学科、走向社会,为深度阐释和凝聚中国经验贡献青年力量。

　　在专家点评环节,赵修义建议编辑部要着眼于"当今世界处于百年未有之大变局",思考变局的潮流与方向,思考变局中的稳定性和逻辑性,呼吁回归基础性知识和常识性问题的讨论。李宏图建议刊物可以把中国的学术声音带入全球思想文化的场域当中,重新思考市场与社会、市场与国家的边界等元话题。

《探索与争鸣》举办"全过程人民民主和人民代表大会制度"理论研讨会

　　12 月 27 日,由上海市人大常委会研究室、上海市社会科学界联合会主办,上海市社联《探索与争鸣》编辑部承办的"全过程人民民主和人民代表大会制度理论研讨会"在市社联召开。来自上海、天津、南京、杭州等地的专家学者与上海市人大常委会研究室和长宁区的相关同志,围绕中央人大工作会议精神,就全过程人民民主和人民代表大会制度的理论阐释、制度推进、具体实践等问题展开了深入的学术交流。

　　市社联党组书记、专职副主席王为松致欢迎辞,上海市人大常委会研究室主任刘世军致辞并通报市人大有关工作计划。王为松在致辞中谈到,上海是"全过程人民民主"的首提地,现今正在打造全过程人民民主的最佳实践地。针对相关问题,不仅要从学术理论研究上展开充分研究和讨论,也需要从立法工作和基层实践方面深入研究。上海市人大常委会研究室主任刘世军在致辞中指出,上海得风气之先,引领了这次全过程人民民主的研究和讨论,无愧于上海作为全过程人民民主首提地的荣光和责任。而这次学术研讨会,也是对学习贯彻中央人大工作会议精神的一次学术界的呼应。在百年未有之大变局下,中华民族实现伟大复兴,要走好现代化的新道路,对人类政治文明作出更大贡献,发展全过程人民民主非常有必要,正当其时。今天讨论全过程人民民主这个主题,要放在中国共产党成立一百年与百年未有之大变局这两个一百年大背景下深入研讨。

　　会议上半场为专家发言环节,由市社联党组成员、二级巡视员陈麟辉主持。下半场为专家讨论环节,由上海市人大常委会研究室主任刘世军主持。复旦大学国际关系与公共事务学院陈明明教授指出,今天谈论民主仍然离不开民主的古典含义,即公众参与、多数决定、人民统治。全过程人民民主中的多数决定有"多数决""多数商"两个含义。在中国,"多数商"发挥着重要的作用,协商民主形成的意见和作出的决策,体现了真正的多数决定。其中,人大协商是协商民主需要积极发展的重要内容,人大要贯彻全过程民主,在使用多数票决的同时,应该把多数协商作为民主过程的重点和重心。

　　中国政治学会副会长,上海交通大学、上海行政学院程竹汝教授围绕"民主的实践形态与民主话语权"发言,指出讨论全过程人民民主这个概念,要放在中国宏大历史的背景之中。全过程人民民主就是把民主的主体属性和民主的实践特征融合为一体的范畴。

　　南京大学政府管理学院院长孔繁斌教授指出,发展全过程人民民主已经成为新时代中国特色社会主义民主政治建设的一项重要内容,也是中国式现代化新道路中的重要议题。他围绕着理论定位、权利结构、发展过程、学术研究四个方面进行了深入阐释。

上海市政治学会会长、复旦大学国际关系与公共事务学院桑玉成教授分析了全过程人民民主研究需要进一步关注的九个议题。我们必须把全过程人民民主视为一种"进行式"要求和"操作性"命题,按照全过程人民民主的价值和理念,制定切实可行的目标和实施方案,使我国的政治发展在全过程人民民主的价值和理念推动下得到新的进展,不断提高人民群众在政治生活方面的获得感和满意度。

解放日报社党委副书记、高级编辑周智强指出,对于全过程人民民主,可以从三个视角展开研究。一是中国共产党百年发展的历程,二是全过程人民民主的实践过程,三是中国参与全球治理的过程,将这三个形态统一起来,真正地体现全过程人民民主对人类民主共同价值的坚持、坚守以及决心。

中国政治学会副会长、天津师范大学政治与行政学院院长、教育部长江学者特聘教授佟德志从本体、程序、关系领域、理论等方面对中国的全过程人民民主与西方的单过程选民民主作了系统比较,并指出全过程人民民主的优势在于能够以理论宣传赢得中国人民的信任,目前面临的最大挑战是怎么对外讲好中国的民主故事,让西方人理解中国的人民民主。

浙江大学公共管理学院郎友兴教授认为,全过程人民民主有三个核心概念:全过程、人民、民主。"全过程"和"人民"都是用来修饰"民主"的,核心还是回到民主的概念。民主政治需要空间载体,空间载体的拓展是发展全过程人民民主的重要增长点。要积极推进实体空间和网络空间两类空间载体建设,拓展空间载体的多样化,打造和强化已有空间载体的民主元素,加强空间载体的制度化建设。

上海市委党校教务处处长赵勇教授提出"引入数字化理念,夯实全过程人民民主的载体"。在全过程人民民主的实践中,需要数字赋能来提升全过程人民民主的载体,让它的运营实践更加丰富。

华东政法大学政治学与公共管理学院汪仕凯教授指出,人民民主的主体是人民。中国共产党的重要任务就是把民众聚合起来,成为人民这个整体。只有通过全过程人民民主实践,才能把民众聚合成一个整体,让人民民主更加具有竞争力。

华东师范大学政治与国际关系学院杨建党副教授指出,政治文明存在以观念和精神为主要内容的政"知",以根本制度、基本制度与重要制度为主要内容的政"制",以国家治理现代化为主要内容的政"治"等三个形态,并以此为视角,指出人大在发展全过程人民民主的重要作用。

华东师范大学政治与国际关系学院王逸帅副教授以超大城市作为考察对象,分析了人大的作为以及如何推进治理,并指出超大城市是世界观察中国民主的窗口,代表国际话语的传播,需要思考人大怎样向中国民众讲好中国故事,向世界民众讲好中国的民众故事。

在自由讨论环节,上海市人大常委会研究室副主任李刚指出:第一,民主是人类共同价值,我们要理直气壮地讲,我们跟全世界人民一样共同追求民主。第二,全过程人民民主不仅仅具有深刻的理论内涵,更重要的是要拓展其实践价值。第三,要讲好中国民主故事，一定要将理论和实践融入百姓生活。

上海市人大常委会研究室主任刘世军在会议总结时指出，本次研讨会紧紧围绕习近平总书记关于坚持和完善人民代表大会制度、积极发展全过程人民民主重大理念这一主题，从理论与实践、历史与现实、当下与未来、宏观与微观等角度，坚持中国立场，对全过程人民民主进行了深入研讨。本次研讨会对于深化习近平总书记关于全过程人民民主和人民代表大会制度的重要思想的研究大有促进，对讲好中国人民代表大会制度的故事、讲好中国民主的故事大有帮助，也对与时俱进地推进新时代人大工作大有帮助。

本次会议部分成果刊发于《探索与争鸣》2022 年第 4 期"圆桌会议"栏目，主题为《积极探索全过程人民民主的有效实现形式和路径》。

中美关系研究

ZHONG MEI GUAN XI YAN JIU

学术研讨

上海市美国问题研究所召开"美日针对《中国海警法》的评价及中国的回应"研讨会

2月27日,上海市美国问题研究所召开"美日针对《中国海警法》的评价及中国的回应"研讨会,来自上海交通大学、华东政法大学、中国海洋大学、中国海洋发展研究中心的学者和专家出席了会议,针对《中国海警法》(以下简称《海警法》)提出后各界的反响、影响及相关对策讨论等各抒己见,进行了热烈的探讨。

《海警法》出台后,美日等国对《海警法》都持一种批判态度。不少专家认为,各国的渲染炒作,造成了一些后续事件的发酵,这一抹黑,渲染中国威胁论等影响了中国的国际形象。美国通过炒作《海警法》,实现了日本和菲律宾的一种深度、更深意义的绑定。之前,特别是美国跟菲律宾的同盟关系,一直处于起伏的状态,实际上两国关系,处在不断地反复的背景下。美国利用《海警法》,敲打菲律宾,逼迫菲律宾选边站队的意图非常明显。

专家总结称,《海警法》的出台,引发了美日等国家的一些反响。主要表现为各国加强了关系以应对中国,完善防卫措施等。中国《海警法》的实施,关联到了中国一直以来的海洋法律的优缺点,暴露了一些问题。如何以《海警法》为切入点,进行回应或是完善补充,将是未来需要探索的方向。

上海市美国问题研究所召开"竞争与合作:拜登政府时期的中美关系"研讨会

　　3月12日,上海市美国问题研究所与上海市社联《上海思想界》编辑部联合召开"竞争与合作:拜登政府时期的中美关系"研讨会,来自上海国际问题研究院、上海社科院、上海交通大学、上海外国语大学等高校和研究机构的专家,就拜登执政以来中美关系的发展进行评估,并重点就中美在气候变化、科技、经贸等领域的竞争与合作展开讨论。

　　专家表示,美国政府的气候政策具有很强的周期性和易变性,在应对气候变化的国内决策机制不变的基础上,美国国内利益相关者与决策者之间的力量对比始终处于动态变化中。同时,国内外因素也影响着美国政府在气候问题上的决策。回顾全球气候治理开始以来的历史进程,美国针对气候变化的相关政策总是出现反复,从克林顿到小布什,从特朗普到拜登,无不呈现很强的周期性和易变性。随着拜登入主白宫,美国气候政策的钟摆重新回摆到全球气候领导方向,并将绿色经济复兴作为重要议题。美国国内气候政治则呈现从强调传统能源独立向强调清洁能源和气候变化领导力的转变。在气候治理方面,中美之间既有合作,也有竞争。合作表现在共同推动全球的公共产品谈判,竞争表现在债务、绿色金融、海外投资,还有标准问题,这些方面的摩擦将越来越多。

　　专家总结称,美国从战略方面重视和中国的战略竞争,且有局部的合作,但所有局部的合作都是作为单一的议题来讨论的,而非以前的一揽子方式。美国在地缘政治方面和中国有对抗;在技术领导地位上和中国有非常强烈的竞争;在军事、人权、不公平贸易方面和中国同样有对抗性。

上海市美国问题研究所联合上海发展研究基金会召开 "拜登政府对华政策的梳理、评估和应对"研讨会

　　4月8日,上海市美国问题研究所与上海发展研究基金会联合举办"拜登政府对华政策的梳理、评估和应对"研讨会,来自复旦大学美国研究中心、上海交通大学、上海外国语大学、上海国际问题研究院、上海社会科学院的学者和专家们出席了会议。

　　拜登政府上台已经将近三个月,如何来看待这三个月以来拜登政府的对华政策?如何预估这些政策的发展趋势,以及对我国和整个地缘政治的影响?这些都是大家所关注的问题。与会的专家学者们分别就上述议题进行了发言和讨论。

　　专家总结称,拜登政府的对华政策还在形成过程当中,基本原则已成形,就是动用一切可能利用的有力手段,形成一个广泛的西方国家联盟,以此来对中国形成压制,取得一定的竞争优势。总体来说,拜登政府的对华战略定位是比较清晰的,中国被美国战略界认为是唯一具有了全方位实力、对美国的霸权地位构成严重挑战的同辈竞争者和战略竞争对手。

上海市美国问题研究所与多家单位联合主办的"上海纪念中美乒乓外交 50 周年专题报告会"在沪举行

4 月 30 日上午,由上海市美国问题研究所和上海市人民对外友好协会、上海市体育总会、上海体育学院等单位联合主办的"回首破冰五十载,展望变局新未来"专题报告会在国际乒乓球联合会博物馆和中国乒乓球博物馆举行。本次会议是继一场友谊赛和一场主题展之后,上海为纪念中美乒乓外交 50 周年而举办的又一系列活动。

2021 年是中国"十四五"开局之年,又是美国新总统拜登上任后中美关系的开局之年。两国能否总结历史经验教训,在"变局"中挖掘更多机遇,探索双边关系新开局,实现两国合作新突破,成了与会专家学者热议的话题。

美中关系全国委员会副会长白莉娟(Jan Berris)曾全程参与了 1972 年访美的中国乒乓球代表团的接待工作。她在为本次会议专门录制的视频演讲中呼吁中美继续保持民间人文交流,她说:"我们之间接触越多,合作领域越广,就会有越来越多的人与此利益相关,就会有越来越多的人希望双边关系取得成功。"

50 年前,中美乒乓球队的友好往来,推开了两国重新交往的大门。50 年后,中美关系却又一次站在了历史的十字路口。回望半个世纪以来两国交往的历程,与会专家纷纷表示当下正是适合总结和反思的时候。

会上,上海国际问题研究院学术委员会主任杨洁勉、上海纽约大学常务副校长雷蒙(Jeffrey Lehman)、麦肯锡公司全球资深董事合伙人华强森(Jonathan Woetzel),围绕"中美民间地方交流如何实现再'破冰'"展开了对话。他们一致表示,中美在人文、教育、经贸、气候变化、公共卫生等领域依然具有巨大的合作空间和潜力。

会上,多位专家表示,"乒乓外交"的成功经验对当前的中美关系仍然具有启发意义:70 年代两国领导人的外交智慧和决策勇气值得学习和借鉴;在发展双边关系时,要学着跳出传统的外交思维定式,聆听民间渴望友好合作的呼声,让社会力量发挥作用。尽管现在中美关系面临阻力和波折,但专家学者们认为,应发挥"友谊第一,比赛第二"的传统,力求形成"合作第一,竞争为二"的良好合作氛围。他们都坚信:只要"走出华盛顿",维护两国关系的民意基础依然存在,健康稳定的中美关系符合两国人民的期盼。

4 月底恰逢拜登总统执政满百日,美国新一届政府的对华政策仍在评估、调整和塑形过程中,其外交战略的不确定性也使得中美关系的未来变得扑朔迷离。4 月 30 日下午,与会专家还围绕"中美如何走出外交'困局',确立新的战略合作议程""上海如何在推进中美合作中发挥示范作用"等话题展开了闭门研讨,共同为维护和改善双边关系建言献策。

上海理工大学与上海公共外交研究院调研组来上海市美国问题研究所交流座谈

5月20日，上海理工大学外语学院院长兼上海公共外交研究院常务副院长刘芹率上海公共外交研究院一行8人来上海市美国问题研究所调研交流。美国所顾问胡华、常务副所长黄成及多位科室、项目负责人参与了座谈交流。

胡华简要介绍了上海市美国问题研究所的历史沿革，指出美国所与上海理工大学有着长远、友好的合作历史，应当进一步加强合作；黄成简要介绍了美国所的运行机制和组织架构，并就与上海公共外交研究院的合作方向提出建设性意见。刘芹介绍了外语学院和上海公共外交研究院的发展概况，多角度、多方向提出与我所的合作可能性。双方参会人员就未来在学生实践、人才交流、平台和资源共享等诸多方面进行了深入探讨和交流，并初步达成合作意向，期待拓宽合作途径，进一步实现互利共赢的良好局面。

上海市美国问题研究所召开"从拜登执政百日看其对华政策走向"内部研讨会

　　5 月 26 日,上海市美国问题研究所召开"从拜登执政百日看其对华政策走向"内部研讨会。来自南京大学中国南海研究协同创新中心、复旦大学美国研究中心、上海外国语大学、上海国际问题研究院、上海发展研究基金会的学者和专家们出席了会议,针对拜登入主白宫后出台的一系列对华政策及对未来中美关系的影响等各抒己见,研讨会气氛热烈。

　　专家表示,拜登入主白宫到现在已经 150 天左右了,在此期间也出台了不少涉华政策。目前学界认为拜登政府的涉华政策还没有完全定型,大致存在以下几种观点。第一,拜登对特朗普涉华政策基本上全盘接受。该观点认为拜登政府还没有走出特朗普政府的阴影,是一个"没有特朗普的特朗普政策"。第二,有些专家认为拜登政府与特朗普政府,可谓"有过之而无不及",在一些具体的政策上比特朗普还过头。比如涉台问题上,布林肯 3 月份国会听政时候明确把台湾作为一个国家来讲。第三,有专家认为拜登政府对特朗普政府的涉华政策基本接受,但是局部有变,且相比特朗普政府时期,涉华政策中的对抗风险在下降。比如特朗普政府主张单打独斗,但是拜登政府倾向于在国际上通过盟国关系对我们打压。第四,有一部分人比较乐观。他们认为拜登政府的涉华政策是为了满足美国国内政治斗争的需要,不仅要看拜登已经出台的政策,更重要的是要看拜登虽然没有公开讲,但是实际上在做的政策。比如拜登针对疫情从来没有提过"中国病毒",这个比特朗普要进步了。

　　通过分析拜登执政百日的涉华政策去研判未来拜登政府的对华战略走向有着重大的战略意义和现实考量,与会学者针对这些议题各抒己见,研讨会取得了丰硕的成果。

上海市美国问题研究所召开"拜登政府对华战略趋势研判"内部座谈会

10月19日,上海市美国问题研究所在市社联大楼6楼后乐厅召开了"拜登政府对华战略趋势研判"内部座谈会。来自上海国际问题研究院、上海社科院、上海市美国问题研究所、复旦大学、上海理工大学等学术机构的十几位国际问题专家出席会议。与会嘉宾围绕中美关系的定位和未来发展趋势、美国涉华战略的历史演变和调整,以及中美未来竞争的实质等议题进行了深入探讨。

专家表示,美国涉华政策受美国国内政策及中国涉美政策的双重影响。美国涉华贸易政策的转变建立在国内投资议程的调整之上,若拜登政府的支出法案顺利通过,美国在印太地区将更积极地推动多边贸易进程,涉华贸易政策将进一步强硬;反之,拜登政府则可能在具体领域,与中国寻求务实合作。美国国内已经形成在高科技领域对华实施遏制战略的共识。中国可以通过加强产业链研发力度、联合欧洲等国阻止美国对全球科技产能的控制、实施非对称产业博弈等措施来扩大生存空间。美国目前尚处于探索长期、精准、灵巧对华战略的阶段,美国国内存在战略竞争的共识,但缺乏竞争战略的章法,拜登政府提出的"竞争、合作、对抗"三原则基于对中美关系的观察。王浩认为美国的长期对华战略具有服务于内政及重振美国全球领导地位两大目标。

有些专家从历史角度回顾了美国对华施压的情况。美国存在囊括经济、意识形态、高科技等议题的对华"政策储备箱",实施情况因党派而异。中美在经济和文化等低敏感议题领域存在深化合作的机会。美国对华竞争战略酝酿于奥巴马政府,特朗普政府属于试验阶段,而目前的拜登政府则是全面深化时期。拜登政府的对华政策面临着四大矛盾:两党之间的矛盾;时间长短的矛盾;军事安全与经济成本的矛盾;以及内外政策间的矛盾。未来,拜登政府将致力于提升对华战略的精准性,实施依托于盟友和伙伴体系的阵营驱动式竞争模式。

本次讨论会不仅有对历史演变的梳理,更有政策层面的现实思考,与会人员各抒己见,座谈会气氛良好。

上海市美国问题研究所召开"后美军时代阿富汗及周边局势发展与中国的应对之策"研讨会

  11 月 12 日,上海市美国问题研究所在社联大楼六楼后乐厅召开"后美军时代阿富汗及周边局势发展与中国的应对之策"研讨会。来自复旦大学、上海外国语大学、上海政法学院、上海国际问题研究院、上海社科院的学者和专家们出席了会议。

  本次研讨会主要围绕四个议题展开,其一,阿富汗撤军对美国全球战略转向有何影响? 美国将如何重新调整其全球战略布局(在中亚、南亚、中东以及印太地区的战略将作出怎样的调整)? 其二,后美军时代的阿富汗及其周边局势将会怎样发展? 其三,阿富汗周边产生"黑天鹅事件"的可能性及对中国的影响。其四,美国的全球战略转向将对中国的周边安全环境、"一带一路"以及中美关系产生何种影响? 中国的应对策略是什么?

  与会嘉宾围绕这些议题各抒己见,不仅有战略层面的历史梳理,更有政策层面的现实考量,研讨会气氛良好。

上海科学技术政策研究所赴上海市美国问题研究所交流座谈

　　11月22日，上海科学技术政策研究所田贵超副所长率其研究团队一行5人来上海市美国问题研究所调研交流。美国所常务副所长黄成、研究室副主任龙菲及多位科室、项目负责人在市社联大楼六楼清雅厅参与座谈。

　　黄成简要介绍了上海市美国问题研究所的历史沿革、运行机制及组织架构等，并就与上海科学技术政策研究所的合作方向提出建设性意见。龙菲大致梳理了研究室的工作内容，并针对具体领域提出了与上海科学技术政策研究所合作的可能。田贵超所长介绍了上海科学技术政策研究所的发展概况，多角度、多方向罗列了与美国所合作的可能性。

　　会议氛围良好，双方参会人员就未来在人才培养，平台和资源共享等诸多方面进行了深入探讨和交流。

上海市美国问题研究所召开"世界变局与大国博弈中的俄美关系回望与两国近期峰会的思考"主题研讨会

　　12 月 10 日,上海市美国问题研究所在市社联大楼二楼会议室召开了"世界变局与大国博弈中的俄美关系回望与两国近期峰会的思考"主题研讨会。会议以俄美元首峰会为切入点,探讨了俄美两国当前面临的国际环境以及安全困境等问题。来自上海社科院国际问题研究所的多位专家及美国所的研究人员参与了本次研讨会。

　　会议包含主题发言和自由讨论两个环节。有专家认为俄美之间结构性矛盾难以调和。从中美峰会避谈"乌克兰问题"及俄美峰会避谈"台湾问题"的趋势来看,大国均在为缓和地区紧张局势做努力。从当前的国际格局来看,中俄美"大三角"关系仍是"顶梁柱",三边唇枪舌剑的情况恐加剧。

　　也有专家认为要从"4＋2"的角度来看待俄美峰会。"4"代表俄美对峰会的四点共同需要:一是两国都希望抢占道德高地;二是双方借此设定外交"底线";三是双方希望保持高层接触渠道;四是两国均有对危机管控的需要。"2"代表美国对峰会的两大诉求:一是维护美国全球霸主地位,彰显大国身份;二是应对美国国内外矛盾的诉求,美国希望以俄美峰会稳住俄罗斯,集中精力应对中国。未来大国处理摩擦的主要方式仍将以双边对话,加上外部制裁的机制为主。俄美之间的矛盾将长期存在,妥协空间不大,两国在反恐及叙利亚问题上存在战术合作可能。

　　本次讨论会不仅有对战略演变的梳理,更有政策层面的现实思考,与会人员各抒己见,讨论会气氛良好。

科研成果

《上海与美国地方交流年度大事记(2020)》

　　2021 年 12 月,上海市美国问题研究所主编的《上海与美国地方交流年度大事记(2020)》由上海远东出版社正式出版发行。

　　该卷收录了 2020 年度上海与美国地方交流的各类事件共计千余件,涉及政治、经济、文化、社会等诸多领域,其正文部分的第一手资料主要来源于上海市政府机关,相关企、事业单位及媒体的官方网站。本卷的合作单位为:上海市商务委员会、上海市文化和旅游局以及上海市教育科学研究院。

　　《上海与美国地方交流年度大事记》项目启动至今已有五年,经不断修订和完善形成了亮点和特色。在此基础上,上海市美国问题研究所撰写了上海与美国地方交流五年综述(2016—2020),以期为相关研究积累素材、探究规律,展望未来,助力沪美地方交流工作进一步发展。

　　今后,上海市美国问题研究所将努力打造"有广度""有深度""有存史价值"的资料性读物,殷切地期盼上海市政府所属各委、办、局等相关单位领导、工作人员及学界同仁能够一如继往地支持《上海与美国地方交流年度大事记》的编写出版工作。同时,期盼广大读者提供相关信息资料,并对编写出版《上海与美国地方交流年度大事记》建言献策。

机关建设

JI GUAN JIAN SHE

机关党建

上海市社联代表队在宣传系统"讲好中国故事"微团课决赛中取得佳绩

　　1月19日下午,上海市宣传系统"讲好中国故事"微团课决赛活动在世博会博物馆举行。上海市社联党组成员、专职副主席、秘书长解超带领市社联代表队参加比赛。上海市宣传系统各直属单位党委(党组)分管领导、党群部门负责人、团组织负责人、团员青年代表约200人出席。

　　最终,经评委投票,决赛活动产生了一等奖2个、二等奖3个、三等奖6个。由中共上海市社会科学界联合会机关委员报送的作品《追望真理大道——陈望道与〈共产党宣言〉》(主要制作人:赵乐、何大伟、许小康、魏颖杰)获得一等奖,作品《"三勤三化":抗战时期上海党组织怎样扎根社会》(主要制作人:杨义成、孙冠豪)获得优胜奖。中共上海市社会科学界联合会机关委员获颁优秀组织奖。

　　据悉,为深入贯彻落实市委关于开展"四史"学习教育相关部署要求,突出抓好青年"四史"学习教育,进一步加强青年思想政治工作,市宣传系统青年工作委员会自2020年起在宣传系统广大青年中开展"讲好中国故事"微团课评比展示活动。宣传系统各直属单位积极响应、广泛动员,经过片区展示、抖音(讲好中国故事微团课)传播,共有41部微团课作品入围初评,最终产生11部进入决赛。

上海市社联召开党风廉政建设责任制领导小组专题会和内部控制领导小组专题会

　　1月22日，上海市社联分别召开党风廉政建设责任制领导小组专题会和内部控制领导小组专题会。市社联党组书记、专职副主席权衡出席会议并讲话，市社联党组成员、专职副主席、机关党委书记解超主持专题会。市社联党组全体，机关党委、机关纪委全体，机关及所属事业单位负责人和基层党支部书记参加了会议。

　　在党风廉政建设责任制领导小组专题会上，上海市社联各党支部书记分别报告了"基层党建工作责任清单"和"党风廉政建设工作责任清单"，党组领导逐个点评并与分管部门单位的党支部书记签订《基层党建工作责任书》《党风廉政建设工作责任书》。

　　在内部控制领导小组专题会上，上海市社联各部门、各单位负责人报告"内控管理风险点和防范措施"。党组分管领导对各部门、各单位提出的风险点进行了分析研判，对防范措施落实提出具体要求，并分别与分管部门、单位负责人签订《内控管理工作责任书》。

　　权衡认真听取了各支部、各部门单位的情况汇报，对"三份责任书"的签订给予充分肯定。他指出，各支部《基层党建工作责任书》和《党风廉政建设工作责任书》做到了标准统一、项目充实、内容规范，把全面从严治党渗透到支部工作的每一项环节；《内控管理工作责任书》则体现了各部门、各单位的工作特点，能够找细找准风险点，提出有针对性和操作性的防范措施；党组分管领导对分管部门单位逐一作点评分析，提出具体落实要求，与各支部、各部门单位现场签约，达到了责任层层传递、层层落实，全面从严治党和内控管理机制不断深化细化的初步成效。

　　权衡强调，下一步要结合市委巡视整改，狠抓责任落实。一是要认真贯彻落实全面从严治党"四责协同"机制建设，推动形成"责任明确、领导有力、运转有序、保障到位"的工作机制，营造社联各级责任主体之间协同高效、齐抓共管的良好局面；二是要将全面从严治党融入业务、融入日常，在不折不扣完成党建和党风廉政建设各项"规定动作"的基础上，以业务工作为支撑，积极挖掘发展具有支部特色的"自选动作"，形成"一支部一亮点、一支部一品牌"的工作特色；三是要突出问题整改，将现有工作与"三份责任书"逐一进行对照，发现问题不足即知即改、立行立改；四是要高度重视内控管理的重要性和必要性，在制度规范化、标准化、精细化上下功夫，切实保证社联各项规章制度的有效执行，全面提高内控管理水平。

　　会前,市社联机关党委、机关纪委根据市委宣传部有关通知精神和市社联党组工作部署,认真贯彻落实《上海市社会科学界联合会全面从严治党"四责协同"机制实施细则》,组织各支部、各部门单位结合工作实际,以配合做好市委巡视工作为契机,形成了《基层党建工作责任书》《党风廉政建设工作责任书》《内控管理工作责任书》,市社联党组班子成员切实履行"一岗双责",对"三份责任书"进行了审阅指导。

上海市社联召开机关及所属事业单位党支部书记季度工作例会

　　3月2日，上海市社联召开2021年第一季度党支部书记工作例会。党组成员、专职副主席、机关党委书记解超主持会议并讲话。机关党委、机关纪委委员，所属在职党支部书记全体参加了会议。

　　会议传达了《中共中央办公厅关于做好中国共产党成立100周年庆祝活动有关事项的通知》精神，布置了党支部年度考核，以及组织生活会和民主评议党员等工作。

　　解超指出，庆祝中国共产党成立100周年，是党和国家政治生活中的大事。各党支部要认真传达学习中办通知精神。一是要进一步提高政治站位，充分认识中国共产党成立100周年的重大意义，按照中央、市委和市委宣传部要求，全力落实庆祝建党100周年各项活动和工作任务；二是要紧紧围绕庆祝建党100周年的总基调和主题，深入挖掘历史资料，将党史学习教育与社联中心工作有机结合，积极推进建党百年丛书出版、庆祝建党百年系列主题论坛、学会系列主题活动、科普专题系列短视频和宣传讲座等工作，发挥好理论界阐释、宣传建党百年伟大历程、辉煌成就和宝贵经验的应有作用；三是要对标对表市委巡视组关于支部标准化、规范化建设提出的意见，认真细化落实支部年度考核和民主评议党员等阶段性常规工作，健全制度引领，不断夯实工作基础，以扎实的工作成效迎接建党百年华诞。

上海市纪委监委驻市委宣传部纪检监察组赴上海市社联举办纪检监察工作专题讲座

　　3月12日,上海市纪委监委驻市委宣传部纪检监察组四级调研员洪渊扬赴市社联,作《纪检组监督执纪执法工作流程解读》专题讲座。市社联党组成员、专职副主席、机关党委书记解超主持活动并讲话,市社联机关党委、机关纪委委员,机关及所属事业单位在职党支部书记、副书记和全体支委聆听了讲座。

　　解超在讲话中指出,驻部纪检监察组为社联党务干部作专题讲座,是持续推进社联全面从严治党工作,层层落实"四责协同"机制的具体举措,也是切实落实市委巡视的整改要求。希望社联机关党委、机关纪委和各党支部切实履行好主体责任,进一步加强做好纪检工作的思想认识和责任担当,主动思考谋划,始终将纪律挺在前面,将规矩严在日常。

　　洪渊扬从监督执纪执法程序性制度的发展沿革、纪检组监督执纪执法工作流程,以及监督执纪执法使用措施遵循原则三大方面,对监督执纪的工作内容、工作规则和工作要求开展讲解辅导。特别是对监督执纪执法在问题线索受理、谈话函询、初步核实、立案审查调查阶段的工作流程进行了详细解读。洪渊扬还结合社联工作实际,就党支部纪检委员工作职责、如何发挥作用、如何开展党支部纪检监察和党风廉政工作进行了有针对性、实务性和操作性的讲解说明。

上海市社联召开 2021 年党的建设暨纪检工作会议

　　4月9日,上海市社联召开 2021 年党的建设暨纪检工作会议,深入贯彻落实中央、市委和市委宣传部关于党建工作和纪检工作的最新部署要求,总结去年工作,研究部署今年任务。市社联党组书记、专职副主席权衡出席会议,对 2021 年市社联党建工作和纪检工作作出部署。市纪委监委驻市委宣传部纪检监察组副组长杨斌生莅临会议并讲话。市社联党组成员、专职副主席任小文,党组成员、二级巡视员陈麟辉出席会议。会议由市社联机关党委专职副书记兼机关纪委书记、二级巡视员王克梅主持,机关党委委员、机关纪委委员、在职党支部书记、机关处以上干部,所属事业单位处级领导干部参加会议。

　　权衡指出,2020 年以来,社联各级党组织立足本职、忠诚担当,坚决履行全面从严治党责任,党建和纪检工作取得了良好成效。2021 年是建党 100 周年,也是"十四五"开局之年,市社联要在市委、市纪委监委和市委宣传部领导下,以高质量的党建和纪检工作,引领推动各项工作开创新局面,以优异成绩迎接中国共产党成立 100 周年。对此他提出四点工作要求:

　　一是坚持把党的政治建设摆在首位,要深入学习宣传贯彻习近平新时代中国特色社会主义思想,时刻保持政治定力,切实把思想和行动统一到习近平总书记重要指示精神和中央、市委决策部署上来,不断增强政治判断力、政治领悟力、政治执行力。二是围绕建党 100 周年,深入组织开展党史学习教育。贯彻"学党史、悟思想、办实事、开新局"的总要求,引导党员干部全面系统学习党的历史,结合市社联中心工作和社科界活动,积极搭建党史学习平台,推动党史学习教育高标准高质量开展。聚焦建党 100 周年和党的十九届五中全会等重大主题,组织开展专题理论研讨、决策咨询、成果发布和社科普及活动,推出一批特色鲜明的建党百年精品学术项目。三是结合巡视整改,推动全面从严治党向纵深发展。要严格落实巡视整改要求,按照时间节点完成各项整改任务,巩固整改成果,形成长效机制;进一步深化"四责协同"机制建设,严格贯彻落实上海市社联"四责协同"机制实施细则,推进"一岗双责"具体化制度化,加强责任层层传导压实;要贯彻新时代党的组织路线,不断提升党组织政治功能,提升标准化、规范化建设水平,推动基层党的建设全面进步、全面过硬;不断加强党风廉政建设,严肃监督、严格执纪、严厉问责,强化纪律教育和作风建设,持续改善政治生态。四是突出党建引领,聚焦主责主业担当作为,把党建的成效体现在工作实绩中。要继续强化干部人才队伍建设,把党员干部智慧和力量汇聚到干事创业上;持续推动党建和业务深度融合,紧密联系并引导广大社科工作者围绕党的创新理论研究、更好服务国家战略和上海经济社会高质量发展开展学术研究和决策咨询活动,切实把组织优势转化为发展优势。

杨斌生对市社联党建工作和纪检工作给予了充分肯定。他指出,下一步,市社联各级党组织要严格履行全面从严治党主体责任,从重要文件精神学习、补齐"一岗双责"短板、推动责任落实三个方面突出抓好主体责任落实到位;要抓实抓细巡视整改,进一步提高政治站位,确保逐项整改、精准整改、分类整改;要强化深化日常监督,进一步明确机关党委、机关纪委工作职责,解决好"谁来干、干什么"的问题,驻部纪检监察组将继续加大对社联纪检工作督促、指导和帮带的力度。

会上,任小文学习传达十一届市纪委五次全会精神,陈麟辉学习传达了市委常委、宣传部长周慧琳在宣传系统党的建设暨纪检工作会议上的讲话精神。王克梅就 2021 年社联党建工作和纪检工作要点作说明。办公室党支部和科研处党支部书记进行了交流发言。

上海市社联党组召开专题会推进落实全面从严治党、意识形态工作和内部控制工作责任制

11月24日和12月3日,上海市社联分别召开党风廉政建设责任制领导小组专题会、意识形态工作责任制领导小组专题会和内部控制领导小组专题会。市社联党组领导王为松、任小文、陈麟辉出席会议。机关党委、机关纪委全体,机关及所属事业单位负责人和基层党支部书记参加专题会。会议由任小文主持。

会上,各党支部书记、各部门(单位)负责人分别报告了2021年《基层党建工作责任书》《党风廉政建设工作责任书》《意识形态工作责任书》《内控管理工作责任书》推进落实情况。党组班子成员结合"一岗双责"对分管领域推进落实情况进行点评,提工作要求。

王为松详细听取了各支部、各部门(单位)的情况汇报,对四项"责任书"落实情况给予充分肯定。他认为,各支部、各部门(单位)都能按照年初签订的责任书清单,严谨、规范、扎实地落实各项责任内容和责任目标;特别是能够结合部门实际,在责任制推进落实过程中有的放矢加入"自选动作",有的工作已形成长效机制,有力夯实了全面从严治党和意识形态工作、内控管理工作制度化建设,引领助推中心工作高质量发展。

王为松表示,当前全党上下都在学习宣传贯彻党的十九届六中全会精神,明年将召开党的二十大,在这一关键重要时刻,市社联各级党组织和广大党员干部必须进一步增强政治意识,持续深入推进全面从严治党责任制和意识形态工作责任制、内部控制工作责任制建设。对此他提出三点要求:一是要强化责任意识。要强化责任担当,从党组领导到各支部书记、部门(单位)负责人要认真履行职责范围内"第一责任人"和"一岗双责"责任,切实把各项责任层层传递、贯彻落实到底。要注重把强化责任意识与加强学习连贯起来,通过不断提升理论学习的广度和深度,提高自身政治判断力、政治领悟力、政治执行力。二是要完善工作机制。要充分发挥党风廉政、意识形态、内部控制领导小组工作机制,增强工作交流,定期开展研判分析,加强督促。各支部、各部门单位要突出主责,细耕"责任田",形成各司其职、密切协作、齐抓共管的良好局面。三是要突出党建引领。要结合社联的工作特点和主业优势,寓党建引领于日常高质量服务管理中,更好地密切联系广大社科工作者,尤其是青年学人。要结合社联各类平台建设加大干部轮岗交流,在推进各项责任制落实工作中,提升社联青年干部政治能力、把关意识和工作水平。

会议强调,各党支部、各部门(单位)要按照党组的工作要求,增强部门协作,相互借鉴学习,结合明年工作做好新一年的责任书签约工作,始终牢记使命担当,始终把责任扛在肩上。

工会工作

上海市社联工会组织干部职工开展"看花博"活动

　　根据上海市总工会 2021 年服务职工实事项目"百万职工看花博"的相关要求,6 月 8 日,上海市社联工会组织机关和事业单位干部职工开展"看花博"活动。

　　作为我国花卉园艺领域规模最大、规格最高、影响最广的综合性花事盛会,第十届中国花卉博览会是首次在岛屿上、乡村中、森林里举办,充分展现了"百花争艳,芳香满园"的华美意境。活动中,大家先后参观了世纪馆、复兴馆、花艺馆等,行走在由各种颜色、各个品种花卉组成的装饰造型艺术之间,畅游在"一步一处景,一花一世界"的花海,观赏着来自世界各地、全国不同地区的珍奇花卉,目不暇接的美景,让人禁不住想把每一处都拍下来珍藏。

　　此次活动为干部职工提供了学习交流、陶冶情操、增进友谊的平台,身临其境感受上海的生态之美、人文之美、创新之美中,深刻体会"人民城市人民建,人民城市为人民"重要理念的丰富内涵。进一步增强了干部职工不忘初心、牢记使命的政治自觉和新时代新作为责任感、使命感,激发大家以更加奋发向上的精神面貌、更加求真务实的工作作风,用实际行动推进市社联事业新发展。

上海市社联召开"建党百年守初心　永葆本色立新功"退役军人座谈会

8月4日,上海市社联召开"建党百年守初心　永葆本色立新功"退役军人座谈会,庆祝中国人民解放军建军94周年。上海市社联党组书记、专职副主席权衡出席会议并讲话。党组成员、专职副主席任小文等市社联十多位退役军人和现役军人家属代表参加座谈会并发言。

座谈会气氛轻松热烈,与会的市社联退役军人和军属踊跃交流,回顾军旅生涯,感怀峥嵘岁月,畅谈离开部队后,特别是在市社联学习、工作的经历和感受。权衡认真听取了大家的发言,不时关切地询问大家在部队的情况和工作近况。与会人员还围绕学习习近平总书记"七一"重要讲话精神,学习习近平总书记强军思想,提升上海城市软实力等主题作了深入交流。大家纷纷表示要始终秉持对党忠诚、牢记使命、服务人民的高尚情怀,时刻以军人的标准严格要求自己,在本职岗位上积极拼搏,为市社联各项工作顺利推进贡献力量。

在讲话中,权衡首先代表市社联党组,对市社联退役军人和军属致以节日问候,对他们为市社联工作作出的贡献表示感谢。他指出,广大退役军人是中国改革开放和社会主义现代化建设的一支重要力量,市社联退役军人占在职职工比率近20%,在各部门各岗位发挥了突出作用,是市社联事业发展的重要力量。

权衡希望市社联退役军人继续保持军人政治合格、能力过硬、作风优良、纪律严明的良好传统,深入学习贯彻习近平总书记"七一"重要讲话精神,在政治学习、对党忠诚、坚决做到"两个维护"上走前列作表率;紧紧围绕上海市社联中心工作,聚焦上海高质量发展,在科研组织、学会管理、科普发展、决策咨询等工作中充分发挥退役军人的积极作用,把部队的好思想、好作风和好传统带到上海市社联各项工作中。

权衡强调,相关职能部门要进一步完善对退役军人的服务保障,进一步加强对退役军人和军属的关心关怀,为退役军人发展成长提供良好环境。

市社联机关党委、机关工会、组织人事处等部门负责同志与会。

内部管理

上海市社联完成所属事业单位统筹设置改革

1月,为完成上海市委市政府交办的打造国内唯一的集文献信息、科技创新、社科研究和地情研究为一体的知识中心的新任务以及经营类事业单位改革任务,按照市委编办关于深化事业单位改革工作要求,结合所属事业单位实际,市社联加强整合撤并,推进综合设置,上海社会科学会堂不再承担经营性职能,撤销单位建制,并入《学术月刊》杂志社。《学术月刊》杂志社更名为上海市社会科学事业发展研究中心(《学术月刊》杂志社),主要承担社会科学学术评价体系及社会思潮、社会科学历史文献研究,以及社会科学主题公益展览、国内外学术交流服务、学术期刊编辑出版等职能。

上海市社联英文网站开通仪式暨"大变局与人文社会科学的使命"研讨会举行

　　1月8日,上海市社联英文网站开通仪式暨"大变局与人文社会科学的使命"研讨会在上海社会科学会堂举行。市社联党组书记、专职副主席权衡出席会议并讲话。市委外宣办、市政府新闻办副主任尹欣到会致辞。市社联党组成员、专职副主席、秘书长解超主持会议。

　　权衡在讲话中指出,当今世界正处于百年未有之大变局,大变局带来了新的时代命题,需要人文社会科学工作者作出新的回答。只有将理论与实践紧密地结合起来,紧跟时代步伐,回应时代关切,发出时代声音,才能使人文社会科学不断焕发生机与活力。上海市社联英文网站的推出,旨在充分发挥本市广大社科工作者的专业优势,运用现代传播手段,发布和展示最新的社科学术研究成果和活动信息,拓展中外社科学术交流的空间。通过贴近中国实际、贴近国际关切、贴近国外受众,运用对方听得懂、易接受的话语体系和表述方式,主动讲好中国故事,展示中国思想,提出中国主张,搭建中国人民同世界各国人民有效互动交流的桥梁,让世界更好读懂中国。

　　尹欣首先代表市委外宣办对上海市社联英文网站的开通和本次研讨会的举办表示热烈祝贺。她在致辞中指出,上海哲学社科领域人文底蕴深厚、学科体系健全,人才荟萃,在把中国发展的成功实践上升到科学理论高度和规律性认识层面,打造易为国际社会所理解和接受的新概念、新范畴、新表述,推动中国观点走向世界作出了许多贡献。市社联英文网站的建设开通,为世界更好了解上海哲学社科事业发展拓展了渠道。希望市社联及广大社科工作者以此为契机,进一步加强国际学术交流,及时发布上海哲学社科研究的最新观点和成果,让世界了解上海、理解中国,持续彰显中国道路的世界意义。

　　在专家研讨环节,上海外国语大学党委书记姜锋,上海国际问题研究院院长陈东晓,上海社科院原副院长黄仁伟,华东师范大学原校长、上海纽约大学原校长俞立中,复旦大学政治学系教授刘建军,上海交通大学教授王宁,华东师范大学政治学系主任吴冠军,上海纽约大学历史学教授、环球亚洲研究中心主任 Tansen Sen,上外中东研究所 20 级博士研究生周瑜(苏丹籍)等专家学者围绕"大变局与人文社会科学的使命"这一主题开展了深入的研讨交流。

　　据悉,今天正式开通的上海市社联英文网站(www.sssa.org.cn/enindex/index.htm)共开设了 5 个专题栏目,将从社科新闻、学术研究、学会活动、社科普及等方面全方位展示本市哲学社会科学五路大军的研究成果、学术活动和学人风采。

上海市社联机关内设机构调整

　　2月，为进一步增强上海市社联宣传工作职能，经党组研究决定，市委编委批复同意，市社联机关在科普工作处增挂"宣传处"牌子。宣传处主要工作职能包括组织市社联重要宣传报道，开展社会宣传和对外宣传工作，统筹协调意识形态工作，统筹管理市社联中英文官网、公众微信号等宣传载体的建设和信息发布；指导、监督市社联机关职能部门和所属事业单位自媒体平台的开设、管理和运行等。

上海市委宣传部副部长高韵斐一行看望市社联离休干部

　　2月5日上午，上海市委宣传部副部长高韵斐一行看望了市社联离休干部林炳秋同志，高韵斐与林炳秋亲切交谈，向他致以美好的新春祝福。市社联党组成员、专职副主席解超，市委宣传部老干部处处长张伟等陪同。

上海市社联领导参加 2021 年春节前走访慰问市社联老同志和社科界老专家活动

　　牛年春节来临之际，上海市社联主席王战，党组书记、专职副主席权衡，党组成员、专职副主席解超、任小文，党组成员、二级巡视员陈麟辉分别走访慰问社联老同志和社科界老专家，向他们致以诚挚的问候和新春的祝福，与老同志、老专家亲切叙谈社会政治经济形势和社科事业发展，关切老同志、老专家的身体和生活状况，向他们拜早年，并致以美好的新春祝福。

　　过去一年里，市社联各项工作得到社联老领导、老同志的关心，得到社科界专家学者的热情支持，他们对社联工作给予充分肯定，殷切希望社联抓住机遇，乘势而上，再创佳绩。

上海市社联党组领导走访看望部分新四军百岁老战士

2月18日,习近平总书记给新四军百岁老战士们回信,向他们致以诚挚问候和美好祝福,强调全党即将开展党史学习教育,希望老同志们继续发光发热,结合自身革命经历多讲讲中国共产党的故事、党的光荣传统和优良作风,引导广大党员特别是青年一代不忘初心、牢记使命、坚定信仰、勇敢斗争,为新时代全面建设社会主义现代化国家而不懈奋斗。

2月19日,在获悉习近平总书记给新四军百岁老战士们回信消息后,上海市社联党组深受鼓舞,市社联党组书记、专职副主席权衡与上海市新四军历史研究会会长刘苏闽等一行登门看望了施平、胡友庭、程亚西、顾海楼等新四军百岁老战士,向他们转达和汇报了总书记回信的内容和对老战士们的深切问候。

老战士们非常高兴,很受鼓舞,也十分感动。他们表示要继续发挥余热,深入到机关、部队、学校、街道,用他们亲身的革命经历给青少年讲活党的革命故事、讲好党的光荣传统、讲透共产党好这一朴素真理,传承铁军精神、传递红色基因、传播理想信念,教育干部群众跟着共产党走,为中华民族伟大复兴贡献力量。

上海市社联召开意识形态工作推进会

　　3月1日上午，上海市社联召开意识形态工作推进会议，布置意识形态工作责任书修订工作。市社联党组成员、专职副主席解超主持会议并讲话，社联机关各部门、所属事业单位负责人参加。

　　会议就机关各部门、所属事业单位意识形态工作责任清单修订工作进行了部署，要求各部门、各单位结合各自工作职能认真修订责任清单，并报党组分管领导审议后汇总至机关党委。

　　解超同志指出，为认真贯彻落实《中国共产党宣传工作条例》和中央、市委关于意识形态工作的决策部署及指示精神，结合市委巡视整改要求，党组研究制定了《上海市社联意识形态工作责任制实施细则》，成立了市社联意识形态责任制领导小组。解超要求机关各部门、各单位认真落实推进会工作要求，认真分析研判各自领域的意识形态工作形势，向分管领导专门汇报审议意识形态工作责任清单修订内容，共同将意识形态责任制落实到位。

上海市社联召开意识形态工作责任制领导小组专题会

3月11日,上海市社联召开意识形态工作责任制领导小组专题会,研究部署上海市社联意识形态工作。市社联党组书记、专职副主席权衡出席并讲话,党组成员、专职副主席解超主持会议。党组成员、专职副主席任小文,党组成员、二级巡视员陈麟辉,机关及所属事业单位负责人参加了会议。

会议聚焦习近平总书记关于意识形态工作的重要论述开展了深入集中学习,传达了市委宣传部副部长胡劲军在中央巡视意识形态专项检查反馈会上的讲话精神。

权衡书记在讲话中就进一步做好市社联意识形态工作提出四点要求。一是要增强做好意识形态工作的责任感使命感。要旗帜鲜明地站在意识形态工作第一线,认真履行监督责任,团结带领广大社科工作者建设具有强大凝聚力和引领力的社会主义意识形态,坚决批评错误观点和错误倾向,塑造坚定的政治立场。二是要积极引领弘扬正能量。以"主旋律响亮、正能量强劲"为目标,认真研判意识形态领域新情况,辨析思想文化领域的突出问题,牢牢掌握意识形态主导权。三是要管好用好各类意识形态阵地。坚持"谁主管、谁负责,谁主办、谁负责"的原则,坚持底线思维,不给错误思想和言论提供传播平台和空间。四是要积极团结服务本市广大社科理论工作者。认真联系好服务好社科界的专家学者以及各类学会学术团体,积极引导并充分发挥他们在党的理论创新发展和科学决策中的思想库、智囊团作用,在国家治理体系和治理能力现代化中的生力军作用,为国家和上海高质量发展凝心聚力,作出更大积极贡献。

会上,市社联各部门、各单位负责同志分别分析和报告了所在部门、所在单位的意识形态工作责任清单内容,党组分管领导对各部门、各单位提出的责任清单进行了点评,对落实措施提出具体要求。在签约仪式上,党组书记与党组班子成员、党组班子成员与分管部门(单位)负责人分别签订了《意识形态工作责任书》。

上海市社联召开网络安全专项检查工作专题会议

3月23日,上海市社联召开网络安全专项检查工作专题会议,部署2021年社联系统网络安全专项检查工作。市社联党组书记、专职副主席权衡出席并讲话,党组成员、专职副主席解超主持会议,市社联宣传处、学会处及各直属单位有关负责人参加会议。

会上,与会人员集体观看学习了网络安全专题片。宣传处传达了市委网信办下发的《关于开展2021年全市网络安全专项检查的通知》要求,通报了社联网络安全专项检查工作的总体安排。各相关部门、单位负责人围绕所属门户网站和网络平台的网络安全问题作了讨论交流。

权衡在讲话中就做好此次网络安全专项检查工作提出三点要求。一是要提高认识,强化意识。借助这次专项检查,市社联机关各部门、各直属单位、所属各学会要进一步提高对网络安全的认识,强化网络安全意识,摸清家底,认清风险,找出漏洞,通报结果,督促整改,要建立统一高效的网络安全风险报告机制、研判机制,提升网络安全风险防范能力,筑牢网络安全的防线。二是要严格执行,认真查改。各部门、直属单位、所属各学会要高度重视,主要负责同志要亲自抓,全面细致排查,逐一对照整改,确保检查工作按期顺利完成,确保社联的网络安全不留死角隐患;要明确纪律,所涉人员统一培训,所涉材料严格管理,相关操作严守规范,不同部门之间衔接顺畅,工作流程滴水不漏。三是要建立机制,长效管理。网络安全是动态的而不是静态的,网络安全工作是一项长期,也是一项系统性的工作,各部门、直属单位要以本次专项检查为契机,将这项工作进一步常态化、规范化。宣传处要负责本次网络安全专项检查工作的统筹协调和汇总上报工作,各相关部门和直属单位要认真配合,共同守好守牢社联的网络安全关。

上海市社联组织召开社联系统网络安全教育培训会

3月31日，上海市社联组织召开社联系统网络安全教育培训会，邀请上海市公安局黄浦分局陈警官做题为"当前背景下的网络安全交流"的专题讲座，市社联宣传处处长应毓超主持会议。市社联相关机关干部、所属部分学会代表、各直属单位代表六十余人参加培训。

会上，陈警官结合自身工作经验，运用生动鲜活的网络安全事件，从提高网络安全意识，做好网络安全防范的方面，为大家分析了当前网络安全面临的严峻形势，阐述了增强网络安全意识的重要意义，剖析了网络安全事件发生的多种原因，讲解了网络安全防范措施，并针对现场提出的关于网站和网络平台安全问题作了详细解答。

会议传达了市委网信办下发的《关于开展 2021 年全市网络安全专项检查的通知》要求，通报了社联网络安全专项检查工作的总体安排，并对 2021 年全市网络安全专项检查报送要求、信息系统密码应用情况填报要求、2021 年全市网络安全专项检查填报工具的使用作了专题培训。

上海市社联党组书记王为松看望慰问市社联部分
老领导

　　8月末至9月初,上海市社联新任党组书记王为松同志看望慰问了市社联部分老领导。在座谈中,王为松亲切关心老领导的生活和身体状况,一起畅谈社联历史与未来,认真听取老领导对市社联工作的意见和建议。他表示,在适当时候将邀请市社联老同志参观上海社科馆,同时希望老领导老同志们能继续为市社联发展出谋划策。老领导表示,希望市社联团结引领上海广大社科工作者为社科事业发展和上海城市软实力建设发挥更大作用。

上海社科馆建设

上海市社联启动上海社科馆资料征集工作

　　2021 年是中国共产党成立 100 周年，上海作为全国哲学社会科学重镇，上海社会科学界百年来为寻求中国迈向现代化之路进行了艰苦的理论探索，上海各大高校作为上海社会科学界的主力军，为我国哲学社会科学事业的发展付出了极大的努力。

　　为挖掘上海丰富的社科资源，并在筹办的上海社科馆中得到展示，上海市社联于 3 月起面向高校、科研机构及社会公开征集与上海社科界百年历史展相关的图书、实物等。

　　征集范围包括上海社会科学学者撰写、主编的在学科领域具有一定学术影响力的题写作者本人签名和寄语的著作、丛书等。首批评选出来的 68 位社科大师的手稿、用品、画像、雕塑、照片、音频、视频等相关资料。反映上海社会科学界百年间重要活动和重要历史事件的实物资料，包括但不限于书籍、期刊、手稿、照片、影音等。

　　征集方案发出后，得到了高校、科研机构及社会各界的积极响应。年内，共征集学者签名著作 4038 本，社科大师相关资料 102 件。

上海市社联工程领导小组召开多轮会议推动 上海社科馆建设

　　自 2020 年 8 月上海市社联工程建设项目领导小组办公室实体化运作分工方案确认以来,上海社科馆开办工作稳步有序推进。

　　2021 年,工程办就上海社科馆的开办工作展开多轮研讨,本年度共召开上海市社联工程领导小组会议 1 次,工程领导小组办公室例会 8 次。会议围绕上海社科馆工程建设的主线,逐步将基建的各个方面进行了推进和完善。同时,围绕上海社科馆的内容建设、资料提供、签名图书征集等方面,也开展了反复深入的沟通。

　　通过会议的沟通和协调机制,上海社科馆的工程建设顺利推进、按时竣工,上海社科馆的内容建设集思广益、亮点密集,并凸显了上海社科界的风格和特色。

大 事 记

DA SHI JI

1 月

2021 年初,上海市"十四五"规划工作领导小组办公室向上海市社联发来感谢信。来信指出,在上海"十四五"规划的研究和编制过程中,市社联党组书记、专职副主席权衡,党组成员、专职副主席解超等同志组织社科界专家学者和团队,积极参与上海"十四五"规划前期若干重大问题研究,深入调研、认真研讨,形成的一批高质量的研究成果,为"十四五"规划《纲要》制定提供了有力的智力支撑和宝贵的咨询建议。来信对社科界专家学者和研究团队的辛勤工作表示诚挚敬意,对权衡等同志给予规划工作的关心和支持表示衷心感谢。

1 月,上海社会科学会堂不再承担经营性职能,撤销单位建制,并入《学术月刊》杂志社。《学术月刊》杂志社更名为上海市社会科学事业发展研究中心(《学术月刊》杂志社),主要承担社会科学学术评价体系及社会思潮、社会科学历史文献研究,以及社会科学主题公益展览、国内外学术交流服务、学术期刊编辑出版等职能。

1 月 8 日,上海市社联英文网站开通仪式暨"大变局与人文社会科学的使命"研讨会在上海社会科学会堂举行。市社联党组书记、专职副主席权衡出席会议并讲话。市委外宣办、市政府新闻办副主任尹欣到会致辞。市社联党组成员、专职副主席、秘书长解超主持会议。

1 月 18 日、1 月 20 日、1 月 22 日,上海市社联党组先后召开三场民主生活会征求意见座谈会,分别邀请本市高校、党校、部队院校、科研机构、政府相关部门和科普基地等各方面社科界代表,以及机关、所属事业单位党员干部、民主党派、群众代表参加座谈会,征求对市社联党组班子的意见和对社联工作的建议。

1 月 21 日,上海市委宣传部副部长徐炯,部理论处处长陈殷华,市哲社规划办副主任吴铮来到市社联开展调研。市社联党组书记、专职副主席权衡首先代表社联党组汇报了上海市社联 2020 年度工作的开展情况,并从学会管理、理论研究、决策咨询、宣教科普、期刊建设等方面汇报了 2021 年工作设想。

2 月

2 月,经党组研究决定,市委编委批复同意,上海市社联机关在科普工作处增挂"宣传处"牌子。宣传处主要工作职能包括组织市社联重要宣传报道,开展社会宣传和对外宣传工作,统筹协调意识形态工作,统筹管理市社联中英文官网、公众微信号等宣传载体的建设和信息发布;指导、监督社联机关职能部门和所属事业单位自媒体平台的开设、管理和运行等。

2月7日,上海市社联召开党组领导班子 2020 年度民主生活会暨巡视整改专题民主生活会。市纪委监委驻市委宣传部纪检监察组组长、一级巡视员杨永平出席督导会议并作点评讲话。市社联党组书记、专职副主席权衡主持会议。市社联党组班子成员,市委第 22 督导组组长张洁如,组员范凯、高舒出席会议。市委宣传部、市社联相关部门同志列席会议。

2月8日,上海市社联召开 2021 年工作会议,市社联党组书记、专职副主席权衡出席并讲话,党组成员、专职副主席解超、任小文,党组成员、二级巡视员陈麟辉布置分管部门重点工作,市社联机关、刊业中心全体干部参加会议。会议由解超同志主持。会议表彰了社联机关、刊业中心 2020 年度先进集体、优秀个人和优秀工作项目,并对 2021 年度重点工作进行布置。

2月9日,上海市社联党组召开市委第八轮巡视选人用人工作检查整改专题会,学习传达市委第八轮巡视选人用人工作专项检查反馈会议精神及对市社联党组选人用人工作检查情况的反馈意见,研究讨论选人用人工作检查整改方案。下午,市社联党组书记、专职副主席权衡主持召开了市委第八轮巡视选人用人工作检查整改推进会,对专项检查提出的问题逐条进行分析研判,部署整改计划和整改措施。机关党委、机关纪委和组织人事处有关同志参加了会议。

2月9日,上海市社联召开党组会,专题讨论巡视整改任务分解方案,逐条对照巡视反馈意见,认真梳理反馈意见提出的问题,深入讨论巡视整改任务分解方案。权衡同志指出,要把巡视整改作为一项重要的政治任务,与民主生活会提出的整改意见结合起来,以高度的政治责任和政治担当,认真做好巡视后半篇文章。对巡视反馈意见提出的问题,要切实把整改责任落实到部门、落实到位、落实到人。巡视整改要确保件件有着落、事事有回音。

2月9日,上海市社联召开巡视整改工作推进会,党组班子成员及各部门对照巡视反馈意见整改任务分解情况,逐条认领巡视整改任务。权衡同志强调,对巡视整改工作,思想上要高度重视;整改工作要见人见事,整改措施要实要有抓手;整改工作要与推进社联中心工作结合起来、与进一步完善规章制度结合起来,做到举一反三;严格按照巡视整改工作协调会确定的时间节点,有力有序推进整改工作;要以巡视整改为契机,推动社联整体工作再上新台阶。

2月19日,上海市社联党组书记、专职副主席权衡与上海市新四军历史研究会会长刘苏闽等一行登门看望了施平、胡友庭、程亚西、顾海楼等新四军百岁老战士,向他们转达和汇报了习近平总书记回信的内容和对老战士们的深切问候。

2月20日，上海市社联召开"认真学习总书记回信精神，深入推进党史学习教育"座谈会。中共上海市委宣传部副部长徐炯出席会议并讲话，市社联党组书记、专职副主席权衡主持会议。市社联党组成员、专职副主席任小文宣读习近平给上海市新四军历史研究会百岁老战士们的回信。新四军老战士鲍奇、彭业长，中共上海市委党校常务副校长徐建刚，中共上海市委党史研究室主任严爱云，上海市社联党组成员、专职副主席解超，市社联党组成员、二级巡视员陈麟辉，上海市新四军历史研究会会长刘苏闽，上海市中共党史学会会长忻平，上海抗战与世界反法西斯战争研究会会长张云，华东师范大学马克思主义学院教授闫方洁先后在会上发言。

2月22日，上海市社联召开专题会议，通报市社联党组领导班子2020年度民主生活会暨巡视整改专题民主生活会情况。上海市社联党组书记、专职副主席权衡主持会议并通报情况。上海市社联党组班子成员，机关及所属事业单位处级领导干部，部分党员、民主党派和群众代表参加会议。

2月26日，上海市社联召开"中国共产党领导下的中国特色减贫道路与反贫困理论"研讨会。与会专家围绕中国共产党领导下脱贫攻坚的成就、经验、意义，中国特色减贫道路与反贫困理论的内涵与价值，中国贫困治理的世界贡献等内容做了发言，并深入交流了总书记在表彰大会上讲话的学习体会。市社联党组成员、专职副主席解超主持会议。

3月

3月8日，上海市社联召开党史学习教育动员会，学习领会习近平总书记在党史学习教育动员大会上的重要讲话精神，贯彻落实中央、市委和市委宣传部关于党史学习教育的要求，对市社联党史学习教育工作进行动员部署。市社联党组书记、专职副主席权衡出席会议并作动员讲话。党组成员、专职副主席、机关党委书记解超主持会议。党组成员、专职副主席任小文，党组成员、二级巡视员陈麟辉及机关和所属事业单位全体在职干部参加会议。

3月12日，上海市纪委监委驻市委宣传部纪检监察组四级调研员洪渊扬赴市社联，作《纪检组监督执纪执法工作流程解读》专题讲座。市社联党组成员、专职副主席、机关党委书记解超主持活动并讲话，市社联机关党委、机关纪委委员，机关及所属事业单位在职党支部书记、副书记和全体支委聆听了讲座。

3月23日，由《探索与争鸣》编辑部、上海社会科学院社会学研究所联合主办的"儿童权利·家庭焦虑·国家职分——聚焦儿童教育发展中的痛点、难点与热点"研讨会在上海社会科学院举行。来自中国社会科学院大学、北京大学、北京师范大学、中国农业大学、华东师范大学、上海社会科学院、上海政法学院、国家发展改革委宏观经济研究院、上海市青少年研究中心、上海市第十中学等多所高校、科研机构和实务部门的 20 余名专家学者出席会议。

3 月 26 日,上海市社联召开党组中心组学习(扩大)暨党史学习教育报告会。新四军老战士、上海警备区原副政委、新四军历史研究会荣誉会长阮武昌将军,新四军老战士、福州军区驻南昌铁路局军事代表办事处原政委石龙海分别做专题报告。市社联党组书记、专职副主席权衡主持会议并讲话。党组成员、专职副主席解超,党组成员、二级巡视员陈麟辉出席。市社联机关、所属事业单位全体在职干部参加学习。

3 月 29 日至 5 月 12 日,上海市社联推出东方讲坛·思想点亮未来系列讲座(第八季),邀请社科界专家学者进入中学校园开展了 15 场讲座,带领学生走进高深可测的社会科学世界。

3 月 30 日,中国人民大学人文社会科学学术成果评价研究中心和书报资料中心联合研制的 2020 年度复印报刊资料转载指数排名正式发布。上海市社会科学界联合会《学术月刊》和《探索与争鸣》编辑部再创佳绩,在"人文社科综合性期刊"全文转载排名中,分别获得转载量第一和第三,综合指数第二和第三的好成绩。

3 月,上海市社联面向高校、科研机构及社会公开征集与上海社科界百年历史展相关的图书、实物等,以挖掘上海丰富的社科资源,并在筹办的上海社科馆中得到展示。征集方案发出后,得到了高校、科研机构及社会各界的积极响应。年内,共征集学者签名著作4038 本,社科大师的手稿、用品、画像、雕塑、照片、音频、视频等相关资料 102 件。

4 月

4 月 6 日,上海市社联召开党史学习教育领导小组专题会议。市社联党组书记、专职副主席权衡出席会议并讲话,党组成员、专职副主席任小文出席。市社联党史学习教育领导机构和工作机构全体成员参会。会议宣读了市社联党史学习教育领导机构和工作机构组成人员名单,布置了市社联党史学习教育实施方案,并就近期开展的党史学习教育工作进行了讨论和交流。

4 月 9 日,上海市社联召开 2021 年党的建设暨纪检工作会议,深入贯彻落实中央、市委和市委宣传部关于党建工作和纪检工作的最新部署要求,总结去年工作,研究部署今年任务。市社联党组书记、专职副主席权衡出席会议,对今年市社联党建工作和纪检工作作出部署。市纪委监委驻市委宣传部纪检监察组副组长杨斌生莅临会议并讲话。市社联党组成员、专职副主席任小文,党组成员、二级巡视员陈麟辉出席会议。会议由市社联机关党委专职副书记兼机关纪委书记、二级巡视员王克梅主持,机关党委委员、机关纪委委员、在职党支部书记、机关处以上干部,所属事业单位处级领导干部参加会议。

4月9日,主题为"人民城市重要理念与新时代上海发展新奇迹"的上海市社联2021年度春季会长论坛在上海社科会堂举行。本次论坛作为上海市社联党史学习教育系列活动之一,旨在进一步深化认识党的性质宗旨,组织社科界力量对"人民城市"重要理念开展研究和宣传阐释工作,体现学术团体服务党和政府中心工作的重要功能。上海市社联党组成员、专职副主席任小文主持论坛。部分上海市社联所属学术团体负责人、专家学者代表、上海市社联机关党员干部等120余人参加会议。

4月20日,上海市委宣传部在市社联召开现场会,推进市社联在党建、干部人才、资产、意识形态管理、机构等方面各项工作。市委宣传部副部长胡佩艳主持会议并讲话,市社联党组书记、专职副主席权衡就上海市社联巡视整改工作推进情况作汇报,市委宣传部有关处室负责同志,市社联党组成员、各部门负责同志参加会议。

4月21日,上海市社联召开党组中心组学习(扩大)暨党史学习教育专题报告会,邀请市委讲师团党史学习教育专家宣讲团成员、市中共党史学会名誉会长、国防大学政治学院教授张云作题为《在转折与抉择中奋进——中国共产党28年的艰难历程与取胜之道》的专题报告。市社联党组书记、专职副主席权衡主持会议并讲话。市委宣传部党史学习教育领导小组办公室指导联络一组组长邹新培、副组长薛彬,市社联党组成员、专职副主席任小文,党组成员、二级巡视员陈麟辉出席会议。市社联机关、所属事业单位全体党员参加学习。

4月21日,上海市委宣传部党史学习教育领导小组办公室指导联络一组组长邹新培、副组长薛彬莅临市社联,就市社联开展党史学习教育情况进行调研指导。市社联党组书记、专职副主席、市社联党史学习教育领导小组组长权衡出席调研座谈会,并向指导联络组介绍了市社联党史学习教育开展情况,以及下一步工作计划。

4月22日,上海市社联召开七届七次主席团会议(扩大)暨党史学习教育报告会。市社联主席王战出席会议并讲话,党组书记、专职副主席权衡主持会议并报告市社联2020年主要工作和2021年工作要点,党组成员、专职副主席任小文报告上图东馆社科主题馆建设情况,党组成员、二级巡视员陈麟辉报告社联学术期刊建设情况。市社联副主席刘靖北、李琪、李友梅、吴晓明、沈国明、沈炜、陈恒、顾锋、桑玉成、龚思怡和部分市社联委员代表参加会议。市社联各部门负责人及处级以上干部列席会议。

4月25日,上海市社联举行党史学习教育领导干部专题党课第一讲,由市社联党组书记、专职副主席权衡以"全面深入学习总书记关于新发展格局重要论述"为题,为市社联机关、所属事业单位全体党员干部上专题党课。市社联党组成员、专职副主席任小文出席会议。

4月27日，上海市社联组织召开上海乡村振兴与构建城乡融合发展新格局专家座谈会。市社联党组书记、专职副主席权衡主持会议并讲话。会上，市农业农村委员会秘书处处长方志权、上海交通大学安泰经济与管理学院教授顾海英、复旦大学经济学院教授章元、上海财经大学三农研究院副院长张锦华、上海财经大学马克思主义学院副教授曹东勃、华东理工大学社会与公共管理学院副教授马流辉等专家学者，围绕超大城市乡村振兴的功能定位、路径规划、政策措施、示范引领以及上海如何构建城乡融合发展新格局等一系列问题，进行了深入的研讨交流。

4月28日，上海市社联召开党组中心组学习(扩大)暨党史学习教育专题报告会，邀请中共上海市委讲师团党史学习教育专家宣讲团成员、中共上海市委党校科研处处长周敬青教授作题为"中国共产党百年奋斗历程与经验启示"的专题报告，聚焦社会主义革命和建设的历史经验、教训与发展成就，进行专题辅导。市社联党组书记、专职副主席权衡主持会议，党组成员、二级巡视员陈麟辉出席会议。市社联机关、所属事业单位全体党员参加学习。

4月28日，上海市社联邀请上海市马克思主义研究会副会长王公龙作"深入学习习近平总书记关于中共党史的重要论述"专题报告。市社联党组书记、专职副主席权衡，党组成员、专职副主席任小文出席报告会，党组成员、二级巡视员陈麟辉主持会议。市社联所属学术社团、民办社科研究机构负责人及党工组负责人220余人参加学习。

5 月

5月11日，由上海市卫生健康委、市健康促进委员会办公室主办，市健康促进中心承办、《大众医学》杂志协办的"2020年上海市健康科普优秀作品征集推选活动颁奖交流会"在沪隆重举行。上海市社联拍摄制作的《学人论疫——你需了解的社会科学知识》4集主题系列短视频荣获音视频类作品优秀奖。

5月14日，上海市社联举行2021年度所属社团换届培训。市社联党组成员、专职副主席任小文出席会议并讲话，学会处副处长梁玉国主持会议。市社联所属社团负责换届工作的领导成员50多人参加培训。

5月17日，上海市社联组织本市社科理论界专家学者举行"深入学习习近平总书记'5·17'重要讲话精神，加快构建中国特色哲学社会科学暨社科界专家学者党史学习教育座谈会"，市委宣传部副部长徐炯出席会议并讲话。市社联党组书记、专职副主席权衡主持会议。部分与会学者在会上作交流互动。市委宣传部相关职能部门负责同志，本市主要社科单位科研管理部门负责人、话语体系建设基地首席专家、新思想系统化学理化研究专项首席专家等60余人出席会议。

5月19日，由上海市社联主办，市出版协会、市期刊协会和《学术月刊》杂志社联合承办的"深入学习总书记回信精神，推动新时代中国学术高质量发展"专家座谈会在上海举行。市社联党组书记、专职副主席权衡，市委宣传部传媒监管处处长陈琳琳，市出版协会理事长胡国强，市期刊协会会长王兴康出席座谈会并致辞。会议由上海市社联党组成员、二级巡视员陈麟辉主持。来自本市重点出版单位、代表性社科学术期刊以及社科学术理论界的专家学者40余人参加座谈。

5月21日，上海市社联举行党史学习教育领导干部专题党课，党组成员、专职副主席任小文以"认真学习'以人民为中心'的重大发展思想"为题，为市社联机关、所属事业单位全体党员干部上专题党课。党课由上海市社联党组书记、专职副主席权衡主持，党组成员、二级巡视员陈麟辉出席。

5月22日，由上海市社联主办的第20届上海市社会科学普及活动周在长征镇社区文化活动中心隆重开幕。市委宣传部副部长徐炯讲话并宣布科普周开幕，市社联党组书记、专职副主席权衡致开幕辞，市社联党组成员、专职副主席任小文为上海毛泽东旧居陈列馆、中国劳动组合书记部旧址陈列馆、中国会计博物馆、上海邮政博物馆、上海纺织博物馆、长征镇社区文化活动中心等6家2021年新增"上海市社会科学普及基地"授牌。

5月23日，《探索与争鸣》与《清华社会学评论》共同组织了以"非虚构写作与非虚构中国——文学与社会学对话"主题论坛。本次论坛系"非虚构写作与非虚构中国"系列论坛首场活动。来自清华大学、华东师范大学、南京大学、南京师范大学、中国人民大学、杭州师范大学、江西师范大学、牛津大学、中国社会科学院社会发展战略研究院等国内外高校和研究机构的多名专家学者，聚焦非虚构写作与中国社会等议题进行讨论。

5月24日至7月16日，上海市社联与上海市政治学会在澎湃新闻App"中国政库"栏目联合推出"百年共产党人精神谱系"关键词31篇，截至2021年末，点击量逾1500万。

5月26日，上海市社联召开党组中心组学习（扩大）暨党史学习教育专题报告会，邀请上海银行原副行长、城商银行资金清算中心原理事长王世豪作题为"砥砺前行40年——中国经济与金融改革四十年的回顾与展望"的专题报告，聚焦改革开放时期的历史进行专题辅导。市社联党组书记、专职副主席权衡主持会议，党组成员、专职副主席任小文，党组成员、二级巡视员陈麟辉出席会议。上海市社联机关、所属事业单位全体党员参加学习。

5 月 27 日，上海市社联拍摄制作的 6 集系列短视频《为什么是上海（第三季）——"排头兵、先行者"的担当之路》发布研讨会在市社联举行。市社联党组书记、专职副主席权衡出席并致辞，党组成员、专职副主席任小文主持会议。上海市社科界专家学者、媒体平台、基层党组织和中学教师等 20 余人与会。

同日至 6 月 16 日，《为什么是上海Ⅲ——"排头兵、先行者"的担当之路》6 集系列短视频陆续上线播出。1978 年，党的十一届三中全会揭开了改革开放的大幕，中国由此踏上了高速发展的快车道。作为改革开放排头兵、创新发展先行者，上海承载着非凡的使命，彰显着特殊的担当。那么"排头兵、先行者"的定位是怎么来的？上海又是如何做的？该系列短视频通过镜头，带领观众一起看"排头兵、先行者"的担当之路。

5 月 28 日，上海市社联推出的"红色印迹　百年初心"主题地铁专列在 13 号线淮海中路站启动。这是第 20 届上海市社会科学普及活动周的系列主题活动之一。市社联党组书记、专职副主席权衡，上海申通地铁集团有限公司党委副书记葛世平等领导出席，共同启动并与现场市民一同乘坐这趟红色文化列车。

5 月，上海社科馆完成会议系统招标，上海安恒利扩声技术工程有限公司中标。

6 月

6 月 3 日，上海市社联所属学术团体庆祝中国共产党成立 100 周年理论研讨会在上海社科会堂举行。市社联党组书记、专职副主席权衡出席会议并讲话，党组成员、专职副主席任小文主持会议，党组成员、二级巡视员陈麟辉宣布社联庆祝中国共产党成立 100 周年理论征文活动优秀学会和优秀论文。上海市社科界专家学者代表、部分市社联所属学会代表和本次征文活动优秀论文作者代表 60 余人出席会议。

6 月 11 日，上海市社联与上海博物馆联合主办的"江南文化讲堂"第二季系列活动正式启动。上海市社联党组成员、专职副主席任小文，上海博物馆党委书记汤世芬出席启动仪式并致辞，上海博物馆党委副书记朱诚主持启动仪式。启动仪式后，"江南文化讲堂"第二季首讲活动"锦绣江南与红色文化"在上海博物馆学术报告厅举行。"江南文化讲堂"第二季共陆续举办了 10 讲系列活动。

6 月 17 日，"上海市习近平新时代中国特色社会主义思想研究中心工作会议暨建党百年丛书出版座谈会"召开，上海市委宣传部副部长徐炯出席会议并讲话，市社联党组书记、专职副主席权衡在会上介绍"庆祝中国共产党成立 100 年专题研究丛书"策划编写情况，上海人民出版社社长王为松介绍丛书出版情况，丛书作者代表、中共上海市委党校周敬青教授作交流发言。上海市社会科学界联合会、上海市哲学社会科学学术话语体系建设办公室、上海市哲学社会科学规划办公室、上海人民出版社合作出品的"庆祝中国共产党成立 100 年专题研究丛书"在会上正式揭幕。

6 月 18 日，上海市社联举行党史学习教育领导干部专题党课，党组成员、二级巡视员陈麟辉以"'老三篇'与共产党人精神世界的建构"为题，为市社联机关、所属事业单位全体党员干部上专题党课。党课由市社联党组书记、专职副主席权衡主持，党组成员、专职副主席任小文出席。

6 月 24 日，上海市社联举行党组中心组学习会议，党组书记、专职副主席权衡主持会议，党组成员、专职副主席任小文，党组成员、二级巡视员陈麟辉，以及全体处以上干部出席会议。会议传达学习了十一届市委十一次全会精神。权衡传达了市委书记李强在全会上的讲话要求，周慧琳部长在宣传系统党政负责干部会议上学习传达全会精神的讲话要求以及《中共上海市委关于厚植城市精神彰显城市品格全面提升上海城市软实力的意见》精神。任小文传达学习全会决议。

6 月 30 日，由组长邬立群、副组长刘道平带领的上海市委党史学习教育第三巡回指导组对上海市社联开展党史学习教育巡回指导，听取市社联党组关于开展党史学习教育的情况汇报，并提工作要求。市社联党史学习教育领导小组组长、上海市社联党组书记、专职副主席权衡，党组成员、专职副主席任小文，党组成员、二级巡视员陈麟辉出席。

7 月

7 月 1 日，庆祝中国共产党成立 100 周年大会在北京天安门广场隆重举行。中共中央总书记、国家主席、中央军委主席习近平发表重要讲话。上海市社联组织全体干部职工集中收看庆祝大会盛况。习近平总书记的重要讲话振奋人心、意义深远，回顾了中国共产党百年奋斗的光辉历程，展望了中华民族伟大复兴的光明前景，在社联党员干部中引发强烈反响，大家感到备受鼓舞、倍感振奋，一致表示，要弘扬"坚持真理、坚守理想、践行初心、担当使命，不怕牺牲、英勇斗争，对党忠诚、不负人民"的伟大建党精神，为国家和上海经济社会发展贡献智慧和力量。本市哲学社会科学领域的专家学者们收看电视直播。上海市社联组织有关专家进行分析，大家纷纷表示聆听了习近平总书记的重要讲话，感到心潮澎湃、备受鼓舞、倍感振奋。

7 月 1 日至 10 月 28 日，上海市社联推出《为什么是上海Ⅳ——新时代·新征程·新奇迹》6 集系列短视频。社会主义从来都是在开拓中前进的。党的十八大以来，中国特色社会主义进入新时代。新时代既同改革开放以来的发展历程一脉相承，又体现出很多与时俱进的新特征。身处新的历史发展方位，上海如何牢记重托勇担使命，在新征程上创造新奇迹？这是一道正在进行的考题。该系列短视频通过镜头，带领观众一起检验上海这座城市对于初心和使命的践行。

7月2日,上海市社联庆祝中国共产党成立100周年暨"两优一先"表彰大会在上海社科会堂隆重举行,上海市社联党组书记、专职副主席权衡出席会议并讲话。党组成员、专职副主席任小文主持会议。党组成员、二级巡视员陈麟辉宣读《上海市社联获宣传系统"两优一先"表彰名单》和《上海市社联关于表彰2021年优秀共产党员优秀党务工作者和先进党支部的决定》。市社联"光荣在党50年"老党员代表、机关和事业单位全体党员干部约80人参加。

7月5日,上海市举办庆祝中国共产党成立100周年理论研讨会。市委常委、宣传部部长周慧琳出席并讲话,市委宣传部副部长徐炯主持会议。会上宣读了上海市庆祝中国共产党成立100周年理论征文活动优秀论文和优秀组织奖获奖名单,市社联科研处获评优秀组织奖。本次征文活动收到相关单位报送应征论文共422篇,共有44篇入选论文集,其中11篇被评为优秀论文。入选论文集论文中,有9篇为上海市社联组织报送,优秀论文中有2篇为上海市社联组织报送。

7月8日,上海市社联党组中心组(扩大)赴中共一大纪念馆开展党史学习教育专题学习,重温建党伟业,汲取奋进力量。

7月9日,上海市社联组织上海社科界党史学习教育暨学习贯彻习近平总书记"七一"重要讲话精神座谈会在上海社科会堂举行。市社联党组书记、专职副主席权衡主持会议并讲话。上海市社科界专家学者代表、上海市社联所属部分学术团体代表、社联机关部分党员干部共60余人参加会议。

7月19日,上海市社联组织召开了"江南文化的内涵与当代价值"专家研讨会,聚焦江南文化的精神内涵和当代价值,为如何提升城市软实力,夯实长三角一体化发展的文化认同基础积极建言献策。

7月21日,上海市社联召开党史学习教育工作推进会。市社联党组书记、专职副主席权衡出席会议并讲话,党组成员、专职副主席任小文,党组成员、二级巡视员陈麟辉出席。市社联党史学习教育领导机构和工作机构全体成员参会。

7月21日,上海市社联召开所属期刊工作会议。市社联党组书记、专职副主席权衡,市新闻出版局媒体监管处处长陈琳琳出席会议并讲话。会议由上海市社联党组成员、二级巡视员陈麟辉主持。《学术月刊》《探索与争鸣》《东方学刊》《大江南北》等期刊负责同志、编辑代表、市社联相关职能部门同志与会。

7月23日,上海市社联召开党组中心组学习(扩大)会议,集中学习《中华人民共和国公务员法》。市社联党组书记、专职副主席权衡主持会议并讲话,党组成员、专职副主席任小文,党组成员、二级巡视员陈麟辉出席会议,市社联机关全体干部参加学习。

7月27日,上海市社联2021年度夏季会长论坛在上海社科会堂举行。论坛的主题是"上海城市软实力与国际传播能力建设",本次论坛也是市社联党史学习教育系列活动之一。市社联党组成员、专职副主席任小文主持论坛,市社联所属学术团体负责人、专家学者代表和上海市社联机关党员干部等百余人参加会议。

7月29日,第五届中国出版政府奖表彰大会在京举行,会上发布了《国家新闻出版署关于表彰第五届中国出版政府奖获奖出版物、出版单位和出版人物的决定》和第五届中国出版政府奖获奖名单。上海市社会科学界联合会《学术月刊》荣获第五届中国出版政府奖期刊奖。

8月

8月2日,《学术中的中国——庆祝中国共产党成立100周年》专刊暨《探索与争鸣》第四届(2020)青年理论创新征文成果发布会在上海社会科学会堂举办。上海相关主管部门、行业协会和理论媒体的领导、代表,北京、江苏、上海等地有关学术机构的领导和资深学者,专刊作者代表和征文评审专家、作者代表,上海市社联机关各部门负责同志,共80余人参加发布会。

8月2日,由上海市社联、上海世纪出版集团、上海人民出版社共同主办的《光明的摇篮》出版座谈会在上海市社联举行。上海市社联党组书记、专职副主席权衡出席并致辞,上海世纪出版集团党委副书记、总裁阚宁辉出席并讲话。座谈会由上海世纪出版集团总编辑、上海人民出版社社长王为松主持。

8月6日,上海市社联、中共上海市委党史研究室与上海立信会计金融学院就伟大建党精神数字资源库建设签署学术资源、科学研究、人才培养等合作共建战略合作框架协议。市社联党组书记、专职副主席权衡,市委党史研究室主任严爱云,上海立信会计金融学院党委书记解超等出席致辞并见证签约仪式。

8月30日,上海市社联召开干部会议,宣布市委关于王为松同志任中共上海市社会科学界联合会党组书记,同意王为松同志为上海市社会科学界联合会专职副主席人选的决定。中共上海市委常委、宣传部部长周慧琳出席并讲话。市委宣传部副部长徐炯、胡佩艳,上海市社联主席王战,市委组织部宣教科技干部处处长吴中伟,市社联党组成员、专职副主席任小文,党组成员、二级巡视员陈麟辉等出席会议。会议由胡佩艳主持。吴中伟宣读市委有关干部任职决定并介绍王为松简历。王为松在会上作表态发言。

8 月，上海社科馆完成展陈项目招标，上海展界科技信息工程有限公司中标。

8 月，上海社科馆完成家具项目招标，震旦（中国）有限公司中标。

9 月

9 月 1 日，上海市社联举行党组中心组学习（扩大）会议，上海市社联党组书记王为松主持会议，党组成员、专职副主席任小文，党组成员、二级巡视员陈麟辉，以及全体处以上干部出席会议。王为松对周慧琳部长在 8 月 30 日社联干部会议上的讲话作了深入解读，要求各部门认真贯彻周部长讲话精神。会议还学习传达了上海市纠"四风"树新风警示教育大会与宣传系统纠"四风"树新风警示教育大会精神。

9 月 10 日，由上海市社联、市精神文明办、申通地铁联合主办的"乘地铁，探寻大师的红色足迹"暨 2021"礼赞上海社科大师"教师节特别活动，在《共产党宣言》展示馆（陈望道旧居）举行了温馨的启动仪式。

9 月 15 日，《探索与争鸣》编辑部、中国社会科学院—上海市人民政府上海研究院与上海市人民政府决策咨询研究基地袁志刚工作室共同合作，召开"缩小三大差距：高质量发展与共同富裕"圆桌会议。

9 月 16 日至 17 日，2018—2020 年度"优秀学会""优秀民办社科研究机构""学会特色活动""学会品牌活动"互评交流活动在上海社会科学会堂举行。市社联党组书记王为松出席互评活动并讲话，党组成员、专职副主席任小文介绍了"三优一特一品牌"活动的基本情况。上海市社联所属学术团体负责人 160 多人参加会议。

9 月 18 日，上海市社联联合上海财经大学长三角与长江经济带发展研究院等共同举办"最江南"长三角乡村文化传承创新理论研讨会。市社联党组成员、专职副主席任小文出席会议并致辞。在研讨环节，专家就"最江南"长三角乡村文化传承创新典型案例及长三角乡村文化发展报告展开讨论。

9 月 25 日，《探索与争鸣》编辑部与杭州师范大学人文学院共同举办"非虚构写作与中国记忆——文学与历史学跨学科对话"主题论坛。来自杭州师范大学、中国人民大学、复旦大学、浙江大学、南京大学、华东师范大学、南方科技大学、中国社科院等高校和研究机构的多名专家学者，聚焦非虚构写作的话语与意义、历史与叙事、记忆与真实等维度，展开交流研讨。

9月26日,上海市社联推出的"百年精神　代代相传"主题地铁专列在13号线淮海中路站启动,本次活动是市社联党史学习教育系列主题活动之一。中共上海市委宣传部副部长徐炯致辞,市社联党组书记、专职副主席王为松,上海申通地铁集团有限公司纪委书记、监察专员陆阳等出席,市社联机关党委和各部门、上海申通地铁集团有限公司党委党建工作部、上海地铁第二运营有限公司等党员代表参加,共同启动并与现场市民一同乘坐这趟红色文化列车。

10月

10月20日,上海市社联第十五届(2021)学会学术活动月开幕式暨秋季会长论坛在上海社科会堂举行。市委宣传部副部长徐炯出席会议并致辞,市社联党组书记、专职副主席王为松主持开幕式,市社联党组成员、专职副主席任小文主持秋季会长论坛。市社联所属学术团体负责人、专家学者代表和社联机关党员干部等150余人参加会议。

10月25日至12月13日,上海市社联推出东方讲坛・思想点亮未来系列讲座(第九季),邀请9位社科界专家学者进入中学校园开展社会科学知识专场讲座。

10月28日,"上海何以成为'光明的摇篮'"望道讲读会主题活动在上海市社联举办,特邀上海社会科学院熊月之研究员、上海师范大学苏智良教授,围绕《光明的摇篮》一书,共话上海的红色历史。本次活动是上海市社联党史学习教育系列主题活动之一。市社联党组书记、专职副主席王为松,党组成员、专职副主席任小文出席。近百名党员干部和市民群众现场聆听,并与演讲嘉宾交流互动。

10月29日至11月16日,根据市委有关职务任免的通知,按照《上海市社会科学界联合会章程》和《上海市社联委员会全体会议制度》有关规定,社联第七届委员会全体委员采取通讯无记名投票的表决方式,同意吕培明、徐建刚、梅兵同志当选为上海市社联第七届主席团兼职副主席。同时对于两位免去专职副主席的同志,考虑到权衡同志任上海社会科学院党委书记兼任上海市经济学会副会长,解超同志任立信会计金融学院党委书记兼任上海科学社会主义学会会长,保留权衡、解超两位同志的社联兼职副主席职务。

11月

11月5日,上海市社联党史学习教育领导小组召开"我为群众办实事"重点项目推进座谈会。市委党史学习教育第三巡回指导组组长邬立群、副组长刘道平一行,市委宣传部党史学习教育第一指导联络组组长邹新培、副组长薛彬一行莅临调研指导。市社联领导王为松、任小文,以及上海市社联机关和事业单位在职党支部书记、党史学习教育领导小组办公室相关人员参加推进座谈会。

11 月 5 日,"从开天辟地到经天纬地"望道讲读会主题活动在上海市社联举办。活动特邀党史领域知名学者：中共上海市委党史研究室主任严爱云、中共上海市委党校副校长梅丽红、上海交通大学教授刘统、华东师范大学教授齐卫平,共话百年来中国共产党奋斗的伟大历程与宝贵经验,并与党员干部和市民群众现场交流互动。

11 月 8 日,第三届长三角江南文化论坛以线上线下相结合的方式顺利举行。论坛以"江南乡村文化传承与创新"为主题,由上海、江苏、浙江、安徽三省一市社科联共同主办,浙江省社科联承办,浙大城市学院社科联协办,旨在深入交流探讨江南乡村文化创新发展的历史脉络和当代意蕴。开幕式上,上海市委宣传部副部长徐炯代表上海致辞。上海市社联王为松、任小文等长三角三省一市社科联领导,江南乡村文化研究领域的知名专家学者,江南文化研究联盟成员单位专家,三省一市社科联相关处室负责人,以及新闻媒体工作者等百余人通过线上线下参加论坛。论坛成果发布环节,长三角三省一市 5 位专家学者详细阐释了本省(市)《乡村文化发展报告》,重点推介了本地区乡村文化传承创新典型案例,生动反映了长三角江南乡村文化的历史演变和发展现状,以及三省一市各自所形成的乡村文化特征。

11 月 15 日,上海市社联举行党组中心组学习(扩大)会议,传达学习党的十九届六中全会精神。市社联党组书记、专职副主席王为松传达了中宣部学习宣传贯彻党的十九届六中全会精神电视电话会议暨上海分会场会议、十九届六中全会精神新闻发布会、中共上海市委全市党员负责干部会议等会议精神。党组成员任小文、陈麟辉就如何联系自身实际与当前工作贯彻全会精神作交流发言。

11 月 15 日,中共上海市委宣传部、上海市社会科学界联合会、上海市习近平新时代中国特色社会主义思想研究中心共同举办"上海理论社科界学习党的十九届六中全会精神座谈会"。中共上海市委宣传部副部长徐炯出席会议并讲话,市社联党组书记、专职副主席王为松主持会议。

11 月 24 日和 12 月 3 日,上海市社联分别召开党风廉政建设责任制领导小组专题会、意识形态工作责任制领导小组专题会和内部控制领导小组专题会。市社联党组领导王为松、任小文、陈麟辉出席会议。机关党委、机关纪委全体,机关及所属事业单位负责人和基层党支部书记参加专题会。会议由任小文主持。

11 月 25 日,上海市社会科学界第十九届学术年会大会在上海社会科学会堂召开。会议由上海市社联党组书记、专职副主席王为松主持。市社联主席王战致开幕词。市社联主席团成员、参与学术年会的专家学者代表、本市高校和社科研究机构代表 80 余人出席会议。

11 月 26 日，由国家广播电视总局主办，中国广播电视社会组织联合会承办的"中国广播电视大奖 2019—2020 年度广播电视节目奖"终评工作在京完成。220 个入围终评的节目，经过评委会评审，共评出 96 件获大奖作品，其中广播节目 51 件，电视节目 45 件。由上海市社联、中共上海市委党史研究室和上海人民广播电台联合制作的《奋斗创造城市传奇——新上海的 70 个瞬间》系列短音频荣获大奖。

12 月

12 月 6 日，上海市社联举行党组中心组学习（扩大）会议，传达学习十一届市委十二次全会、区委宣传部长思想工作交流会议、市委宣传部传达学习十一届市委十二次全会精神会议等会议精神。王为松主持会议，任小文、陈麟辉及全体处以上干部出席会议。

12 月 10 日，由全国哲学社会科学话语体系建设协调会议办公室、中共上海市委宣传部、中国社会科学院中国历史研究院指导，中国浦东干部学院、中国社会科学院—上海市人民政府上海研究院、上海市社会科学界联合会主办，华东师范大学历史学系协办的"中国哲学社会科学话语体系建设·浦东论坛——历史学话语体系建设·2021"在中国浦东干部学院、中国历史研究院和线上会场同时举办。

12 月 17 日，上海市社联 2021 年度冬季会长论坛举行，本次论坛作为上海市社联党史学习教育系列活动之一，主题为"奋进新征程　建功新时代——学习贯彻党的十九届六中全会精神"。市社联领导王为松、任小文、陈麟辉出席论坛，部分所属学术团体负责人和机关党员干部等近两百人通过线上线下结合的方式参与。论坛由任小文主持。

12 月 20 日，由上海市社联召集，上海市社会科学创新研究基地——上海交通大学神话学研究院主办，华东师范大学社会发展学院协办的中华创世神话研究工程 2021 年度论坛——"创世神话与中华文明探源"在上海社会科学会堂举行。论坛由上海交通大学人文学院讲席教授杨庆存主持，上海交通大学党委常务副书记、神话学研究院院长顾锋，上海市社联专职副主席任小文，上海交通大学资深教授、欧洲科学院院士、人文学院院长王宁，上海交通大学资深教授、神话学研究院首席专家叶舒宪等作致辞发言。

12 月 24 日，上海市文明办副主任郑英豪，市文明办志愿服务工作处处长、市志愿者协会秘书长俞伟调研上海社会科学会堂学术志愿者服务基地。市社联领导任小文陪同调研。双方就学术志愿者基地建设、上海社会科学馆建设开展深入交流，并就深化合作交换意见。

12 月 27 日，由上海市人大常委会研究室、上海市社会科学界联合会主办，上海市社联《探索与争鸣》编辑部承办的"全过程人民民主和人民代表大会制度理论研讨会"在上海市社联召开。来自上海、天津、南京、杭州等地的专家学者与上海市人大常委会研究室和长宁区的相关同志，围绕中央人大工作会议精神，就全过程人民民主和人民代表大会制度的理论阐释、制度推进、具体实践等问题展开了深入的学术交流。

2021 年度，上海市社联工程办就上海社科馆的开办工作展开多轮研讨，本年度共召开上海市社联工程领导小组会议 1 次，工程领导小组办公室例会 8 次，积极推动上海社科馆建设。

附　　录

FU LU

《学术月刊》2021 年分类总目录

（括号内数字，前为期数，后为页数）

·哲　学·

·法　学·

·访　谈·

《探索与争鸣》2021 年总目录

·论　坛·

·特　稿·

·重识中国与世界（二十七）·

·重识中国与世界（二十八）·

《上海思想界》2021 年目录

第 3 期

主编絮言

· 庆祝中国共产党成立 100 周年 ·

第 4 期
主编絮言

上海市社联所属学会一览表

序号	学会名称	成立日期	会 长	秘书长	地 址
1	哲学学会	1950.3	吴晓明	李家珉	淮海中路 622 弄 7 号（乙）
2	经济学会	1950.8	周振华	殷德生	淮海中路 622 弄 7 号（乙）
3	历史学会	1952.1	章 清	陶亚飞	淮海中路 622 弄 7 号（乙）
4	语文学会	1956.9	胡范铸	吴勇毅	复旦大学中文系
5	外文学会	1957.2	查明建	吴 赟	淮海中路 622 弄 7 号（乙）
6	教育学会	1957.9	尹后庆	朱 蕾	淮海中路 622 弄 7 号（乙）
7	国际关系学会	1957.3	杨洁勉	方 晓	淮海中路 622 弄 7 号（乙）
8	会计学会	1979.7	夏大慰	申 红	中山西路 2230 号 1312 室
9	科学社会主义学会	1979.7	解 超		淮海中路 622 弄 7 号（乙）
10	财政学会	1979.8	曹吉珍	陈欣然	肇嘉浜路 800 号 2107 室
11	马克思主义研究会	1979.9	王国平	周敬青	虹漕南路 200 号
12	社会学学会	1979.9	李友梅	刘玉照	上大路 99 号
13	逻辑学会	1979.11	宁莉娜	晋荣东	华东师大哲学系
14	世界经济学会	1979.11	罗长远	孙立行	淮海中路 622 弄 7 号（乙）
15	高等教育学会	1979.11	印 杰	董秀华	陕西北路 500 号 3 号楼
16	伦理学会	1980.1	高国希	付长珍	丰庄路 301 弄 41 号 602 室
17	金融学会	1980.6	金鹏辉	王长元	陆家嘴东路 181 号
18	统计学会	1980.7	刘稚南	朱国众	四川中路 220 号 806 室
19	物流学会	1980.9	许国良	陈 震	北京东路 255 号 502 室
20	农村经济学会	1980.9	孙 雷	邵启良	仙霞西路 779 号 1 号楼附 2F
21	人口学会	1980.12	丁金宏	李 强	东川路 500 号法商北楼 402 室
22	美学学会	1981.1	祁志祥	张永禄	凤庆路 58 弄 38 号 602 室
23	城市经济学会	1981.3	罗守贵	袁 钢	宣化路 300 号北塔 1503 室
24	房产经济学会	1981.5	沈正超	忻一鸣	江西中路 170 号（福州大楼）3 楼

（续表）

序号	学会名称	成立日期	会长	秘书长	地址
25	家庭教育研究会	1981.6	王剑璋	顾秀娟	天平路 245 号 311 室
26	政治学会	1981.10	桑玉成	程竹汝	市委党校教务处
27	新四军历史研究会	1981.10	刘苏闽	颜宁	中山南二路 777 弄 1 号 1503 室
28	档案学会	1981.11	徐未晚	居继红	仙霞路 326 号
29	中共党史学会	1981.12	忻平	高福进	淮海中路 622 弄 7 号（乙）
30	农村金融学会	1981.12		庄湧	徐家汇路 599 号 1702 室
31	邮电经济研究会	1981.12	常朝晖	钮钢	南崇明路甲 1 号 807 室
32	宗教学会	1982.3	晏可佳	葛壮	淮海中路 622 弄 7 号宗教所
33	婚姻家庭研究会	1982.5	葛影敏	张燕华	天平路 245 号
34	辞书学会	1982.7	张荣	朗晶晶	陕西北路 457 号
35	管理教育学会	2007.9	赵晓康	苏宗伟	斜土路 2601 号嘉汇广场 T1-20C
36	商业经济学会	1982.9	聂永有	赵金龙	新闸路 945 号 311 室
37	世界语协会	1982.11	周天豪	张涵	淮海中路 622 弄 7 号（乙）
38	成本研究会	1982.11	陈亚民	傅永尧	中山南路 315 号 406 室
39	犯罪学学会	1983.2	应培礼	虞浔	万航渡路 1575 号
40	人类学学会	1983.5	王久存	李辉	邯郸路 220 号复旦大学遗传部
41	卫生经济学会	1983.6	衣承东	金春林	北京西路 1400 弄 21 号
42	人才研究会	1983.7	毛大立	张子良	高安路 25 号
43	钱币学会	1983.10	余文建	陈勇	光复西路 17 号（展销中心）
44	统一战线理论研究会	1983.12	房剑森	汪常周	天等路 469 号
45	华侨历史学会	1983.12	张癸	华洁蓉	延安西路 129 号华侨大厦 1011 室
46	写作学会	1984.7	胡晓明	周文叶	中山北路 3663 号华东师范大学理科大楼 A 座 219 室
47	渔业经济学会	1984.7	杨正勇	晋洪涛	军工路 318 号综合楼 201 室
48	建设交通系统思想政治工作研究会	1984.8	许德明	杭财宝	斜土路 1175 号 1005 室
49	劳动和社会保障学会	1984.9	张剑萍	丁政祥	安远路 45 号 1 号楼 4 楼
50	保险学会	1984.9	张渝	李立新	中山南路 1228 号 8 楼
51	社会心理学学会	1984.5	崔丽娟	陈校	外青松公路 7989 号
52	思想政治工作研究会	1984.12	董云虎	吴瑞虎	高安路 17 号 401 室

（续表）

序号	学会名称	成立日期	会长	秘书长	地址
53	监狱学会	1984.12	吴琦	卢德利	长阳路 111 号 4802 室
54	比较文学研究会	1985.3	宋炳辉	陈晓兰	大连西路 550 号上外文学研究院
55	价格学会	1985.5	沈念东	程大选	四平路 710 号广益大厦 8 楼
56	审计学会	1985.5	田春华	黄琪舫	陆家浜路 1388 号 9 楼
57	编辑学会	1985.6	庄智象	高云松	打浦路 433 号荣科大厦 17 楼
58	秘书学会	1985.7	李锐	赵建平	虹漕南路 200 号市委党校
59	行为科学学会	1985.8	余明阳	张新安	法华镇路 535 号 1 号楼 112 室
60	经济体制改革研究会	1985.10	浦再明	江健全	肇家浜路 301 号 1912 室
61	日本学会	1985.10	胡令远	蔡亮	上海国际问题研究院
62	集体经济研究会	1985.11	关坚韧	苏雪明	周家嘴路 786 弄 67 号
63	国际贸易学会	1985.12	黄建忠	姚为群	古北路 620 号
64	固定资产投资建设研究会	1985.12	王志强	吴冠军	人民路 875 号 1605 室
65	老年学学会	1985.12	左学金	孙鹏镖	巨鹿路 892 号 2 楼
66	服务经济研究会	1985.12	朱立新	邵建华	福州路 107 号 320 室
67	教师学研究会	1986.4	陈军	凤光宇	陕西北路 500 号 4 号楼 109 室
68	研究生教育学会	1986.4	毛丽娟	束金龙	茶陵北路 21 号 1 号楼 226 室
69	基建优化研究会	1986.5	王洪卫	方芳	军工路 516 号 476 信箱
70	行政管理学会	1986.6		杨蕾	高安路 19 号
71	语言文字工作者协会	1986.7	文贵良	吕志峰	陕西北路 500 号
72	妇女学学会	1986.8	徐枫	潘卫红	天平路 245 号
73	生态经济学会	1986.10	周冯琦	刘新宇	淮海中路 622 弄 7 号 526 室
74	数量经济学会	1986.10	朱平芳	徐大丰	淮海中路 622 弄 7 号
75	市场监督管理学会	1986.11	彭文皓	唐继红	肇嘉浜路 301 号 2601 室
76	青年运动史研究会	1986.12	张辉	赵文	西江湾路 574 号
77	古典文学学会	1987.2	谭帆	戎默	瑞金二路 272 号
78	俄罗斯东欧中亚学会	1987.3	刘军	姜睿	同济大学政治与国际关系学院
79	医学伦理学会	1987.3	杨放	常运立	世博村路 300 号 4 号楼 901 室
80	世界史学会	1987.3	向荣	金福寿	复旦大学历史系

（续表）

序号	学会名称	成立日期	会长	秘书长	地　　址
81	远距离高等教育学会	1987.3	陶正苏	刘冬暖	梅陇路 130 号八教 205 室
82	工人运动研究会	1987.5	陈周旺	邹卫民	中山东一路 14 号
83	宏观经济学会	1987.7	王思政	朱玉玲	威海路 128 号 702 室
84	蔬菜经济研究会	1987.5	朱为民	刘增金	华池路 58 弄 5 号 1203 室
85	总会计师工作研究会	1987.9	王　岚	应忠芳	陆家浜路 1054 号 14 楼
86	中山学社	1987.10	高小玫	廖大伟	陕西北路 128 号
87	工艺美术学会	1988.6	周　南	严　忠	汾阳路 79 号
88	国际战略问题研究会	1988.9	杨洁勉	吴莼思	田林路 195 弄 15 号上海国际问题研究院
89	土地学会	1988.9	林　驹	施玉麒	海伦路 306 弄 8 号
90	毛泽东思想研究会	1988.12	秦莉萍	李　亮	桂林路 100 号
91	民俗文化学会	1988.12	仲富兰	潘文焰	华东师大传播学院
92	股份制与证券研究会	1988.12	魏农建	曹　俊	南京东路 61 号新黄浦金融大厦 1101 室
93	社会科学普及研究会	1989.1	周智强	应毓超	淮海中路 622 弄 7 号（乙）
94	新学科学会	1989.12	陈燮君	胡　江	人民大道 201 号上海博物馆
95	形势政策教育研究会	1989.12	沈明达	王丽萍	淮海中路 622 弄 7 号（乙）
96	民防协会	1990.3	李国强	朱海煜	徐汇区虹桥路 663 号 513 室
97	宋庆龄研究会	1991.5	薛　潮	黄亚平	姚虹路 680 号 3 楼
98	现代金融学会	1991.6	付　捷	孙　伟	浦东大道 9 号
99	台湾研究会	1991.12	严安林	万向群	永福路 251 号
100	市场学会	1991.12	陈信康	高维和	福州路 355 号 707 室
101	供销合作经济研究会	1992.4	马晨辉	王伟星	大木桥路 247 弄 2 号 2 楼
102	欧洲学会	1992.5	徐明棋	杨海峰	威海路 233 号 803 室
103	商业会计学会	1992.8	杨阿国	周忠祺	新闸路 945 号 309B 室
104	地方史志学会	1992.9	王依群	黄晓明	斜土路 2567 号 A2 楼 5 楼
105	财务学会	1992.12	金洪飞	朱平芳	中山北一路 369 号
106	终身教育研究会	1992.12	王伯军	杨　晨	大连路 1541 号 1301 室

（续表）

序号	学会名称	成立日期	会　长	秘书长	地　　址
107	国际商务法律研究会	1993.8	杨鹏飞	成　涛	陆家浜路 1141 号 707 室
108	地名学研究会	1993.9	满志敏	周春玉	北京西路 99 号
109	中西哲学与文化比较研究会	1993.11	童世骏	刘梁剑	华东师大哲学系
110	太平洋区域经济发展研究会	1993.12	张卫刚	金永明	上海交通大学国际与公共事务学院
111	现代企业经营管理研究会	1994.2	秦　健	黄鼎楼	江宁路 838 号富容大厦 6 楼 C 座
112	炎黄文化研究会	1994.4	汪　澜	马　军	漕溪北路 28 号 17 楼 C 座
113	退休职工管理研究会	1994.5	刘培顺	刘　青	北京西路 1068 号 9 楼
114	中国特色社会主义理论体系研究会	1994.6	燕　爽	季桂保	高安路 17 号
115	演讲与口语传播研究会	1994.12	严三九	林　毅	华师大传播学院
116	民营经济研究会	1995.2	赵福禧	刘　云	延安东路 55 号 1808 室
117	金融法制研究会	1995.3	沈国明	吴　弘	罗阳路 388 号
118	食文化研究会	1996.2	杨卫武	张文虎	福州路 107 号 320 室
119	社区发展研究会	1996.11	徐中振	张虎祥	淮海中路 622 弄 7 号（乙）
120	生产力学会	1997.3	真　虹	顾其南	浦东华开路 50 号 213 室
121	未来亚洲研究会	1998.1	叶　青	胡毓佳	田林路 195 弄 15 号
122	戒毒学会	1998.12	宋卫东	徐　定	吴淞路 333 号
123	美国学会	2000.1	吴心伯	信　强	大连西路 550 号上外 538 信箱
124	年鉴学会	2002.6	生键红	王继杰	斜土路 2567 号 A2 楼 5 楼
125	法治研究会	2002.8	季卫东	王丽华	吴兴路 225 号
126	国资企业思想政治工作研究会	2004.3	程　巍	刘亦颖	凯旋北路 1305 号 5007 室
127	领导科学学会	2004.3	郭庆松	鞠立新	虹漕南路 200 号
128	信息学会	2004.4	许维胜	石宗宏	浦建路 145 号强生大厦 1003 室
129	信访学会	2006.5	王剑华	钱辰一	人民大道 200 号综合楼
130	延安精神研究会	2007.1	叶　骏	曹　诚	桂林路 100 号
131	人民政协理论研究会	2007.11	贝晓曦	侯永刚	北京西路 860 号

（续表）

序号	学会名称	成立日期	会长	秘书长	地址
132	城市规划学会	2008.11	伍江	曾林龙	铜仁路 331 号 704 室
133	东方青年学社	2008.12	李琪	刘世军	康平路 66 号 108 室
134	知识青年历史文化研究会	2011.3	金光耀	高玲	宜昌路 575 号 2207 室
135	经济和信息化企业文化研究会	2011.4	周国雄	傅敏	北京东路 356 号 801 室
136	文史资料研究会	2011.11	马建勋	王建华	北京西路 860 号
137	人大工作研究会	2012.4	姚明宝	许萍	人民大道 200 号
138	公共事务管理研究会	2012.6	竺乾威	顾丽梅	邯郸路 220 号美国研究中心
139	思维科学研究会	2012.9	王晓峰	刘晋	临港新城上海海事大学信息工程大楼 219 室
140	上海市税务学会	2012.9	许建斌	赵锁根	中山南路 1088 号
141	上海市国际税收研究会	2012.10	龚祖英	杨浩	中山南路 1088 号
142	上海联合国研究会	2013.9	潘光	张贵洪	吴兴路 45 号
143	上海市 WTO 法研究会	2013.11	胡加祥	彭德雷	华山路 1954 号浩然高科技大厦 1601—1603 室
144	上海市信用研究会	2014.3	洪玫	袁象	沪松公路 1399 弄 68 号 20 层 07 室
145	上海影视戏剧理论研究会	2014.6.7	厉震林	张晓欧	邯郸路 220 号复旦大学光华西主楼 1006 室
146	上海市儒学研究会	2015.5.10	吴震	何俊	复旦大学哲学学院
147	上海国际文化学会	2015.7.10	陈圣来	刘春	上海市百色路 451 弄 10 号
148	上海市司法鉴定理论研究会	2015.9.11	杜志淳	孙大明	万航渡路 1575 号格致楼 103 室
149	上海市城市管理行政执法研究会	2015.12.15	恽奇伟	徐剑平	铜仁路 331 号 1705 室
150	上海市公共政策研究会	2016.5.15	胡伟	罗峰	虹漕南路 200 号
151	上海市外国文学学会	2017.3.26	李维屏	张和龙	大连西路 550 号 1 号楼 322 室
152	上海抗战与世界反法西斯战争研究会	2017.8.12	张云	唐磊	友谊路 1 号上海淞沪抗战纪念馆
153	上海市大数据社会应用研究会	2017.9.24	吴力波	张学良	杨浦区纪念路 8 号 3 号楼 201 室

（续表）

序号	学会名称	成立日期	会　长	秘书长	地　　　址
154	上海周易研究会	2017.10.17	周　山	张志宏	顺昌路 622 号 5 楼
155	上海市朝鲜半岛研究会	2017.11.17	徐　旭	郑继永	广延路 140 号新仪表楼 307 室
156	上海市改革创新与发展战略研究会	2017.11.30	李　琪	罗　峰	市委宣传部
157	上海市军民融合发展研究会	2018.4.26	谢亚洪	束　礼	虹口区海南路 80 号
158	上海市海峡两岸民间交流与发展研究会	2018.11.27	高美琴	刘爱君	泰安路 76 弄 14 号
159	上海市人工智能与社会发展研究会	2021.10.31	周傲英	鲁传颖	中山西路 1610 号 2 号楼 807 室

上海市社联主管的民办社科机构一览表

序号	机构名称	批准登记日期	法人代表	负责人	联系人	地　址	邮政编码	电　话
1	上海东亚研究所	1995.7.1	章念驰	章念驰	王海良	汉中路 158 号 701 室	200070	63531746 -21
2	上海环太国际战略研究中心	2000.7.15	郭隆隆	孙国军	孙国军	天钥桥路 333 号 10a 层 1001 室	200060	62768910
3	上海华夏社会发展研究院	2002.3.15	鲍宗豪	鲍宗豪	葛玉兰	浦建路 1288 弄 10 号 102 室	201204	50454702
4	上海东方研究院	2002.7.1	刘吉	刘吉	卞学范	衡山路 696 弄 2 号 301 室	200030	64455941
5	上海金融与法律研究院	2002.10.29	柳志伟	傅蔚刚	聂日明	长柳路 100 号 淳大万丽酒店 5 楼	200135	68545701
6	上海世界观察研究院	2003.4.1	刘波	刘波	邹梅玲	柳营路 305 号 15 楼	200072	66288715
7	上海管理科学研究院	2004.7.9	章建文	刘吉	张孝平	斜土路 1221 号 901 室	200235	64866244
8	上海国际经济研究院	2005.2.1	赵一霖	赵一霖	潘家祥	新华路 543 号 1 号楼	200052	52540356
9	上海易居房地产研究院	2005.9.1	张永岳	张永岳	郭亦木	广延路 140 号	200072	56388686
10	上海知识产权研究所	2006.4.3	夏邦	夏邦	苗雨	陆家嘴路 958 号 华能大厦 31 楼	200120	58871079
11	上海实业综合研究院	2006.5.26	钱启东	钱启东	吴婷婷	淮海中路 98 号 金钟广场 21 楼	200021	53828866 ×2266
12	上海党建文化研究中心	2007.9.1	王瑞红	王瑞红	王瑞红	梅陇路 161 号 8 号楼 506 室	200237	64776904
13	上海东方法治文化研究中心	2009.5.20	周叶军	陈洁	于翠翠	宜昌路 555 号 3 楼 a04 室	200135	34010982
14	上海春秋发展战略研究院	2014.9.22	金仲伟	金仲伟	梁顺龙	番禺路 300 弄 3 号	200052	62802030

序号	机构名称	批准登记日期	法人代表	负责人	联系人	地　址	邮政编码	电　话
15	上海世雄国际关系研究中心	2018.1.5	倪世雄	倪世雄	王佳霖	杨浦区四平路1779号复旦科技园2017室	200433	65201758
16	上海长三角商业创新研究院	2019.9.6	蒋　斌	陆雄文	苏文婷	浦东新区滨江大道1616号3层D区	200021	62200833

上海市社会科学界联合会 2020 年度达标学会名单

教育、文化类学会：
上海市语文学会
上海市语言文字工作者协会
上海市外文学会
上海市世界语协会
上海市编辑学会
上海市古典文学学会
上海市教育学会
上海市高等教育学会
上海市研究生教育学会
上海市终身教育研究会
上海市教师学研究会
上海市家庭教育研究会
上海社会科学普及研究会
上海炎黄文化研究会
上海市民俗文化学会
上海市演讲与口语传播研究会
上海食文化研究会
上海影视戏剧理论研究会
上海市外国文学学会

哲学、史学类学会：
上海市哲学学会
上海市美学学会
上海市伦理学会
上海市逻辑学会
上海中西哲学与文化比较研究会
上海市医学伦理学会
上海市历史学会

上海市世界史学会

上海市中共党史学会

上海市新四军暨华中抗日根据地历史研究会

上海中山学社

上海宋庆龄研究会

上海市地方史志学会

上海市档案学会

上海市年鉴学会

上海市知识青年历史文化研究会

上海市文史资料研究会

上海市思维科学研究会

上海市儒学研究会

上海周易研究会

上海抗战与世界反法西斯战争研究会

政治、法律、社会、行政类学会：

上海市马克思主义研究会

上海市毛泽东思想研究会

上海科学社会主义学会

上海市政治学会

上海市统一战线理论研究会

上海市思想政治工作研究会

上海国资企业思想政治工作研究会

上海市形势政策教育研究会

上海市领导科学学会

上海市延安精神研究会

上海市信访学会

上海市法治研究会

上海金融法制研究会

上海市监狱学会

上海市戒毒学会

上海市社会学学会

上海市社区发展研究会

上海人类学学会

上海市人口学会

上海市妇女学学会

上海市婚姻家庭研究会

上海市工人运动研究会
上海市退休职工管理研究会
上海市社会心理学学会
上海市人民政协理论研究会
上海市行政管理学会
上海市城市管理行政执法研究会
上海人大工作研究会
上海市司法鉴定理论研究会
上海市公共事务管理研究会
上海市大数据社会应用研究会
上海市公共政策研究会

理论经济、综合经济、产业经济类学会：
上海市经济学会
上海市世界经济学会
上海生产力学会
上海市数量经济学会
上海市统计学会
上海市宏观经济学会
上海市价格学会
上海市市场监督管理学会
上海市劳动和社会保障学会
上海市市场学会
上海市集体经济研究会
上海市国际贸易学会
上海市物流学会
上海市土地学会
上海市城市经济学会
上海市房产经济学会
上海邮电经济研究会
上海市固定资产投资建设研究会
上海市生态经济学会
上海蔬菜经济研究会
上海市渔业经济研究会
上海市城市规划学会
上海市信息学会

金融、财税、会计审计、其他经济类学会：
上海市金融学会
上海现代金融学会
上海市保险学会
上海市钱币学会
上海股份制与证券研究会
上海市会计学会
上海市商业会计学会
上海市成本研究会
上海市卫生经济学会
上海市行为科学学会
上海管理教育学会
上海现代企业经营管理研究会
上海市信用研究会

国际问题、涉港澳台、其他类学会：
上海市国际关系学会
上海国际战略问题研究会
上海欧洲学会
上海市俄罗斯东欧中亚学会
上海市太平洋区域经济发展研究会
上海市日本学会
上海市美国学会
上海市台湾研究会
上海市民防协会
上海工艺美术学会
上海市 WTO 法研究会
上海国际文化学会
上海市改革创新与发展战略研究会
上海市朝鲜半岛研究会
上海市军民融合发展战略研究会

上海市社会科学界第十九届(2021年)学术年会系列论坛

举办日期	论坛主题	承办人	承办单位
2021.5.29	习近平外交思想与中国共产党百年对外工作理论创新研讨会	毛瑞鹏	上海国际问题研究院
2021.6.11	中国共产党教育思想百年演进与当代发展论坛	李政涛	华东师范大学
2021.7.20	中共百年华诞　世界百年变局——中国共产党治国理政的经验与启示	高晓林	复旦大学
2021.8.28	中国共产党百年城市工作的理论与实践	宋道雷	复旦大学
2021.9.5	建党百年与民间外交研讨会——上海的实践与启示	于宏源	上海国际问题研究院
2021.9.18	"数字时代文化产业高质量发展"东方智库论坛	包国强	上海大学
2021.10.30	中国道路的百年探索:创造与贡献	赵　勇	上海对外经贸大学
2021.11.6	2021中国诠释学专业委员会年会暨"经典诠释与诠释学的伦理学转向"学术研讨会	潘德荣	华东师范大学
2021.11.13	2021上海歌剧论坛暨"中国歌剧百年"学术研讨会	钱仁平	上海音乐学院

上海市社会科学界第十九届(2021)学术年会优秀论文

序号	篇 名	作 者	单 位
1	立党百年来中国共产党对民族精神的重塑研究	焦连志	上海电力大学马克思主义学院
2	中国共产党认识和探索社会主义的百年历程及其价值	王可园 王 静	华东师范大学政治学系 上海师范大学哲学与法政学院
3	中国共产党党内监督百年实践历程及其基本经验	邬思源	东华大学马克思主义学院
4	中国共产党百年来应对风险挑战的历史经验	韩洪泉	国防大学政治学院
5	中国共产党早期党校政策的形成及运作(1921—1927)	张仰亮	华东师范大学马克思主义学院
6	论习近平新时代中国特色社会主义经济思想的方法论基础	严金强	复旦大学马克思主义学院
7	自我革命:百年大党永葆生机活力的内在基因密码	刘 芳	国防大学政治学院
8	百年来中国共产党推动社会主义的历史进路研究	邱卫东	华东理工大学马克思主义学院
9	毛泽东提出"马克思主义中国化"历史命题前后的著作对比及启示	张文彬	同济大学马克思主义学院
10	中国共产党人精神谱系的科学品格与时代价值	张春美	中共上海市委党校
11	"传家宝"与"基本功":党开展调查研究的历史、经验与理论——中国共产党建党百年调查研究史回溯	李 飞	国防大学政治学院
12	中国共产党执政认同建构的主题演进与实践展开	刘 伟	上海交通大学马克思主义学院
13	善于把握历史机遇是中国共产党铸就历史伟业的重要秘诀	王公龙	中共上海市委党校
14	百年来党的干部工作的重要成就与宝贵经验	郭 玮	中共上海市松江区委党校
15	中国共产党"培养什么人"理念的历史沿革与主要经验	陈华栋	上海交通大学马克思主义学院
16	中国特色社会主义理论形态嬗变与时代价值	袁秉达	中共上海市委党校

（续表）

序号	篇　名	作　者	单　位
17	党的领导制度体系建设百年演进逻辑与现实思考	周敬青	中共上海市委党校
18	新时代大力弘扬伟大建党精神及其时代价值	郑智鑫 忻　平	中共上海市浦东新区区委党校 上海市中共党史学会
19	中国共产党领导中国现代化的历史规律和基本经验	石建勋	同济大学国家创新发展研究院暨现代化研究院
20	中国共产党早期的组织建设及其实践(1920—1925)	陈召正 邵　雍	上海师范大学人文学院
21	江南文化与中共建党	束晓冬 邵　雍	上海师范大学人文学院
22	新纪元:"站起来富起来到强起来"的多重逻辑——中国共产党治国理政的核心动能研究	贺东航	复旦大学社会科学高等研究院
23	性别差异:中青年干部职业发展及其影响因素研究——基于结构方程模型的实证分析	宁本荣	中共上海市委党校
24	解码信访制度:人民治理国家的政治原点与历史逻辑	刘正强	上海社会科学院社会学研究所
25	中国共产党执政的伦理叙事及其解释力	程竹汝	上海交通大学
26	中国共产党领导城市工作的百年经验与人民城市重要理念的当代价值	薛泽林 沈　琰	上海社会科学院 中共上海市委党校
27	中国认知民主的决策之维:以中国共产党的调查研究为观察对象	王礼鑫 杨　涛	上海师范大学哲学与法政学院
28	中国共产党与政治仗——基于《人民日报》"政治仗"相关文献的分析(1946—2020)	鹿晓天 高民政	国防大学政治学院
29	中国共产党百年奋进的政治品格——基于政党、国家与社会关系的分析	上官酒瑞	中共上海市委党校
30	依规治党中党员的权利问题研究	刘长秋	上海政法学院
31	社区公共性的内涵、生长逻辑与路径	李　蔚	上海行政学院
32	企业家注意力与中国共产党百年:一个经济解释	孙泽生 赵红军	上海师范大学商学院
33	从马克思主义科技思想在中国的实践与发展到高水平的科技自主创新——庆祝中国共产党成立100周年	董瑞华	中共上海市委党校
34	中国科技创新资源配置体制机制的演进、创新与政策思考	李　湛 刘　波	上海社会科学院应用经济研究所
35	建党百年之际审视全球文化创意产业生命周期演化规律	臧志彭 解学芳	华东政法大学传播学院 同济大学人文学院

序号	篇　名	作　者	单　位
36	从传播马克思主义科技思想到建设具有全球影响力科创中心——建党百年上海科技与产业创新进程回顾与启示	黄烨菁	上海社会科学院世界经济研究所
37	国际粮食安全的韧性治理和中国参与	于宏源	上海国际问题研究院比较政治和公共政策所
38	美国媒体《密勒氏评论报》对中共早期形象的国际传播及党史教育的启示	王建军	上海科技管理干部学院
39	在商业宣传中建构新的文化阵地：左翼电影运动与《明星月报》	王艳云 蒲桂南	上海大学上海电影学院
40	建党百年文化建设的基本经验及启示	黄莉菁	中共上海市委党校

第 20 届上海市社会科学普及活动周活动一览

开幕式

时间:2021 年 5 月 22 日(周六)14:00

地点:长征镇社区文化活动中心(梅川路 1255 号)南楼二楼剧场

主办:上海市社会科学界联合会

信念赓续百年　理想光耀中国——庆祝中国共产党成立 100 周年主题诵读会

百年大党,风华正茂。回望来路,那些筚路蓝缕的艰难岁月,那些激情澎湃的奋斗年华,那些迈向复兴的崭新华章,全都历历在目,铭刻在心。怎不让人回肠荡气,歌以咏怀!让我们一起诵读,一起聆听,这一部又一部,伟大的中国共产党百年征程中的精彩篇章。

时间:2021 年 5 月 22 日(周六)14:30

地点:长征镇社区文化活动中心(梅川路 1255 号)南楼二楼剧场

主持人:林牧茵　上海电视台新闻主播

第一篇章　光辉岁月

第二篇章　激情时代

第三篇章　复兴力量

主办:上海市社会科学界联合会

协办:上海社会科学普及研究会　上海市演讲与口语传播学会

科技与人文的对话

百年征程波澜壮阔,百年初心历久弥坚。驰骋深邃的宇宙,遨游浩渺的星空。在中国共产党的领导下,中国航天砥砺奋进,用一次又一次的巨大成功,开拓着中国人探索和利用太空的新征程。航天精神彰显的伟大的中国道路、中国精神、中国力量,也激励着中华儿女在逐梦道路上奋勇前行。"科技与人文的对话"邀请航天界专家、人文社科学者展开对话,交流提升国家战略科技力量的真知灼见,启航未来新的航天征程。

主题:百年飞天强国梦

时间:2021 年 5 月 25 日(周二)14:00

地点:钱学森图书馆(华山路 1800 号)

主持人：旭崇（上海人民广播电台主持人）

对话嘉宾：

沈丁立（复旦大学教授）

丁子承（科幻作家，上海市科普作家协会理事）

陈晓（上海卫星工程研究所深空探测与空间科学总体室副主任）

主办：上海市社会科学界联合会　上海人民广播电台

《为什么是上海（第三季）——"排头兵、先行者"的担当之路》系列短视频发布会

1978 年，党的十一届三中全会揭开了改革开放的大幕，中国由此踏上了高速发展的快车道。作为改革开放排头兵、创新发展先行者，上海承载着非凡的使命，彰显着特殊的担当。《为什么是上海》第三季继续追寻改革开放以来，上海"排头兵、先行者"定位的由来，梳理上海在经济发展、城市建设、社会治理、文化繁荣、党建引领等方面的担当之路。

时间：2021 年 5 月 27 日（周四）14：00

地点：淮海中路 622 弄 7 号乙　社联大楼 6 楼群言厅

主办：上海市社会科学界联合会

庆祝中国共产党成立 100 周年系列活动

主题论坛

序号	举办单位	项目名称	时　间	地　点
1	上海市延安精神研究会	延安精神与新时代人生观	5 月 23 日 9：00	松江区文翔路 2800 号上海立信会计金融学院
2	上海市形势政策教育研究会	庆建党百年　为党旗增辉	5 月 26 日 10：45	南昌路 127 弄 13 号上海医药集团党校大会场
3	上海抗战与世界反法西斯战争研究会	号角初响迎曙光　红旗百年凯歌扬	5 月 27 日 10：30	宝山区马泾桥三村 10 号月浦镇党建服务中心
4	上海市统一战线理论研究会	建党百年与统一战线	5 月 27 日 14：00	天等路 469 号上海市社会主义学院 3 楼多功能厅
5	上海市毛泽东思想研究会	从百年历史看中国共产党理论的发展与创新	5 月 28 日 12：00	桂林路 81 号上海师范大学会议中心 5 号会议室
6	上海市会计学会	"百年征程　再创辉煌"——会计事业百年发展	5 月 28 日 13：00	重庆南路 310 号新电大厦 17 楼 1704 室
7	上海市领导科学学会	百年引领与使命担当	5 月 28 日 13：30	荆州路 151 号国歌纪念馆
8	上海市经济学会	马克思主义普遍真理与中国实际相结合的成功经验	5 月 28 日 14：00	中山北路 3663 号华东师范大学理科大楼 A302 会议室

主题活动

序号	举办单位	项目名称	时间	地点
1	上海市中共党史学会	"跨越百年　寻觅初心"——党史学习教育主题分享会	5月22日 14:00	淮海中路567弄6号社会主义青年团中央机关旧址纪念馆
2	上海市新四军历史研究会	"可歌可泣的新四军"知识竞赛	5月22日— 5月28日	泉口路185弄113号刘家宅第四居民委员会
3	上海市新四军历史研究会	上海解放72周年纪念展	5月22日— 5月28日	泉口路185弄113号刘家宅第四居民委员会
4	上海市外国文学学会	《共产党宣言》与陈望道"多语种主题宣讲活动	5月22日— 5月30日	国福路51号陈望道纪念馆
5	上海毛泽东旧居陈列馆	"毛泽东在上海"主题展览	5月22日— 6月30日	茂名北路120弄5-9号
6	上海炎黄文化研究会、上海炎黄书画院	"党史中的革命先烈"书画作品展	5月22日— 6月30日	嘉定区江桥镇海波路1020号江桥镇新时代文明实践分中心
7	上海炎黄文化研究会、上海炎黄书画院、黄浦区美术家协会	"灯塔"——庆祝中国共产党成立100周年书画作品展	5月22日— 6月7日	铜川路1869号刘海粟美术馆分馆
8	上海市语言文字工作者协会	"阅读红色经典　弘扬爱国热情　传承革命精神"知识竞赛	5月22日— 7月10日	"上海市语言文字工作者协会"公众号
9	上海党建文化研究中心	"学百年党史　聚奋进力量"党史主题展览	5月22日— 7月1日	普育西路105号公益新天地园区
10	上海市档案局(馆)	"建党百年　初心如磐"长三角红色档案珍品展	5月22日— 12月31日	中山东二路9号上海市档案馆外滩馆
11	上海大学博物馆	"上海大学（1922—1927)的红色往事"公众开放日活动	5月23日 13:30	宝山区上大路99号溯园
12	上海市毛泽东思想研究会	"奋斗百年路　不忘初心梦"党史学习教育活动	5月24日 12:00	奉贤区川博路100号奉贤曙光中学
13	上海市会计学会	"学党史　开新局"知识竞赛	5月24日 13:30	中兴路960号上海电气集团中央研究院6号楼报告厅
14	上海市城市经济学会	"铭记百年路　解码石库门"主题观摩体验活动	5月26日 14:00	万竹街41号露香园文化展示中心
15	上海师范大学	"初心之地　重温党史"主题展示活动	5月26日 14:00	海思路100号上海师范大学
16	上海市新四军历史研究会	"学党史　颂党恩　跟党走"主题展示活动	5月27日 13:30	胶州路15号静安区青少年活动中心

（续表）

序号	举办单位	项目名称	时　间	地　点
17	上海市新四军历史研究会	"鲜红的党旗　光辉的历程"主题歌舞展演活动	5月27日 13:30	浦东新区金群路 28 号金海文化艺术中心
18	上海市新四军历史研究会	"定向南京路　追忆战上海"党史学习教育主题定向活动	5月28日 14:00	南京路沿线
19	静安区文物史料馆、静安区北站街道新时代文明实践分中心、上海众墨名家工作室、中共三大后中央局机关历史纪念馆	"童心向党　欢乐六一"儿童红色专题绘画作品展	6月1日— 6月26日	浙江北路 118 号中共三大后中央局机关历史纪念馆底楼多功能厅
20	徐汇艺术馆	"前行之歌"建党百年主题展示活动	6月4日— 10月7日	淮海中路 1413 号徐汇艺术馆

主题讲座

序号	举办单位	题　目	主讲人	时　间	地　点
1	上海市房产经济学会	上海红色建筑的光辉史迹及修缮成果	苏智良（上海师范大学教授）冯蕾（上海建工装饰集团高级工程师）	5月22日 9:00	昌化路 649 号
2	上海市经济学会、中国致公党上海市委参政议政委员会	中国共产党领导所有制变革的理论与实践	傅尔基（上海市发展改革研究院研究员）	5月22日 9:30	浦东新区浦城路 99 弄仁恒滨江园三期会所二楼申浩律师活动中心
3	上海大世界传艺中心	波澜壮阔　气壮山河——在交响乐中见证党的百年辉煌历程	项震（少山文化创始人）	5月22日 10:30	西藏南路 1 号大世界三楼时空学堂
4	上海市新四军历史研究会	学习前辈　不忘初心	程晓明（新四军二师分会会长）	5月22日 14:00	泉口路 185 弄（金菊小区）113 号 207—208 室——刘家宅第四居民委员会
5	虹口区图书馆	我与李白烈士一家的三代缘	吴德胜（李白烈士故居纪念馆名誉馆长）	5月22日 14:00	水电路 1412 号三楼采虹书房

（续表）

序号	举办单位	题　目	主讲人	时　间	地　点
6	上海市求索进修学院	中国共产党的特质与民族伟大复兴	潘枝青（上海社会科学普及研究会副会长）	5月24日 12:00	巨鹿路139号黄浦区行政服务中心
7	上海市毛泽东思想研究会	《共产党宣言》在中国的传播与中国共产党的创立	刘建良（上海师范大学副教授）	5月24日 13:15	奉贤区川博路100号奉贤曙光中学"党旗飘扬"主题教室
8	浦东新区区委组织部、浦东新区区委宣传部、上海人民出版社、上海市新四军历史研究会	新四军水网地区征战史实	刘苏闽（上海市新四军历史研究会会长）	5月24日 13:30	浦东新区前程路88号浦东图书馆1号报告厅
9	上海市哲学学会	中国道路的百年探索与马克思主义中国化	吴晓明（上海市哲学学会会长）	5月24日 14:00	梅陇路130号华东理工大学马克思主义学院一教101室
10	上海邮电经济研究会	百年大党　不朽传奇	袁士祥（上海形势政策教育研究会副秘书长）	5月25日 9:30	四川北路65号邮电俱乐部议事厅
11	上海市形势政策教育研究会	讲好党的故事　传承红色基因	刘苏闽（上海新四军历史研究会会长）	5月26日 8:30	南昌路127弄13号上海医药集团党校大会场
12	上海市演讲与口语传播研究会	讲好"虹色"故事献礼建党百年	汪佳敏（普陀区教育局督学、中学高级教师）	5月26日 13:00	天宝路1115号上海外国语大学附属外国语学校东校
13	上海炎黄文化研究会、上海海事大学团委	新渔阳里六号：中国共产主义青年团的起点	陈晨（上海市警察协会副秘书长）	5月26日 13:30	浦东新区海港大道1550号上海海事大学学生服务中心
14	上海大学马克思主义学院	毛泽东与渔阳里	朱鸿召（复旦大学教授）	5月26日 14:00	思南路33号一楼社区党校
15	上海社会科学普及研究会	伟大是这样炼成的——领袖风范与党史风云	周智强（解放日报社党委副书记、高级编辑）	5月27日 13:00	中兴路1500号新理想大厦2楼报告厅
16	上海炎黄文化研究会、中共上海市崇明区向化镇委员会	闻道上海城　起步石库门——中共建党时期的故事	秦来来（上海广播电视台高级编辑）	5月27日 13:30	崇明区陈彷公路4927号向化镇社区文化活动中心多功能厅
17	上海抗战与世界反法西斯战争研究会	中国共产党与上海抗战	韩洪泉（国防大学政治学院副教授）	5月27日 15:00	宝山区吴淞口路813号
18	上海市延安精神研究会	我心中的延安	朱鸿召（复旦大学教授）	5月28日 13:30	桂林路81号上海师范大学会议中心1号报告厅

（续表）

序号	举办单位	题　目	主讲人	时　间	地　点
19	上海抗战与世界反法西斯战争研究会	百年党魂与治军魅力	苏世伟（上海国防教育学院教授）	5月30日 13:30	宝山区吴淞口路813号
20	上海市社区发展研究会、上海市党建研究会	建党百年再出发：从党史看未来中国	冯小敏（上海市党建研究会研究员、首席专家）	6月3日 9:00	新华路160号上海影城
21	上海虹房（集团）有限公司	品读上海红色文化 传承上海红色基因	朱叶楠（中共上海市委党校讲师）	6月3日 14:00	曲阳路1号4楼多功能厅

专项科普活动

序号	举办单位	项目名称	时间	地　点
1	华东师范大学	"坚定的马克思主义研究者、践行者和传播者——冯契"主题论坛	5月22日—5月26日	闵行区东川路500号冯契学术成就陈列室
2	上海市渔业经济研究会、上海海洋大学	中国渔业发展史知识竞赛	5月22日—5月28日	浦东新区沪城环路999号上海海洋大学图书馆
3	钱学森图书馆	"遥望比邻　梦想成真"科幻文艺主题展示活动	5月22日—5月28日	华山路1800号钱学森图书馆B层临展厅
4	上海市教育学会	"小手翻开大世界"家庭亲子阅读主题宣传周活动	5月22日—5月28日	福州路465号上海书城
5	中华人民共和国名誉主席宋庆龄陵园	"永远和党在一起"宋庆龄作品诵读会	5月22日—5月29日	延安中路1000号上海展览中心
6	上海立信会计金融学院	"泉海拾珍"——中国钱币文化专题展	5月22日—5月31日	浦东新区博兴路1432号上海立信会计金融学院附属学校
7	华东师范大学	"经邦济世，青年学生在行动"主题宣讲活动	5月22日—6月15日	本市部分高校、中小学、社区、企业等
8	黄浦区文化馆	"纯银之美"海派银器文化主题展示活动	5月22日—6月8日	重庆南路308号黄浦区文化馆5楼非遗展厅
9	上海炎黄文化研究会、长宁区东方收藏艺术馆	"红星耀东方"主题藏品展	5月22日—7月16日	江苏北路30号2楼
10	华东师范大学	"《老子》研究与中国智慧"主题论坛	5月22日 9:00	中山北路3663号华东师范大学中北校区

（续表）

序号	举办单位	项目名称	时间	地　点
11	钱学森图书馆、上海鲁迅纪念馆	"中国人物类博物馆70年"主题论坛	5月22日 9:00	华山路1800号钱学森图书馆B13报告厅
12	上海市世界语协会	"推动世界语运动发展"主题论坛	5月22日 9:00	大连西路560号上外书店会议室
13	上海市思维科学研究会	"基于大数据的人工智能思维方法"主题咨询活动	5月22日 13:00	浦东新区东明路300号上海实验学校
14	上海市价格学会	"古玩品鉴与艺术修养"主题咨询活动	5月22日 14:00	福州路542号/浙江中路188号中福古玩城
15	金山区疾控精神卫生分中心	"延续普法　促进健康"精神卫生法规主题宣传活动	5月23日 13:00	金山区张堰镇文广中心
16	上海股份制与证券研究会	"新中国第一股与证券市场"主题宣传活动	5月25日 13:30	南京东路61号新黄浦金融大厦11楼
17	上海市市场监督管理学会	"网络交易新法新规"主题咨询活动	5月25日 14:00	华泾路459号华泾天街综合体一楼中庭
18	上海社会科学普及研究会	"'海上第一当'的历史变迁"现场体验活动	5月25日 14:00	武定路203号元利当铺博物馆
19	上海市土地学会	"碳达峰与自然资源利用"主题论坛	5月26日 8:30	浦东新区沪城环路1851号上海电力大学
20	上海中医药博物馆	"百草园"健康文化体验开放日	5月26日 8:30	浦东新区蔡伦路1200号上海中医药大学百草园
21	上海市会计学会	"人才培养与能力提升"财会知识竞赛	5月26日 9:00	天目中路383号8楼
22	上海工艺美术学会	"社科知识与社区生活"公众咨询服务日	5月26日 9:00	打浦桥街道蒙自路丽园路"丽蒙绿地"
23	上海市医学伦理学会、上海市第六人民医院	"医学伦理与医患关系"主题咨询活动	5月27日 9:30	宜山路600号上海市第六人民医院教学楼
24	上海市新四军历史研究会	"继承光荣传统　弘扬铁军精神"主题论坛	5月27日 13:00	汉中路188号上海市青少年活动中心
25	华东师范大学	"情感研究的人文科学对话"主题论坛	5月27日 13:00	闵行区东川路500号华东师范大学外语学院319室
26	上海市演讲与口语传播研究会、徐汇区教育学院	"演讲教学设计与实施"主题论坛	5月27日 13:00	龙临路20号长桥中学
27	上海市新四军历史研究会	"长征组歌"主题歌咏会	5月27日 13:30	斜土路722号黄浦区老干部局活动中心

序号	举办单位	项目名称	时间	地　点
28	上海市劳动和社会保障学会	"弘扬世赛精神　培养技能人才"世界技能大赛主题展示活动	5月27日 13:30	西乡路188号4楼大会议室
29	上海大学博物馆	海外中共珍稀文献展	5月28日 9:00	宝山区南陈路333号上海大学博物馆一楼临展厅
30	华东师范大学	"上海史上的外国人故事"主题论坛	5月28日 10:00	闵行区东川路500号华东师范大学闵行校区外语学院319室
31	上海大世界传艺中心	"非物质文化遗产进社区"主题咨询活动	5月28日 11:00	人民路998号豫园街道新时代文明实践中心
32	上海大学博物馆	"追忆上大往事　剪影红色历史"海派剪纸主题展示活动	5月28日 13:30	宝山区南陈路333号上海大学博物馆719室
33	上海市儒学研究会	"中华传统文化:展示与交流"主题论坛	5月28日 18:00	大学路217号1101室新民书院
34	徐汇区枫林路街道办事处	"凡人微光　抗疫故事"影戏展示活动	6月14日 14:00	双峰路420号枫林街道社区文化活动中心

东方讲坛·科普讲座

序号	举办单位	题　目	主讲人	时　间	地　点
1	上海市大数据社会应用研究会	碳普惠体系与上海发展	俞东阳(上海环境能源交易所战略与研发中心高级专员)	5月22日 14:00	乐山路75号独乐山公寓一楼活动大厅
2	上海市求索进修学院	弄堂体育与上海生活	袁念琪(上海广播电视台五星体育传媒有限公司高级业务指导)	5月22日 14:00	瞿溪路897号黄浦区新时代文明实践中心
3	静安区图书馆	近代日本作家的上海书写	徐静波(复旦大学教授)	5月22日 14:00	闻喜路800号静安区图书馆闻喜路馆二楼观摩厅
4	上海市儒学研究会	江南儒商与传统美德	张乐天(复旦大学教授)	5月22日 14:30	大学路217号1101室新民书院
5	上海长宁文化艺术中心	党的十八大以来的中国外交	李伟建(上海国际问题研究院研究员)	5月23日 9:00	仙霞路650号3楼301多功能厅

（续表）

序号	举办单位	题目	主讲人	时间	地点
6	上海市戒毒学会	无毒青春　健康生活	陈锋（上海市青东戒毒所一级警长）	5月23日 13:40	松江区外青松公路7989号上海市政法学院
7	上海市外国文学学会	托尔斯泰与俄罗斯文学	陈建华（华东师范大学教授）	5月23日 18:30	腾讯会议
8	上海市古典文学学会	《红楼梦》的独特描写艺术	詹丹（上海师范大学教授）	5月24日 12:40	梅川路160号上海市曹杨二中小剧场
9	上海市固定资产投资建设研究会	上海交通与高质量发展	陈文彬（上海市交通委交通研究中心副主任）	5月24日 13:00	下盐路2888号上海交通职业技术学院
10	上海市逻辑学会	语言的意义：从语词和概念谈起	陈伟（复旦大学副教授）	5月24日 15:25	邯郸路220号复旦大学光华西辅楼307教室
11	上海海洋大学	上海国际贸易中心建设的前世今生	陈晔（上海海洋大学副教授）	5月25日 13:00	浦东新区沪城环路999号上海海洋大学图文102
12	上海市会计学会	新时代的管理会计发展	王世璋（上海市会计学会机电工委副会长、高级会计师）	5月25日 13:30	茅台路476-1号4楼会议室
13	上海市黄浦区精神卫生中心	家庭在亲子教育中的角色	温科奇（黄浦区精神卫生中心主治医师）	5月25日 13:30	张家浜路39弄5号小木屋会议室
14	上海市求索进修学院	创新思维的理论与实践	雷红杰（敬业中学高级教师）	5月25日 14:00	瞿溪路897号黄浦区新时代文明实践中心
15	上海生产力学会	深刻认识当前中国经济特点与规律	陈承明（华东师范大学教授）	5月25日 14:00	中山北路3663号华东师范大学理科大楼A302会议室
16	上海市司法鉴定理论研究会	司法鉴定的性质、作用与程序	孙大明（华东政法大学司法鉴定中心主任）	5月25日 14:00	华阳路112号
17	上海易居房地产研究院	上海楼市与青年安居	杨红旭（上海易居房地产研究院副院长）	5月25日 14:00	广中路788号秋实楼10楼1005会议室
18	上海市基本建设优化研究会	上海住房租赁市场新发展	王洪卫（上海财经大学教授）	5月25日 14:30	纪念路8号5幢201室上海财经大学金融谷会议中心
19	华东师范大学	史家不幸诗家幸：论修昔底德的政治修养	任军锋（复旦大学教授）	5月25日 15:00	闵行区东川路500号华东师范大学公四205教室

（续表）

序号	举办单位	题　目	主讲人	时　间	地　点
20	华东师范大学	柏拉图论：最真的悲剧	林志猛（浙江大学教授）	5 月 25 日 18:00	闵行区东川路 500 号华东师范大学外语楼 319 会议室
21	华东师范大学	国家治理现代化与传媒人的责任	唐亮（日本早稻田大学教授）	5 月 26 日 13:30	腾讯会议
22	上海市逻辑学会	逻辑方法与思维脱困	宁莉娜（上海大学教授）	5 月 26 日 14:00	宝山区上大路 99 号上海大学宝山校区 EJ104 教室
23	上海食文化研究会	易学名言解读："一阴一阳之谓道"	张冰隅（上海市老年大学教授）	5 月 27 日 9:00	"乐龄讲坛"线上课程
24	上海市教师学研究会	历史教育资源的拓展与延伸	顾博凯（大同中学一级教师）	5 月 27 日 9:00	保屯路 210 号上外附属大境中学
25	上海市古典文学学会	文学如何塑造地方：以苏轼为例	李贵（上海师范大学教授）	5 月 27 日 9:45	国权路 383 号复旦大学附属中学
26	上海市古典文学学会	语文教学与唐诗新解	查清华（上海师范大学教授）	5 月 27 日 13:30	龙华东路 519 号黄浦区教育学院
27	上海海洋大学	"脱贫攻坚"的伟大奇迹	祝叶飞（上海海洋大学讲师）	5 月 27 日 13:30	浦东新区沪城环路 999 号上海海洋大学图文 406
28	上海市求索进修学院	北斗导航在大国竞争中崛起	薛军琛（中国科学院上海天文台）	5 月 27 日 14:00	瞿溪路 897 号黄浦区新时代文明实践中心
29	上海市社区发展研究会、上海市法治研究会	新征程开启与社会治理新格局	施凯（上海市法治研究会常务副会长、研究员）	5 月 27 日 14:00	百花街 345 弄 118 号丁香园邻里汇会议室
30	上海市逻辑学会	逻辑：辨法析理之工具	缪四平（华东政法大学副教授）	5 月 27 日 18:00	延安西路 1882 号东华大学
31	上海食文化研究会	长三角食文化的新媒体应用与推广	吴承起（上海食文化研究会副秘书长）	5 月 28 日 9:00	肇嘉浜路 268 紫苑大厦 15 层
32	上海人大工作研究会	新一代信息技术与产业数字化转型	袁欣（贝尔-阿尔卡特公司高级工程师、总经理）	5 月 28 日 9:30	华山路 1226 号兴华宾馆
33	华东师范大学	批判性思维测评工具的设计、开发与评估	冷静（华东师范大学副教授）	5 月 28 日 13:00	中山北路 3663 号华东师范大学文科大楼 813
34	上海市会计学会	推进企业会计准则的高质量实施	符文娟（普华永道会计师事务所注册会计师）	5 月 28 日 13:30	恒丰路 600 号机电大厦蓝宝石厅

（续表）

序号	举办单位	题 目	主讲人	时 间	地 点
35	枫泾镇新时代文明实践分中心	原子弹诞生亲历记	蒋贻权（上海市老科协科普讲师团讲师）	5月28日 14:00	金山区枫泾镇兴寒路2120号
36	上海市农村经济学会	粮食问题与国家安全	程国强（同济大学教授）	5月28日 14:00	国定路777号上海财经大学三农研究院会议室
37	上海德同物业管理事务所	高空坠物隐患防控和风险管控	黄友健（公职律师）	5月28日 14:00	斜土路780号2号楼602室
38	上海市古典文学学会	魏晋风度与门阀政治	戎默（上海古籍出版社编辑）	5月30日 9:00	仙霞路650号长宁文化艺术中心
39	上海市大数据社会应用研究会	气候变化与大数据应用	吴力波（复旦大学教授）	6月6日 14:00	邯郸路539号新金博大厦1509会议室
40	上海金融法制研究会	延安（1937—1947）：读懂红色金融的N个视角	刘平（广发银行杭州分行党委委员、纪委书记）	5月27日 14:00	淮海中路622弄7号乙7楼本真堂

社科普及进地铁

序号	项目名称	时 间	地 点	主 办
1	"红色印迹 百年初心"主题地铁专列	5月25日—6月24日	地铁13号线淮海中路站	上海市社会科学界联合会
2	法治图书漂流进地铁	5月22日—5月28日	地铁7号线各站点法治书架、便民取阅架	上海市法治研究会 地铁第三运营公司
3	《上海市非机动车安全管理条例》宣传进地铁	5月22日—5月28日	地铁7号线新村路站《同心法苑》	普陀区法宣办 上海市法治研究会
4	《上海市房屋使用安全管理办法》地铁科普宣传展	5月22日—6月30日	地铁7号线上海大学站、高科西路站台	上海市法宣办 浦东新区法宣办 宝山区法宣办 上海市法治研究会
5	《上海市医疗卫生人员权益保障办法》地铁科普宣传专列	5月22日—6月30日	地铁7号线	上海市法宣办 普陀区法宣办 上海市法治研究会
6	"法博士漫谈《民法典》"地铁科普宣传长廊	5月22日—8月31日	地铁1号线漕宝路上海市法治文化长廊	上海市法宣办 徐汇区法宣办 上海市法治研究会

新媒体科普

序号	举办单位	活动名称	时　间	平　　台
1	上海市语言文字工作者协会	"百年党史　百人诵读"红色文化作品展示活动	5 月 22 日—8 月 10 日	"上海市语言文字工作者协会"微信公众号
2	上海图书馆、上海宋庆龄研究会	"探寻红色印记　点亮城市智慧"开放数据知识竞赛	5 月 22 日—9 月 15 日	上海图书馆开放数据竞赛官方网站
3	虹口区图书馆	"知音好书观察室"红色作品线上推介	5 月 22 日 9:00	微博、哔哩哔哩、抖音
4	上海市杨浦科技投资发展有限公司	"在红色剧本中学党史"主题互动体验活动	5 月 22 日—12 月 31 日	悉德互联网党建展示厅
5	上海市法宣办、上海市法治研究会	《民法典》科普短视频展播	5 月 22 日 10:00	"法治上海"微信公众号
6	上海市信用研究会、上海市教育委员会	"教育信用的体系建设"线上主题宣传活动	5 月 22 日—5 月 28 日	"上海教育信用体系建设"微信公众号
7	上海市黄浦区明复图书馆	"智能新时代　科技赢未来"线上主题展示活动	5 月 22 日 18:00	"黄浦区明复图书馆"微信公众号
8	上海市保险学会	城市定制型商业补充医疗保险"沪惠保"在线主题宣教	5 月 22 日—5 月 28 日	"上海保险"微信公众号、视频号
9	杨浦区图书馆	"新媒体与行业科创"在线主题展示	5 月 28 日 11:00	"杨浦区图书馆"微信公众号
10	上海金融法制研究会	"金融风险就在你我身边"线上主题宣传活动	5 月 22 日—5 月 28 日	"上海金融法制研究会"微信公众号

东方讲坛

思想点亮未来系列讲座（第八季）

序号	举办单位	主题	主讲人	时间	地点
1	上海市第六十中学	中国革命的"红色源头"——上海的建党往事	苏智良（上海师范大学教授）	3月29日（周一）12:30	静安区青云路323号体育馆
2	上海市建平中学	哲学的意义	张汝伦（复旦大学教授）	4月2日（周五）14:00	浦东新区崮山路517号思贤堂
3	上海市莘城学校	江山何幸：苏轼怎样塑造宋朝各地	李贵（上海师范大学教授）	4月9日（周五）13:10	闵行区普洱路158号莘城讲堂
4	上海外国语大学附属外国语学校	《水浒传》的阅读门径与历史视野	虞云国（上海师范大学教授）	4月15日（周四）13:30	虹口区中山北一路295号1号楼6楼模联教室
5	上海市第五十二中学	中国古代中低阶层中贤者的社会出路	王进锋（华东师范大学副教授）	4月16日（周五）15:00	虹口区广灵二路122号笃行楼五楼大礼堂
6	上海市控江中学	以重读致敬《红楼梦》	詹丹（上海师范大学教授）	4月22日（周四）13:30	杨浦区双阳路388号礼堂
7	上海市新中初级中学	品读上海红色文化，传承上海红色基因	朱叶楠（中共上海市委党校讲师）	4月23日（周五）14:40	静安区高平路968号一楼小剧场
8	上海市七宝中学附属鑫都实验中学	食品标签里的秘密	刘少伟（华东理工大学教授）	4月27日（周二）16:30	闵行区联农路626号文体中心二楼大剧场
9	上海市光明中学	《红楼》里的家族政治	骆玉明（复旦大学教授）	4月29日（周四）14:50	黄浦区西藏南路181号三楼礼堂
10	上海市西南位育中学	从党史视角解读毛泽东诗词	方笑一（华东师范大学教授）	4月29日（周四）15:45	徐汇区宜山路671号二楼阶梯教室

（续表）

序号	举办单位	主　题	主讲人	时　间	地　点
11	同济大学第一附属中学	孔子和他的学生	鲍鹏山（上海开放大学教授）	4 月 30 日（周五）13:30	杨浦区国浩路 100 号学生活动中心
12	上海市民办立达中学	二十四节气：春意盎然	田松青（上海书画出版社副总编辑）	4 月 30 日（周五）13:00	黄浦区厅西路 55 号（西部校区）综合教室
13	上海市徐汇中学	换一种眼光看人工智能	江晓原（上海交通大学教授）	5 月 6 日（周四）15:05	徐汇区虹桥路 68 号小礼堂
14	华东理工大学附属闵行科技高级中学	科学史与哲学史维度内的人工智能	徐英瑾（复旦大学教授）	5 月 7 日（周五）13:30	闵行区银康路 820 号学贤楼
15	上海市彭浦中学	当众口语表达——与青少年谈口才	林毅（上海青少年口语传播研究中心主任）	5 月 12 日（周三）15:35	静安区三泉路 604 号大礼堂

思想点亮未来系列讲座（第九季）

序号	举办单位	主　题	主讲人	时　间	地　点
1	上海市民办立达中学	立志与乐学	刘海滨（上海古籍出版社副编审）	10 月 22 日（周五）13:40	黄浦区南车站路 353 号大同中学礼堂
2	上海市继光高级中学	英雄出少年——上海红色文化中的党史人物	王瑶（中共上海市委党校副教授）	10 月 25 日（周一）15:10	虹口区高阳路 690 号求实楼报告厅
3	上海市彭浦中学	“大一统”中国的历史生成与文明特质	于凯（上海工程技术大学教授）	11 月 11 日（周四）15:50	静安区三泉路 604 号四楼礼堂
4	华东理工大学附属闵行科技高级中学	人工智能时代	陆雷（上海市信息服务业行业协会秘书长）	11 月 12 日（周五）14:50	闵行区银康路 820 号学贤楼
5	上海市第六十中学	江南画家的绘画与诗文	方笑一（华东师范大学教授）	11 月 18 日（周四）12:30	静安区青云路 323 号体育馆

（续表）

序号	举办单位	主　题	主讲人	时　间	地　点
6	上海市第五十二中学	文学如何塑造地方——以苏轼为例	李贵（上海师范大学教授）	11月19日（周五）15:35	虹口区广灵二路122号笃行楼五楼会议厅
7	上海交通大学附属中学嘉定分校	重读稼轩词：文本校订与场景还原	杨焄（复旦大学教授）	11月22日（周一）18:00	嘉定区云谷路1660号报告厅
8	上海市光明中学	《红楼梦》里的家族政治	骆玉明（复旦大学教授）	11月23日（周二）13:50	黄浦区西藏南路181号报告厅
9	上海市徐汇中学	为何大数据人工智能不靠谱	徐英瑾（复旦大学教授）	12月2日（周四）15:40	徐汇区虹桥路68号小礼堂
10	上海复旦五浦汇实验学校	原子弹谍战秘史	江晓原（上海交通大学教授）	12月3日（周五）15:00	青浦区盘龙浦路500号礼堂
11	上海市育才中学	城市美学：理性与浪漫的植物园	陈静（同济大学副教授）	12月13日（周一）16:00	嘉定区沪宜公路2001号大礼堂
12	上海市民办文绮中学	四大名著的前世今生	田松青（上海书画出版社副总编辑）	12月17日（周五）15:30	闵行区江川东路980号6楼报告厅

"百年共产党人精神谱系"关键词

序号	篇名目录	作　者
1	为什么说五四精神的核心是爱国主义？	上官酒瑞
2	小红船孕育了什么大精神？	时青昊
3	南昌起义孕育了怎样的八一精神？	耿　召
4	井冈山星星之火怎样照亮革命万里程？	时青昊
5	苏区精神集中诠释了红色政权来之不易	上官酒瑞
6	万里长征展现了什么样的精神能量？	丁长艳
7	遵义会议精神最重要的内涵是什么？	程　熙
8	两次古田会议的里程碑意义	时青昊
9	惊天动地的 14 年抗战精神	上官酒瑞
10	东北抗日联军创造了哪些精神财富？	时青昊
11	为何说白求恩是国际共产主义战士？	刘　泾
12	沂蒙革命斗争中党和群众如何生死与共	刘　泾
13	红岩精神绽放信仰之光	刘　泾
14	延安革命斗争孕育发展了怎样的精神？	上官酒瑞
15	南泥湾如何从荒无人烟变成"遍地牛羊"	程　熙
16	共产党人如何答好时代出的"考卷"？	程　熙
17	为何要纪念并弘扬抗美援朝精神？	程　熙
18	"老西藏们"为何能将五星红旗插上喜马拉雅山？	丁长艳
19	大庆人如何成功打造"共和国加油机"	丁长艳
20	太行绝壁为何能劈出"人工天河"？	时青昊
21	首次提出的伟大建党精神为何是中国共产党的精神之源？	上官酒瑞
22	北大荒为什么能变成北大仓？	刘　泾
23	焦裕禄精神为何是永恒的？	程　熙
24	塞罕坝为何能从荒原沙地变回林海绿洲	刘　泾
25	为何说王杰是践行"一不怕苦　二不怕死"精神的好战士？	耿　召

(续表)

序号	篇名目录	作　者
26	在新时代为什么要继承和发扬雷锋精神	耿　召
27	中国航天人为何那么"特别"?	耿　召
28	大国重器"两弹一星"是如何造出来的	上官酒瑞
29	中国航天人靠什么精神"上九天揽月"	丁长艳
30	"上海精神"为构建包容发展的新型国际关系贡献力量	耿　召
31	大包干为什么能"干"出一片新天地?	丁长艳

社会科学普及读物系列

《思想点亮未来（第二辑）》

上海市社会科学界联合会　编

上海辞书出版社　2021 年 9 月

内容简介

《思想点亮未来（第二辑）》是上海市社会科学界联合会"东方讲坛·思想点亮未来"系列讲座第二、三季的讲稿合集，内容涵盖文学、历史、哲学、美学等人文社科各方面，演讲者包括江晓原、王小鹰、顾晓鸣、郁喆隽等著名学者、作家；部分讲稿还结合网络文化、人工智能等议题，为青少年从严谨的学术角度演绎了如何解析社会热点问题，呈现出贴近实际、深入浅出的特点。本书博约兼顾，具有很高的可读性，对读者汲取人文滋养、培养人文情怀将有所助益。

目录

新媒体科普产品

《为什么是上海Ⅲ——"排头兵、先行者"的担当之路》6 集系列短视频

序号	片　名	嘉　宾	上线日期	备　注
1	"排头兵、先行者"的定位是怎么来的？	张道根（上海社会科学院原院长、研究员） 周振华（上海市经济学会会长、研究员）	2021.5.27	上观首发
2	开放引领，打开国内国际"双赢"局面	权衡（上海市社联党组书记、专职副主席，研究员） 张幼文（上海市社会科学院研究员）	2021.5.31	
3	从"大变样"到"城市更新"	伍江（同济大学原常务副校长、教授） 杨宏伟（上海中创产业创新研究中心主任、首席研究员）	2021.6.3	
4	"单位人"到"社会人"的转变	彭勃（上海交通大学教授） 任远（复旦大学教授）	2021.6.7	
5	这项活动从上海走向全国	桂晓燕（上海市总工会副主席，上海市振兴中华读书指导委员会秘书长） 花建（上海社会科学院研究员） 杨志刚（上海博物馆馆长）	2021.6.10	
6	人在哪里，党的建设就推进到哪里	冯小敏（上海市党建研究会智库首席专家、研究员） 马西恒（中共上海市委党校教授）	2021.6.16	

《为什么是上海Ⅳ——新时代·新征程·新奇迹》6 集系列短视频

序号	片 名	嘉 宾	上线日期	备 注
1	打造创新发展新高地，发力点在哪儿	杜德斌（华东师范大学教授） 石建勋（同济大学教授） 林忠钦（上海交通大学校长、中国工程院院士）	2021.7.1	上观首发
2	抓住这个"制胜要诀"，实现新作为	陈宪（上海交通大学教授） 张学良（上海财经大学教授）	2021.8.26	
3	践行绿色发展理念，实现"四个脱钩"	诸大建（同济大学教授） 曾刚（华东师范大学教授）	2021.9.2	
4	当好"试验田"，迈出开放新步伐	钟宁桦（同济大学教授） 黄建忠（上海对外经贸大学教授）	2021.9.6	
5	实现"五个人人"，推动共建共治共享	唐亚林（复旦大学教授） 郑长忠（复旦大学副教授）	2021.9.13	
6	喜欢上海的理由，归根结底就在这一条	陈圣来（上海国际文化学会会长） 熊月之（上海社会科学院研究员） 王战（上海市社会科学界联合会主席）	2021.10.28	

图书在版编目(CIP)数据

上海社联年鉴.2022/上海市社会科学界联合会编
.—上海:上海人民出版社,2023
ISBN 978-7-208-17996-7

Ⅰ.①上… Ⅱ.①上… Ⅲ.①社会科学-科学研究组
织机构-上海-2022-年鉴 Ⅳ.①G322.235.1-54

中国版本图书馆 CIP 数据核字(2022)第 196395 号

责任编辑 王笑潇
封面设计 夏 芳

上海社联年鉴 2022
上海市社会科学界联合会 编

出 版 上海人民出版社
 (201101 上海市闵行区号景路 159 弄 C 座)
发 行 上海人民出版社发行中心
印 刷 浙江新华数码印务有限公司
开 本 787×1092 1/16
印 张 36
插 页 10
字 数 788,000
版 次 2023 年 3 月第 1 版
印 次 2023 年 3 月第 1 次印刷
ISBN 978-7-208-17996-7/Z·242
定 价 278.00 元